§ 1 Abs. 1 BNatSchG

Europäische Hochschulschriften

Publications Universitaires Européennes
European University Studies

Reihe II
Rechtswissenschaft

Série II Series II
Droit
Law

Bd./Vol. 2933

PETER LANG
Frankfurt am Main · Berlin · Bern · Bruxelles · New York · Oxford · Wien

Annedore Rikus

§ 1 Abs. 1 BNatSchG

Eine naturschutzrechtliche Zielvorschrift und ihr Gebrauch in der Rechtsprechung 1977-1997

PETER LANG
Europäischer Verlag der Wissenschaften

Die Deutsche Bibliothek - CIP-Einheitsaufnahme

Rikus, Annedore:

§ 1 Abs. 1 BNatSchG : eine naturschutzrechtliche Zielvorschrift und ihr Gebrauch in der Rechtsprechung 1977-1997 / Annedore Rikus. - Frankfurt am Main ; Berlin ; Bern ; Bruxelles ; New York ; Oxford ; Wien : Lang, 2000
(Europäische Hochschulschriften : Reihe 2, Rechtswissenschaft ; Bd. 2933)
Zugl: Greifswald, Univ., Diss., 1999
ISBN 3-631-36028-2

9
ISSN 0531-7312
ISBN 3-631-36028-2

Vorwort

Die vorliegende Untersuchung entstand während meiner Tätigkeit am Lehrstuhl für Öffentliches Recht, Verwaltungsgeschichte und Rechtsphilosophie von Professor Dr. Erk Volkmar Heyen an der Ernst-Moritz-Arndt-Universität Greifswald. Sie wurde im August 1999 abgeschlossen. Mein Dank gilt Professor Dr. Heyen, der dies ermöglicht hat und stets ein offener, nachdenklicher Gesprächspartner war. Zu danken habe ich auch Professor Dr. Michael Rodi, der das Zweitgutachten schrieb, und - besonders herzlich - den Greifswalder Kollegen, deren freundschaftliche Unterstützung den Fortgang der Arbeit begleitete.
Ich widme die Arbeit meinen Eltern, Hildegard und Friedrich-Wilhelm Berg.

Kiel, im März 2000

Annedore Rikus

Inhaltsverzeichnis

Abkürzungsverzeichnis

A.	Auflage
a.F.	alte Fassung
AFZ/ Der Wald	Allgemeine Forst Zeitschrift für Waldwirtschaft und Umweltvorsorge, zusammen mit Der Wald
AG	Amtsgericht
AgrarR	Zeitschrift für Agrarrecht
Anm.	Anmerkung
ARSP	Archiv für Rechts- und Sozialphilosophie
AtG	Atomgesetz
BauGB	Baugesetzbuch
BauR	Baurecht
Bay	Bayern
BayObLG	Bayerisches Oberstes Landesgericht
BayVBl	Bayerische Verwaltungsblätter
BBodSchG	Bundesbodenschutzgesetz
Beschl.	Beschluß
BGBl	Bundesgesetzblatt
BImSchG	Bundesimmissionsschutzgesetz
Bln	Berlin
BMU	Bundesministerium für Umwelt, Naturschutz und Reaktorsicherheit
Brbg	Brandenburg
Brem	Bremen
BT-DrS	Bundestagsdrucksachen
BVerfG	Bundesverfassungsgericht
BVerwG	Bundesverwaltungsgericht
B-W	Baden-Württemberg
BWaldG	Bundeswaldgesetz
BWGZ	Baden-Württembergische Gemeindezeitung
DÖV	Die öffentliche Verwaltung
DVBl	Deutsches Verwaltungsblatt
ebd.	ebenda
EnWG	Energiewirtschaftsgesetz
f.	für/ folgende (Singular)
FAZ	Frankfurter Allgemeine Zeitung
ff.	folgende (Plural)
Fn.	Fußnote
FStrG	Fernstraßengesetz

GAIA	Gaia. Ökologische Perspektiven in Natur-, Geistes- und Wirtschaftswissenschaften
gem.	gemäß
GenTG	Gentechnikgesetz
GewArch	Gewerbearchiv
GWB	Gesetz gegen Wettbewerbsbeschränkungen
Hess	Hessen
HH	Hamburg
HS	Halbsatz
JNL	Jahrbuch für Naturschutz und Landschaftspflege
Jura	Juristische Ausbildung
JZ	Juristenzeitung
KrW-/ AbfG	Kreislaufwirtschafts- und Abfallgesetz
LBauO	Landesbauordnung
LG	Landschaftspflegegesetz
LKV	Landes- und Kommunalverwaltung
LPflG	Landschaftspflegegesetz
Lsbl.	Loseblatt-Sammlung
LuftVG	Luftverkehrsgesetz
LuftVO	Luftverkehrsverordnung
m.	mit
M-V	Mecklenburg-Vorpommern
n.F.	neue Fassung
n.v.	nicht veröffentlicht
NatSchG	(Landes-) Naturschutzgesetz
Nds	Niedersachsen
NdsVBl	Niedersächsische Verwaltungsblätter
NJ	Neue Justiz
NJW	Neue Juristische Wochenschrift
NordÖR	Zeitschrift für öffentliches Recht in Norddeutschland
NuR	Natur und Recht
NVwZ	Neue Zeitschrift für Verwaltungsrecht
NVwZ-RR	Neue Zeitschrift für Verwaltungsrecht - Rechtsprechungs-Report
N-W	Nordrhein-Westfalen
Nw.	Nachweis
NWVBl	Nordrhein-Westfälische Verwaltungsblätter
o.J.	ohne Jahr
OVG	Oberverwaltungsgericht
PflSchG	Pflanzenschutzgesetz
RabelsZ	Rabels Zeitschrift für ausländisches und internationales Privatrecht

Rh-Pf	Rheinland-Pfalz
RiA	Recht im Amt. Zeitschrift für den öffentlichen Dienst
S.	Seite
s.	siehe
Saarl	Saarland
Sachs	Sachsen
SachsA	Sachsen-Anhalt
SchlHA	Schleswig-Holsteinische Anzeigen
S-H	Schleswig-Holstein
StrVG	Straßenverkehrsgesetz
Stw.	Stichwort
Thür	Thüringen
TS	Teilsatz
UPR	Umwelt- und Planungsrecht
Urt.	Urteil
UVPG	Gesetz über die Umweltverträglichkeitsprüfung
v.a.	vor allem
v.H.	vom Hundert
VBlBW	Baden-Württembergische Verwaltungsblätter
Verw	Die Verwaltung
VerwArch	Verwaltungsarchiv
VG	Verwaltungsgericht
VGH	Verwaltungsgerichtshof
vgl.	vergleiche
VorlThNatG	Vorläufiges Gesetz zum Naturschutz in Thüringen
VVDStRL	Veröffentlichungen des Verbands der Deutschen Staatsrechtslehrer
WHG	Wasserhaushaltsgesetz
WiVerw	Wirtschaft und Verwaltung
z.	zu/ zur
ZAU	Zeitschrift für angewandte Umweltforschung
ZfBR	Zeitschrift für Baurecht
ZG	Zeitschrift für Gesetzgebung
ZRP	Zeitschrift für Rechtspolitik
ZUR	Zeitschrift für Umweltrecht

Erster Abschnitt: Einleitung

§ 1 Abs. 1 des Bundesnaturschutzgesetzes, das 1976 verabschiedet wurde, beschreibt die Ziele des Naturschutzes und der Landschaftspflege. Die Vorschrift lautet: „Natur und Landschaft sind im besiedelten und unbesiedelten Bereich so zu schützen, zu pflegen und zu entwickeln, daß 1. die Leistungsfähigkeit des Naturhaushalts, 2. die Nutzungsfähigkeit der Naturgüter, 3. die Pflanzen- und Tierwelt sowie 4. die Vielfalt, Eigenart und Schönheit von Natur und Landschaft als Lebensgrundlagen des Menschen und als Voraussetzung für seine Erholung in Natur und Landschaft nachhaltig gesichert sind."

§ 1 Abs. 1 BNatSchG[1] weist als ausnahmsweise unmittelbar geltende Norm in einem bundesrechtlichen Rahmengesetz, § 4 S. 3, einen besonderen Geltungsanspruch[2] auf. Dieser wird dadurch bekräftigt, daß § 1 dem Gesetz als „Allgemeine Vorschrift" wie eine Leitidee vorangestellt ist[3]. Mit diesem Geltungsanspruch geht ein umfassender inhaltlicher Anspruch einher. Inhaltlich ergibt sich aus § 1 Abs. 1 Nr. 1-4 schon bei unbefangener Lektüre der Eindruck, das Gesetz wolle nichts weniger als die Gesamtheit von Natur und Landschaft und deren Funktionen schützen, pflegen und entwickeln[4]. § 1 Abs. 1 hat danach eine herausgehobene Stellung innerhalb des BNatSchG, aber als unmittelbar geltende rahmenrechtliche Norm auch für das Naturschutzrecht der Länder. Der Anspruch von § 1 Abs. 1 müßte sich in allem staatlichen Entscheiden in Naturschutzfragen widerspiegeln[5].

In der rechtswissenschaftlichen Literatur wird die fundamentale Bedeutung, die den Zielen zukommen könnte, bisher nicht reflektiert. In den meisten Arbeiten zum Naturschutzrecht werden die Ziele nur am Rand erwähnt; regelmäßig wird auf ihre

---

[1] Im Folgenden sind §§ ohne gesonderte Bezeichnung solche des BNatSchG. - Die angegebene Literatur wird in den Fußnoten nach Autor, Jahr und Seite zitiert. Mehrere Veröffentlichungen desselben Autors aus einem Jahr werden durch arabische Buchstaben unterschieden, die im Literaturverzeichnis mit angegeben sind. Bei Kommentaren und Lehrbüchern, die von mehreren Autoren verfaßt wurden, ist in den Zitaten jeweils der Bearbeiter mit aufgeführt. - Die substantiell analysierten Gerichtsentscheidungen werden in den Fußnoten nach Name des Spruchkörpers, Jahr, Stichwort und Seite zitiert; detaillierte Angaben enthält das Rechtsprechungsverzeichnis. Soweit das Stichwort einen Hinweis auf die Instanz enthält, in der die Entscheidung ergangen ist, sind zu der gleichen Sache Entscheidungen mehrerer Instanzen untersucht worden. Urteile und Beschlüsse, die außerhalb naturschutzrechtlicher Zusammenhänge ergangen und daher nicht im Rechtsprechungsverzeichnis aufgeführt sind, werden vollständig in den Fußnoten nachgewiesen.

[2] Zu diesem Geltungsanspruch Stich 1992, S. 257.

[3] Auch Lorz 1982, S. 7, stützt den Geltungsanspruch mit dem Charakter von § 1 Abs. 1 als „Allgemeine Vorschrift".

[4] Zeibig 1998, S. 35 f., wertet den Inhalt von § 1 Abs. 1 ähnlich, weist aber darauf hin, für die „effektive Umsetzung naturschutzrechtlicher Bestimmungen" sei letztlich nicht die Formulierung des Gesetzes maßgeblich, sondern „vielmehr die Wirksamkeit des Vollzugs", weshalb die Bedeutung von § 1 Abs. 1 eher gering sei.

[5] Dies war schon bei der Verabschiedung des BNatSchG 1976 klar, wie sich aus der Begründung des Gesetzentwurfs des Bundesrats ergibt, auf dem § 1 wesentlich basiert, BT-DrS 7/ 3879, S. 19.

Bedeutung für die Auslegung der Naturschutznormen, insbesondere auch für die Anwendung von Abwägungsvorschriften hingewiesen. Meist werden solche Hinweise nicht begründet; die Struktur der Zielvorschrift und deren Bezüge zu den Regelungen des Naturschutzrechts im einzelnen bleiben unbeachtet. Auch ein Vergleich mit anderen, ähnlichen Vorschriften, der insoweit Aufschluß geben könnte, unterbleibt regelmäßig. Für die Auslegung des Gesetzes wird zumeist wesentlich auf naturwissenschaftliche Erkenntnisse verwiesen; eine speziell rechtliche Diskussion, die Auslegungs- und andere Anwendungsfragen aufwerfen und insofern zur Herausbildung einer „herrschenden Meinung" im einzelnen führen würde, wird nur in Ansätzen gepflegt. Dies mag eine Ursache darin haben, daß Autoren, die zu spezifisch naturschutzrechtlichen Fragen Stellung nehmen, vielfach Verwaltungspraktiker sind[6].

Ungeachtet dieses „praktischen" Umgangs der Literatur mit § 1 Abs. 1 haben die Ziele von Naturschutz und Landschaftspflege bisher geringe Wirksamkeit[7] entfaltet; sie umzusetzen ist in den bald fünfundzwanzig Jahren ihres Bestehens nicht annähernd gelungen[8]. Die tatsächliche Situation von Natur und Landschaft in Deutschland und der Anspruch, den das Bundesnaturschutzgesetz in seiner Einleitungsvorschrift zu verwirklichen aufruft, stehen in einem auffälligen Widerspruch[9].

Die vorliegende Arbeit möchte einen Beitrag zu einer naturschutz-„rechtlichen" Diskussion leisten und dazu bei § 1 Abs. 1 als Ziel- und Grundvorschrift des Naturschutzrechts insgesamt ansetzen[10]. Dazu wird sie die Anknüpfungspunkte darstellen, die für die Ziele in den naturschutzrechtlichen Instrumenten im einzelnen bestehen, und deren Gebrauch in der Rechtsprechungspraxis untersuchen.

Die Rechtsprechung zu einer bestimmten Vorschrift getrennt von den Stellungnahmen zu untersuchen, die in der rechtswissenschaftlichen Literatur zu dieser Vorschrift veröffentlicht wurden, ist methodisch eher unüblich. Für gewöhnlich werden Rechtsprechung und Literatur zusammen analysiert, wie auch die Rechtsprechung Vorschriften nicht unabhängig von Auslegungsvorschlägen anwendet,

---

[6] Stellvertretend seien hier genannt: Erich Gassner, der Ministerialrat und Rechtsanwalt ist, Hans Walter Louis als Ministerialrat und Leiter des Referats für Naturschutzrecht im Niedersächsischen Umweltministerium, Alexander Schink als Beigeordneter des Landkreistags Nordrhein-Westfalen. Albert Lorz war Vizepräsident des Bayerischen Obersten Landesgerichts. Aus dem universitären und damit eher theoretischen Bereich ist Hermann Soell zu nennen, der inzwischen verstorben ist; weiterhin Heinhard Steiger, der an der Universität Gießen unter anderem Umweltrecht betreibt, andere Professoren wie z.B. Wilfried Erbguth und Richard Bartlsperger betrachten dies vor allem aus planerischer Perspektive.

[7] Zum Begriff der Wirksamkeit von Normen Seibel 1984, S. 63 f., und Deckert 1993, S. 244 f.

[8] Hierauf weist z.B. auch die Unabhängige Sachverständigenkommission hin, die beim Bundesministerium für Umwelt, Naturschutz und Reaktorsicherheit mit dem Entwurf eines Allgemeinen Teils eines Umweltgesetzbuchs beschäftigt war: BMU 1998, S. 864.

[9] Ganzert 1994, S. 90.

[10] Vgl. König 1983, S. 4 f., demzufolge sich Recht als Instrument zur Steuerung nach seinen Wirkungen muß fragen lassen.

die das Schrifttum in Kommentaren, Monographien und Aufsätzen unterbreitet. Rechtsprechung und Schrifttum entwickeln das Auslegungs- und Anwendungsspektrum der Normen vielmehr gemeinsam, oft auch in wechselseitiger Reaktion auf Stellungnahmen der „Gegenseite“. Nichtsdestoweniger spiegelt jede einzelne Entscheidung einen gegenwärtigen Stand der Ansichten des Spruchkörpers und gibt damit eine Momentaufnahme der Position des jeweils entscheidenden Gerichts. Aus der Gesamtheit solcher Stellungnahmen ergibt sich ein Eindruck von der Entwicklung der Rechtsprechung auf diesem Gebiet.

Die vorliegende Untersuchung soll in diesem Sinn einen Eindruck vom Umgang der Rechtsprechung mit den Zielen des Naturschutzes und der Landschaftspflege vermitteln. Die Fokussierung des Blicks auf die Rechtsprechung soll aufzeigen, ob die Gerichte die Anwendungs- und Auslegungsmöglichkeiten von § 1 Abs. 1 zugunsten der Schutzgüter der Vorschrift ausschöpfen. Soweit sich daraus ergibt, daß die Rechtsprechung bei ihrem Umgang mit den Schutzgütern von § 1 Abs. 1 Möglichkeiten ungenutzt läßt, die die Vorschrift eröffnet, möchte die Arbeit einige Anregungen geben, deren Umsetzung einen langfristig wirksameren Schutz der Güter durch die Rechtsprechung, aber auch durch die Gesetzgebung bewirken könnte.

Erster Schritt der Untersuchung ist daher die Feststellung des Spektrums der Auslegungs- und Anwendungsmöglichkeiten, das die Ziele selbst eröffnen. Im Vordergrund steht dabei nicht die Ermittlung einer „richtigen“ Auslegung von § 1 Abs. 1. Es geht nicht darum, die Vorschrift Wort für Wort zu untersuchen und sie anhand von Literatur und Rechtsprechung im einzelnen und in der Gesamtheit schlüssig zu deuten: Ziel der Arbeit ist mithin keine „Kommentierung“ von § 1 Abs. 1. Stattdessen wird herausgearbeitet, welche Wege die Norm vom Wortlaut her eröffnet, zugunsten ihrer Schutzgüter zu handeln, und welche möglichen Funktionen der Norm für das Naturschutzrecht insgesamt sich aus diesen Auslegungs- und Anwendungsmöglichkeiten ergeben. Auslegungsmöglichkeiten, die vom Wortlaut des § 1 Abs. 1 umfaßt sind, aber nirgends vorgeschlagen werden, oder die vor dem Hintergrund des erklärten Willens des historischen Gesetzgebers klar unbeabsichtigt sind, bleiben dabei unberücksichtigt. Eine Betrachtung der Bezüge des BNatSchG auf die Zielvorschrift ergänzt die Untersuchung von § 1 Abs. 1 selbst. Diese zeigt, wie das Gesetz insgesamt in seinen Einzelvorschriften die Inhalte und Funktionen von § 1 Abs. 1 aufnimmt und konkretisiert. Kurze Betrachtungen zu den Zusammenhängen zwischen Landesnaturschutzgesetzen und den bundesrechtlichen Zielen vervollständigen die Analyse des Gesetzesmaterials.

Den zweiten Schritt und Hauptteil der Arbeit bildet eine Rechtsprechungsuntersuchung. Darin wird aufgezeigt, wie sich die Inhalte und Funktionen der Zielvorschrift im gerichtlichen Entscheiden widerspiegeln, und zwar nicht nur anläßlich der verwaltungsgerichtlichen Überprüfung naturschutzrechtlicher Einzelentschei-

dungen aufgrund von Klagen betroffener Bürger oder von Naturschutzverbänden, sondern auch anläßlich von Normenkontrollen[11].
Systematische Untersuchungen der naturschutzrechtlichen Rechtsprechung im Hinblick auf ihren Umgang mit den Zielen aus § 1 Abs. 1 fehlen bisher[12]. Soweit Entscheidungsbesprechungen veröffentlicht werden, beziehen diese sich in den meisten Fällen auf Details der Kontrolle der Anwendung der Eingriffsregelung[13], insbesondere deren Bezüge zum Baurecht[14].
Das Material der hier vorgenommenen Rechtsprechungsuntersuchung wurde anhand von zwei Kriterien zusammengestellt: Die Entscheidungen müssen sich erstens mit den Zielen des Naturschutzes und der Landschaftspflege, § 1 Abs. 1, ausdrücklich oder in der Sache auseinandergesetzt haben und zweitens im Zusammenhang entweder der Eingriffsregelung, der Ausweisung von Schutzgebieten oder der Anerkennung von Naturschutzverbänden ergangen sein. Stellenweise wurde der Gegenstand der Analyse zum Vergleich auf Urteile und Beschlüsse ausgedehnt, die zwar zur Anwendung der Eingriffsregelung, der Vorschriften über Schutzgebietsausweisungen oder in bezug auf die Verbandsanerkennung ergangen sind, die aber die Ziele, § 1 Abs. 1, gerade unerwähnt ließen. Untersucht wurden nur Entscheidungen, die in Zeitschriften oder amtlichen Sammlungen veröffentlicht sind. Die Auswahlkriterien orientieren sich zum einen am Erkenntnisinteresse der Arbeit, die Auswirkungen gerade der Ziele des Naturschutzes und der Landschaftspflege herauszustellen, und zum anderen am zugänglichen Entscheidungsmaterial: Sehr viele Entscheidungen, die im Zusammenhang mit § 1 Abs. 1 ergangen sind und veröffentlicht wurden[15], knüpfen an die Eingriffsregelung, § 8, oder an die Schutzgebietsausweisung, §§ 12-19, an. Die Verbandsanerkennung nach § 29 Abs. 2 steht in engem Zusammenhang damit, weil die anzuerkennenden Verbände vor allem in der Anwendung dieser naturschutzrechtlichen Instrumenten beteiligt werden sollen. Die wenigen Entscheidungen zur Verbandsanerkennung wurden daher in die Untersuchung einbezogen, soweit sie auf § 1 Abs. 1 verweisen. Zu Duldungs- und Pflegepflichten oder zu speziellen Fragen des Artenschutzes sind verhältnismäßig wenige Entscheidungen ergangen; zahlreich sind allerdings diejenigen zu Verlet-

[11] In Frage kommen hier Normenkontrollen im Hinblick auf die Vereinbarkeit von Landesgesetzen, -verordnungen oder -satzungen mit dem Bundesrecht: Art. 93 Abs. 1 Nr. 2 GG (abstrakte Normenkontrolle), Art. 100 Abs. 1, insb. S. 2 GG (konkrete Normenkontrolle); § 47 Abs. 1 Nr. 2 VwGO (verwaltungsgerichtliche Normenkontrolle).
[12] Den Umgang der Rechtsprechung mit dem „Landschaftsbild" als einem Aspekt, der auch von § 1 Abs. 1 Nr. 4 aufgegriffen wird, haben jüngst Tausch/ Wagner 1999, S. 373 f., zusammengefaßt.
[13] Carlsen 1996, S. 612/ 613; Kratsch 1997,S. 94/ 95; Weitzel 1988, S. 306/ 307.
[14] Stellvertretend Carlsen 1997, S. 82/ 83; Grigoleit 1997, S. 578-580.
[15] Die Frage, ob nicht auch die gerichtlichen Veröffentlichungskommissionen und die Zeitschriftenredaktionen Einfluß auf die Bedeutung von § 1 Abs. 1 nehmen, indem sie Entscheidungen unveröffentlicht lassen und damit dem Eindruck Vorschub leisten, dem Naturschutz komme keine Priorität zu, kann hier nicht geklärt werden.

zungen der detaillierten Ein- und Ausfuhrbestimmungen. Diese Bestimmungen sind eher im Zusammenhang mit internationalen Artenschutzabkommen zu sehen[16] als mit den bundesrechtlich normierten Zielen und daher vorliegend von untergeordnetem Interesse. Die Landschaftsplanung ist schon strukturell nur indirekt Gegenstand verwaltungsgerichtlicher Stellungnahmen, weil sie nicht unmittelbar außenverbindlich ist[17]. Die Untersuchung kann in ihrer Begrenzung auf Entscheidungen zu Eingriffen, Schutzgebietsausweisungen und zur Verbandsanerkennung daher einen Gesamteindruck der Wirkungen von § 1 Abs. 1 im Naturschutzrecht vermitteln. Was den Untersuchungszeitraum betrifft, so werden die Entscheidungen aus den Jahren 1977-1997, soweit sie die Kriterien erfüllen, soweit erkennbar vollständig erfaßt. Außerdem wurden die bis zum Sommer 1999 veröffentlichten Entscheidungen aus 1998 durchgesehen. Keine davon setzt sich jedoch vertieft mit den Zielen aus § 1 Abs. 1 auseinander. Ein jüngster Richtungswechsel der Rechtsprechung kann daher ausgeschlossen werden.

Die anhand der genannten Kriterien zusammengestellten Entscheidungen werden daraufhin untersucht, ob und wie sie die Möglichkeiten des Schutzes von Natur und Landschaft in Auslegung und Abwägung aufnehmen und widerspiegeln, die die Ziele nach § 1 Abs. 1 und deren Aufnahme im Gesetz eröffnen.

Angesichts des Umgangs mit den Zielen, der für das Gesetz selbst und die Rechtsprechung herausgearbeitet wurde, wird im dritten Schritt der Untersuchung schließlich die Frage gestellt, ob und inwiefern die Auslegung und Anwendung naturschutzrechtlicher Vorschriften insgesamt und damit die Umsetzung der Ziele zugunsten der Schutzgüter verbessert werden kann. Dazu wird erstens erläutert, welche der Möglichkeiten der Auslegung und Anwendung der Zielvorschrift das Gesetz selbst relativiert oder zum Nachteil der Schutzgüter ausschließt und inwiefern der Gesetzgeber hier dazu aufgefordert ist, Veränderungen vorzunehmen. Zweitens wird für die untersuchten Urteile und Beschlüsse gezeigt, wie die Rechtsprechung Schutz-, Pflege- und Entwicklungsmöglichkeiten der Ziele außer acht läßt, vernachlässigt oder vereitelt und welche Veränderungen hier zugunsten der Schutzgüter möglich sind. Den Gerichten soll ihr eigenes Argumentieren plastisch vor Augen geführt werden, um sie erforderlichenfalls zu Änderungen zu veranlassen. Drittens wirken Gesetzgebung und Rechtsprechung gegenseitig aufeinander; auch insoweit schlägt die Arbeit abschließend eine Neuorientierung vor. Wenn der Gesetzgeber gerichtliche Entscheidungen zur Kenntnis nimmt und darin Strukturen

---

[16] Heyen 1998, S. 204; Gassner 1999, S. 81.

[17] Instruktiv zur Landschaftsplanung aber z.B. VGH Kassel, Beschl. v. 25.1.1988, NVwZ-RR 1989, S. 130-133, passim (3 N 13/ 88). Zu den Anforderungen an die Rechtmäßigkeit der Landschaftsplanung für einen Landschaftsplan, dessen Formulierungen fast wörtlich mit §§ 1, 2 BNatSchG übereinstimmten, siehe auch die Stellungnahme des VG Berlin, Urt. v. 11.12.1989, NuR 1990, S. 421/ 422, 422 (13 A 194/ 88).

erkennt, die auf Strukturen des Gesetzes zurückgehen, kann ihm dies als Leitlinie für Gesetzesänderungen dienen[18].

Den Anlaß für die vorliegende Untersuchung gab das schon bei unbefangener Lektüre der Ziele erkennbare Spannungsverhältnis zwischen deren umfassendem Anspruch und der tatsächlichen Situation von Naturschutz und Landschaftspflege in Deutschland. Die Untersuchung der Möglichkeiten, die die Ziele des Naturschutzes und der Landschaftspflege und deren Aufnahme in anderen naturschutzrechtlichen Vorschriften eröffnen, sowie die Analyse des Gebrauchs, den die Rechtsprechung von diesen Möglichkeiten macht, kann Anhaltspunkte zur Erklärung der beschriebenen Widersprüchlichkeiten geben. Deswegen nimmt die Arbeit jedoch nicht für sich in Anspruch, wesentliche Ursachen für mögliche Unzulänglichkeiten im Naturschutz aufdecken und Patentlösungen zu deren Bekämpfung vorschlagen zu können. Der Gegenstand von § 1 Abs. 1 verbietet dies von selbst: Naturschutz ist ein Bereich, in dem eine Vielzahl von rechtlich und tatsächlich Beteiligten, Schutzgütern, Einflüssen und Wechselbeziehungen eine Rolle spielen[19], und in dem nicht nur staatliche Stellen Aufgaben wahrnehmen[20].

So machen es die vielfältigen Wechselbeziehungen in Natur und Landschaft oft unmöglich, die Auswirkungen von Maßnahmen auf die Natur zu prognostizieren oder zu quantifizieren[21], umso mehr, solange noch kein Erfahrungswissen verfügbar ist. Charakteristisch für den gegenwärtigen Zustand der Natur und des Naturschutzes ist zudem, daß unter und innerhalb der naturwissenschaftlichen Disziplinen, auf die für die Anwendung des BNatSchG oft verwiesen wird[22], keine Einigkeit darüber besteht, was Natur ist, ob und wie der Zustand der natürlichen Lebensgrundlagen und ihrer Wechselbeziehungen bewertet werden kann und zu bewerten ist[23] und ob und welcher Handlungsbedarf sich daraus ergibt[24], um einen anderen - und welchen - anzustrebenden Zustand zu verwirklichen[25] oder um der

---

[18] Vgl. allgemein hierzu Öhlinger/ Stelzer 1986, S. 411.

[19] Gassner-Gassner 1996, Nr. 5 zu § 1, stellt Bezüge zum Wasser-, Immissionsschutz-, Abfall-, Bau-, Raumordnungs- und Waldrecht und zum Recht der Umweltverträglichkeit her.

[20] Honnefelder 1993, S. 263, fordert daher, die Ausrichtung des Naturschutzes „über einen praktischen Diskurs der gesellschaftlichen Gruppen" zu definieren.

[21] Haber/ Duhme/ Pauleit/ Schild/ Stary 1993, S. 25; Heidtmann 1993, S. 70, hebt in diesem Zusammenhang das „komplexe Wechselverhältnis zwischen dem Anspruch des Naturschutzes und dem ökonomischen Interesse einzelner Nutzungen des Raums" hervor.

[22] Die Erkenntnisse von Biologen, Ökologen, Geographen und sonst einschlägig tätigen Naturwissenschaftlern werden von Juristen gern zitiert, wenn sie Veränderungen des Naturschutzrechts einfordern, vgl. statt vieler Eissing/ Louis 1996, S. 486; Soell 1993, S. 301; Schink 1991, S. 73; Wolff 1997, S. 23; Gassner 1995, S. 16; Zeibig 1998, S. 6 f.; Krause 1996, S. 18 f.

[23] Haber/ Duhme/ Pauleit/ Schild/ Stary 1993, S. 78, weisen für die Definition des anzustrebenden Zustands allerdings § 1 Abs. 1 eine besondere Bedeutung zu.

[24] Zur Frage, „welche" Natur zu schützen ist, können naturwissenschaftliche Erkenntnisse zwar Grundlage sein, die Entscheidung darüber ist aber ethischer Art, vgl. Honnefelder 1993, S. 257 f.

[25] Fischer-Hüftle 1997, S. 239; Haber/ Duhme/ Pauleit/ Schild/ Stary 1993, S. 22: „Vergleichbar dem ‚Kompetenzgerangel' zwischen verschiedenen Fachbehörden, gibt es ein fachinternes Ge-

Natur die Möglichkeit neuer eigenständiger Entwicklung zu eröffnen[26]. Nichtsdestoweniger besteht im Naturschutz Konsens zumindest darüber, daß das Artensterben voranschreitet[27] sowie Freiflächen unvermindert weiter verbraucht und/ oder zerschnitten werden[28]. Dies wird langfristig „Menge" und Qualität der verbleibenden Lebensgrundlagen reduzieren und ist daher jedenfalls nicht erwünscht[29].

„Naturschutzrecht" umfaßt nicht nur die Vorschriften, die sich auf Bundes-, Landes-, auf Gesetzes- oder Verordnungsebene mit Fragen des Naturschutzes beschäftigen, und die Kontrolle der Gesetzesanwendung durch die Gerichte, sondern vor allem auch die Anwendung der Gesetze in der täglichen Verwaltungsarbeit. In der Behördenhierarchie kann sich Unklarheit über aktuelle Zielstellungen des Naturschutzes von oben nach unten fortsetzen[30]. Schlecht oder nicht sachgerecht ausgebildete[31] oder persönlich in der Zusammenarbeit mit Fachbehörden wenig überzeugende bzw. durchsetzungsfähige[32] Mitarbeiter können Natur und Landschaft nicht wirksam schützen. Eitelkeit der Fachbehörden untereinander mag zu ineffizientem Einsatz von Naturschutzmitteln führen[33]. Die Koordination der Naturschutz- und der Fachbehörden für umfänglichere Planungen[34] kann Schwierigkeiten aufwerfen, dies vor allem bei der Anwendung der Eingriffsregelung. Die Hauptzuständigkeit liegt hier bei den jeweiligen Fachbehörden, was naturschutzfreundlichen

---

rangel bei der Entwicklung von Zielsystemen und Konzepten zum Naturschutz." (Hervorhebung im Original)

[26] Zur Problematik des beabsichtigten Umfangs der Behebung von Naturschäden vgl. statt vieler Wolff 1998, S. 298.

[27] Kritisch zur Feststellung und Bewertung von „Artensterben" aus forstwirtschaftlicher Sicht z. Oettingen-Spielberg/ v. Schilcher 1998, S. 837 f.

[28] Zum Begriff der Zerschneidung vgl. Grau 1998, S. 427 f.; ausdrücklich zur Zerschneidungswirkung der Trasse einer Umgehungsstraße VGH Kassel 1992 (Nordumgehung Niederursel), S. 387.

[29] Honnefelder 1993, S. 253.

[30] Es verwundert z.B. die lapidare Feststellung, es sei angebracht erschienen, „die Naturschutzpolitik des Bundes auf eine neue programmatische Grundlage zu stellen", nachdem die Zuständigkeit für Naturschutz und Landschaftspflege 1986 auf den Bundesminister für Umwelt übergegangen war, bei Bohn/ Bürger/ Mader 1989, S. 379. Damals bestanden die Ziele des Naturschutzes und der Landschaftspflege schon zehn Jahre.

[31] Erlwein 1981, S. 81, bemängelt, eine „für den Naturschutz qualifizierende Fachausbildung" hätten „die wenigsten" der zuständigen Beamten oder Angestellten. Dies mag sich in der Zwischenzeit geändert haben; ähnlich aber aus neuerer Zeit auch Stadler 1996, S. 236 m. Nw.

[32] Erlwein 1981, S. 81, bezeichnet diese Aspekte als „Innenwirkung der einzelnen Stelleninhaber innerhalb der Verwaltung, also der Naturschutzbehörde gegenüber Planungs-, Straßenbaubehörden usw."

[33] Haber/ Duhme/ Pauleit/ Schild/ Stary 1993, S. 14, sprechen von einem „Wettlauf" der „Eingriffsbehörden" wie Flurbereinigungs- und Straßenbaubehörden, der allein der Etikette diene und mangels Koordination zu ineffizientem Einsatz der Naturschutzbestrebungen führe.

[34] Kiemstedt/ Horlitz/ Ott 1993, S. 150.

Entscheidungen zusätzlich eher zuwiderläuft[35]. Insofern kann Behördenarbeit die Anwendungsmöglichkeiten blockieren, die in den Zielen des Naturschutzes und der Landschaftspflege angelegt sind.
Weiter können Strukturen und Institutionen außerhalb des Naturschutzrechts dem Naturschutz Hindernisse bereiten. So untergräbt ein Teil der Tätigkeiten nichtstaatlicher Organisationen das Ansehen des Naturschutzes in der Öffentlichkeit[36], auch wenn sie das Gegenteil bezweckt. Anderen Gruppen gelingt es mehr oder minder, ihre Interessen durchzusetzen, auch wenn diese eher zur Verhinderung von Naturschutz beitragen[37]. Die Wahrung von Besitzständen spielt eine große Rolle; beispielhaft sei hier die „Landwirtschaftslobby" genannt[38], die auf ihren Beitrag zur heutigen Landschaftsgestalt hinweist[39] und sich in Gesetzgebungsverfahren mit Forderungen z.B. nach Ausgleichszahlungen Gehör zu verschaffen weiß[40], und die „Energielobby", deren Interessen Neuregelungen verzögert oder aushöhlt[41].

---

[35] Stadler 1996, S. 236, nennt diese Zuständigkeitsverteilung „kontraproduktiv"; allg. dazu auch Heidtmann 1993, S. 70.

[36] So hatte der BUND Klage gegen die Entscheidung erhoben, eine sprunghaft gewachsene Stechmückenpopulation in einem Naturschutzgebiet in der Oberrheinebene mittels Nutzinsekten zu bekämpfen. Seine Argumentation, die Stechmücken könnten verhindern, daß das betroffene Naturschutzgebiet von Menschen betreten und insofern gestört würde, stieß auf erhebliches Befremden, vgl. Schmidt 1996, S. 438.

[37] Auf die grundsätzliche Legitimität von Gruppeninteressen, auch wenn die Kompromißbildung im Gesetz dazu führe, daß es an Eindeutigkeit verlieren und konkurrierende, divergierende, sogar gegensätzliche Zielvorgaben enthalten könne, weist Zeh 1995, S. 20 f., hin.

[38] Vgl. nur Frh. v. Heeremann 1989, S. 107:„Zwar werden heute Forderungen an die Landwirtschaft, ihre Bewirtschaftungsweisen radikal zu ändern, von dem lebhaften Beifall einer weithin uninformierten Öffentlichkeit begleitet. Würden solch einseitige Forderungen aber in die Tat umgesetzt, würden damit - besonders, wenn sie im nationalen Alleingang durchgeführt würden - die Existenzen vieler landwirtschaftlicher Familien aufs Spiel gesetzt, ohne daß der dargelegten Entwicklung umfänglich entgegengewirkt würde."

[39] Z. Oettingen-Spielberg/ v. Schilcher 1998, S. 837 f.; Ganzert 1994, S. 91; Frhr. v. Heeremann 1989, S. 107.

[40] Beispielhaft Keuffel 1997, S. 44: „Aber nicht nur die geplante Ausweitung der Naturschutzgebiete bereitet den deutschen Bauern erhebliche Sorgen. Denn zusätzlich müssen sie befürchten, daß die Beschränkungen und Auflagen in den Schutzgebieten in den nächsten Jahren weiter verschärft werden. Damit kämen weitere Einkommenseinbußen auf die betroffenen Betriebe zu, die unbedingt eine angemessene Ausgleichsregelung im neuen Bundesnaturschutzgesetz erfordern."

[41] Beispielsweise sollen Branchen mit besonders umfänglichem Energieverbrauch von der neuen Energiebesteuerung ausgenommen werden. Kritisch dazu Lippold 1998, S. 309. Einen Erfolg der „Energielobby" vereitelte der VGH München 1995 (Freileitung im Flußtal), S. 204, dem eine behördliche Entscheidung über die Zulassung einer Freileitung zugrundelag. Die Behörde hat seine Argumentation teilweise „ ‚Grundsätzen für die Projektierung von Freileitungen' entnommen, die den Energieversorgungsunternehmen für verschiedene Landschaftstypen - durchaus differenzierte - Richtlinien für eine Leitungsplanung an die Hand geben, ihrer Natur entsprechend aber nicht die volle Spannbreite der Aspekte erfassen können, die die Enteignungsbehörde in einer konkreten Situation kraft Naturschutzrechts zu berücksichtigen hat." (Hervorhebung im Original).

Die Vielfalt der Einflußfaktoren im Naturschutz darf jedoch nicht zu dazu führen, resigniert auf eine systematische Annäherung ganz zu verzichten. Die vorliegende Arbeit versteht sich daher als Versuch, ausgehend von der Grundvorschrift des Naturschutzrechts den gegenwärtigen Umgang der Rechtsprechung mit naturschützerischen Fragestellungen darzustellen. So kann sie einen spezifisch rechtlichen Beitrag für einen „Diskurs unterschiedlicher Richtungen sachverständiger Analyse“[42] des Naturschutzes leisten.

[42] Zu solchem Diskurs ruft Würtenberger 1999, S. 155, gerade für Bereiche auf, in denen „Unsicherheit über die Wirkungszusammenhänge und Prognosen“ besteht und zu denen der Naturschutz nach dem hier Dargestellten gehört.

Zweiter Abschnitt: Die Ziele und ihre Aufnahme im Gesetz

Aus dem Inhalt und den Funktionen von § 1 Abs. 1 und aus der Aufnahme der Vorschrift in den ausgewählten Vorschriften des BNatSchG ergibt sich ein Spektrum von Möglichkeiten, die Ziele des Naturschutzes und der Landschaftspflege umzusetzen und sie in Entscheidungen einzubeziehen. Das Spektrum wird nachfolgend in zwei Schritten ausgeleuchtet: Zunächst werden die Auslegungsmöglichkeiten und Funktionen von § 1 dargestellt. Daran anknüpfend kann im zweiten Schritt aus den Auslegungsmöglichkeiten der Vorschriften über Eingriffe, Schutzgebiete und die Verbandsanerkennung abgeleitet werden, wie diese Vorschriften die Ziele des Naturschutzes und der Landschaftspflege aufnehmen und konkretisieren.

I. Inhalt und Funktionen der Zielvorschrift selbst

Die Bandbreite der Funktionen von § 1 Abs. 1 ergibt sich aus dem Inhalt der Vorschrift. Dieser ist daher zunächst zu untersuchen.

A. Inhalt von § 1 Abs. 1

§ 1 Abs. 1 beschreibt zum einen naturschützerisches Handeln, zum anderen einen Zustand, dessen Verwirklichung dieses Handeln dienen soll. Die Vorschrift stellt den Naturschutz damit aus zwei zeitlichen Perspektiven dar.

1. 1. Halbsatz

Nach § 1 Abs. 1 1. HS sind „Natur und Landschaft (...) im besiedelten und unbesiedelten Bereich“ zu schützen, zu pflegen und zu entwickeln.

a) „Natur und Landschaft im besiedelten und unbesiedelten Bereich“ als Gegenstand des Naturschutzrechts

Natur und Landschaft sind Gegenstand des Naturschutzrechts, Schutzgut und Objekt der Handlungsaufforderung des § 1 Abs. 1[43]. Sie werden im Gesetz nicht definiert[44]; Versuche zur Auslegung greifen auf naturwissenschaftliche Begriffe zurück. Rechtlichen Stellungnahmen zugänglich sind hier nur Wertungsfragen wie diejenige, ob der Mensch als Bestandteil der Natur aufzufassen ist[45].

So wird Natur als das „großräumige Zusammenwirken von Wasser, Klima, Luft, Boden sowie Pflanzen- und Tierwelt“[46] betrachtet, als „Inbegriff der Formen,

---

[43] Schmidt-Aßmann 1979, S. 2, nennt es „Gegenstand der Aufgabe“; so wörtlich auch Kolodziejcok/ Recken 1996, Nr. 2 zu § 1, und Schink 1989, S. 97 f.

[44] Gründe der Zurückhaltung des Gesetzgebers beleuchtet Frhr. v. Lersner 1999, S. 61.

[45] Meßerschmidt 1998a, Nr. 2 zu § 1, und Lorz/ Stöckel 1996, Vorb. Nr. 1, nehmen menschliches Zutun von „Natur“ aus; Niederstadt 1998, S. 113, und Louis/ Hoffmann 1994, Nr. 14 zu § 1, beziehen es ein; philosophie-historische Hintergründe zum Verständnis des Menschen als Teil der Natur fächert Frhr. v. Lersner 1999, S. 61 f., auf, um für das BNatSchG aus der Gegenüberstellung von Natur als Lebensgrundlage und Mensch als Nutznießer zu folgern, der Mensch sei hier nicht Teil der Natur.

[46] Friedlein/ Weidinger/ Graß 1983, Nr. 3 zu Art. 6.

Stoffe und Kräfte der materiellen Wirklichkeit"[47]. „Landschaft" ist demgegenüber ein Ausschnitt aus der Erdoberfläche[48]. Natur und Landschaft werden meist als Paar verwendet und bilden als Gesamtheit ein einheitliches Tatbestandsmerkmal[49]: Während „Natur" die Gesamtheit der Naturgüter und ihr Zusammenwirken in Wechselbeziehungen erfaßt, macht die „Landschaft" den Flächenanspruch des BNatSchG geltend. Soweit in Landesgesetzen der Begriff der „freien Natur" benutzt wird, entspricht er „Natur und Landschaft"[50]. Natur*schutz* und Landschaftspflege werden heute als gleichbedeutend mit dem älteren Begriff der Landespflege aufgefaßt[51].

Obwohl jeder Bereich entweder besiedelt oder unbesiedelt ist, drückt die Formulierung „im besiedelten und unbesiedelten Bereich" mehr aus als nur „überall"[52]. „Überall" könnte auch als „überall, wo Natur und Landschaft sind, ist zu schützen, zu pflegen und zu entwickeln" ausgelegt werden- die Gesetzesformulierung macht demgegenüber deutlich, daß das BNatSchG Natur und Landschaft *überall* annimmt, eben auch im besiedelten, nicht nur im unbesiedelten Bereich[53].

§ 1 Abs. 1 macht also einen sachlich und räumlich umfassenden Anspruch für Naturschutz und Landschaftspflege geltend.

b) „Schutz, Pflege und Entwicklung" als Handlungsformen

Auch Schutz, Pflege und Entwicklung als Handlungsformen[54] ergeben zusammen einen umfassenden Anspruch des Naturschutzes, den die grammatische Konstruktion der Verben zusätzlich verstärkt.

Ihnen ist ein gewisser Zukunftsbezug gemein[55], sie nehmen insofern das „sichern" aus § 1 Abs. 1 a.E. vorweg: Bedeutet „schützen und pflegen", etwas Bestehendes für die Zukunft zu erhalten[56], so geht „entwickeln" darüber hinaus, weil es auch ei-

---

[47] Meßerschmidt 1998a, Nr. 2 zu § 1.

[48] Friedlein/ Weidinger/ Graß 1983, Nr. 4 zu Art. 6; Lorz/ Stöckel 1996, Vorb. Nr. 1; Wolff 1997, S. 22.

[49] Lorz/ Stöckel 1996, Nr. 2 zu § 1; Schink 1989, S. 97; Frhr. v. Lersner 1999, S. 62; Wolff 1997, S. 21: „umfassender Schutz, beginnend bei den natürlichen Wirkungsfaktoren, über ihre Zusammenhänge und Erscheinungen bis hin zu deren Gesamtbild ‚Landschaft'", (Hervorhebung im Original).

[50] Der Begriff wird „aus guter bayerischer Tradition in Anlehnung an Art. 141 Abs. 3 BV, der ihn ebenfalls verwendet, beibehalten", Friedlein/ Weidinger/ Graß 1983, Nr. 14 zu Art. 6; Wolff 1997, S. 22, betont, *freie* Landschaft sei diejenige außerhalb bebauter Bereiche.

[51] Schmidt-Aßmann 1979, S. 2; so auch Gassner-Gassner 1996, Nr. 2 zu § 1; Kolodziejcok/ Rekken 1996, Nr. 2 zu § 1; Louis/ Engelke 1997, Nr. 1 zu § 1; Nolte 1997, S. 76. Schink 1989, S. 97, scheint nicht einmal zwischen „Natur und Landschaft" und „Naturschutz und Landschaftspflege" zu unterscheiden.

[52] Bzw. überall in der Bundesrepublik Deutschland, Gassner-Gassner 1996, Nr. 5 zu § 1.

[53] So die Begründung des Bundesratsentwurfs, auf dem das Gesetz insofern wesentlich basiert, BT-DrS 7/ 3879, S. 19 ; kritisch hierzu Hartje 1994, S. 331.

[54] Schink 1989, S. 100.

[55] Nur für Schutz so: Schink 1989, S. 100.

[56] Gassner-Gassner 1996, Nr. 9 und 12 zu § 1.

ne Veränderung bestehender Umstände für die Zukunft[57] umfassen kann[58]. Der Schwerpunkt schützender Tätigkeit dürfte in der Abwehr äußerer Einwirkungen auf das Objekt liegen[59]. Zu „pflegen“ bedeutet, vorhandene Qualität auch durch Einflußnahmen auf natürliche Abläufe zu erhalten[60], „um einen gewünschten Zustand (...) zu konsolidieren und eine nachteilige Veränderung natürlicher Faktoren zu verhindern.“[61] Zu „entwickeln“ heißt, vorhandene Qualität auszubauen, aber auch, Voraussetzungen für eine gewünschte natürliche Entwicklung zu schaffen[62] oder die ökologische Situation zu verbessern[63]. Vor allem das Entwicklungsgebot ist Ausdruck der gesetzgeberischen Erkenntnis, Naturschutz nach dem Muster des Reichsnaturschutzgesetzes sei den Anforderungen der Gegenwart nicht mehr gewachsen: „Der traditionelle Naturschutz beschränkt sich im wesentlichen darauf, besonders wertvolle Bestandteile der Natur und Landschaft zu bewahren; die Pflege und Gestaltung der Landschaft sind im Reichsnaturschutzgesetz fast nicht behandelt. Die Aufgabenstellung, wertvolle Landschaftsteile vor ihrer Zerstörung zu bewahren, ist unverändert wichtig, reicht aber nicht mehr aus, um Natur und Landschaft als die natürlichen Lebensgrundlagen des Menschen vor den schädlichen Einwirkungen der fortschreitenden technisch- industriellen Entwicklung zu schützen. Ein aktives Einschreiten zur Erhaltung und Gestaltung der Natur in ihrem Gesamtgefüge ist notwendig.“[64] Daraus wird gefolgert, daß der Gesetzgeber mit der Handlungstrias die *Gesamtheit* der Aufgaben beschreiben wollte, die zu Naturschutz und Landschaftspflege gezählt werden, nämlich neben den traditionellen Arten- und Gebietsschutzaufgaben des Reichsnaturschutzgesetzes auch „neuere“ Aufgaben, die das Entwicklungspotential der Natur wiederbeleben sollen[65].
Die Überschneidungen zwischen den Begriffen[66] schließen deren klare Abgrenzung voneinander aus[67]. Auch eine Hierarchie der Begriffe ist nicht erkennbar[68].

---

[57] Gassner-Gassner 1996, Nr. 15 zu § 1.

[58] Kolodziejcok/ Recken 1996, Nr. 9 zu § 1; Lorz/ Stöckel 1996, Nr. 2 zu § 1, sehen bestandserweiternde, landschaftsgestaltende Aspekte der Handlungsaufforderungen vom Schutz über die Pflege zur Entwicklung zunehmen.

[59] Gassner-Gassner 1996, Nr. 9 zu § 1; Kolodziejcok/ Recken 1996, Nr. 7 zu § 1; Louis/ Engelke 1997, Nr. 4 zu § 1: „schützen bedeutet, störende Einflüsse von Natur und Landschaft in der vorgefundenen Form fernzuhalten“.

[60] Schink 1989, S. 100, streicht das „aktive Tun“ beim Pflegen heraus.

[61] Louis/ Engelke 1997, Nr. 5 zu § 1.

[62] Louis/ Engelke 1997, Nr. 6 zu § 1.

[63] Schink 1989, S. 101.

[64] Gesetzentwurf des Bundesrats, BT-DrS 7/ 3879, S. 16.

[65] Gesetzentwurf des Bundesrats, BT-DrS 7/ 3879, S. 16. Gassner-Gassner 1996, Nr. 8 zu § 1; Kolodziejcok/ Recken 1996, Nr. 10 zu § 1.

[66] Schink 1989, S. 101, spricht deshalb von einer „vagen“ Formulierung des Wegs zur Zielverwirklichung.

[67] Gassner-Gassner 1996, Nr. 13 zu § 1; Gassner 1995, S. 27.

[68] Schmidt-Aßmann 1979, S. 3; auf diesen bezieht sich Schink 1989, S. 100; Schröder 1995, S.69 f.

„Schützen, pflegen *und* entwickeln" bedeutet deshalb keine kumulative Aufzählung; vielmehr können die Handlungsaufforderungen je nach den Erfordernissen im Einzelfall, aber auch nach den finanziellen Möglichkeiten[69] umgesetzt werden[70].
Der weitreichende Handlungsanspruch von „Schutz, Pflege und Entwicklung" ergänzt den sachlichen und räumlichen Anspruch von „Natur und Landschaft", so daß der Naturschutz insgesamt von den Zielen erfaßt wird. Natur und Landschaft „sind zu" schützen etc. Die Handlungsaufforderung ist als Gerundivum zu den Schutzobjekten formuliert, es handelt sich also nicht um eine Infinitivkonstruktion[71]. „Natur ist zu schützen" bedeutet nichts anderes als „die Natur ist eine zu schützende", also „die Natur muß geschützt werden"[72].

c) § 1 Abs. 1 als subjektives und/ oder objektives Recht

Die Handlungsaufforderung von § 1 Abs. 1 ist an Verwaltungsbehörden gerichtet[73], auch wenn ihre gerundivische Formulierung zunächst darauf hindeutet, sie betreffe zumindest alle staatlichen Gewalten. Subjektive Positionen sind dem Naturschutzrecht insgesamt fremd. Erinnert sei hier allein an die Diskussion um den subjektiven Gehalt einer neu zu schaffenden Umweltschutzbestimmung im Grundgesetz[74]. § 1 BNatSchG bestand lange, bevor Art. 20 a GG verabschiedet wurde. Wenn die Norm ein subjektiv-öffentliches Recht verliehe, wäre dies in der Diskussion um die schließlich als Staatszielbestimmung ausgestaltete neue Grundgesetzvorschrift mit Sicherheit erwähnt worden und hätte die Diskussionsposition derjenigen geschwächt, die forderten, ein „Umwelt-Grundrecht" einzuführen. Auch § 1 Abs. 2 macht deutlich, daß das Gesetz unter den Zielen des Naturschutzes und der Landschaftspflege Interessen der Allgemeinheit versteht, setzt die Vorschrift doch die sich aus § 1 Abs. 1 Nr. 1-4 ergebenden Belange auf eine Ebene mit „*sonstigen* Anforderungen der *Allgemeinheit* an Natur und Landschaft". § 1 Abs. 1 gewährt daher keine Rechte für einzelne.
Zwar ist das BNatSchG ein Rahmengesetz des Bundes, Art. 75 Abs. 1 S. 1 Nr. 3 GG, innerhalb dessen die Länder ausfüllende eigene Gesetze verabschieden können[75]. Die Ländergesetzgeber sind aber nicht Adressaten von § 1 Abs. 1[76], denn die

---

[69] Schink 1989, S. 101.
[70] Schmidt-Aßmann 1979, S. 3.
[71] Grammatisch ungenau insofern Schmidt-Aßmann 1979, S. 4, der von einer „indikativische[n] Ausdrucksweise (‚sind zu')" spricht, „die dem ‚müssen' gleichsteht", (Hervorhebungen im Original).
[72] Nach Hentschel/ Weydt 1990, S. 131 f., ist für derartige Konstruktionen auch die Auflösung zu „die Natur kann geschützt werden" möglich. Diese Bedeutung ist hier nicht einschlägig. Sie ist eher in Zusammenhängen anzutreffen, in denen der Gegenstand des Gerundivums eine Ausnahme darstellt, etwa die Erlaubnis, von einer Regel abzuweichen. So bedeutet „geringe Abweichungen sind zu vernachlässigen", daß die Abweichungen außer Betracht bleiben dürfen.
[73] Heyen 1998, S. 186.
[74] Zur Entstehungsgeschichte von Art. 20 a GG Henneke 1995, S. 325 f.
[75] Zum Abwägungsgebot als Grenze auch des gesetzgeberischen Ermessens Kloepfer 1995, S. 446.

Norm gilt unmittelbar, § 4 S. 3. Unmittelbar geltendes Rahmenrecht bedarf daher keiner landesrechtlichen Umsetzung. Außerdem enthält § 4 S. 2 eine ausdrückliche Aufforderung an die Länder, die entbehrlich wäre, wenn schon § 1 Abs. 1 sie umfaßte.

Auch ist es nicht Aufgabe der Rechtsprechung, selbst zu „schützen, pflegen und entwickeln"[77], also selbst die Ziele nach § 1 Abs. 1 umzusetzen[78]. Vielmehr hat sie die Anwendung der Ziele durch die Verwaltung zu kontrollieren und diese auf Rechtsfehler aufmerksam zu machen.

§ 1 Abs. 1 schränkt auch nicht die allgemeine Handlungsfreiheit ein, indem sie Private verpflichtet[79] oder Behörden zu Verpflichtungen Privater ermächtigt[80]. Etwas anderes ergibt sich weder aus § 8 Abs. 7 n.F., wonach land-, forst- und fischereiwirtschaftliche Bodennutzung dann nicht Eingriff ist, wenn „dabei die Ziele und Grundsätze des Naturschutzes und der Landschaftspflege berücksichtigt werden", noch aus § 4 S. 3. § 8 Abs. 7 legt diesen Wirtschaftszweigen keine Berücksichtigungs*pflicht* auf, sondern nimmt sie von den Restriktionen der Eingriffsregelung aus, sofern sie sich ziel- und grundsatzgerecht verhalten[81]. Was die unmittelbare Geltung von § 1 Abs. 1 betrifft, § 4 S. 3, so werden zwar als „unmittelbar" geltende Rahmenvorschriften solche betrachtet, die *speziell einzelnen* gegenüber direkte Bindungswirkung entfalten[82]. Unmittelbare Geltung ist aber eine Aussage zum Gebotensein der landesrechtlichen Ausfüllung[83], nicht darüber, an wen die Regelungen

---

76 Anders aber VG Frankfurt/ Main 1990 (Dreifeld-Tennishalle), S. 144; offen Weitzel 1978, S. 183, wonach § 1 „mehr als eine Richtlinie für den Landesgesetzgeber" ist.

77 Kolodziejcok 1976, S. 11, fordert, die „Ziele und Grundsätze derart zu konkretisieren, daß sie sowohl für den betroffenen Bürger als auch für den damit befaßten Verwaltungsbeamten und Verwaltungsrichter ohne weiteres handhabbar sind". Handhabbarkeit ist hier aber nicht als „eigene Umsetzbarkeit" zu verstehen, sondern bedeutet nach der klassischen Gewaltenteilung „Handhabbarkeit als Maßstab, der an das Verwaltungshandeln anzulegen ist".

78 Herzog 1987, S. 103 ff., betont, die Rechtsprechung könne im Gegensatz zur Legislative „im weiteren Sinne zu den vollziehenden Staatsgewalten" gerechnet werden, sei aber auch selbst Normgeber je stärker, umso mehr sie konkretisierende Rechtsauslegung zu betreiben hätte.

79 Ausdrücklich VGH Mannheim 1991 (Fichtenaufforstung), S. 487; so auch Steiger 1981, S. 471; Weitzel 1978, S. 183; Bertenbreiter 1982, S. 74; Louis/ Engelke 1997, Nr. 1 zu § 1; Hahn 1991, S. 11; Kolodziejcok/ Recken 1996, Nr. 2 vor Allg. Vorschr. Indirekt kann dies auch aus der Feststellung Gassners 1993, S. 124, geschlossen werden, die Landschaftsplanung könne nicht dazu gedacht sein, verbindliches Recht für jedermann zu setzen - wenn schon das erstrangige Umsetzungsinstrument für die Ziele einzelne nicht berechtigt oder verpflichtet, können auch die Ziele selbst schwerlich berechtigen oder verpflichten. Ausdrücklich sagt es Gassner 1995, S. 25.

80 Bender/ Sparwasser/ Engel 1995, S. 140; Hoppe/ Beckmann 1989, S. 291; Schmidt-Aßmann 1979, S. 3.

81 Müller-Terpitz 1999, S. 30.

82 Jarass 1996, S. 1047, stellt dafür ausdrücklich auf das „Verhältnis Staat/ Bürger" ab; Freytag/ Iven 1997, S. 123, schreiben: „... mithin entscheidet grundsätzlich erst der Landesgesetzgeber, mit welchen verbindlichen Inhalten die gesetzlichen Regelungen dem normunterworfenen Bürger gegenübertreten"; Erbguth 1988, S. 323, deutet dies an.

83 Zur Bestimmung der Ausfüllbarkeit Müller 1996, S. 109 ff.

gerichtet sind[84]. „Unmittelbare“ Geltung kann unmittelbare Geltung gegenüber Behörden sein[85]. § 4 S. 3 besagt mithin nichts über Wirkungen der Ziele für einzelne. Schließlich wären §§ 10, 11, die als Rahmenvorschriften einen geringeren Regelungsgehalt als § 1 Abs. 1 haben, weil ihre Verwirklichung noch von der Tätigkeit der Landesgesetzgeber abhängig ist, entbehrlich, wenn § 1 Abs. 1 eine Verpflichtung einzelner umfaßte. Entscheidend gegen eine Verpflichtung privater Einzelner oder Gruppen durch § 1 Abs. 1 spricht zudem dessen Formulierung: Sie ist zu indifferent, um rechtsstaatlichen Anforderungen an eine Eingriffsermächtigung oder direkte Verpflichtung Privater[86] zu genügen[87]. Jedoch kann das in den Zielen ausgedrückte Interesse der Allgemeinheit Naturschutzmaßnahmen rechtfertigen, die Grundrechte einzelner betreffen sei es auch nur als Nebeneffekt und/ oder unbeabsichtigt[88].

§ 1 Abs. 1 gibt auch denen nicht die Richtung ihres Verhaltens vor, die sich dem Naturschutz und der Landschaftspflege widmen, ohne einzelne oder staatliche Untergliederungen zu sein[89], also den Naturschutzgruppen und -organisationen, denn der Naturschutz hat sich „gerade in Deutschland von jeher als eine öffentlich, staatliche Aufgabe verstanden“[90], so daß auch das Naturschutzgesetz staatliches Handeln betrifft, nicht aber das Handeln privater Interessenvertretungen.

Adressatin von § 1 Abs. 1 ist nach alledem die Verwaltung.

2. 2. Halbsatz

Der zweite Halbsatz umschreibt einen Idealzustand, den Naturschutz und Landschaftspflege verwirklichen sollen: Natur und Landschaft sind so zu schützen, zu pflegen und zu entwickeln, daß im zweiten Halbsatz genannten Schutzgüter nachhaltig gesichert werden. Gesichert werden kann nur, was zunächst besteht; deshalb impliziert der zweite Halbsatz die Grundannahme des Gesetzes, der Zielzustand sei gegenwärtig verwirklicht.

---

[84] Schmidt-Aßmann 1979, S. 7.

[85] So auch Reichert 1998, S. 20.

[86] Eine solche nimmt aber Grimm 1998, S. 237, an: „Die Ziele und Grundsätze des BNatSchG gelten unmittelbar, s. § 4 S. 3. Sie verpflichten Behörden, Wirtschaft, Industrie und Bürger zu schonendem Umgang mit den Naturgütern. Naturschutz und Landschaftspflege genießen aber keinen absoluten Vorrang gegenüber anderen öffenlichen Belangen (...), s. § 1 Abs. 2.“

[87] Schink 1989, S. 123.

[88] Am Beispiel der Ausweisung von Landschaftsschutzgebieten Wolff 1997, S. 46. Soell 1993, S. 303, weist hingegen lediglich auf die Sozialbindung des Eigentums hin, die sich je nach der konkreten Grundstückssituation aktualisiere.

[89] Unzutreffend daher die Kritik von Gassner-Gassner 1996, Nr. 3 zu § 1, der der Vorschrift unterstellt, sie wolle den Organisationen Ziele vorgeben, die sich diese doch selbst setzten.

[90] Pielow 1976, S. 31.

a) Nachhaltige Sicherung

Sichern bedeutet, einen Zustand auch gegenüber Gefahren zu erhalten, umfaßt also ein statisches Element[91].

§ 1 Abs. 1 a.E. deutet insoweit darauf hin, daß das Gesetz davon ausgeht, die Teilziele in Nr. 1-4 seien gegenwärtig erfüllt, und dieser Zustand bedroht ist, wenn nicht die Handlungsaufforderung des 1. Teilsatzes verwirklicht wird[92]. Sichern ist eine ergebnisorientierte Tätigkeit, die nicht voraussetzt, daß jegliche Beeinträchtigungen vermieden werden. Zu vermeiden sind lediglich irreversible Beeinträchtigungen[93]. Dies soll „nachhaltig" geschehen. Nachhaltigkeit ist „eine ressourcenspezifische Ausprägung des Vorsorgeprinzips mit der besonderen Zielrichtung der langfristigen Erhaltung und Nutzung natürlicher Ressourcen"[94]. Diese Formulierung stellt klar, daß die Anforderungen aus § 1 Abs. 1 nicht „ein für allemal" erledigt werden können, sondern in *jedem* zukünftigen Zeitpunkt erfüllt sein sollen[95].

b) Lebensgrundlage und Erholungsvoraussetzung

Die Einzelziele der Nr. 1-4 sind „als Lebensgrundlagen des Menschen und als Voraussetzung für seine Erholung in Natur und Landschaft" nachhaltig zu sichern. Darin kommt der anthropozentrische Ansatz des BNatSchG zum Ausdruck.

Gegen die Kritik, wegen Art. 20 a GG, wo von den natürlichen Lebensgrundlagen nicht nur des Menschen die Rede sei, müsse § 1 Abs. 1 a.E. verfassungskonform nicht-anthropozentrisch ausgelegt werden[96], spricht neben dem „an Deutlichkeit nicht zu überbietenden"[97] Wortlaut von § 1 Abs. 1 a.E. auch derjenige von Art. 20 a GG, der die Lebensgrundlagen „auch in Verantwortung für künftige Generationen" zu erhalten verpflichtet. Weil das Grundgesetz insgesamt auf den Menschen ausgerichtet ist - der Schutz der Menschenwürde stellt *den* Kernwert des

---

[91] Gassner-Gassner 1996, Nr. 21 zu § 1, spricht insofern von einer „Verstetigung der Verhältnisse".

[92] Louis/ Engelke 1997, Nr. 16 zu § 1: „Natur und Landschaft sind durch Schutz, Pflege und Entwicklung auf Dauer zu erhalten."

[93] Z.B. verbietet die Aufforderung, die Sauberkeit eines Flusses zu sichern, nicht grundsätzlich, Abwässer einzuleiten. Sie bezieht sich vielmehr darauf, bei der Abwässereinleitung die natürliche Selbstreinigungskraft des Flusses nicht zu beeinträchtigen, so daß Verschmutzungen des Flusses immer wieder auf natürliche Weise ausgeglichen werden. Beeinträchtigungen müssen nach Art und Umfang so gesteuert werden, daß sie keine dauerhaften Spuren an den Schutzgütern hinterlassen, wenn sie von irgendeinem bestimmten Zeitpunkt an unterbleiben.

[94] Schröder 1995, S. 73.

[95] Auch dies ist ein Aspekt der „Verstetigung", Gassner-Gassner 1996, Nr. 21 zu § 1.

[96] Louis/ Engelke 1997, Nr. 14 zu § 1.

[97] Lorz/ Stöckel 1996, Nr. 6 zu § 1.

Grundgesetzes dar[98]-, ist schwerlich begründbar, Art. 20 a GG meine Generationen von Tieren und Pflanzen[99].

Formal bedeutet § 1 Abs. 1 a.E. damit zwar eine Einschränkung der Handlungsanweisung[100]. Sachlich hat dies jedoch keine Auswirkungen: Gleichviel, ob Natur und Landschaft deswegen[101] - oder *auch* deswegen[102] - geschützt werden sollen, weil sie Lebensgrundlage des Menschen sind, oder ob sie nur insoweit geschützt werden sollen, als sie die Lebensgrundlage bilden[103], kann der Mensch nicht von der Natur abegekoppelt werden. Deren Beeinträchtigungen betreffen deshalb früher oder später auch seine Lebensgrundlagen[104], zumal gegenwärtig nicht abgeschätzt werden kann, welche Tier- und Pflanzenarten in Zukunft für den Menschen direkt Lebensgrundlage sein werden[105].

Der Nutzen der Apposition für die Auslegung der Einzelziele ist folglich eher gering: Weil nicht zwischen Natur und Landschaft „als Lebensgrundlage" und Natur und Landschaft unterschieden werden kann, die nicht Lebensgrundlage wäre[106], können auch Schutz, Pflege und Entwicklung nicht insoweit differenziert werden.

c) Die Ziele im einzelnen

In § 1 Abs. 1 Nr. 1-4 sind einzelne Ziele genannt, die mittels Schutz, Pflege und Entwicklung erreicht werden sollen.

---

[98] So argumentieren Schmidt-Bleibtreu/ Klein-Brockmeyer 1999, Nr. 11 zu Art. 20 a und Dreier-Schulze-Fielitz 1998, Nr. 25 zu Art. 20 a.

[99] Sachs-Murswiek 1996, Nr. 22 zu Art. 20 a , versucht, dies auf den Willen des Gesetzgebers zurückzuführen; so auch Frhr. v. Lersner 1999, S. 62. Dagegen plastisch Meyer-Teschendorf 1994, S. 77: „sinnvollerweise und nach herkömmlichem Sprachgebrauch" könnten hier „nur die künftigen Generationen der Menschen gemeint sein, nicht die der Rehe und Tannen".

[100] BMU 1998, S. 839, bezeichnet die Formulierung von § 1 Abs. 1 daher als überholt: Der Mensch dürfe nicht „zentraler und alleiniger Maßstab für den Umgang mit Natur und Landschaft" sein.

[101] Kolodziejcok 1976, S. 10, nennt die Apposition „Begründung" der Einzelziele; Lorz/ Stöckel 1996, Nr. 2 zu § 1 sprechen vom „umfassenden Schutzgrund".

[102] Gassner-Gassner 1996, Nr. 73 zu § 1 und ausführlich Gassner 1995, S. 41 f.; auch Nolte 1996, S. 77, spricht von der „Aufgabe, Natur und Landschaft vor Eingriffen zu schützen", als „umweltschützendem Primärziel" des BNatSchG und stellt daneben die „Sicherung der Erholungsfunktion von Natur und Landschaft für den Menschen".

[103] Kolodziejcok/ Recken 1996, Nr. 18 zu § 1, sprechen von einem „Motiv" des Naturschutzes.

[104] Niederstadt 1998, S. 113; Louis/ Hoffmann 1994, Nr. 14 zu § 1. Dazu BMU 1998, S. 869. Zeibig 1998, S. 5 m. Fn.6 geht daher von einem „Scheingegensatz" zwischen dem anthropozentrischen und dem ökozentrischen Ansatz des Naturschutzrechts aus.

[105] Gerade die Gentechnik kann hier Möglichkeiten eröffnen: Denkbar ist die Veränderung von Getreidesorten unter Verwendung von Genmaterial aus Wildsorten, um das Brotgetreide unempfindlicher gegen Krankheiten oder Trockenheit zu machen. Auf konventionellem Weg wurden bereits in den siebziger/ achtziger Jahren Wildschweine in die Zuchtlinien für Mastschweine eingekreuzt, um diese streßunempfindlicher zu machen. Die Wildrassen können damit mittelbar Lebensgrundlage sein oder werden. Zur Bedeutung des genetischen Materials sowie der Wechselbeziehungen und Austauschverhältnisse darin Steiger 1995, S. 438.

[106] Liebrecht 1998, S. 92.

(1) § 1 Abs. 1 Nr. 1

Der im Gesetz nicht definierte Naturhaushalt[107] bezeichnet die Gesamtheit der Elemente, Wechselbeziehungen, Stoffflüsse und Abhängigkeiten in der Natur. Er bildet damit die Grundlage des Anspruchs des BNatSchG, Natur und Landschaft nicht als Nebeneinander von Faktoren, sondern als Wirkungsgefüge aufzufassen und zu würdigen[108], wobei die Wechselbeziehungen und Naturgüter an sich nicht voneinander zu trennen sind: „Das Verschwinden eines Faktors verursacht immer ein Ungleichgewicht, das den Naturhaushalt beeinträchtigt oder auf Dauer stört."[109] Die Betonung des Naturhaushalts eröffnet dem Naturschutzrecht die Möglichkeit, auch solchen Beeinträchtigungen entgegenzutreten, die für sich genommen geringfügig erscheinen, die aber weitläufige Auswirkungen auf die Schutzgüter haben können, mit denen das konkret beeinträchtigte Gut in Zusammenhang steht.

Der Begriff der Leistungsfähigkeit ist „durch vereinfachte, an einer deutlichen Zielsetzung orientierten Modelle"[110] anzunähern, weil er selbst nicht zu erkennen gibt, um welche Art von Leistung es geht[111]. Die Bestimmung der Zielsetzung macht eine Wertung erforderlich: Durch diese müssen der Untersucher und die Fragestellung festgelegt werden[112]. Sie qualifiziert schon die Leistungsfähigkeit des Naturhaushalts zum unbestimmten Rechtsbegriff[113]. Aus der jeweiligen Zielsetzung muß

---

[107] Eine Legaldefinition des Naturhaushalts gibt § 2 PflSchG: „Im Sinne dieses Gesetzes sind (...) [Nr.] 6. Naturhaushalt: seine Bestandteile Boden, Wasser, Luft, Tier- und Pflanzenarten sowie das Wirkungsgefüge zwischen ihnen"; aufschlußreich „aus der Sicht des Landschaftsplaners" auch die Aufschlüsselung bei Eberhard/ Schettler 1997, S. 89. Soweit gefordert wird, die Bestimmung des Naturhaushalts den Naturwissenschaften zu überlassen (so von Lorz/ Stöckel 1996, Nr. 3 zu § 1, und angedeutet bei Louis 1990a, S. 107), bleibt zu bemerken, daß auch „den Naturwissenschaften" selbst bisher keine vollständige Beschreibung des Naturhaushalts gelungen ist, was Frhr. v. Lersner 1999, S. 61, und Niederstadt 1998, S. 113, hervorheben.

[108] Louis/ Engelke 1997, Nr. 7 zu § 1; Lorz/ Stöckel 1996, Nr. 3 zu § 1; Schmidt-Aßmann 1979, S. 2; Schink 1989, S. 99.

[109] Louis 1990a, S. 107.

[110] Gassner-Gassner 1996, Nr. 37 zu § 1.

[111] Niederstadt 1998, S. 113, formuliert daher: „Der Begriff der Leisungsfähigkeit ist unglücklich gewählt, weil es sich bei der Leistungsfähigkeit des gesamten Naturhaushalts um keine naturwissenschaftlich oder juristisch handhabbare Eigenschaft handelt. [Sie] (...) wird deshalb naturschutzfachlich und naturschutzrechtlich als die Funktionsfähigkeit der im Naturhaushalt enthaltenen Ökosysteme mit den in ihnen ablaufenden physikalischen, chemischen und biologischen Prozessen verstanden.".

[112] Vgl. dazu Gassner-Gassner 1996, Nr. 41 zu § 1.

[113] Weil unbestimmte Rechtsbegriffe im Gesetz vorkommen, wird der Begriff „unbestimmter Rechtsbegriff" als ungenau kritisiert (so von Maurer 1997, S. 129), aber dennoch zumeist benutzt, zumal er sich eingebürgert hat (So auch Ebinger 1993, S. 19).
Insbesondere berechtigt die Kritik des Begriffs aber nicht dazu, auf dessen klare Definition zu verzichten und sich mit der Aufzählung von Beispielen zu begnügen, wie dies Battis 1997, S. 171, Peine 1998, S. 48 und Maurer 1997, S. 130, tun. Die Besonderheit unbestimmter Rechtsbegriffe besteht darin, daß unter sie nicht einfach durch Anwendung einer allgemeingültigen Definition des formulierten Begriffs subsumiert werden kann, sondern es für ihre Anwendung auf

sich ergeben, auf welche Leistungen des Naturhaushalts abgestellt werden soll[114]. Die Gleichsetzung von Leistungs- und Funktionsfähigkeit[115] verkürzt diese Zusammenhänge[116].
Schon in der „Leistungsfähigkeit des Naturhaushalts“ deutet sich damit die Spannung an, in der das Naturschutzrecht insgesamt steht[117]: Einerseits behandelt es einen umfassenden, weitverzweigten Regelungsgegenstand („Naturhaushalt“), andererseits erzwingt die Notwendigkeit, den Gegenstand überhaupt handhabbar zu machen, die im Einzelfall wertende Zerlegung des Gegenstandes in Gesichtspunkte („Leistungsfähigkeit“), die ihm nicht vollständig gerecht werden können.

(2) § 1 Abs. 1 Nr. 2
Die Nutzungsfähigkeit der Naturgüter, also von Tieren, Pflanzen, Klima, Boden, Wasser und Luft[118], soll nachhaltig[119] gesichert werden. Naturgüter sind Teil des Naturhaushalts. Die Leistungsfähigkeit des Naturhaushalts umfaßt daher die Nut-

---

eine einzelfallabhängige Wertung tatsächlicher Umstände ankommt (Ebinger 1993, S. 22), weil der Gesetzgeber nicht schon selbst alle Wertungen vorgenommen hat, die zur Regelung des Einzelfalls erforderlich werden können. Es gibt keine scharfe Trennung zwischen „bestimmten“ und unbestimmten Rechtsbegriffen; vielmehr verläuft die Unterscheidung beider Kategorien je nach dem Umfang und Verhältnis der überhaupt fälligen und der schon vom Gesetz selbst vorgenommenen Wertungen zueinander fließend (Erichsen-Ossenbühl 1998, S. 210; Schmidt-Salzer 1968, S. 16. Anders ausdrücklich Ebinger 1993, S. 22, die für einen qualitativen Unterschied zwischen bestimmten und unbestimmten Rechtsbegriffen plädiert: „unbestimmt“ bedeute bewußte Inkaufnahme der Ausfüllungsbedürftigkeit von Begriffen). Die noch erforderliche Wertung zur Anwendung unbestimmter Rechtsbegriffe kann auch anhand von Kriterien erfolgen, die dem Gesetz, in dem der unbestimmte Rechtsbegriff vorkommt, nicht oder nicht vollständig zu entnehmen sind (Herdegen 1991, S. 750). Es muß dem Gesetzgeber bei der Formulierung eines unbestimmten Rechtsbegriffs nicht auf die Ausfüllungsbedürftigkeit angekommen sein, vielmehr genügt ein „billigendes Inkaufnehmen“ (Ebinger 1993, S. 22.).

[114] Gassner-Gassner 1996, Nr. 40 zu § 1. Demgegenüber ist das OVG Münster 1993 (Damwildgehege-Weiterführung), S. 261, der Ansicht, die Eigenschaft „Leistungsfähigkeit“ verbessere die Handhabbarkeit des weitläufigen Begriffs Naturhaushalt, indem sie „die Bewertung jeden Einzelelements und seiner Verflechtungen“ entbehrlich macht. Eine solche Herangehensweise scheint stattdessen dazu zu verleiten, die Bedeutung des Naturhaushalts zu gering einzuschätzen.

[115] Diese postuliert aber das OVG Lüneburg 1991 (zit. nach Louis/ Engelke 1997, Nr. 8 zu § 1) und wendet das OVG Münster 1985 (Damwildgehege-Erweiterung), S. 288, an. Kolodziejcok/ Recken 1996, Nr. 11 zu § 1, deuten sie an.

[116] Gefordert wird deshalb, die „Leistungsfähigkeit“ durch die „Funktionsfähigkeit“ zu ersetzen oder zu ergänzen, BMU 1998, S. 868 f.

[117] Heyen 1998, S. 191, spricht von „offenkundigen Schwierigkeiten“, mit diesem Ausdruck „richtig und zuverlässig“ umzugehen.

[118] Louis/ Engelke 1997, Nr. 9 zu § 1; Schink 1989, S. 99 f.; Gassner-Gassner 1996, Nr. 45 zu § 1, spricht von einem „unstreitigen Katalog“ der Naturgüter. Fremuth/ Weinzierl 1989, S. 118, nehmen dagegen Boden, Wasser und Luft von den „expliziten Zielobjekten“ des BNatSchG aus. Kolodziejcok/ Recken 1996, Nr. 12 zu § 1, formulieren, es gebe „sicher noch mehr“ Naturgüter.

[119] Zum Bezug des Begriffs „nachhaltig“ auf die Naturgüter Schröder 1995, S. 73.

zungsfähigkeit der Naturgüter[120]. § 1 Abs. 1 Nr. 2 konkretisiert insofern § 1 Abs. 1 Nr. 1[121].

„Nutzungsfähigkeit" ist davon abhängig, welche Art von Naturgütern wie und welchem Umfang genutzt werden sollen und wem die Nutzung dienen soll. Um *die* Nutzungsfähigkeit der Naturgüter zu bestimmen, muß eine Vielzahl möglicher Nutzungen miteinander in Einklang gebracht werden[122], was wiederum eine Wertung erforderlich macht[123]. „Nutzungsfähigkeit der Naturgüter" ist mithin ein unbestimmter Rechtsbegriff.

Auch die Anwendung von § 1 Abs. 1 Nr. 2 erfordert also die Kombination eines weitreichenden tatsächlichen Begriffs („*[alle]* Naturgüter") mit einer rechtlichen Wertung, die den tatsächlichen Begriff begrenzt („Nutzungsfähigkeit"). Die Vorschrift setzt insofern den Ansatz von § 1 Abs. 1 Nr. 1 fort.

(3) § 1 Abs. 1 Nr. 3

§ 1 Abs. 1 Nr. 3 unterscheidet sich von Nr. 1 und 2 dadurch, daß das Einzelziel Pflanzen- und Tierwelt als Gesamtheit der biologischen Lebensformen[124] und als Schutzgut nennt, diesem jedoch keine Eigenschaft zuordnet. Weil „Lebensgrundlage des Menschen" *alle* Arten, also nicht nur Pflanzen- und Tierarten, die direkt als Nahrungslieferanten oder sonst Nutzpflanzen oder -tiere gezüchtet werden, sondern auch solche, deren Erhaltung um ihres Beitrags zur genetischen Vielfalt willen von Interesse ist[125]. So liefert § 1 Abs. 1 a.E. keine subsumierbare Eigenschaft für die Pflanzen und Tiere. Als Naturgüter sind Pflanzen und Tiere Bestandteil des Naturhaushalts, § 1 Abs. 1 Nr. 1. Nicht unter § 1 Abs. 1 Nr. 3 fallen die Lebensräume der Pflanzen und Tiere[126].

§ 1 Abs. 1 Nr. 3 trifft eine klare Aussage, ist aber dennoch schlecht zu handhaben: Obwohl nicht weiter problematisch ist, was „Pflanzen- und Tierwelt" bedeutet[127], sind konkrete Maßnahmen zu deren Sicherung aus der Vorschrift nicht abzuleiten.

---

[120] Louis/ Engelke 1997, Nr. 10 zu § 1.

[121] Anderer Ansicht scheint VGH München 1984 (Entlandung des Hirschbergweihers-Berufungsinstanz), S. 28, wo im Rahmen einer Eingriffsabwägung die Leistungsfähigkeit des Naturhaushalts und die Pflanzen- und Tierwelt als „ökologische Belange" stärker gewichtet werden als das Interesse an der nachhaltigen Sicherung der Nutzungsfähigkeit der Naturgüter. Das Gericht scheint also die Nutzungsfähigkeit der Naturgüter im Gegensatz zur Leistungsfähigkeit des Naturhaushalts zu sehen.

[122] Gassner-Gassner 1996, Nr. 50 zu § 1.

[123] Gassner-Gassner 1996, Nr. 50 zu § 1, bezeichnet sie als „Abwägung der einschlägigen (Nutzungs-) Ziele", die vorzunehmen sei, sofern keine „praktische[r] Konkordanz aller berührten Belange möglich" sei.

[124] Louis/ Engelke 1997, Nr. 10 zu § 1.

[125] Kolodziejcok/ Recken 1996, Nr. 13 zu § 1.

[126] Fischer-Hüftle 1990, S. 1012 f.; BMU 1998, S. 689.

[127] Fraglich ist allein, ob auch Haustiere und Kulturpflanzen zur Pflanzen- und Tierwelt gehören, verneinend Gassner-Gassner 1996, Nr. 53 zu § 1, der allerdings die bejahende Ansicht als

(4) § 1 Abs. 1 Nr. 4

„Landschaft“ als objektiver Definition zugänglicher Gegenstand ist in § 1 Abs. 1 Nr. 4 nurmehr Anknüpfungspunkt der Eigenschaften „Vielfalt, Eigenart und Schönheit“ die im Vordergrund der Regelung stehen und je für sich eigenständige Begriffsinhalte haben[128]. Schon die Schutzgüter selbst müssen als der „Wert und die Bedeutung des Landschaftsbildes“[129], „die ihrerseits noch nicht Bestandteile des ‚Naturhaushalts' sind“[130], wertend bestimmt werden. Die Begriffe sollen ideelle Gesichtspunkte in den Natur- und Landschaftsschutz einbeziehen, nämlich ästhetische und emotionale Komponenten, die Natur und Landschaft eignen[131]. Ob auch ethische Gründe hier eine Rolle spielen, wird bestritten, da Naturschutz nach dem BNatSchG allein um des Menschen willen gefordert sei[132].

Zwar kann die Vielfalt von Natur und Landschaft anhand der Zahl der vorkommenden Arten, Bewuchsformen, Lebensgemeinschaften und Biotoptypen bzw. anhand der Merkmale und Eigenschaften, in denen sich eine Landschaft von anderen Landschaften unterscheidet, grundsätzlich objektiv bestimmt werden[133]. Sie setzt aber voraus, „zwischen den Polen Monotonie und Chaos“ ein Optimum zu finden[134], zumal sie mit dem „Landschaftserleben“ und der menschlichen Erholung im Zusammenhang steht[135], aber auch „von wesentlicher Bedeutung für Widerstands- und Erneuerungsfähigkeit der jeweiligen Ökosysteme“[136] ist.

Die Eigenart einer Landschaft bezeichnet die Summe des optisch-ästhetischen Eindrucks[137] und der charakteristischen Nutzungsweise einer Landschaft, der es darum geht, wesensfremde Nutzungen abzuwenden[138].

Demgegenüber hängt das Urteil über die Schönheit der Natur und Landschaft *immer* vom Blickwinkel des Beobachters ab[139], was das Kriterium des „gebildeten, dem Gedanken des Naturschutzes aufgeschlossen gegenüberstehenden Beobach-

---

„herrschend“ bezeichnet und dazu auf Kolodziejcok/ Recken 1996, Nr. 13 zu § 1 verweist. Bejahend auch Frhr. v. Lersner, NuR 1999, 61, 62.

[128] Tausch/ Wagner 1999, S. 372.

[129] Louis/ Engelke 1997, Nr. 11 zu § 1.

[130] Wolff 1997, S. 33 (Hervorhebung im Original).

[131] Schink 1989, S. 100; Kolodziejcok/ Recken 1996, Nr. 16 zu § 1.

[132] Lorz/ Stöcking, Nr. 6 zu § 1; anders aber Schink 1989, S. 100.

[133] Zur „Identifizierung des Landschaftsbilds“ nach „objektiv feststellbaren Elementen“ Gassner-Gassner 1996, Nr. 58 zu § 1 - Gassner sieht offenbar Vielfalt der Landschaft und Landschaftsbild sehr eng nebeneinander.

[134] Gassner-Gassner 1996, Nr. 61 zu § 1.

[135] Fischer-Hüftle 1997, S. 242; Wolff 1997, S. 33.

[136] Kolodziejcok/ Recken 1996, Nr. 14 zu § 1.

[137] Carlsen/ Fischer-Hüftle 1993, S. 312; Fischer-Hüftle 1997, S. 243.

[138] Gassner 1989, S. 62.

[139] Wolff 1997, S. 34; Carlsen/ Fischer-Hüftle 1993, S. 312 f.; Schönheit im „klassischen Sinn“ - dem Schönen kann nichts hinzugefügt oder entnommen werden, ohne zugleich seine Schönheit zu zerstören - ist daher „viel zu statisch“, Gassner 1989, S. 63.

ters"[140] verdeckt. Die „Schönheit" ist daher als „mit subjektiven Elementen angereicherte[s] künstlerische[s] und pädagogische[s] Werturteil"[141] ein unbestimmter Rechtsbegriff[142].

§ 1 Abs. 1 Nr. 4 betont nach alledem Eigenschaften der Landschaft als Schutzgüter, die wertend bestimmt werden müssen. Die Anfechtbarkeit der Wertung setzt sich in der Anfechtbarkeit der daraus gefolgerten Handlungsaufforderungen fort.

(5) Zusammenfassung zu den Einzelzielen

Natur und Landschaft werden in den Zielen aspekthaft in bezug auf ihre Hauptfunktionen beleuchtet. Die Einzelziele heben damit Teile des Gesamtgefüges der Natur hervor[143] und differenzieren so den Handlungsgegenstand[144]. Die Gegenstände der Einzelziele insgesamt entsprechen der Gesamtheit von Natur und Landschaft, weil es nicht möglich ist, zwischen „Natur" und „Naturhaushalt" bzw. „Leistungsfähigkeit des Naturhaushalts" in einer Weise zu unterscheiden, die Maßnahmen zur Sicherung der Leistungsfähigkeit von solchen trennt, die die Natur schützen, pflegen oder entwickeln, *ohne zugleich* den Naturhaushalt zu sichern[145].

d) Verhältnis der Einzelziele untereinander

Was das Verhältnis der Einzelziele untereinander betrifft, so deutet schon ihre parallele Stellung im Rahmen von § 1 Abs. 1 auf eine Gleichwertigkeit hin[146]: Indem § 1 Abs. 1 Nr. 2 die Nutzungsfähigkeit der Naturgüter neben die Leistungsfähigkeit des Naturhaushalts (§ 1 Abs. 1 Nr. 1) und § 1 Abs. 1 Nr. 3 daneben wiederum die Pflanzen- und Tierwelt stellt, heben diese Vorschriften die Nutzungsfähigkeit der Naturgüter und die Pflanzen- und Tierwelt auf die gleiche Ebene wie diese insgesamt. Die in § 1 Abs. 1 Nr. 4 genannten Aspekte stehen daneben.

---

[140] Grundlegend BVerwG, Urt. v. 12.7.1956, E 4, 57-60, 59 (IC 91.54), wonach sowohl der besonders empfindsame als auch der den Naturschutzgedanken ablehnende Betrachter unberücksichtigt bleiben muß, wenn es um die Schönheit der Landschaft als Tatbestandsvoraussetzung für die Ausweisung eines Naturschutzgebiets geht, § 13 Abs. 1 Nr. 3 BNatSchG. Ähnlich bei Louis/ Engelke 1997, Nr. 13 zu § 1, Bertenbreiter 1982, S. 154, und Wolff 1997, S. 34.

[141] Erichsen-Ossenbühl 1998, S. 210.

[142] Ähnlich bei Maurer 1997, S. 130, der „Verunstaltung" und „Beeinträchtigung des Landschaftsbilds" zitiert, S. 130; auch Peine 1998, S. 48, nennt „Verunstaltung" als unbestimmten Rechtsbegriff.

[143] Schmidt-Aßmann 1979, S. 2; Schink 1989, S. 99.

[144] Gassner-Gassner 1996, Nr. 33 zu § 1.

[145] Die Unklarheit des Wortlauts wird darauf zurückgeführt, daß Natur und Landschaft in den Entwurfsversionen noch nicht in „Kräfte und Bestandteile" aufgegliedert waren, z.B. von Gassner-Gassner 1996, Nr. 33 zu § 1.

[146] Bertenbreiter 1982, S. 70, spricht von einer „gleichartigen Reihung der Aspekte und Handlungsaufträge", und bezieht sich auf Schmidt-Aßmann 1979, S. 3, der auf die „Gleichrangigkeit der aufgabeninternen Belange" verweist. Auch das BVerwG 1997 (Winhöring-Alzgerm), S. 915. Der Gesetzgeber hat hierzu im maßgeblichen Entwurf des Bundesrats nicht Stellung bezogen, BT-DrS 7/ 3879, S. 18 f.

Zwar legt die Numerierung der Einzelziele nahe, daß die Sicherung der *Leistungsfähigkeit des Naturhaushalts* vorrangiges Ziel von Naturschutz und Landschaftspflege sei[147]. Auch deutet die Verschachtelung und unterschiedliche Konkretisierung[148] der Einzelziele auf eine Gewichtung der Gegenstände der Einzelziele nach Häufigkeit der Erwähnung hin. Entscheidend ist insofern jedoch die Verflochtenheit der Objekte: Die Wechselbeziehungen und gegenseitigen Abhängigkeiten im Naturhaushalt lassen es schon als sachfremd erscheinen, die Aspekte des Naturhaushalts in den Nr. 1-3 normativ überhaupt voneinander unterscheiden zu wollen[149]. Für eine unterschiedliche Gewichtung der Elemente und Funktionen des Naturhaushalts besteht daher erst recht keine Veranlassung. Die Einzelziele sind untereinander gleichwertig.

3. Überschrift

Aus seiner Überschrift, die zum amtlichen Text des Gesetzes gehört[150], ergibt sich, daß § 1 eine doppelte Funktion erfüllt: Die Vorschrift gibt den Schutz-, Pflege- und Entwicklungsmaßnahmen des Gesetzes den Zweck vor, verdeutlicht jedoch zugleich, daß diese keinen Anspruch auf Vollständigkeit erheben, weil sie außerdem ein Ziel beschreibt, das durch sämtliche Maßnahmen des Naturschutzes und der Landschaftspflege zu verwirklichen ist[151]. Die Verständlichkeit der Vorschrift wird dadurch nicht vereinfacht.

Die Überschrift spricht von „Zielen des Naturschutzes und der Landschaftspflege" und meint „Ziele des Bundesnaturschutzgesetzes"[152].

„Ziel" ist das gewünschte Ergebnis eines Verhaltens: Wer sich ein Ziel setzt, hat damit einen Maßstab, an dem er sein Handeln ausrichtet. Was nicht ursächlich sein kann für die Verwirklichung des Ziels, ist nach diesem Maßstab nicht zu tun gebo-

---

[147] Gassner-Gassner 1996, Nr. 33 zu § 1: „Neben dem Wortlaut kommt in der Reihenfolge der Einzelnennungen sowie deren sachlogischem Beziehungsgefüge verständnisleitende Bedeutung zu."

[148] Von Konkretisierungs-Stufen schreibt auch Gassner 1993, S. 120, und folgert daraus eine unterschiedliche Gewichtung der Einzelziele, ohne aber deutlich zu machen, welchem dabei die größte Bedeutung eigne.

[149] Liebrecht 1998, S. 92.

[150] Lorz/ Stöckel 1996, Vorbem. Nr. 40.

[151] Diese Erkenntnis widerlegt das Argument Krems' 1979, S. 118, gegen die Unterscheidung Altmanns zwischen Ziel und Zweck. Nach Altmanns Unterscheidung bestehe der Unterschied zwischen Ziel und Zweck im Realisierungsstadium; Ziele würden zu Zwecken, wenn zu ihrer Verwirklichung Mittel ausgewählt worden seien. Dem stehe „ein (...) verbreitete[r] (...) Sprachgebrauch" entgegen, wonach der Zweck nicht die Mittel determiniere. Auch wenn die im BNatSchG vorgesehenen Maßnahmen ihren Zweck jeweils von den Zielen aus § 1 Abs. 1 erhalten, kann der Zweck durch andere Maßnahmen gefördert oder verwirklicht werden. Die abschließende Wirkung, die Krems unterstellt, besteht nicht.

[152] Lorz/ Stöckel 1996, Vorbem. Nr. 38, formulieren umgekehrt, mit den Zielen des BNatSchG seien die Ziele des Naturschutzes und der Landschaftspflege gemeint. Wie hier aber Carlsen 1991, S. 45.

ten. Wer sich ein Ziel setzt, nimmt sich vor, sein Tun danach auszurichten, ob es kausal für die Realisierung seines Ziels sein kann. Zielsetzungen sind willens- und zukunftsorientiert. Sich ein Ziel zu setzen, bedeutet nicht, dies sicher zu verwirklichen oder auch nur alles zu unterlassen, was der Verwirklichung entgegensteht.
Von Zielen zu unterscheiden sind „Zwecke“[153], die Beweggründe eines Handelns und die Motivation eines Handelnden beschreiben und sein Handeln rechtfertigen. Die Unterschiede zwischen Zielen und Zwecken gründen vor allem in der Perspektive: Während ein Ziel ein Licht auf das in Zukunft zu erwartende, beabsichtigte Handeln wirft, beschreibt ein Zweck eher rückblickend die Motivation, die zu einem bestimmten Verhalten bewogen hat[154].
Der zweite Halbsatz von § 1 Abs. 1 umreißt einen Idealzustand und betrifft die eigentlichen *Ziele* von Naturschutz und Landschaftspflege im Sinn der o.g. Differenzierung. Die Eignung zu deren Verwirklichung ist Maßstab für die in Naturschutz und Landschaftspflege zu wählenden und auszuführenden Maßnahmen. Der erste Halbsatz ist konkreter; er enthält die Handlungsaufforderung. Im Verhältnis zur Handlungsaufforderung bildet die Verwirklichung des in den Einzelzielen beschriebenen Zustands den Zweck. Im Verhältnis zu weiteren, von der Handlungsaufforderung nicht erfaßten, sondern - auch aus den nachfolgenden Vorschriften - erst noch zu bestimmenden Maßnahmen erfüllen die in § 1 Abs. 1 Nr. 1-4 genannten Aspekte demgegenüber ihre Ziel-Funktion im beschriebenen Sinn[155].
Die Überschrift von § 1 eröffnet damit für die gerichtliche Kontrolle naturschutzrechtlicher Maßnahmen verschiedene Auslegungsmöglichkeiten der Ziele. Sie können als *Ziele* im hier beschriebenen Sinn vor allem für die Überprüfung der Legitimation zukunftsorientierter, d.h. vor allem planender Maßnahmen Bedeutung erlangen, aber auch als *Zwecke* bei der Kontrolle von reagierenden Naturschutzmaßnahmen Maßstab sein.

4. Zusammenfassung zum Inhalt von § 1 Abs. 1

Die inhaltliche Untersuchung von § 1 Abs. 1 verdeutlicht den tatsächlich umfassenden Ansatz der Vorschrift für Naturschutz und Landschaftspflege. Während dieser besonders im Einleitungssatz in sachlicher („Natur und Landschaft“), räumlicher („im besiedelten und unbesiedelten Bereich“) und funktionell-zeitlicher Hin-

---

153 Krems 1979, S. 118 f., unterscheidet nicht zwischen Zielen und Zwecken.

154 Krems 1979, S. 118, gibt hier ein Manuskript von E. Altmann wieder, danach „handelt es sich bei einem Ziel um eine zweistellige Relation: der Mensch *x* hat das Ziel *y*. ‚Zweck‘ hingegen bedeutet eine dreistellige Relation: der Mensch *x* benutzt Mittel *z* bzw. führt Handlung *z* aus zum Zwecke *y*.“ (Hervorhebung im Original).

155 Auch Krems’ 1979, S. 118, Argument, eine Unterscheidung zwischen Ziel und Zweck anhand einer „Transformation der Handlungsorientierung vom Ziel (Stadium *vor* der Mittelauswahl) zum Zweck (Stadium *nach* der Mittelauswahl)“ sei „praktisch überflüssig“ (Hervorhebung im Original), greift nicht durch. Es reduziert die Unterscheidung auf ein „vorher-nachher“, das den Beziehungen zwischen Ziel, Maßnahme und Zweck nicht gerecht wird. Insbesondere bleibt ein Ziel bestehen, auch wenn eine Maßnahme ausgewählt wurde, der es den Zweck vorgibt.

sicht („so zu schützen etc., daß...") zum Ausdruck kommt, nehmen ihn die Ziele im einzelnen etwas zurück. Sie beschreiben vor allem Funktionen von Teilaspekten von Natur und Landschaft, deren Bestimmung Wertungen erfordert und insoweit offen für naturschutzexterne Einflüsse ist.

B. Funktionen von § 1 Abs. 1

Die funktionellen Eigenschaften von § 1 Abs. 1, die zum Teil auf die inhaltliche Auslegung der Vorschrift zurückgehen, können weitere Anhaltspunkte für mögliche Wirkungen der Ziele geben. Funktionen können insbesondere daran anknüpfen, daß § 1 Abs. 1 als Zielvorschrift umittelbar gilt, zugleich aber auch Allgemeine Vorschrift ist und als Optimierungsgebot interpretiert wird. Insofern können sich Auswirkungen der Ziele für das BNatSchG insgesamt ergeben.

1. Unmittelbar geltende Rahmenvorschrift

§ 1 Abs. 1 gilt nach § 4 S. 3 unmittelbar, obwohl das BNatSchG insgesamt ein Rahmengesetz ist, Art. 75 Abs. 1 Nr. 3 GG[156].

Aufgrund der Gesetzgebungskompetenz für Rahmenvorschriften darf der Bundesgesetzgeber einen Rahmen setzen, dessen Ausfüllung den Ländern vorbehalten bleibt[157]. Die Regelungsintensität der Rahmengesetze hat hinter derjenigen von Gesetzen zurückzustehen, die aufgrund der ausschließlichen oder der konkurrierenden Bundes-Gesetzgebungskompetenz erlassen werden[158]. Die Länder müssen umgekehrt ihr Naturschutzrecht den Vorgaben des BNatSchG anpassen bzw. es daran ausrichten[159], dem bundesrechtlichen Rahmen widersprechendes Landesrecht ist nichtig[160]. Insofern sind die Ziele Maßstab der Rechtmäßigkeit landesrechtlicher Naturschutznormen.

---

[156] Die Gesetzgebungskompetenz des Bundes kann außerdem für Einzelvorschriften des BNatSchG auf Art. 73 Nr. 5 und Art. 74 gestützt werden, Gassner-Gassner 1996, Nr. 4 zu § 4. Die Grundgesetzvorschrift für die Rahmengesetzgebungskompetenz ist seit der Verabschiedung des BNatSchG geändert worden, zuletzt durch das Gesetz zur Änderung des Grundgesetzes, vom 27.10.1994, BGBl I, S. 3146 (allgemein zu den Auswirkungen der Änderung für die Rahmengesetzgebungskompetenz Müller 1996, S. 107 ff.). Unmittelbar geltende Vorschriften in Rahmengesetzen sind seither nur noch in weiter beschränktem Umfang zulässig. Ob die weitreichenden Unmittelbarkeitsvorschriften des § 4, 3 damit übereinstimmen, ist problematisch; Freytag/ Iven 1997, S. 126 f., äußern vor allem Zweifel an der Verfassungsmäßigkeit der Vorgaben der Eingriffsregelung für das Verwaltungsverfahren.

[157] Schneider 1994, S. 37. Grundlegend BVerfG, Urt. v. 1.12.1954, E 4, 115-142, 127 (2 BvG 1/ 54); Nachweise zur seither st. Rspr. bei Erbguth 1988, S. 322 m. Fn. 66.

[158] Erbguth 1988, S. 322; Axer 1996, S. 4; Schneider 1994, S. 37.

[159] Freytag/ Iven 1997, S. 123; kritisch zu den Vorgaben, die das BNatSchG insoweit enthält, Weitzel 1978, S. 183.

[160] Zur Begründung dieses Ergebnisses mit Art. 31 GG setzt Schneider 1994, S. 109, kompetenzgerecht zustandegekommenes Bundes- und Landesrecht voraus, an dem es zumindest für den Bereich unmittelbar geltender Rahmenvorschriften fehle. Entscheidend sei vielmehr Art. 72 Abs. 1 GG, der ebenfalls zur Nichtigkeit widersprechenden Landesrechts führe.

Aufgrund der ausnahmsweise unmittelbaren Geltung braucht neben § 1 Abs. 1 kein Regelungsraum und Regelungsbedarf mehr für die Landesgesetzgebung zu bestehen. § 1 wendet sich auch direkt an die Naturschutz- und sonstigen Behörden. Die unmittelbare Geltung sagt aber nichts über die Regelungsdichte von § 1 Abs. 1. Dies zeigt jetzt auch Art. 75 Abs. 2 GG, der als Ausnahmefälle „unmittelbar geltende Vorschriften" *neben* „in Einzelheiten gehende" Vorschriften in Rahmengesetzen stellt[161]. Unmittelbar geltende Vorschriften müssen daher nicht *auch* konkreter sein als Rahmenvorschriften im eigentlichen Sinn[162], denn auch unmittelbar geltende Rahmenvorschriften müssen so ausgestaltet sein, daß Bundesrecht und Landesrecht nebeneinander wirksam werden müssen, um die gesetzlich gewollte Ordnung zu erreichen und damit praktisch anwendbares Recht zu schaffen[163]. Diese Anforderung erfüllt § 1 Abs. 1, weil seine Formulierungen so allgemein und weitreichend gehalten sind, daß daraus keine positiven, konkreten Handlungsanweisungen gefolgert werden können[164].
Deswegen sind die Ziele Maßstab der Rechtmäßigkeit nicht nur von Landesrecht, sondern zugleich von behördlichen Einzelmaßnahmen.

2. Prinzip und/ oder Optimierungsgebot

Weiterhin wird § 1 in Teilen der Literatur als Optimierungsgebot eingeordnet[165].
Es besteht jedoch keine allgemeine Einigkeit über die Bedeutung des Begriffs „Optimierungsgebot". Näheren Aufschluß über die Vorschrift gibt ihre Qualifizierung als Optimierungsgebot nur, wenn erstens die Qualifizierung aufgrund der unterschiedlichen Definitionsansätze schlüssig ist und wenn zweitens aus der Qualifizierung Aussagen über Funktionen der Norm getroffen werden können.

a) Einordnung als Optimierungsgebot

Nach einer Ansicht sind Optimierungsgebote Vorschriften, die eine Optimierung der Verwirklichung oder Berücksichtigung von Belangen fordern[166]. Einander begrenzende Belange sollen danach in einem je möglichst weitreichenden Maß be-

---

[161] Müller 1996, S. 115.
[162] Reichert 1998, S. 19.
[163] BVerfG, Urt. v. 1.12.1954, E 4, 115, 129 f. (2 BvG 1/ 54); BVerfG, Beschl. v. 28.3.1984, E 66, 270-291, 285 (2 BvL 2/ 82); Freytag/ Iven 1997, S. 124.
[164] Gassner-Gassner 1996, Nr. 16 zu § 4.
[165] Für § 1 Abs. 1 Gassner-Gassner 1996, Nr. 71 zu § 1, und Bugiel 1998, S. 413; vorsichtig Gellermann/ Middeke 1991, S. 461: "die in Teilen der Literatur als Optimierungsgebot bewertete Abwägungsklausel". Der Einwand von Erbguth 1987, S. 144, und Erbguth/ Wiegand 1994, S. 76, eine Problemlösung auf dem Abstraktionsniveau der gesetzlichen Zweckbestimmung sei nicht erreichbar, sondern bedürfe der Umsetzung, vor allem durch Planung, greift nicht durch, weil ein Optimierungsgebot nicht schon selbst Problemlösung bedeutet, sondern erst die Aufforderung, durch Ausgleich eine Lösung herbeizuführen. Zuletzt nennt Riedel 1999, S. 184, zwar § 8 Abs. 2 und 3, nicht aber § 1 als Beispiel für verwaltungsrechtliche Optimierungsgebote.
[166] Neuere Ansätzen, im Zusammenhang des Ausgleichs zwischen gesetzlicher Steuerung und gerichtlicher Kontrolle auf der einen und Effektivität der Verwaltung auf der anderen Seite von Optimierungsgeboten zu sprechen, stellt v. Danwitz 1998, S. 929, dar.

rücksichtigt werden[167], um zur bestmöglichen Verwirklichung[168], dem Optimum[169] zu gelangen, ohne daß schon aufgrund des Gebots einzelnen der Belange ein Vorrang eingeräumt wäre[170]. Anwendungsmethode für Optimierungsgebote sei daher die Abwägung[171].

Für die Frage, ob § 1 Abs. 1 ein Optimierungsgebot im Sinne dieser Auffassung enthält, kommt es also darauf an, ob erstens die Norm anordnet, bestimmte Interessen oder Belange zu fördern oder zu verwirklichen und ob zweitens diese Interessen oder Belange einander gegenseitig begrenzen.

§ 1 Abs. 1 verpflichtet die Normadressaten, Natur und Landschaft in den in Nr. 1-4 aufgeführten Teilen und Einzelaspekten zu schützen, zu pflegen und zu entwickeln. Die Norm ordnet also die Förderung bestimmter Belange an.

Was das Verhältnis der Gegenstände der Einzelziele untereinander angeht, so stehen sich dies nicht in der Weise gegenüber, daß die Förderung des einen stets eine Störung eines oder aller anderen nach sich zöge[172]. Als Teile und Einzelaspekte des Schutzguts „Natur und Landschaft“ haben die Einzelziele vielmehr generell eine gemeinsame Schutzrichtung. § 1 Abs. 1 enthält demnach nicht schon selbst die Belange, denen nicht zugleich mit den Zielen von Naturschutz und Landschaftspflege voll Genüge getan werden kann. Die Zielvorschrift gibt nicht vor, mit welchen entgegenstehenden Belangen die Ziele im Sinne einer Optimierung zum Ausgleich gebracht werden sollen. Mögliche Spannungen sind im letzten Teilsatz nur angedeutet, der die Natur als Lebensgrundlage und Erholungsvoraussetzung des Menschen einordnet. § 1 Abs. 1 nennt also nicht die Interessen, die der Verwirklichung der Ziele des Naturschutzes und der Landschaftspflege entgegenstehen. Damit fehlt § 1 Abs. 1 ein Merkmal, das nach der beschriebenen Auffassung charakteristisch für Optimierungsgebote ist.

Demnach wäre die Vorschrift nach dieser Auffassung für sich genommen kein Optimierungsgebot.

Im Unterschied zu diesem Ansatz zur Definition von Optimierungsgeboten charakterisiert Alexy sie dadurch, „daß sie in unterschiedlichen Graden erfüllt werden können und daß das gebotene Maß der Erfüllung nicht nur von den tatsächlichen, sondern auch von den rechtlichen Möglichkeiten abhängt“[173]. Diese Begriffsbestimmung von Optimierungsgeboten geht darauf zurück, daß Alexy diese mit Prin-

---

[167] Zur Definition von Optimierungsgeboten jüngst Würtenberger 1999, S. 142, und Riedel 1999, S. 183. Rengeling/ Gellermann 1991, S. 326, beschreiben als Zielsetzung des Optimierungsgebots, die Schutz-, Pflege- und Entwicklungsmaßnahmen "so weit als möglich" zu verwirklichen.

[168] Gassner 1993, S. 120 (: Inhalte der Landschaftsplanung sind anhand der Ziele zu optimieren); Hoppe 1992, S. 1388; Metz 1996, S. 248; Würtenberger 1999, S. 146.

[169] Definition des Optimums als "beste Lösung" nach Sieckmann 1990, S. 65 m.w.Nw.

[170] Bartlsperger 1996, S. 6.

[171] Bartlsperger 1996, S. 2; Würtenberger 1999, S. 145.

[172] Allerdings zieht auch die Förderung des einen Gegenstandes nicht jedenfalls die Förderung eines oder aller anderen nach sich.

[173] Alexy 1994, S. 76; Alexy 1985, S. 19.

zipien gleichsetzt[174]. Prinzipien seien Normen, die gebieten, daß etwas in einem relativ auf die rechtlichen und tatsächlichen Möglichkeiten möglichst hohen Maße realisiert wird“[175]. Welche Gegebenheiten diese tatsächlichen und rechtlichen Möglichkeiten bestimmen, ist nach dieser Definition nicht Gegenstand einer Prinzipiennorm. Alexy schreibt weiter, Prinzipien würden durch eine Abwägung angewendet, in der jeweils bestimmt werde, inwieweit die Prinzipien neben Gegengründen verwirklicht werden können[176].

Bei einer Abwägung wird ein Vorrangverhältnis und damit ein Einklang zwischen Belangen ermittelt, die zu unterschiedlichen Ergebnissen führen würden, wenn sie je vollständig beachtet, geschützt oder verwirklicht würden[177]. Der Ausgleich durch Abwägung setzt mithin voraus, daß die einzelnen Belange graduell erfüllbar sind[178]. So ergibt sich in Alexys Begrifflichkeit die „graduelle Erfüllbarkeit“ als Merkmal von Optimierungsgeboten[179].

Ob § 1 Abs. 1 in Alexys Sinn ein Optimierungsgebot ist, hängt mithin davon ab, ob erstens die Vorschrift graduell erfüllbar ist, ob zweitens das Maß der Realisierung, das sie gebietet, von den tatsächlichen und rechtlichen Möglichkeiten abhängt, und ob drittens § 1 Abs. 1 daher mittels einer Abwägung angewendet wird.

Der in § 1 Abs. 1 beschriebene Zielzustand von Natur und Landschaft kann nicht "vollständig" verwirklicht, sondern allenfalls angenähert werden: So lange Menschen ihre Umgebung mit technischen Mitteln gestalten, kann z.B. der Naturhaushalt nicht unbeeinträchtigt sein. Umgekehrt kann der Verzicht auf Beeinträchtigungen die Qualität des Naturhaushalts zumindest in gewissen räumlichen Grenzen

---

174 Alexy 1994, S. 75 f.; Alexy 1985, S. 19 f.; so auch Bartlsperger 1996, S. 2.

175 Alexy 1994, S. 75; Alexy 1985, S. 19.

176 Alexy 1994, S. 76. Mißverständlich formuliert demgegenüber Garbe 1997, S. 311, ein Optimierungsgebot könne im Einzelfall durch gegenläufige Belange überwunden werden, dazu bedürfe es aber einer besonderen Begründung: überwunden wird auch in Alexys Terminologie nicht das Gebot als solches, sondern im Einzelfall eines der Interessen, die das Gebot zu optimieren auffordert. Ähnlich mißverständlich Schink 1997, S. 228.

177 Enderlein 1992, S. 19, spricht von Abwägung als der "Lösung eines echten Konflikts zwischen Gebots-, Verbots- oder freistellenden Normen mit prima-facie-Geltung durch die Ermittlung eines ausgleichenden oder vorziehenden Rangverhältnisses zwischen den Konfliktnormen".

178 Enderlein 1992, S. 57.

179 Die „graduelle Erfüllbarkeit“ unterscheidet in dieser Begrifflichkeit Prinzipien von Regeln, die, wenn sie für eine Konstellation einschlägig seien, nur entweder erfüllt oder nicht erfüllt werden könnten, zur Abgrenzung von Prinzipien und Regeln Alexy 1979, S. 63-82. Die Abgrenzung kombiniert früher entwickelte Kriterien zur qualitativen Unterscheidung von Regeln und Prinzipien. Deren Kritik wird damit gegenstandslos. Umfangreiche Nachweise zur Kritik bei Alexy 1994, S. 72 ff.; unter vielen schließen sich Alexy an: Hoppe 1993, S. 1113, und jüngst Riedel 1999, S. 183. Sieckmann 1990, S. 65, bestreitet im Gegensatz zu Alexy die graduelle Erfüllbarkeit sei Merkmal von Optimierungsgeboten.

meßbar verbessern[180]. Demnach ist die Vorschrift über die Ziele von Naturschutz und Landschaftspflege graduell erfüllbar.
Die Vorschrift selbst beschreibt weder den Rahmen, innerhalb dessen die Ziele des Naturschutzes und der Landschaftspflege verwirklicht werden sollen, noch das Maß der gebotenen Erfüllung. Deshalb hängt dies Maß von normexternen tatsächlichen und rechtlichen Möglichkeiten ab. Auch das zweite Merkmal von Alexys Definition eines Optimierungsgebots ist durch § 1 Abs. 1 erfüllt.
Schließlich sind gemäß § 1 Abs. 2 die sich aus § 1 Abs. 1 ergebenden Anforderungen gegen die sonstigen Anforderungen der Allgemeinheit an Natur und Landschaft abzuwägen. § 1 Abs. 2 schreibt also für § 1 Abs. 1 die Anwendungsmethode vor, die in Alexys Begrifflichkeit für Optimierungsgebote charakteristisch ist.
§ 1 Abs. 1 ist folglich in Alexys Verständnis ein Optimierungsgebot.
Die beschriebenen Definitionsvarianten führen nicht zu einer übereinstimmenden Einordnung von § 1 Abs. 1 als Optimierungsgebot.
Der Unterschied der Einordnung von § 1 Abs. 1 geht auf den Unterschied der Definitionsansätze zurück. Dieser besteht darin, daß nach der zuerst beschriebenen Auffassung ein Optimierungsgebot selbst die Verwirklichung einander entgegenstehender Interessen gebietet, während es nach Alexy nur Interessen zu verwirklichen aufruft, die eine gemeinsame Stoßrichtung haben. Der Unterschied besteht mit anderen Worten darin, daß Optimierungsgebote nach Alexy nur die "eine Seite der Medaille" abbilden, während sie nach der erstgenannten Ansicht schon selbst beide Seiten einbeziehen. Beide Definitionsansätze stimmen darin überein, daß Optimierungsgebote durch eine Abwägung anzuwenden seien. Indem dabei der Wert der Verwirklichung des einen Interesses mit dem Wert der Beeinträchtigung eines anderen, gleichviel, ob dies im Gebot selbst genannt sei oder nicht, ins Gleichgewicht gebracht und daraus eine konkrete Handlungsanweisung abgeleitet werde, führe die Abwägung zu einem Optimum. Abwägung bedeutet danach stets Optimierung[181]. Dies umso mehr, wenn man Optimierung eher als fortdauernden Prozeß[182] denn als Suche nach *dem* Optimum[183] versteht.

---

[180] Beispielsweise kann die Eignung eines Waldstücks als Lebensraum für Tiere verbessert werden, wenn ein hindurchführender, stark frequentierter Reit- und Fahrradweg gesperrt wird. Die Tiere werden dann weniger gestört. Weiter kann es der Leistungsfähigkeit des Naturhaushalts in einem Waldstück dienlich sein, Totholz nicht abzutransportieren, sondern liegenzulassen. Das Waldstück wird dann als Lebensraum für eine größere Zahl von Arten geeignet sein.

[181] Bartlsperger 1996, S. 2 m.w.Nw.; Zippelius 1994, S. 100 und 181 ff., deutet dies an, indem er zur Auswahl unter Ermessensrechtsfolgen ausführt, die Auswahl müsse "einen optimalen und gerechten Ausgleich der Interessen anstreben"; auch Schlink 1976, S. 181, vergleicht den Zustand eines Optimums mit juristischen Begriffen, insbesondere mit der Erforderlichkeit in der Grundrechts-Eingriffs-Rechtfertigung: Die "Notwendigkeit" im Verfassungsrecht (damit ist die Erforderlichkeit gemeint) sei mit dem wohlfahrtsökonomischen Kriterium der "Pareto-Optimalität" vergleichbar. Dieses Kriterium ist erfüllt, wenn kein Individuum besser gestellt werden kann, ohne daß zugleich ein anderes schlechter gestellt wird.

[182] So jüngst Würtenberger 1999, S. 166 ff.

Vor dem Hintergrund des so herausgearbeiteten Unterschieds und der Gemeinsamkeit der Definitionsansätze von Optimierungsgeboten ergibt sich Aufschluß für die Einordnung von § 1 aus der Zusammenschau von § 1 Abs. 1 mit § 1 Abs. 2. Danach sollen die Anforderungen, die sich aus § 1 Abs. 1 ergeben, gegen die sonstigen Anforderungen der Allgemeinheit an Natur und Landschaft abgewogen werden. § 1 Abs. 2 schreibt damit zum einen als Anwendungsmethode für die in § 1 Abs. 1 aufgeführten Ziele die Abwägung vor. Zum anderen ergänzt Abs. 2 den Abs. 1 um Gegengründe, mit denen die Gegenstände der Einzelziele aus § 1 Abs. 1 abgewogen werden sollen. Die "sonstigen Anforderungen der Allgemeinheit an Natur und Landschaft", auf die sich § 1 Abs. 2 bezieht, sind solche Interessen, die der Verwirklichung der Ziele von Natur und Landschaft eher entgegenstehen. Die Anwendung von § 1 Abs. 1 beschränkt sich nach Abs. 2 also nicht darauf, im Einzelfall zu bestimmen, wie Natur und Landschaft geschützt, gepflegt und entwickelt werden können. Wegen Abs. 2 müssen darüberhinaus aus den anderen Allgemeininteressen konkrete Anforderungen an Natur und Landschaft abgeleitet werden. Zum Ausgleich dieser zumeist gegenläufigen, auf den Einzelfall hin konkretisierten Anforderungen nach § 1 Abs. 1 und 2 bedarf es einer Abwägung, aufgrund derer für den Einzelfall ein konkret anzustrebender Zielzustand ermittelt werden kann.

§ 1 Abs. 2 schreibt danach für Abs. 1 zum einen die Abwägung als Anwendungsmethode vor, die nach beiden Definitionsansätzen für Optimierungsgebote kennzeichnend ist. Zum anderen nennt die Norm entgegenstehende Interessen zur Abwägung. Deren Fehlen in § 1 Abs. 1 selbst hatte bewirkt, daß die Vorschrift für sich genommen nach der zuerst beschriebenen Auffassung nicht Optimierungsgebot ist. § 1 Abs. 2 ergänzt also Abs. 1 um diejenigen Gründe, um deren Fehlen willen die genannten Definitionsansätze bei der Einordnung von § 1 Abs. 1 zu abweichenden Ergebnissen kommen. Das bedeutet, daß nach beiden Ansätzen zumindest

---

[183] So Sieckmann 1990, S. 65 und ders. 1995, S. 47, demzufolge ein Optimum ein eindeutig definierter Zustand ist, weshalb eine exakte Aussage über seine Verwirklichung getroffen werden könne: Entweder bestehe ein optimaler Zustand oder nicht. Dabei eröffneten Abwägungsprozesse eine Bandbreite möglicher Ergebnisse, so daß mehrere Zustände je für sich „optimal" sein könnten. Kritisch hier v. Danwitz 1998, S. 938 f.: "(...) jedoch macht sich erst zaghaft die Erkenntnis breit, daß mit der Potenzierung der zu berücksichtigenden Abwägungsbelange in den Händen der letztverbindlich entscheidenden Verwaltungs- oder Verfassungsgerichtsbarkeit eine arge Beschränkung administrativer Entscheidungsfreiräume einhergeht. Diese Konsequenz wird durch das weitverbreitete Bestreben verstärkt, die Verhältnismäßigkeitsprüfung gerade im Verfassungsrecht ganz an der Zielvorstellung ‚optimaler Verhältnismäßigkeit' auszurichten. Auch im Verwaltungsrecht wirkt sich das vom Übermaßverbot bestimmte Interventionsminimum zunehmend als Suche nach der ‚einzig verhältnismäßigen Verwaltungsentscheidung' aus und führt so zu einer weitgehenden Aushöhlung der behördlichen Befugnis zur eigenverantwortlichen Abwägung, die in der polizeirechtlichen Heimat des Verhältnismäßigkeitsgrundsatzes in Gestalt des Auswahlermessens seit jeher anerkannt ist." (Hervorhebung im Original). Nach Würtenberger 1999, S. 157 f., fordern Optimierungsgebote nur "eine gerechte Lösung, die anzustreben sich lohnt, über deren Erreichen es aber keine letzte Vergewisserung gibt."

§ 1 Abs. 1 und 2 *zusammen* als Optimierungsgebot zu bewerten sind[184]. § 1 gebietet daher, die Anforderungen aus § 1 Abs. 1 mit denjenigen, die die Allgemeinheit an Natur und Landschaft stellt, zu optimieren. Für die vorliegende Untersuchung kann dahinstehen, ob sich dies aus § 1 Abs. 1 allein oder aus dessen Verbindung mit § 1 Abs. 2 ergibt.

b) Funktionelle Folgen der Einordnung

Für die Verwaltung bedeutet das: Jede Entscheidung im Zusammenhang mit Interessen des Naturschutzes und der Landschaftspflege *muß* die Ziele von Naturschutz und Landschaftspflege optimieren. Es ist also jeweils zu prüfen, ob in Anbetracht der inzwischen verfassungsrechtlich abgestützten Bedeutung der natürlichen Lebensgrundlagen[185] durch die Entscheidung im Einzelfall eine Lösung gefunden wurde, die die Interessen von Natur und Landschaft zum bestmöglichen Ausgleich mit entgegenstehenden Interessen bringt. Die behördliche Entscheidung, die auf diese Prüfung gestützt ist, unterliegt gerichtlicher Kontrolle wie andere Abwägungsentscheidungen auch.

§ 1 Abs. 1 und 2 insgesamt gebieten als Optimierungsgebot die bestmögliche Verwirklichung der Ziele des Naturschutzes und der Landschaftspflege.

3. Zielvorschrift

Wie sich gezeigt hat, gibt § 1 nicht nur dem Naturschutzrecht insgesamt Ziele vor, indem er einen zu verwirklichenden Zustand beschreibt. Die Verwirklichung dieses Zustands ist darüber hinaus Zweck der Handlungsaufforderungen von § 1 Abs. 1. Ein Vergleich der Norm mit Zweckvorschriften in einfachen Gesetzen und mit Staatszielbestimmungen kann deshalb Hinweise auf die Bedeutung der Ziele für die Anwendung des BNatSchG geben.

a) Zum Vergleich: Zweckvorschriften in einfachen Gesetzen

Einleitungsvorschriften anderer Gesetze sind oftmals als „Zweck/ -e" der Gesetze überschrieben[186]. Manche dieser Vorschriften fassen den Inhalt des jeweiligen Gesetzes in wenigen Worten zusammen[187], andere umschreiben tatsächliche Wirkungen, die das Gesetz für seinen Regelungsbereich erzielen soll[188]. Dabei kombinieren die Normen häufig Sach- und Rechtsbegriffe[189]. Manchmal werden in den Zweck-

---

184 Auf den Zusammenhang mit § 1 Abs. 2 weist das BVerwG 1985 (Störungsfreier Verkehr), S. 165, hin, das § 1 insgesamt als Optimierungsgebot einordnet.

185 Die untersuchten Entscheidungen spiegeln wesentlich den Zustand vor Einführung von Art. 20 a GG wider. Auswirkungen der Vorschrift werden insoweit noch nicht erkennbar sein. Mögliche Beziehungen zwischen § 1 Abs. 1 und Art. 20 a GG beschreibt der Teil II A. 1. b) dieses Abschnitts, in dem die Abwägung erläutert wird, die § 1 Abs. 2 vorsieht.

186 Nämlich z.B. §§ 1 GenTG, UVPG, BImSchG, StrVG, KrW-/ AbfG, EnWG, AtG, PflSchG, BWaldG.

187 § 1 UVPG. Vgl. auch die ähnlich formulierten § 1 GenTG sowie § 1 KrW-/ AbfG; instruktiv in diesem Zusammenhang Schneider 1991, S. 207, und Hill 1982, S. 69 f.

188 § 1 BImSchG; vgl. auch §§ 1 EnWG, PflSchG.

189 § 1 StrVG, §§ 1 GenTG, PflSchG und AtG.

vorschriften auch Interessen erwähnt, die dem Hauptinteresse zuwiderlaufen, das das Gesetz verwirklichen soll[190]. Zweckvorschriften sind von Präambeln zu unterscheiden, die dem eigentlichen Gesetzestext[191] vorangestellt werden. Diese sollen vor allem die Öffentlichkeit über die Regelungsgedanken eines neuen Gesetzes informieren und die rechtspolitische Diskussion strukturieren[192].
Weil auch § 1 Abs. 1 zum eigentlichen Gesetzestext gehört, einen Zielzustand beschreibt, dessen Verwirklichung das Gesetz dienen soll, und dazu sachliche mit rechtlichen Begriffen verbindet, können die Erkenntnisse zu anderen Zweck-Normen für seine Anwendung fruchtbar gemacht werden.
Auch § 1 Abs. 1 kann oder soll daher die Anwendung des Gesetzes steuern: Die Auslegung unbestimmter Rechtsbegriffe innerhalb des Gesetzes, aber auch die Anwendung von Ermessensvorschriften des Gesetzes sind an der Zweckvorschrift zu orientieren[193]. Unter den klassischen Auslegungsmethoden greift speziell die teleologische Auslegung auf den Zweck der Norm zurück, die es auszulegen gilt[194], so daß Zweckvorschriften die Auslegung bestimmen[195]. Sie fragt, welche unter mehreren vom Wortlaut einer Vorschrift gedeckten Auslegungsvarianten dem vom Gesetzgeber verfolgten Zweck am ehesten gerecht wird[196]. Diese Bedeutung der Ziele findet sich schon in der gesetzlichen Begründung angedeutet[197].

---

[190] § 1 BWaldG.

[191] Zur Unterscheidung von Präambel und „eigentlichem Gesetzestext“ Rethorn 1976, S. 297.

[192] Vitzthum/ Geddert-Steinacher 1990, S. 43; zur gegenwärtigen Bedeutung von Vorsprüchen, „nicht sachkundige Betroffene über ein Gesetz zu informieren“ und für die Formulierung des Gesetzestextes selbst Richtlinie zu sein, v. Hammerstein 1989, S. 146; ersteres hebt Hill 1993, S. 9. besonders hervor; allg. zu Vorsprüchen auch Fliedner 1993, S. 17 ff. Zu nationalsozialistischen Gesetzesvorsprüchen, die eine Verbindung zwischen Rechtspraxis und Ideologie herstellen und auch auf diesem Weg die Rechtsanwendung erleichtern sollten, Höger 1976, S. 51 ff. und - mit ausführlicher Darstellung zur historischen Entwicklung von Präambeln - Rethorn 1976, S. 310 ff.

[193] So ausdrücklich für § 1 Abs. 1 BNatSchG Kunig/ Paetow/ Versteyl-Kunig 1998, Nr. 1 zu § 1; für die Auslegung der Eingriffsregelung auch Scholten 1995, S. 9; anders Kloepfer/ Rehbinder/ Schmidt-Aßmann/ Kunig 1991, S. 867 f., wonach § 1 mehr als nur programmatische Bedeutung für die Auslegung des gesamten BNatSchG habe, Ermessensentscheidungen aber eher an § 2 auszurichten seien.

[194] Raisch 1988, S. 33, bezeichnet den Gesetzeszweck als die „entscheidende Korrekturinstanz der Wortlautauslegung“; ähnlich auch Zippelius 1994, S. 46.

[195] Zum BImSchG BVerfG, Beschl. v. 6.5.1987, E 75, 329-347, 344 (2 BvL 11/ 85) und Jarass 1999, Nr. 1 zu § 1; Kunig/ Paetow/ Versteyl-Kunig 1998, Nr. 1 zu § 1; Erbguth/ Schink, Nr. 1 zu § 1; Hirsch/ Schmidt-Didzcuhn/ Winnacker 1991, Nr. 5 zu § 1; vgl. auch Vitzthum/ Geddert-Steinacher 1990, S. 41 und 48 - diese betonen zudem, Auslegungshilfe seien Zweckvorschriften nur dort, wo die im Vordergrund stehenden Einzelvorschriften des Gesetzes unklar oder unvollständig seien: „Anderenfalls geriete man schnell in die Gefahr, Normen, die vom Gesetzgeber als Spezialregelungen ausformuliert worden sind, teilweise zugunsten einer als vorrangig behaupteten zweck- oder allgemeinpolitischen Grundlinie zu überspielen.“; Höger 1976, S. 59 ff.

[196] So ausdrücklich für den Zusammenhang des BImSchG Jarass 1999, Nr. 1 zu § 1.

[197] „[Der vorliegende Entwurf des Bundesrats] (...) hat aus (...) [den gewonnenen Erkenntnissen] die Prinzipien abgeleitet, die unbedingt bundeseinheitlich in den Ländern geregelt werden müs-

Zudem ist die Anwendung der Ermessensvorschriften des BNatSchG am Zweck der Norm auszurichten, die das Ermessen einräumt, vgl. § 114 VwGO[198].
Zweifel am Regelungsgehalt von Zweck-Vorschriften, wonach diese „in den meisten Fällen lediglich die Intention des Gesetzgebers beschrieben"[199], oder die sich auf die Offenheit und mangelnde Konkretheit der Vorschriften stützen[200], übersehen diese Auswirkungen von Zweckbestimmungen auf die Gesetzesanwendung. Diese erlangen in Gesetzen besondere Bedeutung, in denen „der Gesetzgeber die rechtlichen Anforderungen zur Erfüllung des Schutzzwecks dynamisiert"[201]. Derlei Dynamisierung ergibt sich für § 1 Abs. 1 BNatSchG, weil die Ziele neben dem Zweck der aufgeführten Handlungsaufforderungen auch den anzustrebenden Zustand beschreiben, dem die Maßnahmen des Naturschutzes und der Landschaftspflege zu dienen haben[202].
Beachtlich ist in diesem Zusammenhang außerdem, daß die genannten Auswirkungen der Ziele als *Zwecke* des Naturschutzes und der Landschaftspflege unabhängig vom Inhalt der naturschutzrechtlichen Vorschriften im einzelnen sind. Es kommt grundsätzlich nicht darauf an, ob und in welchem Umfang die Instrumente im einzelnen Ansätze der Ziele wiederaufnehmen, um sie anhand des Zwecks anwenden zu können.
Festzuhalten bleibt, daß die Ziele nach § 1 Abs. 1 für das BNatSchG als Auslegungs- und Ermessensausübungshilfe dienen können, was sich schon aus ihrem Inhalt ergibt.

b) Zum Vergleich: Staatszielbestimmungen

Darüber hinaus legt die Bezeichnung von § 1 Abs. 1 als „Ziele" des Naturschutzes und der Landschaftspflege einen Vergleich mit Staatszielbestimmungen des Grundgesetzes nahe.
Staatsziele sind Verfassungssätze, die die Staatsgewalt auf die Verfolgung eines bestimmten Ziels rechtsverbindlich verpflichten, ohne dem Bürger subjektive Rechte zu gewähren[203]. Sie beschreiben auf Verfassungsebene kein Konditional-, sondern ein Finalprogramm, verzichten also auf Vorgaben über die Art des geforderten Verhaltens[204]. Auch sind Staatszielbestimmungen als Prinzipien Optimie-

---

sen, um Wettbewerbsverzerrungen, den uneinheitlichen Gebrauch der Rechtsbegriffe sowie sonstige Unzuträglichkeiten zu vermeiden, die infolge der Mobilitiät der Bevölkerung entstehen könnten", BT-DrS 7/ 3879, S. 17.

[198] Vitzthum/ Geddert-Steinacher 1990, S. 39; Jarass 1999, Nr. 1 zu § 1; Hirsch/ Schmidt-Didczuhn/ Winnacker 1991, Nr. 4 zu § 1; Höger 1976, S. 63 ff.

[199] Fliedner 1993, S. 351.

[200] Hill 1988, S. 12.

[201] Vitzthum/ Geddert-Steinacher 1990, S. 39.

[202] So im Entwurf BMU 1998, S. 874. Von § 1 spricht der Kommissionsentwurf denn auch als von einer „bewährten Zielbestimmung", die mehr als nur Programmsatz sei. Nichtsdestoweniger kritisiert er die Formulierung der Norm, BMU 1998, S. 868.

[203] Sommermann, S. 5.

[204] Ders., S. 359.

rungsgebote[205]. Sie beschreiben ein Ideal, das bei allem staatlichen Handeln beachtet und verwirklicht werden soll. Dabei sind die Ziele eher unbestimmt formuliert und auf eine Konkretisierung durch die übrigen Vorschriften des Grundgesetzes, aber auch durch einfaches Recht angewiesen. Staatsziele dienen zum einen der Auslegung einfacher Gesetze und zum anderen als Leitlinie für die in die Abwägung einzustellenden Belange und deren Gewichtung bei der Anwendung von Ermessensvorschriften.
Für das Naturschutzrecht haben die Ziele ähnliche Funktionen wie die Staatsziele für das staatliche Handeln insgesamt. Wegen der Übereinstimmung dieser Eigenschaften von Staatszielbestimmungen mit denen von § 1 Abs. 1 können die Funktionen, die Staatszielbestimmungen für das Verfassungsrecht erfüllen, für das BNatSchG von den Zielen übernommen werden.
Der Vergleich von § 1 Abs. 1 mit Staatszielbestimmungen bestärkt mithin die Erkenntnis aus dem Vergleich der Ziele mit einfachgesetzlichen Zweckvorschriften: Die Ziele dienen der Auslegung der Einzelvorschriften des BNatSchG sowie deren Anwendung, wenn dafür Abwägungen gefordert sind.

4. Allgemeine Vorschrift

§ 1 bildet die Auftaktnorm im Abschnitt „Allgemeine Vorschriften“ des BNatSchG. „Allgemeine Vorschriften“ oder „Allgemeine Teile“ sind gesetzgeberische Mittel, um Regelungen, die für das gesamte Gesetz von Bedeutung sind[206], „vor die Klammer“ der einzelnen Abschnitte zu ziehen[207], in denen die spezielleren Regelungen niedergelegt sind[208]. Deshalb haben Allgemeine Vorschriften einen höheren Abstraktionsgrad als die nachfolgenden Einzelvorschriften. Oftmals werden hier Aufgaben vorgestellt[209] oder Begriffe definiert[210]. Die Allgemeingültigkeit allgemeiner Vorschriften ist jedoch unabhängig von ihrem Inhalt im einzelnen.
§ 1 Abs. 1 liefert zwar keine Begriffsbestimmungen, seine Einordnung als Allgemeine Vorschrift bestärkt aber den Anspruch, daß er für das BNatSchG insgesamt von Bedeutung ist. Als Teil Allgemeiner Vorschriften sind die Ziele folglich mit *allen* Maßnahmen zu verwirklichen, die das BNatSchG vorsieht.

C. Zusammenfassung zu Inhalt und Funktionen der Zielvorschrift selbst

Die Auslegung von § 1 Abs. 1 bestätigt den ersten Eindruck vom inhaltlich und funktionell umfassenden Anspruch der Zielvorschrift. Auch wenn die Ziele auf bestimmte Funktionen z.B. des Naturhaushalts konzentriert sind, erfassen sie die Gesamtheit von Natur und Landschaft und gelten für das BNatSchG insgesamt, indem

[205] Ders., S. 361.
[206] Homann 1976, S. 335.
[207] Rödig 1976, S. 335.
[208] Auf die Bedeutung Allgemeiner Teile auch für Vorschriften zur Ergänzung des Gesetzes, in dem sie vorkommen, weist Homann 1976, S. 335, hin.
[209] Z.B. § 5 GenTG, § 1 ROG.
[210] Z.B. § 2 BWaldG, § 2 PflSchG, § 2 AtG, § 3 ROG, § 3 UVPG, § 3 BImSchG, § 3 GenTG.

sie den Einzelvorschriften Ziel und Zweck, Auslegungshilfe, Abwägungs- und für Landesrecht auch Rechtmäßigkeitsmaßstab vorgeben. Eine umfassendere Zielstellung für Naturschutz und Landschaftspflege ist nicht denkbar[211].
Die Ziele eröffnen damit weitreichende Handlungsmöglichkeiten für Naturschutz und Landschaftspflege. Würden sie verwirklicht, bliebe für Natur und Landschaft nichts zu wünschen.

II. Aufnahme der Ziele im Gesetz

Die Untersuchung des BNatSchG im einzelnen zeigt, wie vielfältig die Ziele im Gesetz wiederaufgenommen werden. Dies gilt sowohl für den Allgemeinen Teil des Gesetzes wie auch für die Vorschriften über Einzelinstrumente, von denen diejenigen zur Eingriffsregelung und die Normen über Schutzgebietsausweisungen näher analysiert werden.
Zwar verweisen die Normen kaum ausdrücklich auf § 1 Abs. 1 und selten auf „die Ziele des Naturschutzes und der Landschaftspflege", die Begriffe aus § 1 Abs. 1 werden jedoch häufig paraphrasiert oder wörtlich wiederholt. Sie prägen demnach das Gesetz, wie es anfangs erwartet wurde. Bei der Umsetzung in Vorschriften über Einzelmaßnahmen werden die Ziele allerdings auch relativiert und ihr Anspruch zurückgenommen. Darin setzen sich die Einschränkungen fort, die sich schon in § 1 Abs. 1 Nr. 1 und 2 angedeutet hatten.
Aufgrund des Gesetzes darf also angenommen werden, daß die Rechtsprechung vielfältig veranlaßt wird, die Ziele in die Entscheidungen einzubeziehen und so ihren Beitrag zu deren Umsetzung zu leisten. Dies gilt auch, wenn sich aus der Umsetzung der Ziele in den Einzelvorschriften eine Relativierung ihres grundsätzlichen Verwirklichungsanspruchs ergibt.

A. Allgemeine Vorschriften

Im Allgemeinen Teil des BNatSchG finden oder fanden sich Bezüge auf § 1 Abs. 1 in § 1 Abs. 2 und 3[212], § 2, § 3 Abs. 2 und 3 und § 4 S. 3. Die Ziele werden darin ausdrücklich wiederaufgenommen oder es wird „§ 1" zitiert. Aufgrund der Geltung der Allgemeinen Vorschriften für das ganze Gesetz bestärkt diese Wiederaufnahme grundsätzlich die Position der Ziele für das Gesetz.

1. § 1 Abs. 2

§ 1 Abs. 2 fordert zur Abwägung der sich aus Abs. 1 ergebenden Anforderungen untereinander und gegen die sonstigen Anforderungen der Allgemeinheit an Natur und Landschaft auf. Die Norm wird „naturschutzrechtliches Abwägungsgebot" ge-

---

211 Gassner-Gassner 1996, Nr. 8 zu § 1; Kolodziejcok/ Recken 1996, Nr. 10 zu § 1; Zeibig 1998, S. 35; Stock 1995, S. 290.

212 § 1 Abs. 3 wurde inzwischen ersatzlos - daher nicht „§ 1 Abs. 3 *a.F.*" - gestrichen. Weil die Vorschrift aber relativ häufig Gegenstand gerichtlicher Stellungnahmen war, wird sie hier noch einbezogen.

nannt[213]. Wie schon gesehen, ergibt sich zumindest aus dieser Vorschrift, daß § 1 ein Optimierungsgebot darstellt, indem insbesondere Abs. 2 beschreibt, wie mit den Zielen umzugehen ist. Zugleich stellt Abs. 2 gegenläufige Interessen gleichberechtigt neben diejenigen von Naturschutz und Landschaftspflege selbst.

Ein Entscheidungszusammenhang, dessen Vorbereitung die Abwägung dienen könnte[214], fehlt in § 1 Abs. 2. Weil die Vorschrift zu den „Allgemeinen Vorschriften" gehört, ist die Norm *immer* beachtlich, wenn Vorschriften des BNatSchG Abwägungs-Entscheidungsspielräume eröffnen[215]. Jede Abwägung erfordert eine Zusammenstellung und Gewichtung des Abwägungsmaterials[216].

a) Zusammenstellung des Abwägungsmaterials

Abwägungsbelange werden grundsätzlich nach Lage der Dinge zusammengestellt, wobei der Umfang der einzustellenden Interessen vom Zweck der Vorschrift bestimmt ist, die die Abwägung vorschreibt. Der Zweck des Naturschutzrechts, wie er sich aus § 1 Abs. 1 ergibt, würde hinsichtlich naturschutzrechtlicher Abwägungen nahelegen, allein die Interessen von Naturschutz und Landschaftspflege einzubeziehen. Aus § 1 Abs. 2 folgt aber, daß die naturschutzrechtliche Abwägung auch gegenläufige Interessen umfaßt.

Die „sich aus Abs. 1 ergebenden Anforderungen" sind nicht direkt die Einzelziele des § 1 Abs. 1[217], weil sonst die Ziele schon untereinander abgewogen werden müßten. Daß dabei einem der Ziele der Vorrang gebühren, Naturschutz und Landschaftspflege also nur noch an dessen Verwirklichung ausgerichtet werden müßten, kann von § 1 Abs. 2 nicht gewollt sein[218]. Daher sind die „sich aus § 1 Abs. 1 erge-

---

[213] Schink 1989, S. 110; Lorz/ Stöckel 1996, Nr. 7 zu § 1; Hoppe 1992, S. 1384; Paetow 1986, S. 145. Zum allgemeinen Abwägungsgebot vgl. Bertenbreiter 1982, S. 68: „allgemeines Gebot, bei einer Planung die berührten öffentlichen und privaten Belange gegeneinander und untereinander gerecht abzuwägen, [das sich] unabhängig von einer gesetzlichen Positivierung aus dem Wesen einer rechtsstaatlichen Planung ergibt und dementsprechend allgemein gilt". In der Begründung des Gesetzentwurfs des Bundesrats, BT-DrS 7/ 3879, S. 19, heißt es dazu: „Abs. 2 enthält ein § 2 Abs. 2 ROG vergleichbares Abwägungsgebot. Obwohl es sich von selbst versteht, daß bei Zielkonflikten mit anderen Nutzungsinteressen die Ansprüche des Naturschutzes grundsätzlich nicht dominieren, sondern mit anderen Ansprüchen der Allgemeinheit abzuwägen sind (...), ist das Abwägungsgebot aus Gründen der Klarstellung an dieser Stelle noch einmal wiederholt worden. (...) Ebenso verbot sich eine Hervorhebung einiger besonderer Nutzungsinteressen der Allgemeinheit, etwa der Wirtschaft, des Siedlungs- oder Verkehrswesens."

[214] Louis/ Engelke 1997, Nr. 18 zu § 1.

[215] Soell 1980, S. 158; Gassner-Gassner 1996, Nr. 97 zu § 1.

[216] Kloepfer 1995, S. 446.

[217] Vitzhum/ Geddert-Steinacher 1990, S. 49, schlagen für das Gentechnikrecht vor, denkbar sei, „daß der Gesetzgeber selbst eine Abwägung der unterschiedlichen Ziele und Zwecke auch im Rahmen der Gesetzesauslegung verlangte; ein Beispiel dafür ist § 1 Abs 1, Abs. 2 - eine ‚nachvollziehende' Abwägung im Rahmen der Gesetzesinterpretation, die richterlich vollständig überprüfbar ist" (Hervorhebung im Original).

[218] Zu oberflächlich daher Steiger 1981, S. 470, der die Ziele als „Objekte der Abwägung untereinander und mit anderen" bezeichnet, Neues Naturschutzrecht.

benden Anforderungen“ solche, die aus der Anwendung der Einzelziele aus § 1 Abs. 1 auf konkrete Konstellationen folgen.
Die „sonstigen“ Anforderungen der Allgemeinheit an Natur und Landschaft, § 1 Abs. 2, sind Nutzungs- und Leistungsansprüche an die Natur, beispielsweise der Abbau von Bodenschätzen, die landwirtschaftliche Nutzung, aber auch Straßen- und Städtebau und Luftverkehr[219]. Anspruchsteller ist jeweils die Allgemeinheit; es geht nicht um eine heterogene Mehrheit von Interessen Einzelner, sondern um öffentliche Interessen[220]. Gemeinsam ist den „sonstigen“ Anforderungen, daß sie Leistungen betreffen, die die Menschen von der Natur und Landschaft in Anspruch nehmen, unabhängig davon, welche Auswirkungen für die Gesamtheit des Naturhaushalts dies hat. Diese Anforderungen werden den Interessen von Naturschutz und Landschaftspflege im Einzelfall eher gegenläufig sein[221].
§ 1 Abs. 2 nennt die „sonstigen“ Anforderungen mit denjenigen auf einer Ebene, die sich aus Abs. 1 ergeben. Das bedeutet jedoch nicht, daß auch Abs. 1 Anforderungen der Allgemeinheit an Natur und Landschaft umfaßt[222].
Es gehört zum Wesen einer Anforderung, eine Aktivität, ein Dulden oder ein Opfer desjenigen einzufordern, an den sie gestellt wird[223]. § 1 Abs. 1 verlangt jedoch nicht *von Natur und Landschaft* eine Aktivität oder ein Dulden. Die Forderung in § 1 Abs. 1 richtet sich nicht an Natur und Landschaft. Vielmehr hat *mit diesen* - zugunsten ihrer Leistungsfähigkeit und Nutzungsfähigkeit- etwas zu geschehen. § 1 Abs. 1 verlangt also, daß etwas zum *Vorteil* der Natur unternommen wird[224] und normiert demnach keine *Anforderung* an Natur und Landschaft[225].
Also müssen für die Abwägung nach § 1 Abs. 2 die Anforderungen, die sich aus der Anwendung der Einzelziele nach § 1 Abs. 1 auf die konkreten Verhältnisse des Einzelfalls ergeben, und solche Anforderungen zusammengestellt werden, die die Allgemeinheit an die Natur hinsichtlich Nutzung oder Ausbeutung stellt.
Als Ergänzung zu § 1 Abs. 1 relativiert § 1 Abs. 2 folglich die möglichen Auswirkungen der Ziele zugunsten von Natur und Landschaft. In naturschutzrechtliche Abwägungen müssen nicht nur die Interessen von Natur und Landschaft selbst, sondern auch gegenläufige sonstige Anforderungen der Allgemeinheit an Natur und Landschaft eingestellt werden. Die Zusammenstellung der Belange beim Abwägen im Rahmen der Anwendung des BNatSchG ist damit nicht allein am nach § 1

[219] Kolodziejcok/ Recken 1996, Nr. 26 zu § 1; zu den Anforderungen auch Niederstadt 1998, S. 114, und Louis/ Engelke 1997, Nr. 18 zu § 1.
[220] Schmidt-Aßmann 1979, S. 3.
[221] Stock 1995, S. 291.
[222] Dies behaupten aber Fremuth/ Weinzierl 1989, S. 115, um es im gleichen Zug heftig zu kritisieren.
[223] Wahrig/ Wahrig-Burfeind 1994, Stichwort „Anforderung“: „Anspruch (an die Leistungsfähigkeit)“.
[224] Kolodziejcok/ Recken 1996, Nr. 25 zu § 1.
[225] Vgl. Kolodziejcok/ Recken 1996, Nr. 25 zu § 1, und Wolff 1997, S. 45, die insofern auf *zwei* Bedeutungen des Begriffs „Anforderung“ in § 1 Abs. 2 hinweisen.

Abs. 1 ausschließlich naturschützerischen Zweck des Gesetzes auszurichten, sondern soll auch entgegenstehende Interessen zur Geltung bringen.

b) Gewichtung des Abwägungsmaterials

§ 1 Abs. 2 enthält keine „Meta-Ziele", anhand derer die Interessen gewichtet werden könnten, deren Zusammenstellung er fordert[226].

Weil die Belange in § 1 Abs. 2 auf einer Ebene stehen, sind sie untereinander gleichwertig[227]. Sie überschneiden sich grundsätzlich nicht; sachliche Gründe erzwingen unter ihnen kein normatives Rangverhältnis. Auch aus dem Zusammenspiel mit den Zielen, § 1 Abs. 1, und Grundsätzen, § 2, und deren Anwendung auf den Einzelfall ergibt sich kein Vorrang einzelner Interessen[228], weil weder Ziele noch Grundsätze untereinander in einem Rangverhältnis stehen[229]. Zwar haben „die Anforderungen an Natur und Landschaft durch Naturschutz und Landschaftspflege grundsätzlich (...) lebenswichtige Bedeutung (...), weil sie der nachhaltigen Sicherung der Lebensgrundlagen (...) dienen"[230]; die Verbindungen und gegenseitigen Abhängigkeiten innerhalb des Naturhaushalts verhindern aber, daß eines der Ziele „*besonders* lebenswichtig" für den Menschen wäre[231].

Die Interessen des Naturschutzes und der Landschaftspflege genießen nach § 1 Abs. 2 aber auch keinen abstrakten Vorrang gegenüber anderen, gegenläufigen Interessen[232].

Etwas anderes ergibt sich auch nicht aus Art. 20 a GG. Die Schutzgüter des BNatSchG sind von demjenigen des Art. 20 a GG umfaßt und erlangt dadurch Verfassungsrang[233]. Denn die „natürlichen Lebensgrundlagen", an die Art. 20 a GG anknüpft, kommen auch in § 1 Abs. 1 a.E. vor[234] und sind diejenigen Güter, ohne die das Leben nicht über längere Zeiträume fortbestehen kann[235]. Ihre Auslegung bewegt sich in der Nähe einer Gleichsetzung mit dem Begriff „Umwelt"[236], für den

---

[226] Schink 1989, S. 110; Niederstadt 1998, S. 114; Mitschang 1994, S. 208; Kolodziejcok/ Rekken 1996, Nr. 27 zu § 1.

[227] Schmidt-Aßmann 1979, S. 3; im Anschluß an Schmidt-Aßmann Bertenbreiter 1982, S. 70 f.; im Ergebnis auch Erbguth/ Wiegand 1994, S. 83 und Louis/ Engelke 1997, Nr. 17 zu § 1.

[228] Dazu siehe Louis/ Engelke 1997, Nr. 17 zu § 1.

[229] Für die Ziele widersprechen dem auch nicht Gassner 1991, S. 27 und Hoppe/ Beckmann 1989, S. 292, wenn sie die „besondere Bedeutung" der Ziele insgesamt bei der Anwendung anderer Gesetze hervorheben.

[230] Bertenbreiter 1982, S. 71, m. Nw. zum Bundesratsentwurf in BtDrS 7/ 5251, S. 6 zu § 1.

[231] Liebrecht 1998, S. 92.

[232] Heyen 1998, S. 184.

[233] Bernsdorff 1997, S. 334; Henneke 1995, S. 330. Zu weitgehend dennoch Kratsch 1997, S. 94, der Art. 20 a GG pauschal „für einen relativen Vorrang der Naturschutzbelange" im Rahmen der Bauleitplanung heranzieht.

[234] Die Auslegung der einfachrechtlichen Vorschrift kann insofern Hinweise für die Deutung von Art. 20 a GG geben, vgl. Bernsdorff 1997, S. 331 und Schink 1997, S. 223.

[235] Schink 1997, S. 223.

[236] Henneke 1995, S. 329; Bernsdorff 1997, S. 331.

wiederum auf die Definition des UVPG[237], und diejenige des Entwurfs zum UGB[238] verwiesen wird. Wesentliche Interessen, die Naturschutz und Landschaftspflege entgegenstehen, genießen jedoch gleichfalls Verfassungsrang und sind deshalb gegenüber dem Schutz der natürlichen Lebensgrundlagen nicht abstrakt nachrangig[239]. Dies gilt für Eigentümerinteressen, Art. 14 GG, und landwirtschaftliche Naturbeanspruchung, die sich auf Art. 12 berufen kann, sowie die Förderung des wirtschaftlichen Wachstums und die unternehmerische Entscheidungsfreiheit[240], in deren Namen wesentliche Beeinträchtigungen von Natur und Landschaft vorgenommen oder gestattet werden, und die eine verfassungsrechtliche Stütze in Art. 109 GG finden, der gleichfalls eine Staatszielbestimmung darstellt[241], und im Stabilitätsgesetz konkretisiert wird. Die von Art. 20 a GG in den Vordergrund gestellten natürlichen Lebensgrundlagen müssen sich also „der Abwägung mit anderen Verfassungsgütern stellen"[242].

Die Gewichtung der Belange im Rahmen von § 1 Abs. 2 muß daher vor allem nach Kriterien vorgenommen werden, die sich aus faktischen Umständen[243] oder aus Wertungen in anderen Vorschriften ergeben[244] und die aufzufinden „die eigentliche Schwierigkeit"[245] bei der Abwägung darstellt. Das Ergebnis der *naturschutzrechtlichen* Abwägung kann daher die Forderung sein, den Naturschutz um gegenläufiger Interessen willen in den Hintergrund zu rücken. Dies insbesondere, weil die Vorschrift allein auch zur Gewichtung der Naturschutz- gegenüber den entgegenstehenden Belangen keine Aussage trifft.

c) Zusammenfassung zu § 1 Abs. 2

§ 1 Abs. 2 macht in Gewicht und Bedeutung keinen Unterschied zwischen Interessen des Naturschutzes und sonstigen Interessen der Allgemeinheit, die Verfas-

---

[237] § 2 UVPG, Begriffsbestimmungen, Abs. 1 (...) Die Umweltverträglichkeitsprüfung umfaßt die Ermittlung, Beschreibung und Bewertung der Auswirkungen eines Vorhabens auf 1. Menschen, Tiere und Pflanzen, Boden, Wasser, Luft, Klima und Landschaft, einschließlich der jeweiligen Wechselbeziehungen, 2. Kultur- und sonstige Sachgüter. Verweis bei Bernsdorff 1997, S. 331, und Kloepfer 1996, S. 76.

[238] Kloepfer/ Rehbinder/ Schmidt-Aßmann/ Kunig, § 2: Begriffsbestimmungen, Abs. 1 Im Sinne dieses Gesetzes sind 1. Umwelt der Naturhaushalt, das Klima, die Landschaft und schutzwürdige Schutzgüter 2. Naturhaushalt Boden, Wasser, Luft und lebende Organismen (Naturgüter) sowie das Wirkungsgefüge zwischen ihnen. Verweis bei Kloepfer 1996, S. 76.

[239] Würtenberger 1999, S. 156.

[240] Den Verfassungsrang der Entscheidungsfreiheit des Unternehmers aus der u.a. in Art. 109 Abs. 2 GG verankerten grundgesetzlichen Wirtschaftsordnung gegenüber einem neuen Staatsziel Umweltschutz betont schon Ronellenfitsch 1995, S. 23.

[241] V. Münch/ Kunig-Fischer-Menshausen 1996, Nr. 8 zu Art. 109, Ronellenfitsch 1995, S. 23.

[242] Schink 1997, S. 226.

[243] Schink 1997, S. 110, spricht von einem „situationsbedingten Ausgleich der beteiligten Belange".

[244] Gassner-Gassner 1996, Nr. 105 f. zu § 1; Kolodziejcok/ Recken 1996, Nr. 27 zu § 1.

[245] Steiger 1981, S. 473.

sungsrang genießen. Allenfalls ihre Stellung im BNatSchG rechfertigt es, die Vorschrift als naturschutzrechtliches Abwägungsgebot zu bezeichnen, nicht jedoch eine besondere Bedeutung der Interessen des Naturschutzes und der Landschaftspflege für naturschutzrechtliche Abwägungen.
Weil die Vorschrift kein Vorrangverhältnis der Naturschutzbelange gegenüber den eher gegenläufigen „sonstigen Anforderungen der Allgemeinheit an Natur und Landschaft" begründet, solange auch diese grundgesetzlich gestützt werden, relativiert die Abwägung den Verwirklichungsanspruch der Ziele. Weil § 1 Abs. 2 als „Allgemeine Vorschrift" überall zur Anwendung kommen kann, wo das BNatSchG Abwägungen vorschreibt, tritt verglichen mit ihr die Bedeutung von § 1 Abs. 1 selbst in den Hintergrund. Grundforderung des BNatSchG und seiner Instrumente im einzelnen ist danach nicht die Verwirklichung der Ziele des Naturschutzes und der Landschaftspflege, sondern deren bestmöglicher Ausgleich mit gegenläufigen Interessen.

2. § 1 Abs. 3 (alt)

§ 1 Abs. 3[246] ist durch Gesetz vom 26.8.1998[247] gestrichen worden. Zugleich wurde ein neuer § 2 Abs. 3 ins Gesetz eingefügt[248]. Die Ziele werden darin nicht ausdrücklich aufgenommen. § 1 Abs. 3 hatte zu den umstrittensten Vorschriften des Naturschutzrechts gehört[249]. Die Vorschrift wies einerseits deutliche Bezüge zu den Zielen auf, vermutete aber andererseits undifferenziert die Übereinstimmung der

---

[246] § 1 Abs. 3 (alt): Der ordnungsgemäßen Land- und Forstwirtschaft kommt für die Erhaltung der Kultur- und Erholungslandschaft eine zentrale Bedeutung zu; sie dient in der Regel den Zielen dieses Gesetzes.
§ 8 Abs. 7 a. f.: Die im Sinne dieses Gesetzes ordnungsgemäße land-, forst- und fischereiwirtschaftliche Bodennutzung ist nicht als Eingriff in Natur und Landschaft anzusehen.

[247] Drittes Gesetz zur Änderung des Bundesnaturschutzgesetzes vom 26.8.1998, BGBl 1998 II, Nr. 57, S. 2481-2482. Die Vorschrift wird in diesem Abschnitt nicht zusätzlich jeweils als „alt" bezeichnet.

[248] § 2 Abs. 3: Bei Maßnahmen des Naturschutzes und der Landschaftspflege ist die besondere Bedeutung der Land-, Forst- und Fischereiwirtschaft für die Erhaltung der Kultur- und Erholungslandschaft zu berücksichtigen.

[249] Teilweise wurde behauptet, die Landwirtschaftsklausel spiele für die Abwägung i.S.v. § 1 Abs. 2 eine Rolle, indem sie widerleglich vermute, die ordnungsgemäße Land- und Forstwirtschaft widerspreche den Einzelzielen von Naturschutz und Landschaftspflege nicht. Dieser Ansatz wurde noch erweitert zur Auffasssung, für Naturschutzmaßnahmen, die die Landwirtschaft beeinträchtigten, sei nachzuweisen, warum diese im Einzelfall *nicht* den Zielen des Naturschutzes diente (Kolodziejcok 1976, S. 11). An anderer Stelle hieß es, die Klausel sei Gewichtungsregel für die Abwägung und hebe damit die Gleichwertigkeit der einzelnen Belange auf (Gassner-Gassner 1996, Nr. 125 zu § 1; dagegen ausdrücklich Schmidt-Aßmann 1979, S. 3). Jedoch wurde der Norm eine Bedeutung für Kollisionen von Naturschutz und Landschaftspflege mit Land- und Forstwirtschaft auch gänzlich abgesprochen (Kolodziejcok/ Recken 1996, Nr. 37 zu § 1) und deren erster Halbsatz als „tatsächlich ziemlich irrelevante Wohlwollenserklärung" bezeichnet (Kolodziejcok 1976, S. 11).

Landwirtschaft mit den Zielen und relativierte dadurch deren Anspruch[250]. Durch die Aufhebung dieses „Agrarprivilegs“[251] hat sich das Gewicht der Ziele geändert. § 1 Abs. 3 bestand aus zwei Halbsätzen, von denen jeder der „ordnungsgemäßen Land- und Forstwirtschaft“ eine Eigenschaft zuwies[252].

a) Ordnungsgemäße Land- und Forstwirtschaft

Umstritten war insbesondere die Bedeutung des Begriffs „ordnungsgemäß“[253]. Die Deutung bewegte sich zwischen den Extremen, ausschließlich auf ökologische Gesichtspunkte[254] oder allein auf wirtschaftliche Erwägungen[255] abzustellen. Überwiegend wurde jedoch auf eine Ausübung der Landwirtschaft „entsprechend dem Stand der agrarwissenschaftlichen Kenntnisse“ verwiesen[256], also auf Landwirtschaft nach den anerkannten „Regeln der Kunst“. Für diese spielten ökologische Kriterien eine gewisse, wenn auch untergeordnete Rolle[257], gewannen allerdings in letzter Zeit an Bedeutung[258]. „Ordnungsgemäß“ war Landwirtschaft danach nicht schon dann, wenn sie „traditionsgemäß“ betrieben wurde[259]. Auch gehörte nach allgemeiner Ansicht solche Landbewirtschaftung nicht zur „ordnungsgemäßen“ Landwirtschaft, die eine land- oder forstwirtschaftliche Nutzung erst ermöglichen soll, beispielsweise durch Abholzen eines Feldrains oder Trockenlegen einer bisher ungenutzten Feuchtwiese[260]. Die aussschließlich ökonomische Auslegung wurde von der Rechtsprechung abgelehnt[261].

Die Ziele des Naturschutzes und der Landschaftspflege spielten in dieser Argumentation eine insgesamt untergeordnete Rolle.

b) Erhaltung der Kultur- und Erholungslandschaft

Die „Kultur- und Erholungslandschaft“, von der der erste Halbsatz sprach, kommt in Abs. 1 und 2 nicht vor. „Kulturlandschaft“ ist eine Landschaft, die maßgeblich von menschlichen Einflüssen geprägt ist[262]. Dies sind nicht nur Knick- oder Kooglandschaften, Hopfengärten oder Almenlandschaften[263], sondern auch Landschaften, in denen der menschliche Einfluß heute weniger offensichtlich ist, weil bei-

---

250 Schmidt-Aßmann 1979, S. 3; Soell 1984, S. 12; Louis 1990a, S. 108. Niederstadt 1998, 114 m. Hinw. auf BVerwG 1988 (Entlandung des Hirschbergweihers-Revisionsinstanz), S. 289.

251 Kloepfer 1998, S. 711.

252 Undifferenziert insofern Gassner-Gassner 1996, Nr. 122 f. zu § 1.

253 Darstellung des Streitstands sehr knapp bei Niederstadt 1998, S. 115 f.

254 Meßerschmidt 1998a, Nr. 16 zu § 1.

255 Stein 1976, S. 24, scheint seiner Kritik dieses nur ökonomische Verständnis zugrundezulegen.

256 Niederstadt 1998, S. 115; Henneke 1986, S. 259 ff.; Soell 1982, 502; Schomerus 1987, S. 109.

257 Heyen 1998, S. 185.

258 Niederstadt 1998, S. 115 f.; Louis/ Hoffmann 1994, Nr. 19 zu § 1.

259 Kolodziejcok 1976, S. 11.

260 Die Kritik von Fremuth/ Weinzierl 1989, S. 113 und 116, § 1 Abs. 3 führe zu „absurden“ Konstellationen, geht daher ins Leere.

261 BVerwG 1988 (Entlandung des Hirschbergweihers-Revisionsinstanz), S. 288 f.

262 Bugiel 1999, S. 8.

263 Wolff 1997, S. 22.

spielsweise die Rodung oder Aufforstung oder die Verfüllung von Wasserlöchern schon hunderte von Jahren zurückliegt[264]. „Erholungs-"Landschaft bezieht ihr Attribut nicht wie Kulturlandschaft aus den Umständen, die zu ihrer gegenwärtigen Gestalt führten, sondern aus den Funktionen, die sie gegenwärtig erfüllt. Daher schließen sich Kultur- und Erholungslandschaft nicht gegenseitig aus.
Die „Erhaltung" der Kultur- und Erholungslandschaft, auf die sich der 1. Halbsatz bezog, erscheint wie ein gemeinsamer Nenner der Handlungsaufträge „schützen, pflegen und entwickeln" in § 1 Abs. 1, aber auch des „Sicherns" in § 1 Abs. 1 a.E. Denn die Erhaltung eines Objekts, einer Beziehung oder einer Eigenschaft muß je nach dem, was erhalten werden soll, zu ganz unterschiedlichen Verhaltensanforderungen ausgestaltet werden. Mit dem „Sichern" war dem „Erhalten" die Ergebnisorientierung gemein: Es kam darauf an, daß zu einem bestimmten Zeitpunkt die zu sichernden Objekte bestehen. So stand der 1. Halbsatz in Zusammenhang mit dem 1. Halbsatz von § 1 Abs. 1: Er zerteilte einerseits dessen Landschaftsbegriff in Einzelelemente, bildete aber andererseits einen Oberbegriff zu den Handlungsaufträgen. Der Halbsatz scheint die „Erhaltung der Kultur- und Erholungslandschaft" als anderen Ausdruck für die Einzelziele, die in § 1 Abs. 1 Nr. 1-4 aufgeführt sind, gemeint zu haben.
Auch Bezüge auf § 1 Abs. 1 wirkten damit auf § 1 Abs. 3 1. HS ein.

c) Zentrale Bedeutung der Land- und Forstwirtschaft

Indem § 1 Abs. 3 der Landwirtschaft eine „zentrale Bedeutung" für die Erhaltung der Kultur- und Erholungslandschaft zuordnete, stellte er klar, daß diese Landschaft ohne Landwirtschaft nicht fortbestehen könne[265]. Da diese nach § 1 Abs. 3 BNatSchG „in der Regel" die Ziele förderte, bedurfte es besonderer Umstände und Gegebenheiten, um sie zusätzlich mit Freiheitsbeschränkungen zugunsten von Natur und Landschaft belasten zu dürfen. § 1 Abs. 3 bildete eine Beweislastregel gegen Naturschutz und Landschaftspflege[266].
Das Gesetz ging also davon aus, daß die Land- und Forstwirtschaft „regelmäßig" einen Beitrag zur Verwirklichung der Ziele geleistet hat. Unstreitig ist aber die herkömmliche land- und forstwirtschaftliche Wirtschaftsweise eine der wichtigsten Urheberinnen von Artensterben, Bodenverschlechterung durch Erosion und Eutrophierung und von Beeinträchtigungen des Grundwasses[267], also in ihrer herkömmlichen Wirtschaftsweise ein eher *naturschädlicher* Wirtschaftszweig. Das bedeutet,

---

264 Ganzert 1994, S. 91; Frhr. v. Heeremann 1989, S. 107.

265 Unzutreffend daher Kolodziejcok/ Recken 1996, Nr. 36 zu § 1, die den 1. Halbsatz als wertfreie Feststellung des Gesetzgebers deuten, der keine normative Bedeutung zukomme. Damit ist hingegen noch nicht gesagt, daß die Erhaltung der Kultur- und Erholungslandschaft ein Ziel von Naturschutz und Landschaftspflege war, wie Gassner-Gassner 1996, Nr. 123 zu § 1, annimmt, der zudem von „Unverzichtbarkeit" der Land- und Forstwirtschaft spricht.

266 Soell 1984, S. 12; Louis 1990a, S. 108.

267 Dies zögernd einräumend Haber 1989, S. 104 f.; Henneke 1986, S. 53-56; sehr anschaulich Schink 1989, S. 13 ff.

daß das Gesetz, wenn es der Landwirtschaft dennoch zubilligte, zur Umsetzung der Ziele beizutragen, keine allzu hohen Anforderungen gestellt hat, um in seiner eigenen Diktion von „Verwirklichung" der Ziele sprechen zu können: Die tatsächlich förderliche Naturschutztätigkeit, die das Gesetz vorschrieb, konnte nach Qualität und Umfang nicht besonders weitreichend sein, wenn sie im Einklang mit § 1 Abs. 3 stehen sollte.

d) Zusammenfassung zu § 1 Abs. 3 (alt)

Das Landwirtschaftsprivileg in § 1 Abs. 3 legte damit den Maßstab für eine Verwirklichung der Ziele aus § 1 Abs. 1 relativ niedrig an. Seine Aufhebung mag insofern der umfänglicheren Umsetzung der Ziele dienlich sein.

3. § 2 Abs. 1

Gem. § 2 Abs. 1 1. Halbsatz sind die Ziele des Naturschutzes und der Landschaftspflege insbesondere nach Maßgabe der nachfolgend aufgeführten Grundsätze zu verwirklichen, soweit es zur Verwirklichung erforderlich, möglich und angemessen ist.

Die Grundsätze vermitteln zwar den Eindruck, die Anwendung der Ziele durch Konkretisierung zu vereinfachen. Die Wechselbeziehungen in Landschaft und Naturhaushalt verhindern aber, daß einer der Grundsätze isoliert verwirklicht werden könnte, ohne Auswirkungen auf die Verwirklichung oder Behinderung anderer Grundsätze zu haben. Zudem sind die Anforderungen der Ziele des Naturschutzes und der Landschaftspflege nicht schon deswegen erfüllt, weil *alle* Grundsätze beachtet sind. Denn die Ziele sind nur „insbesondere" anhand der Grundsätze zu verwirklichen, ihre Anforderungen können also noch darüber hinausgehen. Zusätzlich schränkt der letzte Teilsatz den Anspruch der Ziele ein, indem er ihre Verwirklichung unter den Vorbehalt von „Erforderlichkeit, Möglichkeit und Angemessenheit" stellt.

a) Verwirklichung der Ziele nach Maßgabe der Grundsätze

Wegen des Anspruchs der Grundsätze, „Maßgabe" zur Zielverwirklichung zu sein, also dem Handelnden Maß und Leitbild vorzugeben[268], wird ihnen zugetraut, die Umsetzung der Ziele durch Konkretisierung[269] und Verdeutlichung[270] genauer zu

[268] Wahrig/ Wahrig-Burfeind 1994, Stw. „Maßgabe", umschreiben „nach Maßgabe des/ der..." mit „entsprechend des/ der...", wobei hier „entsprechend" wiederum mit „angemessen, gemäß" gleichgesetzt wird.

[269] Heyen 1998, S. 186.

[270] Der Gesetzentwurf der Bundesregierung, auf den die Grundsätze zurückgehen, BT-DrS 7/ 886, S. 28, formuliert dies als „Zielverwirklichung durch Zielverdeutlichung". Ähnlich der Bericht des Bundestagsausschusses für Ernährung, Landwirtschaft und Forsten, BT-DrS 7/ 5251, S. 6, in dem u.a. zu den Gesetzentwürfen des Bundesrates, BT-DrS 7/ 3879, und der Bundesregierung, BT-DrS 7/ 886, Stellung genommen wird. Aus der Literatur Gassner-Gassner 1996, Nr. 9 zu § 2; Hoppe/ Beckmann 1989, S. 292; Kolodziejcok 1976, S. 10; Louis/ Engelke 1997, Nr. 18 zu § 1 und Nr. 4 zu § 2; Mitschang 1994, S. 208; Rehbinder 1976, S. 378 f.; Schink 1989,

steuern und zu vereinfachen[271]. Dieser Anspruch wird zwar bestärkt, weil die Grundsätze überwiegend an Schutzgüter und/ oder Handlungsanforderungen der Ziele anknüpfen, durch den Ausdruck „insbesondere“ in § 2 Abs. 1 1. TS aber sogleich relativiert. § 2 greift demzufolge lediglich unter den Wegen zur Verwirklichung der Ziele einige ausdrücklich heraus[272].

Die den Grundsätzen vorangestellte Handlungsanforderung ist wie diejenige in § 1 gerundivisch formuliert: Die Ziele *müssen* also anhand der Grundsätze verwirklicht werden. Weil § 2 Abs. 1 1. TS die Überschrift von § 1 in Bezug nimmt, haben beide Vorschriften den gleichen Adressaten. Also verpflichten die Grundsätze nur Behörden und sonstige Träger öffentlicher Gewalt[273].

(1) Inhalt der Grundsätze

Der Inhalt der Grundsätze verdeutlicht, wie diese zwar einerseits an die Ziele anknüpfen, deren Umsetzungsanspruch aber zugleich relativieren.

Die meisten der Grundsätze kombinieren tatsächliche Begriffe mit unbestimmten Rechtsbegriffen. Bezüge zwischen den einzelnen Zielen in § 1 Abs. 1 Nr. 1-4 und den Grundsätzen sind deutlich zu erkennen. Aus dieser inhaltlichen Dichte der Grundsätze zu den Zielen speist sich die Vermutung, die Grundsätze könnten durch Konkretisierung zur Verwirklichung der Ziele beitragen. Sie bestätigt sich jedoch bei genauerer Betrachtung nicht.

Nach den Grundsätzen können die Ziele generell verwirklicht sein, auch wenn gebietsweise Beeinträchtigungen von Naturhaushalt und Landschaftsbild vorkommen. Beispiel hierfür ist § 2 Abs. 1 Nr. 5, der die Verwirklichung der Ziele im Zusammenhang mit dem Abbau von Bodenschätzen betrifft. Abbau von Bodenschätzen und - als Beispiel - Schutz und Erhaltung der Lebensräume von Pflanzen und Tie-

---

S. 101; Schmidt-Aßmann 1979, S. 1 f.; Steiger 1981, S. 470. Kritisch insofern Bertenbreiter 1982, S. 72 f., der rechtsstaatliche Bedenken an der Bestimmtheit der Grundsätze hat.

[271] Steiger 1981, S. 471.

[272] So spricht auch Bertenbreiter 1982, S. 73, von einem eingeschränkten Anweisungsgehalt der Grundsätze, die vor allem in Ergänzung zu § 1 Abs. 1 den Verwaltungsauftrag umschrieben: „Doch ist der Anweisungsgehalt durch die Abwägungsklausel und die fehlende Rangfolge der Belange stark eingeschränkt. Die vom Gebot der Rechtsklarheit her schwer zu tolerierende Weitläufigkeit der Tatbestandsmerkmale bleibt wohl nur zulässig, wenn man den Katalog des § 2 BNatSchG von seiner Auftragsfunktion her versteht. In Ergänzung von § 1 BNatSchG umschreibt § 2 BNatSchG den Verwaltungsauftrag...“.Gassner-Gassner 1996, Nr. 10 zu § 2, nennt dies „Beispielcharakter“ der Grundsätze; ähnlich Louis/ Engelke 1997, Nr. 4 zu § 2.

[273] Kolodziejcok 1976, S. 11; Louis/ Engelke 1997, Nr. 3 zu § 2; Lorz/ Stöckel 1996, Nr. 2 zu § 2; im Landesrecht wird dies zum Teil deutlicher hervorgehoben, z.B. normiert Mecklenburg-Vorpommern eine gesonderte „Allgemeine Verpflichtung zum Schutz der Natur und Landschaft“, die für den Fall einer Verpflichtung auch einzelner durch die Ziele und Grundsätze nicht erforderlich wäre. § 3 Abs. 1 LNatSchG M-V: Jeder ist verpflichtet, durch sein Verhalten dazu beizutragen, daß Natur und Landschaft pfleglich genutzt, geschützt und erhalten werden , sowie Maßnahmen des Naturschutzes und der Landschaftspflege zu unterstützten. Auf die Erholungsbedürfnisse anderer ist Rücksicht zu nehmen. Vgl. schon den Gesetzentwurf der Bundesregierung, BT-DrS 7/ 886, S. 28, wonach die Grundsätze die Behörden binden.

ren, § 1 Abs. 1 Nr. 1, 2, widersprechen einander. Landschaftsbeeinträchtigungen beim Tagebau, aber auch grundwasserregulierende Maßnahmen beim Abbau von Bodenschätzen unter Tage und damit Beeinträchtigungen von Boden und Pflanzen sind nicht vermeidbar, wenn nicht auf die Naturgüternutzung verzichtet werden wird. „Zielverwirklichung“ und „Abbau von Bodenschätzen“ schließen sich daher gegenseitig aus. Damit verdeutlichen die Grundsätze die Grundannahme der Teilbarkeit der Schutzgüter des BNatSchG. Diese belegt zwar, daß nach dem BNatSchG Natur und Landschaft insgesamt ein Funktions- und Beziehungsgefüge darstellen, das fortbestehen kann, auch wenn es in Teilbereichen gestört wird. Zugleich entsteht hieraus aber die Möglichkeit, negative Auswirkungen von Vorhaben auf Natur und Landschaft isoliert zu betrachten und deshalb nicht angemessen zu bewerten.

(a) Aufnahme der Ziele

Die Handlungsanforderung aus § 1 Abs. 1, Natur und Landschaft zu schützen, zu pflegen und zu entwickeln, wird in § 2 Abs. 1 Nr. 2 und 10 ausdrücklich, in § 2 Abs. 1 Nr. 1[274], 6[275] und 11[276] in leicht abgewandelter Wortwahl wiederaufgenommen.

Auf die Leistungsfähigkeit des Naturhaushalts (§ 1 Abs. 1 Nr. 1) nimmt § 2 Abs. 1 in Nr. 1, 2, 3, 5, 10 ausdrücklich Bezug. Die Nutzungsfähigkeit der Naturgüter (§ 1 Abs. 1 Nr. 2) wird in § 2 Abs. 1 Nr. 3 ausdrücklich ausgeführt. Nr. 4, 5, 6 ,7 und 8 beziehen sich auf Boden, Bodenschätze, Wasserflächen, Luft und Klima, also auf einzelne Naturgüter, und nehmen § 1 Abs. 1 Nr. 2 damit indirekt auf. Nr. 4-8 ergänzen das Kriterium der „Nutzungsfähigkeit”, aus § 1 Abs. 1 Nr. 2 und beziehen sich auf Arten der Nutzung einzelner Naturgüter. Nr. 10 bindet Pflanzen und Tiere in den Naturhaushalt ein. § 2 Abs. 1 verwendet den Ausdruck „Pflanzen- und Tierwelt“ aus § 1 Abs. 1 Nr. 3 nicht. Allerdings handeln § 2 Abs. 1 Nr. 9 und 10 von Vegetation und Tieren. Die Vielfalt, Eigenart und Schönheit der Landschaft (§ 1 Abs. 1 Nr. 4) bleibt in § 2 Abs. 1 ohne Entsprechung.

Auf die Bedeutung der Natur als Voraussetzung für die Erholung des Menschen (§ 1 Abs. 1 a.E.) nimmt § 2 Abs. 1 in Nr. 2, 11 und 12, indirekt auch in Nr. 13 Bezug. § 2 Abs. 1 Nr. 3 erwähnt den Nachhaltigkeitsgedanken, der in § 1 Abs. 1 a.E. angelegt ist.

Die einzelnen Grundsätze aus § 2 Abs. 1 nehmen nach alledem die Ziele aus § 1 Abs. 1 teilweise wörtlich, teilweise in Synonymen oder Andeutungen wieder auf. Dabei werden Formulierungen aus § 1 Abs. 1 Nr. 1 fünfmal ausdrücklich erwähnt. Auf § 1 Abs. 1 Nr. 2 bezieht sich ein Grundsatz wörtlich, fünf weitere wandeln ihn etwas ab. Die Pflanzen- und Tierwelt aus § 1 Abs. 1 Nr. 3 ist auch Gegenstand von § 2 Abs. 1 Nr. 9 und 10.

---

274 Erhalten, verbessern.

275 Erhalten, vermehren, schützen, wiederherstellen.

276 Erschließen, gestalten, erhalten.

(b) Zwei Grundmuster

Alle Grundsätze in § 2 Abs. 1 betreffen Voraussetzungen für die Verwirklichung der Ziele des Naturschutzes und der Landschaftspflege aus § 1 Abs. 1 Nr. 1-4. Sie orientieren sich strukturell an zwei Grundmustern: Während ein Teil die *negativen* Voraussetzungen der Zielverwirklichung betrifft, also feststellt, welche Beeinträchtigungen verhindert werden müssen, damit die Ziele verwirklicht werden können, widmet sich der andere, kleinere Teil *positiven* Handlungsanweisungen zur Verwirklichung von Einzelvoraussetzungen der Ziele.

Dem ersten Grundmuster sind § 2 Abs. 1 Nr. 1, 3-8, 10 und 12 zuzuordnen. Sie knüpfen mit einer gerundivisch formulierten Handlungsaufforderung[277] an eins oder mehrere der Schutzgüter aus § 1 Abs. 1 Nr. 1-4 oder Teile davon an und dienen der Abwehr von Hindernissen, die der Verwirklichung der Ziele entgegenstehen könnten. Der Naturschutz wird so eher passiv-abwehrend, erhaltend dargestellt. Während die Schutzgüter § 1 Abs. 1 nur indirekt Regelungsgegenstand sind und die Aspekte erklären, um derentwillen Natur und Landschaft geschützt, gepflegt und entwickelt werden sollen, werden sie in den genannten Grundsätzen direkt zum Handlungsgegenstand. Die Handlungsanweisung ist zumeist negativ formuliert: Beeinträchtigungen generell oder solche aufgrund spezieller Tätigkeiten oder Vorhaben sollen unterbunden, vermieden, gering gehalten werden. Im Verhältnis zu § 1 Abs. 1 markieren die Ergebnisse, die diese Einzelgrundsätze zu erreichen anordnen, Zwischenstationen und Beiträge zur nachhaltigen Sicherung gem. § 1 Abs. 1 a.E. Die Verwirklichung der Einzelgrundsätze aus § 2[278] bedeutet folglich eine Teilverwirklichung der Einzelziele aus § 1[279]. So werfen diese Grundsätze ein Licht darauf, wie sich der Gesetzgeber die Verwirklichung der Ziele vorstellt und welche entgegenstehenden Faktoren er erkannt hat oder erkannt zu haben glaubte.

Die anderen Grundsätze, nämlich § 2 Abs. 1 Nr. 2, 9, 11, 13, behandeln Gesichtspunkte ausdrücklich oder konkludent als Voraussetzungen für die Verwirklichung der Einzelziele. Diese Grundsätze betreffen eine unterhalb derjenigen der ersten Kategorie liegende Verwirklichungsebene. Sie knüpfen nicht an die Schutzgüter der Einzelziele aus § 1 Abs. 1 Nr. 1-4 an, sondern betreffen *deren* Voraussetzungen. Sie tragen der Vielfalt der Verflechtungen innerhalb von Natur und Landschaft Rechnung, indem sie darauf hinweisen, daß z.B. ein leistungsfähiger Naturhaushalt nicht aus dem Nichts kommt, sondern das Ergebnis oder Symptom funktionierender Zusammenhänge und Wechselbeziehungen ist. Teilweise sind die

---

[277] Grammtisch ungenau insofern Schmidt-Aßmann 1979, S. 4, der von einer „indikativische[n] Ausdrucksweise (‚sind zu')" spricht, „die dem ‚müssen' gleichsteht..." (Hervorhebung im Original).

[278] Z.B. Verhütung von Schäden für den Naturhaushalt, Nr. 5, oder Schutz der wildlebenden Tiere, Nr. 10.

[279] Z.B. Sicherung der Leistungsfähigkeit des Naturhaushalts, Nr. 1, oder Sicherung der Tierwelt, Nr. 3.

Handlungsaufforderungen der Grundsätze, die nach der zweiten Struktur aufgebaut sind, handhabbarer formuliert als die übrigen[280].

(c) Zusammenfassung zum Inhalt der Grundsätze

Die Grundsätze knüpfen überwiegend an Schutzgüter der Ziele im einzelnen an, relativieren jedoch schon dadurch, daß sie diese „zerteilen", den Anspruch der Ziele. Im Detail enthalten die Grundsätze zum Teil selbstverständliches, zum Teil widersprechen sie dem Verwirklichungsansatz der Ziele insgesamt.

(2) Verhältnis der Grundsätze untereinander

Die Grundsätze sind untereinander gleichrangig[281]. Dies ergibt sich aus ihrer parallelen Aufzählung, den engen sachlichen Beziehungen ihrer Gegenstände und daraus, daß sie nicht abschließend sind, so daß die ausdrücklich normierten Grundsätze nicht von vornherein in einem Rangverhältnis stehen können.

b) Soweit es erforderlich, möglich und angemessen ist

Schließlich schreibt § 2 Abs. 1 2. TS vor, die Ziele seien anhand der Grundsätze zu verwirklichen, *soweit* dies „zur Verwirklichung erforderlich, möglich und unter Abwägung aller Anforderungen nach § 1 Abs. 2 angemessen" ist. Die Vorschrift bedeutet in jedem Fall eine Begrenzung des Umsetzungsanspruchs der Ziele.

Zwar kann „insbesondere, soweit" nicht mit „nur dann, wenn" gleichgesetzt werden, die Umformulierung verdeutlicht aber die Tendenz, die § 2 Abs. 1 2. TS für den Verwirklichungsanspruch der Ziele bedeutet: Die Vorschrift stellt die Verwirklichung unter den Vorbehalt, als Einschränkung der gegenläufigen Ansprüche an Natur und Landschaft erfordlich und angemessen zu sein. Im Vordergrund stehen hier folglich nicht die Naturschutzbelange, sondern die ihnen entgegengesetzten Interessen[282].

---

280 So wird z.B. in § 2 Abs. 1 Nr. 9 konkret die Begrünung unbebauter Flächen gefordert. Schmidt-Aßmann 1979, S. 4, schreibt dazu, die Grundsätze „bemühten" sich, „zu einigen Punkten auch faktoren- oder situationsbedingte Handlungsanweisungen zu geben" - er konkretisiert aber nicht die Punkte, auf die er sich dabei bezieht.

281 Erbguth/ Wiegand 1994, S. 73, sprechen von „grundsätzlich gleichem Gewicht", S. 81 f.; Bertenbreiter 1982, S. 72, von „fehlender Rangfolge"; Schmidt-Aßmann 1979, S. 4, formuliert: „Eine Systematik, die auf ein Rangverhältnis der Zielkonkretisierungen schließen lassen könnte, ist nicht erkennbar."

282 Louis/ Engelke 1997, Nr. 2 zu § 2, nennen dies das „Bemühen des Bundesgesetzgebers, die Verwirklichung der Ziele des Naturschutzes und der Landschaftspflege zu relativieren, [das] (...) deutlich aus der Vielzahl der vorzunehmenden Abwägungen [spricht]". Unzutreffend sind daher die Anmerkungen zum Verhältnis zwischen § 1 Abs. 2 und § 2 Abs. 1 2. TS, die die Abwägungsklauseln gleichsetzen (Schmidt-Aßmann 1979, S. 6; im Anschluß daran Gassner-Gassner 1996, Nr. 93 zu § 1), eine von der anderen umfaßt (Steiger 1981, S. 472) oder „wiederaufgenommen" (Schink 1989, S. 110) sehen oder sie undifferenziert nebeneinanderstellen (Hahn 1991, S. 12).

„Alle" Anforderungen nach § 1 Abs. 2 sind hier nur die „sonstigen Anforderungen der Allgemeinheit"[283], jedenfalls die Naturschutz und Landschaftspflege entgegengesetzten Interessen[284]. Die Grundsätze selbst sind nicht Gegenstand der Abwägung[285]. Für die Gewichtung des Abwägungsmaterials ergibt sich nichts anderes als für § 1 Abs. 2[286]: Wie die Einzelgrundsätze untereinander gleichrangig sind, muß auch die Gewichtung der Abwägungsinteressen anhand der tatsächlichen Umstände im Einzelfall erfolgen[287]. § 2 Abs. 1 2. TS fordert somit zur Zielverwirklichung für den Fall auf, daß diese die von ihr verursachte Beeinträchtigung gegenläufiger Interessen rechtfertigt[288]. Die Formulierung „erforderlich[289], möglich[290] und angemessen" bedarf danach keiner weiteren Erläuterung. Auch findet ein gesetzgeberischer Wille, nicht die Verwirklichung der Ziele, sondern die Anwendung der Grundsätze in § 2 Abs. 1 2. TS unter einen Vorbehalt zu stellen[291], im Wortlaut keine Stütze.

---

283 Die Formulierung von § 2 Abs. 1 mag insofern unklar sein; dies rechtfertigt jedoch nicht die Folgerung, die Anforderungen seien „wohl die in der jeweiligen Lage sich anbietenden Notwendigkeiten aus den jeweiligen sachlich zu bewältigenden Problemen", vgl. Steiger 1981, S. 473.

284 Anderenfalls ergäbe sich die krude Aufforderung, die Ziele anhand der Grundsätze zu verwirklichen, soweit es unter Abwägung der Anforderungen aus den Zielen erforderlich etc. wäre. Gleichgerichtete Interessen können nicht gegeneinander abgewogen werden.

285 Gassner-Gassner 1996, Nr. 13 zu § 2, wie auch die Einzelziele aus § 1 Abs. 1 Nr. 1-4 nicht nach § 1 Abs. 2 abgewogen werden; unzutreffend insofern Schmidt-Aßmann 1979, S. 6. Vgl. hierzu auch § 1 NatSchG S-H, Ziele und Grundsätze des Naturschutzes und der Landschaftspflege (zu den §§ 1 und 2 BNatSchG), Abs. 3 Die Grundsätze sind im Einzelfall untereinander und gegen die sonstigen Anforderungen der Allgemeinheit an Natur und Landschaft abzuwägen.

286 Schmidt-Aßmann 1979, S. 6.

287 So im Hinblick auf die Grundsätze des NatSchG M-V, die auf § 2 BNatSchG Bezug nehmen, Bugiel 1998, S. 413. Zur Gewichtung des Abwägungsmaterials braucht also nicht mit Erbguth/ Wiegand 1994, S. 81 f., auf das allgemeine planungsrechtliche Abwägungsgebot zurückgegriffen zu werden, zumal auch diesem zufolge die Gewichtung der einzelnen Belange einzelfallabhängig erfolgt, vgl. Schulze-Fielitz 1992, S. 207.

288 Dies findet sich angedeutet bei Louis/ Engelke 1997, Nr. 5 zu § 2. Bugiel 1998, S. 413, vergleicht die Vorschrift sogar mit dem Verhältnismäßigkeitsgrundsatz.

289 Hierzu Schmidt-Aßmann 1979, S. 6; Gassner-Gassner 1996, Nr. 15 zu § 2.

290 Gassner-Gassner 1996, Nr. 93 zu § 1, setzt „Möglichkeit" mit „Geeignetheit" im Sinn des Verhältnismäßigkeitsgrundsatzes gleich. Louis/ Engelke 1997, Nr. 6 zu § 2, fordern mehr: „Vielmehr müssen begründete Aussichten bestehen, dem Naturschutz oder der Landschaftspflege durch Modifizierung der geplanten Maßnahme zu nutzen. Es entspricht allgemeinem Verwaltungsverständnis, daß Behörden im Einzelfall nicht an Grundsätze gebunden sein können, die nicht zu verwirklichen sind." Teilweise wird „möglich" auch als Hinweis auf Haushaltsmittel gedeutet- die Norm besage hier, die Ziele des Naturschutzes und der Landschaftspflege seien insoweit zu verwirklichen, als nicht anderen Zwecken der Vorrang für die Vergabe von Haushaltsmitteln zukomme, S. Schmidt-Aßmann 1979, S. 6; vgl. zur Begrenzung der „Möglichkeit" von Eingriffs-Ausgleichsmaßnahmen gem. § 8 Abs. 2 durch Haushaltsmittel VGH Mannheim 1994 (Schloßrondell), S. 152. Steiger 1981, S. 473, hebt ausdrücklich hervor, „erforderlich" könne auch sein, was „über das an sich ökonomisch mögliche" hinausgehe.

291 So die Stellungnahme des Bundestagsausschusses für Ernährung, Landwirtschaft und Forsten, BT-DrS 7/ 886, S. 29. Der Entwurf des Bundesrates, BT-DrS 7/ 3879, S. 19, spricht demgegen-

Die Unklarheit der gesetzlichen Formulierung insoweit mag ursächlich damit zusammenhängen, daß die Vorlage für § 2 Abs. 1 dem Gesetzentwurf der Bundesregierung entstammt[292], während § 1, auf den er sich bezieht, fast wörtlich dem Entwurf des Bundesrats entspricht[293].
§ 2 Abs. 1 2. TS setzt damit die rechtliche Relativierung des Anspruchs der Ziele, Naturschutz und Landschaftspflege zu verwirklichen, weiter fort: Während dieser Anspruch in § 1 Abs. 1 rechtlich klar ausgedrückt ist, schränkt ihn schon § 1 Abs. 2 insoweit ein, als er zur Optimierung von Naturschutz- und gegenläufigen Interessen auffordert. § 2 Abs. 1 2. Teilsatz stellt die gegenläufigen Aspekte ganz in den Vordergrund.

c) Zusammenfassung zu § 2 Abs. 1

Der Aufwand, den der Gesetzgeber bei der Zusammenstellung und Formulierung der Grundsätze und ihrer Bezüge zu den Zielen betrieben hat, steht in umgekehrt proportionalem Verhältnis zu deren Nutzen für die Umsetzung der Ziele. Der Nutzen der Grundsätze ist gering[294], weil sie nicht abschließend sind und ihre Verwirklichungsaufforderung unter Vorbehalt steht. Damit sind anfänglich optimistische Prognosen[295] widerlegt. Weil sie inhaltlich aber weitgehend an den Zielen orientiert sind, unterstreichen die Grundsätze die Bedeutung, die der Gesetzgeber selbst den Zielen für das Gesetz zugeordnet hat. Die Grundsätze relativieren die Aufforderung des BNatSchG zur Verwirklichung der Ziele nicht nur in rechtlicher Hinsicht durch die Abwägungsklausel, sondern auch tatsächlich dadurch, daß sie den Rechtsanwender mit Einzelheiten ermüden, die doch nicht abschließend sind. Wege zur Verwirklichung der Ziele, die nicht schon in diesen selbst angelegt wären, eröffnen die Grundsätze nicht. Stattdessen stellen sie die „sonstigen Anforderungen

---

über von einer „Gesamtverantwortung aller Hoheitsträger gegenüber Natur und Landschaft", die in § 2 ausgedrückt werden solle.

[292] Stellungnahme des Bundestagsausschusses für Ernährung, Landwirtschaft und Forsten, bezogen u.a. auf die Gesetzentwürfe des Bundesrates und der Bundesregierung, BT-DrS 7/ 886, S. 6.

[293] Gesetzentwurf des Bundesrates, BT-DrS 7/ 3879, S. 6.

[294] Louis/ Engelke 1997, Nr. 2 zu § 2, bringen dies damit in Verbindung, daß Abwägungsentscheidungen schon spezialgesetzlich determiniert seien, so daß es auf eine allgemeine Vorschrift wie § 2 Abs. 1 2. TS nicht ankomme. Gassner-Gassner 1996, Nr. 13 zu § 2, bezeichnet die Norm als „mißglückt".

[295] Schmidt-Aßmann 1979, S. 5: „(...) scheinen uns die Grundsätze (...) auch heute schon eine aktuelle Funktion für die Verwaltung erfüllen zu können. Sie stellen einen Katalog von Belangen des Naturschutzes und der Landschaftspflege als auch rechtlich beachtliche Richtpunkte heraus. Den gesetzesdurchführenden Stellen, insbesondere den Planern, verdeutlichen sie damit, daß ihre Arbeit nicht freie Gestaltung, sondern rechtlich verfaßte Aufgabe ist. Dabei geben sie eine Art von Checkliste ab, die durchgeprüft werden muß, wenn Maßnahmen getroffen werden sollen, die Naturschutz und Landschaftspflege positiv oder negativ berühren. (...) Soweit die Grundsätze einzelne Faktoren ansprechen, weisen sie zugleich auf die Notwendigkeit hin, die spezifischen Fachwissenschaften zu Rate zu ziehen." Ähnlich zuversichtlich aber auch heute noch Bugiel 1998, S. 413: den Grundsätzen komme „als gesetzlich fixierten vorrangigen Naturschutzzielen" eine erhebliche Bedeutung in der Verwaltungspraxis und für die Rechtsprechung zu.

der Allgemeinheit an Natur und Landschaft" gegenüber den Belangen des Naturschutzes und der Lanschaftspflege in den Vordergrund, nachdem erstere in § 1 Abs. 1 gar nicht erwähnt wurden und beide Kategorien von Belangen in § 1 Abs. 2 noch gleichberechtigt nebeneinander gestanden haben.

4. § 3

§ 3 setzt die Ziele in eine Aufgaben- und Zuständigkeitsvorschrift um. Die Vorschrift verpflichtet einerseits alle (d.h. nicht nur die Naturschutz-) Behörden auf die Verwirklichung oder Unterstützung der Verwirklichung der Ziele, andererseits fordert sie aber auch die Naturschutzbehörden selbst auf, andere Fachbehörden zu beteiligen, wenn ihre eigenen Maßnahmen deren Aufgabenbereiche berühren können.

§ 3 Abs. 1 betrifft die „Durchführung dieses Gesetzes" durch die Naturschutzbehörden, Abs. 2 die „Unterstützung der Verwirklichung der Ziele des Naturschutzes und der Landschaftspflege" durch sonstige Behörden und öffentliche Stellen. § 3 Abs. 2 setzt also „Durchführung des Gesetzes" und „Verwirklichung der Ziele" gleich und bestärkt insofern den ohnehin alle Behörden betreffenden Verwirklichungsanspruch der Ziele des Naturschutzes und der Landschaftspflege aus § 1 Abs. 1[296]. Die Beteiligungsvorschrift § 3 Abs. 2 S. 2, die S. 1 konkretisiert, kann demgegenüber dazu beitragen, daß das Abwägungsmaterial auch für die Anwendung von § 1 Abs. 2 vollständig zusammengestellt wird, und insofern auch den entgegengesetzten Interessen zur Geltung verhelfen.

§ 3 Abs. 3 kehrt § 3 Abs. 2 S. 2 um: Die Beteiligungspflicht „gilt für jede Seite aufgrund eigenständiger Normierung unabhängig vom Verhalten der Gegenseite"[297], wenn Auswirkungen der Tätigkeit der jeweils anderen Behörden auf den eigenen Aufgabenbereich *möglich* sind[298]. Die Pflicht wirkt wie eine verfahrensmäßige Umsetzung von § 2 Abs. 1 2. TS, weil hier gerade die Natur und Landschaft entgegenstehenden Belange in den Vordergrund rücken.

Insgesamt spiegelt § 3 die in sich widersprüchliche Behandlung der Ziele schon in den Eingangsvorschriften des BNatSchG wider[299], indem er einerseits Unterstützung und Beteiligung der Naturschutzbehörden durch andere öffentliche Stellen bei der Verwirklichung der Ziele fordert, andererseits aber auch gewährleistet, daß bei

---

[296] Kloepfer 1998, S. 714; Gassner-Gassner 1996, Nr. 14 zu § 3.

[297] Gassner-Gassner 1996, Nr. 27 zu § 3; vgl. den Gesetzentwurf des Bundesrates, BT-DrS 7/ 3879, S. 19 und die Stellungnahme des Ausschusses für Ernährung, Landwirtschaft und Forsten, 7/ 886, S. 29.

[298] Gassner-Gassner 1996, Nr. 26 zu § 3.

[299] Kritisch zur Funktionsfähigkeit von § 3 auch Heidtmann 1993, S. 70, der feststellt, „daß es bisher nicht oder nur unvollkommen gelungen ist, ausgehend von den Zielen und Grundsätzen des Naturschutzes und der Landschaftspflege, wie sie in den §§ 1 und 2 BNatSchG dargelegt sind, einen abgestimmten und in sich geschlossenen Aufgabenkatalog des Naturschutzes zu formulieren, der gleichzeitig die Aufgaben und Zuständigkeiten anderer Fachverwaltungen als eigene Abgrenzungslinien definiert".

der Erfüllung naturschützerischer Aufgaben die Interessen anderer Fachbehörden Eingang in die Entscheidungen finden.

5. Zusammenfassung zur Aufnahme der Ziele in den Allgemeinen Vorschriften

Die Bezüge der Allgemeinen Vorschriften zu § 1 Abs. 1 sind sehr deutlich. Wenn nicht ausdrücklich auf die Ziele verwiesen wird, § 1 Abs. 2, 3, § 2 Abs. 1 a.A., §§ 3 und 4, so nehmen die Vorschriften, insbesondere die Einzelgrundsätze in § 2 Abs. 1, zumindest Strukturen oder Formulierungen aus den Zielen wieder auf.
Unter den Auslegungsmöglichkeiten der Ziele bestärkt deren Aufnahme in den Allgemeinen Vorschriften, daß § 1 Abs. 1 an Verwaltungsbehörden adressiert ist. Darüber hinaus betonen die Allgemeinen Vorschriften keine der Möglichkeiten speziell, die die Ziele eröffnen.
Allein der Umstand, daß viele der Allgemeinen Vorschriften, speziell auch die meisten der Grundsätze nach § 2 Abs. 1, direkt an den Zielen ausgerichtet sind, ist Beleg für die wesentliche Bedeutung, die das Gesetz selbst den Zielen zuordnet. Institutionell bestärkt dies § 3, indem er nicht nur Naturschutzbehörden selbst, sondern auch andere öffentliche Stellen zu ihrer Verwirklichung verpflichtet. § 4 ist Grundlage der Funktion der Ziele, Rechtmäßigkeitsmaßstab nicht nur für Behördenhandeln, sondern auch für landesrechtliche Naturschutzvorschriften zu sein.

B. Besondere Vorschriften

Unter den Besonderen Vorschriften nehmen speziell die Eingriffsregelung und die Normen zur Schutzgebietsausweisung, aber auch § 29 für die Verbandsbeteiligung die Ziele auf. Dem Verwirklichungsanspruch der Ziele kommt dies nicht zugute, denn der Aufnahme folgt die Relativierung auf dem Fuß. Wo die Instrumente im einzelnen zur Verwirklichung der Ziele ansetzen, eröffnen sie immer auch Möglichkeiten oder Gefahren, die Verwirklichung zu vermeiden oder zu behindern: So können in der Eingriffsregelung die Naturschutzbelange zugunsten von Nutzungsinteressen zurückgestellt werden und die Schutzgebietsausweisung kann das ökologische Gewissen beruhigen und so den behördlichen Blick für weiterreichende Erfordernisse versperren.

1. Eingriffsregelung

Die Vorschriften über Eingriffe in Natur und Landschaft stehen im 3. Abschnitt des BNatSchG. Dieser trägt die Überschrift „Allgemeine Schutz-, Pflege- und Entwicklungsmaßnahmen“ und nimmt damit die Handlungsaufforderung von § 1 Abs. 1 a.A. auf. Die Instrumente dieses Abschnitts sind insofern „allgemein“, als sie nicht an flächenmäßig oder nach einzelnen Merkmalen bestimmte Teile von Natur und Landschaft anknüpfen, sondern generell Beeinträchtigungen von Natur und Landschaft entgegenwirken (§§ 8-9, 11) oder diesen positiv zugutekommen sollen (§ 10).

Auch die Minimalanforderung steht jedoch unter Vorbehalt; die Schutzgüter können unter Umständen preisgegeben werden, wo sie in der Abwägung entgegenstehende Interessen nicht überwiegen.
Die Ziele haben Bedeutung für die Anwendung der Eingriffsregelung - abgesehen von diesen grundsätzlichen Erwägungen - dort, wo das Gesetz sie gerade nicht ausdrücklich zitiert oder einbezieht, nämlich bei den unbestimmten Rechtsbegriffen, die zahlreich vorkommen[300].

a) § 8 Abs. 1

§ 8 Abs. 1 definiert den Eingriff in Natur und Landschaft. Die Definition wird von den meisten Landesgesetzen wortgleich aufgenommen[301]. Sie bildet Natur und Landschaft als Schutzgüter des BNatSchG ab[302], aber auch den Auftrag des Gesetzes, diese nachhaltig zu sichern:
Mit der Leistungsfähigkeit des Naturhaushalts nimmt § 8 Abs. 1 das Schutzgut aus § 1 Abs. 1 Nr. 1 auf[303]. Weil keine sachlichen Unterschiede zwischen dem Begriff „Leistungsfähigkeit des Naturhaushalts" in § 1 Abs. 1 Nr. 1 und in § 8 Abs. 1 bestehen, ergeben sich für die Auslegung von § 8 Abs. 1 aus § 1 Abs. 1 Nr. 1 keine direkten Anhaltspunkte[304]. Eher können § 1 Abs. 1 Nr. 2, 3 hilfreich sein, weil ein Eingriff am Beispiel konkret möglicher Beeinträchtigungen der Tier- und Pflanzenwelt als Teil des Naturhaushalts[305], oder anhand der Nutzungsfähigkeit anderer Naturgüter einfacher dargestellt werden kann als anhand der Kategorie „Naturhaushalt" insgesamt[306].
Während die Leistungsfähigkeit des Naturhaushalts den Oberbegriff für § 1 Abs. 1 Nr. 1-3 bildet, wird das Landschaftsbild, § 8 Abs. 1 a.E., in § 1 Abs. 1 nicht direkt erwähnt. § 8 Abs. 2 S. 3 nennt einen Eingriff ausgeglichen, wenn u.a. das Land-

---

300 Vgl. nur für „Eingriff" Lorz/ Stöckel 1996, Nr. 2 zu § 8; Gassner-Gassner 1996, Nr. 12 zu § 8; für „Beeinträchtigung des Landschaftsbilds" Tausch/ Wagner 1999, S. 374; für „erheblich" Kuschnerus 1996, S. 237; für „Ausgleich" Heidtmann 1993, S. 71; Ehrlein 1990, S. 123; Paetow 1986, S. 147; für „erforderlich" Schmidt-Aßmann 1979, S. 5.

301 Vgl. nur §§ 8 Abs. 1 NatSchG Sachs, 8 Abs. 1 1 LPflG Rh-Pf, die wortgleich mit § 8 Abs. 1 BNatSchG sind, sowie § 7 Abs. 1 NatSchG Nds, wo Eingriffe lediglich „erhebliche", nicht auch „nachhaltige" Beeinträchtigungen von Natur und Landschaft sind. Nach § 14 Abs. 1 NatSchG M-V sind „Eingriffe in Natur und Landschaft im Sinne dieses Gesetzes (..) Veränderungen der Gestalt und Nutzung von Grundflächen oder Gewässern aller Art, welche die ökologische Funktionsfähigkeit des Naturhaushalts oder das Landschaftsbild erheblich oder nachhaltig beeinträchtigen können."

302 Ehrlein 1990, S. 121.

303 Ausdrücklich schon im Gesetzentwurf des Bundesrats, BT-DrS 7/ 3879, S. 23.

304 Dies übersieht Scholten 1995, S. 9, wenn er § 1 pauschal Auslegungsgesichtspunkt nennt. Wie hier Berkemann 1993, S. 99.

305 Louis 1990a, S. 107, schreibt einer „Verarmung der Pflanzen - und Tierwelt" Indikatorwirkung für Beeinträchtigungen der Leistungsfähigkeit des Naturhaushalts zu.

306 Kritisch dazu Kuschnerus 1996, S. 238, der befürchtet, die Zusammenhänge und Lebensraumbeziehungen innerhalb des Naturhaushalts seien nicht hinreichend gewürdigt, wenn „nur" Tiere und Pflanzen zu dessen Bestimmung herangezogen werden.

schaftsbild landschaftsgerecht wiederhergestellt ist. Deshalb ist dies Eingriffsschutzgut positiv zu deuten. Landschafts-„Bild" ist also eine Qualitätskategorie einer Landschaft. § 8 Abs. 2 S. 1 fordert dazu auf, vermeidbare Beeinträchtigungen von Natur und *Landschaft* zu unterlassen, und nach § 8 Abs. 2 S. 4 ist ein Eingriff ausgeglichen, wenn Natur*haushalt* und Landschafts*bild* unbeeinträchtigt zurückbleiben bzw. wiederhergestellt sind. Hieraus ergibt sich, daß das Gesetz nicht zwischen „Natur und Landschaft" und „Naturhaushalt und Landschaftsbild" unterscheidet[307]. § 8 Abs. 1 ersetzt also „Natur und Landschaft", § 1 Abs. 1 a.A., durch „Leistungsfähigkeit des Naturhaushalts und Landschaftsbild". Für die Auslegung des Landschaftsbilds können deshalb die Elemente von § 1 Abs. 1 Nr. 4 zu Hilfe genommen werden[308], die sich auf „Natur und Landschaft" beziehen. Das Landschaftsbild ist mithin ein anderes Wort für die Vielfalt, Eigenart und Schönheit von Natur und Landschaft, § 1 Abs. 1 Nr. 4[309].

Weil das BNatSchG nach § 1 Abs. 1 auf Pflege und Entwicklung ausgelegt ist, müssen die Schutzgüter nicht „verletzt" sein, um einen Eingriff zu begründen[310]. Der Begriff „Beeinträchtigung" ist also nicht mit Begriffen von „Beeinträchtigung" in anderen Gesetzen gleichzusetzen. Dies ist von Interesse für die Fachbehörden, die die Eingriffsregelung anwenden, im übrigen aber mit anderen Gesetzen und deren Begrifflichkeit zu tun haben[311].

Die möglichen negativen Auswirkungen einer Nutzungsänderung auf Naturhaushalt oder Landschaftsbild müssen aber erheblich oder nachhaltig sein. Nachhaltige

---

307 Nach Gassner 1989, S. 62, wurde in der Entstehungsgeschichte kein Unterschied zwischen „Vielfalt, Eigenart und Schönheit der Landschaft" und „Landschaftsbild" gemacht, die Gleichsetzung sei problemlos erschienen.

308 Eissing/ Louis 1996, S. 489; ausdrücklich zur Ausrichtung an den Schutzgütern von § 1 auch Eberhard/ Schettler 1997, S. 89, und Tausch/ Wagner 1999, S. 372.

309 Fischer-Hüftle 1997, S. 241; Wolff 1997, S. 33: „als Faktoren des ‚Landschaftsbildes', § 15 Abs. 1 Nr. 2 BNatSchG, können die Schutzgüter von § 1 Abs. 1 BNatSchG gefaßt werden, die ihrerseits noch nicht Bestandteile des ‚Naturhaushalts' sind" (Hervorhebung im Original); so auch Kuschnerus 1996, S. 238. Auf die Gefahr, anhand dieser Kriterien zu subjektiv gefärbten Ergebnissen zu kommen, die mit dem Gleichheitsgrundsatz nicht vereinbar sein könnten, weisen Krause/ Klöppel/ v. Hoegen 1996, S. 17 f., hin; Gassner 1989, S. 65 f., entwickelt hierzu „objektivierende Kriterien". Gassner-Gassner 1996, Nr. 8 zu § 8, betrachtet auch den Naturhaushalt als Teil des Landschaftsbilds: Das Landschaftsbild könne schon beeinträchtigt sein, wenn der Naturhaushalt beeinträchtigt werde, „weil dieser das Landschaftsbild wesentlich mit konstituiert, das ausmacht, was nach § 1 Abs. 1 Nr. 4 als Natur und Landschaft bezeichnet wird".

310 Dies rechtfertigt jedoch nicht, wie Müller 1977, S. 926, auch für Pflege- und Entwicklungsmaßnahmen von „Eingriffen" zu sprechen. Deutlicher hier Eissing/ Louis 1996, S. 487, wonach es den Naturhaushalt auch beeinträchtigen kann, wenn dessen Entwicklungspotential im Einzelfall an der Entfaltung gehindert wird.

311 VG Karlsruhe 1980 (Freileitung im Flußtal), S. 36 , verweist hier beispielhaft auf die „Verunstaltung" des Bauordnungsrechts, die eine „Verletzung" des ästhetischen Empfindens erfordere. Berkemann 1993, S. 98, nennt die „interpretatorische Bandbreite", die der Eingriffsbegriff eröffne, „gewiß kein[en] Vorteil der Rechtssicherheit".

Beeinträchtigungen kehren gleichsam die nachhaltige Sicherung um, zu der § 1 Abs. 1 a.E. auffordert: Nicht nachhaltige Beeinträchtigungen der Schutzgüter hindern prima facie nicht die nachhaltige Verwirklichung der Ziele. Nicht nachhaltige Beeinträchtigungen begründen einen Eingriff, wenn sie „erheblich" sind. Weil das Gesetz mit den Einzelzielen insgesamt die Erhaltung bzw. Verwirklichung eines umfassend leistungsfähigen Naturhaushalts und von Vielfalt, Eigenart und Schönheit von Natur und Landschaft anstrebt, ist eine Beeinträchtigung zumindest dann „erheblich", wenn sie das Funktionsgefüge des Naturhaushalts nicht nur unwesentlich nach Art, Umfang und Dauer stört. Die Schwelle des Erheblichkeitsbegriffs wird damit in der Literatur relativ hoch angelegt[312]. Dies wird sich insbesondere zeigen, wo Vorhaben nicht als Eingriff in Natur und Landschaft qualifiziert werden können, weil ihre Auswirkungen z.B. aus Mangel an Erfahrungswissen oder Kenntnissen über die betroffenen Funktionsgefüge nicht vollständig prognostiziert werden können[313].

Bei der Anwendung der Eingriffsdefinition können die Ziele zur Auslegung der Begriffe „Landschaftsbild", „nachhaltig", „erheblich" und „Beeinträchtigung" herangezogen werden. Weil die „Leistungsfähigkeit des Naturhaushalts", § 8 Abs. 1, dem Einzelziel § 1 Abs. 1 Nr. 1 wörtlich entspricht, ist dieser zur Auslegung selbst nicht ergiebig. Die Eingriffsdefinition ist kein getreues Abbild der Ziele, weil Beeinträchtigungen der Schutzgüter nur als Eingriff gelten, wenn sie nachhaltig oder erheblich sind.

b) § 8 Abs. 2

§ 8 Abs. 2 bestimmt die Rechtsfolgen von Eingriffen. Bemerkenswert ist hier im Hinblick auf den Umsetzungsanspruch der Ziele schon, daß Eingriffe grundsätzlich zulässig sind. Zwar sollen die Ziele nach § 1 Abs. 1, 2 weitestmöglich verwirklicht werden. Die Beeinträchtigung der Schutzgüter ist aber nicht grundsätzlich unzulässig, sondern es können lediglich begleitende Vorkehrungen angeordnet werden, soweit nicht gerade ein Ausnahmefall nach § 8 Abs. 3 vorliegt.

Die Rechtsfolgen eines Eingriffs richten sich nach einem Vergleich des Zustands und der Funktionen des beeinträchtigten Schutzguts *vor* dem Eingriff mit dem Zustand und den Funktionen, die *nach* dem Eingriff bestehen können[314]. Sie richten

---

[312] Kratsch 1996, S. 194, spricht von einer „Geringfügigkeitsschwelle"; Liebrecht 1998, S. 83, von einer „Schwelle der Bedeutsamkeit".

[313] Auf die Schwierigkeiten der Prognose von Auswirkungen gerade menschlichen Handelns weist Louis 1990a, S. 107, hin. Vgl. dazu positiv VG Gießen 1990 (Lebensmittelmarkt), S. 38, das forderte, wegen deren Knappheit und schon bestehenden Belastungen sei jede weitere „Inanspruchnahme ohne Ausgleich" von Natur und Landschaft zu verhindern, und OVG Lüneburg 1989 (Helgoländer Festlandssockel), S. 283, wonach die „Einhaltung der Ziele und Grundsätze des Naturschutzes" keine gegenwärtig meßbare Verschlechterung der Verhältnisse erfordert. Demgegenüber argumentiert das VG Freiburg 1987 (Flugmodelle mit Verbrennungsmotor), S. 53, zu Lasten der Natur.

[314] Kuschnerus 1996, S. 237.

sich an dessen Verursacher. Verursacher ist entgegen dem allgemeinen Sprachgebrauch[315], aber im Sinne des allgemeinen umweltrechtlichen Verursacherprinzips[316], in wessen Einflußbereich ein Eingriff stattfindet bzw. stattfinden wird und wer „(am besten) in der Lage ist, sie[317] entsprechend den staatlichen Zielvorstellungen abzustellen"[318]. „Verursacher" i.S.v. § 8 Abs. 2 ist daher, wer eine Nutzungsänderung plant, die die Leistungsfähigkeit des Naturhaushalts oder das Landschaftsbild erheblich oder nachhaltig beeinträchtigen wird.

(1) Unterlassung vermeidbarer Beeinträchtigungen

Die Rechtsfolge von § 8 Abs. 2 S. 1 wird anhand des Kriteriums bestimmt, ob die mit einem Eingriff verbundenen Beeinträchtigungen vermeidbar sind. Vermeidbar ist eine Beeinträchtigung nicht schon, wenn die Verhinderung des Eingriffs insgesamt bewirken kann, daß die Beeinträchtigung unterbleibt[319]. Vermeidbar ist ein Eingriff vielmehr, wenn seine beeinträchtigenden Wirkungen durch ein alternatives Vorgehen „unter die Erheblichkeits- oder Nachhaltigkeitsschwelle gedrückt werden"[320] können.

---

[315] Die Personifizierung eines Verbs impliziert, daß jemand etwas konkret getan hat und/ oder immer wieder tut. In der Wortbildungslehre ist insoweit von einer Person die Rede, „ (...) die die durch das Verb bezeichnete Tätigkeit ausübt [nomen agentis]." Hierzu werden „drei semantische Untergruppen in bezug auf den Status dieser Tätigkeit unterschieden: a) professionell - Dreher, Gießer, Lehrer, Schneider (...); b) habituell - Anlieger, Denker, Herumtreiber, Raucher; (...); c) okkasionell - Finder, Gewinner, Leser, Verlierer", allerdings auch bemerkt: „Fachsprachlich sind noch Wortbildungskonstruktionen üblich, die in der Allgemeinsprache selten oder ganz unüblich geworden sind, z.B. Geber, Nehmer, Schenker als juristische Termini.", dazu Fleischer/ Barz 1995, S. 152 f. Danach würde § 8 Abs. 2 S. 1 anordnen, daß, wer etwas zur Beeinträchtigung des Naturhaushalts unternommen hat (also einen Eingriff), vermeiden muß, daß Natur und Landschaft beeinträchtigt werden. Dies setzt voraus, daß die Beeinträchtigungen von Naturhaushalt und Landschaftsbild, die einen Eingriff konstituieren, von solchen getrennt werden können, die § 8 Abs. 2 S. 1 zu vermeiden fordert. Dazu müßte entweder ein Unterschied zwischen den möglichen Beeinträchtigungen der Leistungsfähigkeit des Naturhaushalts (die den Eingriff als solchen konstituieren) und den Beeinträchtigungen von Natur und Landschaft bestehen, die vermieden werden sollen, oder es müßte tatsächlich möglich sein und deshalb gefordert werden können, bei einer Veränderung der Grundflächennutzung, die wegen der *Möglichkeit* von Beeinträchtigungen „Eingriff" i.S.v. § 8 Abs. 1 ist, *diese* Beeinträchtigungen zu verhindern.

[316] Kloepfer 1998, S. 719; Frenz 1997, S. 58; Heyen 1998, S. 190.

[317] Sc. die Beeinträchtigungen.

[318] Kloepfer 1998, S. 181.

[319] Ehrlein 1990, S. 123. Maßgeblich ist also nicht, wie die Folgen für Natur und Landschaft wären, wenn das Vorhaben nicht oder an einem anderen Ort durchgeführt würde. Zum nicht zur Diskussion stehenden Verzicht auf das Vorhaben vgl. Kuschnerus 1996, S. 239, Lambrecht 1998, S. 170, und Scholten 1995, S. 14 m.w.Nw. Trassenalternativen bei Straßenbauvorhaben sind Gegenstand zahlreicher gerichtlicher Stellungnahmen, dazu Lambrecht 1998, S. 172 f. m.Nw. Sehr kritisch zum Anwendungsbereich des Vermeidungsgebots Garbe 1997, S. 309; zurückhaltend kritisiert Lambrecht 1998, S. 184 f.

[320] Eissing/ Louis 1996, S. 489; das gleiche Kriterium wenden Eberhard/ Schettler 1997, S. 90, und Bunzel 1998, S. 227 für den Ausgleich unvermeidbarer Beeinträchtigungen an.

Um die Vermeidbarkeit von Beeinträchtigungen zu bestimmen, müssen folglich diese und die eines alternativen Vorgehens ermittelt werden. Anhand der Ziele und der darin genannten schützenswerten Funktionen der Schutzgüter sind die Auswirkungen des Vorhabens und seiner Alternative zu prognostizieren und ist wertend zu bestimmen, ob für die alternative Ausführung die beeinträchtigenden Wirkungen geringer sind.
Die Bedeutung der Ziele für die Anwendung des Vermeidbarkeitskriteriums darf nicht darüber hinwegtäuschen, daß § 8 Abs. 2 S. 1 die Beeinträchtigung als solche nicht in Frage stellt, also Abstriche an den Schutzgütern in jedem Fall duldet.

(2) Ausgleich nach Erforderlichkeit
Unvermeidbare Beeinträchtigungen sollen ausgeglichen werden, § 8 Abs. 2 S. 1. Die Anforderungen an den Ausgleich ergeben sich aus der Legaldefinition in § 8 Abs. 2 S. 4, wonach der Begriff des Ausgleichs an demjenigen des Eingriffs ausgerichtet ist: Eingriffe sind „ausgeglichen", wenn keine Beeinträchtigungen mehr vorliegen, weil die Funktionen, die durch den Eingriff gestört worden waren, wieder hergestellt oder Rahmenbedingungen für ihre Entwicklung geschaffen worden sind[321], wenn auch ein im ökologischen Sinn identischer Zustand durch Ausgleichsmaßnahmen nicht hergestellt werden kann. In der Ausgleichsdefinition wiederholen sich die Bezüge der Eingriffsdefinition auf die Ziele unter umgekehrten Vorzeichen: Die Ausgleichsmaßnahmen müssen ein Spiegelbild der Beeinträchtigung darstellen. Soweit die Beeinträchtigungen, die den Eingriff ausmachen, anhand der Ziele bestimmt werden, können diese daher auch Aufschluß für den Ausgleich geben[322].
Die Auswahl der Ausgleichsmaßnahmen liegt zudem im Ermessen der Behörde[323], so daß in der Zusammenstellung - wenn auch nicht in der Gewichtung - der Abwägungsbelange ein weiterer Einflußbereich der Ziele eröffnet ist[324].
Die Gesamtschau von § 1 Abs. 1 ermöglicht es, Beeinträchtigungen schon dann als „ausgeglichen" zu betrachten, wenn in einem weiteren räumlichen Zusammenhang mit dem Eingriffsvorhaben Naturschutzmaßnahmen vorgenommen werden[325]. Die

[321] Kuschnerus 1996, S. 239. So auch Gassner-Gassner 1996, Nr. 29 und 31 zu § 8, der zudem die Bedeutung des „für den Kompensationserfolg zugrundezulegenden Zeithorizonts" betont.
[322] Zvolský 1981, S. 392; Kratsch 1996, S. 196; Berkemann 1993, S. 102; auf die Beachtlichkeit von Entwicklungspotentialen der Schutzgüter bei der Einordnung von Eingriffen weisen vor dem Hintergrund des Entwicklungsgebots aus § 1 Abs. 1 Eissing/ Louis 1996, S. 487 hin.
[323] Eissing/ Louis 1996, S. 490; Frenz 1997, S. 58. Problematisch ist in dieser Hinsicht speziell die Bemessung der von einigen Landesgesetzen vorgesehenen Ausgleichs-*Zahlungen*, da sie eine geldwerte Bemessung der beeinträchtigten Funktionen von Natur und Landschaft erfordert.
[324] Zur Rolle der Ziele für die Zusammenstellung der Belange Bunzel 1998, S. 227; zur Auswahl zwischen Ausgleichsmaßnahmen Kratsch 1996, S. 197.
[325] Bunzel 1998, S. 346, weist in diesem Zusammenhang darauf hin, daß Eingriffsausgleich auch dem Entwicklungsgebot zugutekommen kann, § 1 Abs. 1, indem als Eingriffsausgleich „wertvollere" Biotope angelegt werden als aufgrund des Eingriffs beeinträchtigt wurden. Dies scheint allzu idealistisch.

großräumige Betrachtung der Ausgleichbarkeit von Eingriffen bedingt allerdings umgekehrt eine großräumige Betrachtung bestehender oder zu erwartender Belastungen voraus, die sich mit der im Einzelfall zu genehmigenden Beeinträchtigung addieren oder gegenseitig verstärken könnten[326].
Nach dem letzten Teilsatz von § 8 Abs. 2 S. 1 sollen Beeinträchtigungen (nur) insoweit vermieden oder ausgeglichen werden, als es zur Verwirklichung der Ziele des Naturschutzes und der Landschaftspflege erforderlich ist. Die Vorschrift impliziert, daß es Beeinträchtigungen geben kann, die die Verwirklichung der Ziele nicht in Frage stellen[327]. Die Ziele sind danach „verwirklicht" i.S.v. § 8 Abs. 2 S. 1, auch wenn sie aufgrund eingriffsbedingter Beeinträchtigungen nicht überall umgesetzt werden. „Verwirklichung" der Ziele i.S.v. § 8 Abs. 2 S. 1 ist daher Verwirklichung unter dem Vorbehalt, tatsächlich neben den eingriffsbedingten Beeinträchtigungen möglich zu sein[328].

(3) Zusammenfassung zu § 8 Abs. 2
Vermeidungs- und Ausgleichsgebot im Rahmen der Eingriffsregelung knüpfen zwar in ihren Anforderungen direkt an die Ziele von Naturschutz und Landschaftspflege an. Deren Verwirklichung gewährleisten sie dennoch nicht, sondern relativieren sie: Nicht allein, weil Eingriffe in Natur und Landschaft, auf die sie sich beziehen, erklärtermaßen den Zielen entgegengerichtet und grundsätzlich zulässig

---

326 Die übergreifende Betrachtung von Natur und Landschaft kann zugunsten der Schutzgüter aber nur erfolgreich sein, wenn Informationen über natur- und landschaftsbeeinträchtigende Vorhaben zwischen den für einen Bezugsraum, der nicht von Länder- oder Landkreisgrenzen beschränkt wird, zuständigen „Eingriffs"-Behörden weitergegeben werden. Louis/ Engelke 1997, Nr. 53 zu § 5, weisen auf die Möglichkeit hin, hierzu „Kompensationsflächenkataster" einzurichten, gegen die „keine rechtlichen Bedenken" bestünden. Diesen Vorschlag nimmt der Gesetzentwurf zum UGB in § 264 auf, Erläuterung dazu bei BMU 1998, S. 899. Brandenburg hat ein derartiges Kataster gesetzlich vorgeschrieben, vgl.
NatSchG Brbg, § 16 Kataster der Flächen für Ausgleichs- und Ersatzmaßnahmen
Abs. 1: Die Fachbehörde für Naturschutz und Landschaftspflege führt ein Kataster, in dem die für Ausgleichs- und Ersatzmaßnahmen festgelegten Flächen erfaßt werden; dieses ist laufend fortzuschreiben. (...)
Abs. 2: Die Fachbehörde für Naturschutz und Landschaftspflege ist befugt, Behörden und Einrichtungen des Landes sowie kommunalen Gebietskörperschaften Auszüge aus dem Kataster zur Verfügung zu stellen, soweit dies zur Wahrnehmung der diesen Stellen obliegenden Aufgaben erforderlich ist.

327 Vgl. dazu auch § 31; Gassner-Gassner 1996, Nr. 32 zu § 8, behauptet, es könne nicht gemeint sein, daß es Fälle geben kann, in denen oberhalb der Erheblichkeitsschwelle des § 8 Abs. 1 der Ausgleich von Eingriffen nicht erforderlich ist. Bunzel 1998, S. 227, scheint aber davon auszugehen.

328 Dies bedeutet jedoch nicht, daß § 8 Abs. 2 S. 1 eine Abwägung des möglichen Verwirklichungsgrads der Ziele gegen den Aufwand fordert, der nötig ist, um jenen zu erreichen- vgl. Ehrlein 1990, S. 123, der fordert, der Aufwand dürfe nicht außer Verhältnis zum „erreichbaren Verwirklichungsziel" stehen, allerdings finanzielle Erwägungen ausdrücklich von der Bestimmung des Aufwands ausnimmt. Im Ergebnis wie Ehrlein Kuschnerus 1996, S. 240.

sind, sondern auch, weil die Gebote die eingriffsbedingten Beeinträchtigungen nicht vollständig erfassen, bleibt ein Spielraum, der Restbeeinträchtigungen ermöglicht.

c) § 8 Abs. 3

Bei weder vermeid- noch ausgleichbaren Eingriffen ist nach § 8 Abs. 3 eine Abwägung anzustellen. § 1 Abs. 1 kann hier neben § 8 als Richtschnur dazu beitragen, die einschlägigen Belange vollständig zusammenzustellen. Anhand der Zielvorgaben kann bestimmt werden, nicht nur, in welcher Hinsicht und welchem Umfang die Verwirklichung der Ziele beeinträchtigt wird, wenn der Eingriff stattfindet, sondern auch, welche positiven Wirkungen für Natur und Landschaft in dem vom Eingriff betroffenen Bereich erzielt werden könnten, wenn er nicht erfolgt[329].

§ 8 Abs. 3 ordnet die Darlegungs- und Beweislast *gegen* die Eingriffsgenehmigung den Interessen des Naturschutzes und der Landschaftspflege zu. Denn ein Eingriff ist nur dann zu untersagen, wenn angesichts der mit ihm einhergehenden Beeinträchtigungen die Naturschutz- und Landschaftspflegeinteressen positiv den Vorrang genießen[330]. Für die Gewichtung der Abwägungsinteressen im Rahmen der Anwendung von § 8 Abs. 3 besagen die Ziele nichts.

Die zur Ermittlung des Vorrangs nötige Abwägung aller Ansprüche an Natur und Landschaft erfolgt auf der Ebene der Tatbestandsvoraussetzungen[331], deshalb mag

---

[329] Beispielsweise kann in einem einige Jahre ungenutzten Kiessee nicht nur der Kiesabbau *nicht* wieder aufgenommen und insofern ein Eingriff unterlassen werden, sondern kann je nach Einzelfall der See auch durch möglicherweise geringe pflegerische Maßnahmen zu einem Lebensraum für gefährdete Pflanzen- oder Tierarten vorbereitet werden.

[330] Kritisch dazu Berkemann 1993, S. 105; Fremuth/ Weinzierl 1989, S. 117; Mitschang 1994, S. 211. Wegen § 8 Abs. 9 BNatSchG zulässigerweise haben einige landesrechtliche Vorschriften die Beweislast zugunsten des Naturschutzes umgekehrt:

NatSchG Brbg, § 13 Unzulässigkeit von Eingriffen

Abs. 1: Sind die Beeinträchtigungen nicht zu vermeiden und nicht auszugleichen, so ist der Eingriff unzulässig, es sei denn, daß bei Abwägung aller Anforderungen an Natur und Landschaft andere Belange der Allgemeinheit den Belangen des Naturschutzes und der Landschaftspflege im Range vorgehen.

NatSchG Hess, § 6 a Genehmigungsgrundsätze

Abs. 2: Führt ein Eingriff zu nicht vermeidbaren Beeinträchtigungen oder der Gefährdung von Schutzgütern des § 5 Abs. 1, so kann er zugelassen werden, wenn 1. (...) oder 2. bei einer Abwägung mit anderen Belangen von erheblichem Gewicht, die ohne Eingriff nicht verwirklicht werden können, diesen anderen Belangen gegenüber den Belangen von Naturschutz und Landschaftspflege Vorrang einzuräumen ist.

Weiterhin NatSchG S-H, § 7 a Genehmigung von Eingriffen

Abs. 3: Die Genehmigung [eines Eingriffs] ist zu versagen, wenn und soweit 1. (...), 2. unvermeidbare Beeinträchtigungen nicht ausgeglichen werden können oder 3. dem Eingriff andere (...) Rechtsvorschriften (...) entgegenstehen. Die Genehmigung ist abweichend von Nr. 2 zu erteilen, wenn die mit dem Eingriff verfolgeten Belange im Rahmen der Abwägung den Belangen des Naturschutzes im Range vorgehen.

[331] So heißt es schon im Gesetzentwurf des Bundesrats, BT-DrS 7/ 3879, S. 23: „... ein Eingriff [ist] zu untersagen, wenn er nicht ausgeglichen werden kann.“

bezweifelt werden, ob es sich hier im eigentlichen Sinn um eine Abwägung[332] oder nicht vielmehr um die Auslegung einer Tatbestandsvoraussetzung handelt. Für die Rolle, die die Ziele aus § 1 Abs. 1 bei der Anwendung der Eingriffsregelung zu spielen haben, ergeben sich daraus keine Unterschiede.

§ 8 Abs. 3 ergänzt nach alledem die Relativierung des Umsetzungsanspruchs der Ziele, die sich aus der Eingriffsregelung insgesamt ergibt. Eingriffe können ausnahmsweise untersagt werden, wenn die Interessen von Naturschutz und Landschaftspflege die Interessen positiv überwiegen, die mit dem Eingriff verfolgt werden.

d) § 8 Abs. 7

§ 8 Abs. 7 betrifft das Verhältnis der Eingriffsregelung zur land-, forst- und fischereiwirtschaftlichen Bodennutzung. Die Bedeutung, die § 1 Abs. 1 für die Anwendung der Vorschrift hat, und damit ihr Nutzen für die Verwirklichung der Ziele, ist durch die Änderung eher gewachsen.

(1) Alte Fassung

Nach der alten Fassung von § 8 Abs. 7[333] galt die „im Sinne dieses Gesetzes ordnungsgemäße“ Landwirtschaft nicht als Eingriff. Die Behörden hatten zu bestimmen, worin „im Sinne dieses Gesetzes ordnungsgemäße“ Landwirtschaft[334] bestand.

Zwischen dieser Formulierung und dem Begriff der „Ordnungsgemäßheit“ in § 1 Abs. 3 (alt), aber auch der Abwägungsklausel, § 1 Abs. 2, und zu den Zielen selbst mußte ein stimmiges Verhältnis hergestellt werden. Die Ziele selbst beziehen sich auf den Naturschutz im eigentlichen Sinn, während die Abwägungsklausel auch „sonstige“ Anforderungen einzubeziehen nahelegt[335]. Vollends für Verwirrung sorgte § 1 Abs. 3 (alt), wonach die „ordnungsgemäße“ Landwirtschaft „in der Regel“ den Zielen des BNatSchG diente. Es konnte im Umkehrschluß zu § 1 Abs. 3 (alt) also auch „ordnungsgemäße“ Landwirtschaft geben, die den Zielen *nicht* dient. Auch eine „ökonomisch richtige“ Landwirtschaft findet aber nicht zwingend auf Kosten von Natur und Landschaft statt. *Nachhaltig* ökonomisch richtig kann sie nur sein, wenn sie nicht mehr tut, als den Kulturpflanzen zugutekommen kann,

---

[332] Scholten 1995, S. 17, betont, im Vordergrund der Regelung stehe nicht die (gebundene) Untersagungsfolge, sondern die Abwägung. Anders und insofern mit der Rspr., derzufolge es sich um eine „echte Abwägung“ handelt, Kuschnerus 1996, S. 240, und Berkemann 1993, S. 103.

[333] § 8 Abs. 7 a.F.: „Die im Sinne dieses Gesetzes ordnungsgemäße land-, forst- und fischereiwirtschaftliche Bodennutzung ist nicht als Eingriff in Natur und Landschaft anzusehen.“

[334] „Landwirtschaft“ wird im folgenden der Einfachheit halber synonym für land-, forst- und fischereiwirtschaftliche Bodennutzung verwendet.

[335] Zum Beispiel könnte damit die „Anforderung“ der Landwirtschaft gemeint sein, etwa zur Rationalisierung Knicks und Wasserlöcher zu beseitigen, um mit größeren Geräten arbeiten zu können, oder Pestizide einzusetzen, die Insektenfressern die Nahrungsgrundlage entziehen und direkt und indirekt die Artenvielfalt verkleinern.

und sichert, worauf sie basiert, d.h. die Bodenfruchtbarkeit erhält[336]. Beispielsweise wurde der Einsatz von Mineraldüngern in den letzten 15 Jahren so weit vermindert, daß in Ackerbaubetrieben kaum mehr Stickstoff ausgebracht als mit der Ernte entnommen wird. Bei Betrieben mit Tierhaltung, vor allem im Zusammenhang mit Schweinemast, fällt diese Bilanz weniger „günstig" aus, zumal organische Dünger im Boden eher schlechter verwertet werden bzw. ihre Verwertung von Faktoren abhängt, die schlechter zu prognostizieren sind, insbesondere Feuchtigkeit und Temperatur[337].

Die Rolle der Ziele für die Anwendung von § 8 Abs. 7 a.F. bestand nach alledem vorrangig in der Bestimmung der „im Sinne dieses Gesetzes ordnungsgemäßen" landwirtschaftlichen Wirtschaftsweise. Weil das Gesetz aber nicht deutlich unterschied, ob allein die Ziele oder auch ökonomische Gesichtspunkte ausschlaggebend sein könnten, eröffnete § 8 Abs. 7 a.F. insbesondere weitere Relativierungsmöglichkeiten hinsichtlich der Umsetzung der Ziele.

(2) Neue Fassung

Nach § 8 Abs. 7 n.F.[338] gilt die Vermutung, es liege kein Eingriff vor, wenn bei der Bodennutzung die Ziele und Grundsätze des Naturschutzes und der Landschaftspflege berücksichtigt werden. § 8 Abs. 7 S. 2 schließt die Regelvermutung an, diese Voraussetzung sei erfüllt, wenn die Landwirtschaft den Grundsätzen der guten fachlichen Praxis entspreche. Es muß danach im Einzelfall nachgewiesen werden, warum landwirtschaftliche Tätigkeit der guten fachlichen Praxis zuwiderläuft oder dieser zwar genügt, jedoch den Zielen des Naturschutzes widerspricht.

Zur Bestimmung der „guten fachlichen Praxis" verweist das Gesetz auf die Bestimmungen des BBodSchG, die lediglich auf das Schutzgut „Boden" bezogen sind. Die übrigen Schutzgüter der Eingriffsregelung, nämlich die sonstigen Naturgüter des Naturhaushalts, insbesondere Tiere und Pflanzen, die nicht zu den Bo-

---

[336] Soell 1984, S. 11, und Ganzert 1994, S. 91.

[337] Dazu Christen 1998, S. N 2. Derlei Bilanzierung läßt allerdings außer Betracht, daß der Boden nicht nur dazu da ist, Kulturpflanzen während ihres Wachstums an Ort und Stelle zu fixieren.

[338] Geändert durch das Dritte Gesetz zur Änderung des BNatSchG vom 26.8.1998, BGBl II 1998, S. 2481. § 8 Abs. 7 n.F.: „Die land-, forst- und fischereiwirtschaftliche Bodennutzung ist nicht als Eingriff anzusehen, soweit dabei die Ziele und Grundsätze des Naturschutzes und der Landschaftspflege berücksichtigt werden. Die den Vorschriften des Rechts der Land- und Forstwirtschaft einschließlich des Rechts der Binnenfischerei und § 17 Abs. 2 des Bundes- Bodenschutzgesetzes entsprechende gute fachliche Praxis bei der land-, forst- und fischereiwirtschaftlichen Bodennutzung widerspricht in der Regel nicht den in Satz 1 genannten Zielen und Grundsätzen. Nicht als Eingriff gilt auch die Wiederaufnahme einer land-, forst- und fischereiwirtschaftlichen Bodennutzung, die auf Grund vertraglicher Vereinbarungen zeitweise eingeschränkt oder unterbrochen worden war."

denorganismen gehören, aber auch deren Wechselbeziehungen und das Landschaftsbild, § 8 Abs. 1, sind nicht Gegenstand der „guten fachlichen Praxis“[339].
Damit eröffnet die neue Landwirtschaftsklausel Wege zur Widerlegung der Regelvermutung. Insbesondere die Beeinträchtigung des Grundwassers, das das BBodSchG ausdrücklich ausnimmt, aber auch des Landschaftsbilds durch landwirtschaftliche Nutzungsänderungen könnten daher entgegen § 8 Abs. 7 Eingriff sein.
Die Ziele gewinnen gegenüber der alten Fassung für die Anwendung von § 8 Abs. 7 an Bedeutung, weil die Beeinträchtigung ihrer Schutzgüter im einzelnen durch landwirtschaftliche Bodennutzung hinreichen kann, um deren Ausnahme von der Eingriffsregelung zu widerlegen. Jedenfalls für den Bereich der landwirtschaftlichen Bodennutzung kann die differenziertere Betrachtung der Ziele, die § 8 Abs. 7 n.F. ermöglicht, deren Umsetzung im Vergleich zu § 8 Abs. 7 a.F. verbessern. An der Relativierung der Ziele durch die grundsätzliche Ausnahme der Landwirtschaft von der Anwendung der Eingriffsregelung ändert dies nichts.

e) § 8 a

§ 8 a regelt den Zusammenhang zwischen Eingriffen in Natur und Landschaft und der Bebauungsplanung. Die Vorschrift trägt dem Umstand Rechnung, daß Bebauungspläne zwar selbst nicht in Natur und Landschaft eingreifen, aber Eingriffe vorbereiten[340]. Die Vorschrift bezieht die Ziele aus § 1 indirekt insofern ein, als sie an Eingriffe anknüpft, die ihrerseits wie gezeigt in Definition und Ausgleich mit § 1 zusammenhängen.
Weil keine Entscheidung ersichtlich ist, die substantiiert einen Zusammenhang zwischen § 8 a und den Zielen gem. § 1 herstellt[341], soll die Norm nicht untersucht werden[342].

f) Zusammenfassung zur Eingriffsregelung

Die Eingriffsregelung vermittelt den Anschein, einer umfassenden Verwirklichung der Ziele dienlich zu sein.

---

[339] Heyen 1998, S. 192, vermutet daher, die Neufassung wolle den „ökologischen Anspruch“ von § 8 Abs. 7 gegenüber der alten Fassung „zurücknehmen“.

[340] Steinfort 1995, S. 111.

[341] In einem Urt. v. 9.5.1997, E 104, 353-362, 356 (4 N 1.96) verwies das BVerwG auf § 1 Abs. 1 lediglich zur Auslegung des Begriffs „natürliche Lebensgrundlagen“, die wegen § 1 Abs. 5 S. 1 und S. 2 Nr. 7 BauGB auch durch die Bauleitplanung zu schützen seien. In einer früheren Entscheidung hatte es festgestellt, „in diesem Punkt (...) [treffe] sich das Bauplanungsrecht mit den in § 1 Abs. 1 BNatSchG formulierten Anforderungen des Naturschutzes und der Landschaftspflege“, ohne daraus jedoch entscheidungserhebliches abzuleiten, BVerwG, Beschl. v. 31.1.1997, E 104, 68-79, 77 (4 NB 27.96).

[342] Vgl. stattdessen aus der nicht mehr überschaubaren Literatur Fischer-Hüftle 1996; Fuchs 1997; Garbe 1996 und 1997; Gassner 1991 und 1993; Hieber 1997; Köhl 1997; Krahnefeld 1993; Stühler 1996; Uechtritz 1997. Nach der letzten Änderung des BauGB: Bunzel 1997, Schmidt 1998 sowie Gassner 1999.

So, wie die Einzelziele insgesamt umfassenden Schutz, Pflege und Entwicklung der Landschaft um der Einzelziele willen fordern, soll die Eingriffsregelung umfassend Hindernisse für die Verwirklichung der Ziele abwehren. Sie spiegelt damit den Schutz-, Pflege- und Entwicklungsauftrag wider und beschreibt dessen Mindestanforderung: Das geringste, was die Behörden zum Schutz von Natur und Landschaft tun können, ist zu verhindern, daß Dritte die Güter beschädigen. Inhalt der Eingriffsregelung ist also, den status quo der Leistungsfähigkeit des Naturhaushalts und des Landschaftsbilds tatsächlich zu sichern[343]. Dies steht im Einklang mit der schon erwähnten Grundauffassung des BNatSchG, die Ziele seien gegenwärtig verwirklicht.

§ 1 Abs. 1 spielt schon bei der Definition des Eingriffs in Natur und Landschaft und daran anknüpfend bei derjenigen des Ausgleichs von Eingriffen eine Rolle. Beidemal geht es um Beeinträchtigungen der Leistungsfähigkeit des Naturhaushalts, § 1 Abs. 1 Nr. 1, und um solche des Landschaftsbilds, das mit dem Schutzgut von § 1 Abs. 1 Nr. 4 gleichgesetzt werden kann. Schutzgut der Eingriffsregelung ist also das Schutzgut des BNatSchG insgesamt.

Weil der Begriff „Leistungsfähigkeit des Naturhaushalts", § 8 Abs. 1, wörtlich mit dem in § 1 Abs. 1 Nr. 1 übereinstimmt, der auch die Schutzgüter aus § 1 Abs. 1 Nr. 2, 3 umfaßt, können zur Auslegung der Eingriffsregelung die Gesichtspunkte herangezogen werden, die zur Auslegung der Einzelziele und der Grundsätze herausgearbeitet wurden. Für das „Landschaftsbild" als weiteres Schutzgut der Eingriffsregelung ergibt sich aus der Gleichssetzung mit demjenigen von § 1 Abs. 1 Nr. 4, daß es in die darin genannten Aspekte Vielfalt, Eigenart und Schönheit der Landschaft aufgeteilt werden kann. Dies mag die Auslegung und Anwendung der Regelung vereinfachen.

Die Eingriffsregelung betrachtet dabei Natur und Landschaft insgesamt, indem sie die Ziele auch noch als verwirklicht einstuft, wenn im einzelnen Eingriffe vorliegen. Damit würdigt sie im Anschluß an die Ziele den Naturhaushalt als dynamisches Gesamtgefüge.

Für den Ausgleich von Eingriffen kommt es auf die Ziele insofern an, als die Definition des Ausgleichs diejenige des Eingriffs umkehrt. Außerdem bezieht sich § 8 Abs. 2 S. 1 auf die Ziele, weil das Ermessen bei der Auswahl der Ausgleichsmaßnahmen daran auszurichten ist, ob sie zur Verwirklichung der Ziele erforderlich sind. Schließlich sind Eingriffe nach § 8 Abs. 3 zu untersagen, wenn sie nicht vermeidbar oder ausgleichbar sind und die Belange des Naturschutzes und der Landschaftspflege vorgehen. Diese sind anhand von § 1 Abs. 1 zu ermitteln. Für beide Abwägungen geben die Ziele den Zweck vor; die Belange müssen folglich jeweils anhand der Ziele zusammengestellt werden. Zudem müssen die Belange anhand der Ziele gewichtet werden; die prinzipielle Gleichrangigkeit der entgegenstehenden Interessen gegenüber denjenigen von Natur und Landschaft ist hier durch die Ein-

---

343 Eissing/ Louis 1996, S. 485; anders unter Hinweis auf das Entwicklungsgebot in § 1 Abs. 1 Bunzel 1998, S. 227.

führung von Art. 20 a GG zugunsten der natürlichen Lebensgrundlagen verschoben worden. Jedenfalls gegenüber entgegenstehenden Belangen, die nicht auch Verfassungsrang haben, müssen die Naturschutzinteressen daher zunächst schwerer gewichtet werden.

§ 8 Abs. 7 bezieht § 1 Abs. 1 an einer Stelle ein, die vor der Änderung zu den umstrittensten Normen des BNatSchG gehört hatte. Hier kann anhand der Ziele die ihnen entgegengesetzte Regelvermutung widerlegt werden, Landwirtschaft stelle keinen Eingriff dar. Weil die Regelvermutung sich allein auf das Fehlen einer Beeinträchtigung des *Bodens* stützt, ist anhand von Beeinträchtigungen der übrigen Schutzgüter leichter zu zeigen als in der alten Fassung, daß sie im Einzelfall nicht greift.

Indirekt wirken die Ziele aufgrund dieser Bezüge, die § 8 zu ihnen herstellt, zudem als Rechtmäßigkeitsmaßstab für Landesrecht, das zur Ausfüllung der Eingriffsregelung erlassen wird.

Aus der Gesamtschau der Bezüge der Eingriffsregelung auf die Ziele des Naturschutzes und der Landschaftspflege ergibt sich der Eindruck, ihre Anwendung sei wesentlich von den Zielen gesteuert und deshalb zu deren weitreichender Umsetzung geeignet. § 1 Abs. 1, 2 als Optimierungsgebot trägt zu diesem Eindruck bei, weil er die Verwaltung bei der Anwendung der Regelung dazu auffordert, jeweils zu prüfen, ob diese den im Einzelfall bestmöglichen Ausgleich von Naturschutz- und entgegenstehenden Interessen herstellt.

2. Schutzgebietsvorschriften

Der 4. Abschnitt des BNatSchG enthält grundsätzliches über Schutzgebietsausweisungen. Schutzgebiete im allgemeinen gehören zu den Hauptinstrumenten, die das BNatSchG zur Verwirklichung seiner Ziele vorsieht. Entsprechend zahlreich sind die Bezüge der Vorschriften zu den Schutzgütern und Handlungsaufforderungen von § 1 Abs. 1 generell, aber auch zu § 1 Abs. 1 Nr. 1-4 im einzelnen.

a) § 12

Die Schutzgebietsausweisung wird häufig als Fortführung der schon im RNatSchG vorgesehenen und insofern „klassischen", konservierenden Naturschutzinstrumente[344] bezeichnet. Dennoch sind Schutzgebiete schon nach der Überschrift *auch Entwicklungs*instrumente[345], treten also zur Verwirklichung der Handlungsaufforderungen insgesamt an. § 12 Abs. 1 stellt die Schutzgebietskategorien insgesamt vor. Die Norm spricht von „Teilen von Natur und Landschaft" und knüpft damit so wie die Überschrift des Abschnitts an das Schutzgut der Ziele insgesamt an. Auch

---

[344] Kloepfer 1998, S. 714; Fischer-Hüftle 1990, S. 1014; Hoppe/ Beckmann 1989, S. 310; Carlsen/ Fischer-Hüftle 1993, S. 311; Louis 1990a, S. 107; Gassner/ Schmidt-Räntsch 1996, Nr. 2 vor §§ 12 ff., die aber auch auf Erweiterungen der Schutzgebietskategorien gegenüber dem RNatSchG hinweist; so auch Louis/ Engelke 1997, Nr. 2 vor §§ 18-22.

[345] Vgl. für Landschaftsschutzgebiete Müller 1977, S. 928; Wolff 1998 S. 299, und Wolff 1997, S. 23. Allgemeiner Louis 1990a, S. 107; Eissing/ Louis 1996, S. 487.

die Handlungsaufforderungen aus § 1 Abs. 1 a.A., die schon in der Abschnittsüberschrift aufgenommen werden, wandelt § 12 Abs. 2 ab. Die Norm verdeutlicht, daß diese nicht scharf gegeneinander abzugrenzen sind, indem sie zur Verwirklichung des *Schutz*zwecks *Pflege-* und *Entwicklungs*maßnahmen einfordert. Insofern stellt § 12 deutlich den Bezug der Schutzgebietsvorschriften zu den Zielen her.

Die Ausweisung der Schutzgebiete liegt nach § 12 Abs. 1 jeweils im Ermessen der Behörde[346]. Auch wenn die Vorschrift nicht ausdrücklich auf § 1 Abs. 2 verweist, sind in die Abwägung über die Schutzgebietsausweisung daher auch die übrigen Interessen der Allgemeinheit im Hinblick auf Natur und Landschaft zu berücksichtigen[347].

Abgesehen von § 12 Abs. 4 S. 2 gelten die Vorschriften über Schutzgebiete als Rahmenvorschriften für die Gesetzgebung der Länder. Wo die Vorschriften sich daher auf die Ziele aus § 1 Abs. 1 zurückbeziehen, haben diese folglich Teil am Kontrollmaßstab, den §§ 12 ff. für die Überprüfung der Übereinstimmung landesrechtlicher Schutzgebietsnormen mit Bundesrecht bilden.

b) Schutzgebietskategorien im einzelnen: Zweck, Erforderlichkeit und Inhalt von Schutzausweisungen

Den Schutzkategorien im einzelnen ist gemeinsam, daß die Schutzausweisung um der aufgeführten Schutzgründe willen zu geschehen hat. Die Schutzgründe nehmen die Handlungsaufforderungen Schutz (§§ 13 Abs. 1 a.A., 14 Abs. 1 a.A., 15 Abs. 1 a.A., 17 Abs. 1 S. 1 a.A., 18 Abs. 1 S. 1 a.A.), Pflege und Entwicklung (§§ 14 a Abs. 1 a.A., 16 Abs. 1 a.A., indirekt auch 15 Abs. 1 Nr. 1, wo es um die „Wiederherstellung" der Leistungsfähigkeit des Naturhaushalts geht[348]) wieder auf. Sie beziehen sich unter den Gegenständen der Einzelziele auf den Naturhaushalt (§§ 15 Abs. 1 Nr. 1, 18 Abs. 1 S. 1 Nr. 1), die Naturgüter (§§ 14 a Abs. 1 Nr. 4, 15 Abs. 1 Nr. 1), insbesondere auf Pflanzen und Tiere (§§ 13 Abs. 1 Nr. 1, 14 Abs. 1 Nr. 4) und auf die Vielfalt, Eigenart und Schönheit von Natur und Land-

---

[346] Ausdrücklich so Soell 1993, S. 302 und 307, der auch auf Möglichkeiten der Ermessensreduzierung zugunsten der Schutzgüter hinweist; Louis 1990b, S. 801; Louis/ Engelke 1997, Nr. 35 vor §§ 18-22. Auch VGH München 1988 (Bayerisches Bodenseeufer), S. 261. Hofmann 1980, S. 66, betont demgegenüber, es handele sich hier nicht um eine Ermessensentscheidung. Ermessen der Verwaltung beziehe sich auf Einzelentscheidungen; Schutzgebiete würden aber durch Verordnungen ausgewiesen. Dabei stehe der Verwaltung ein besonderer Abwägungsfreiraum offen. Dennoch räumt Hofmann ein, die Verordnungen könnten auf das Vorliegen gravierender und evidenter Verstöße überprüft werden, wozu er beispielhaft „unzulässige sachwidrige Erwägungen" und Verletzungen des Gleichheitsgrundsatzes oder des Übermaßverbotes zählt. Insofern nimmt Louis 1990b, S. 801, auf ihn Bezug. V. Danwitz eröffnet aufgrund der Unterschiede der Verordnungsgebung sowohl zur völligen Freiheit der Gesetzgebung als auch zum ausschließlich vollziehenden Charakter der Rechtsanwendung durch die Verwaltung eine eigenständige Kategorie der Gestaltungsfreiheit des Verordnungsgebers, S. 177 f.

[347] Wolff 1997, S. 45. Louis 1990b, S. 801, führt dies auf das Rechtsstaatsprinzip zurück. Vgl. zum Zusammenhang von Rechtsstaat und Normsetzung Kloepfer 1995, S. 445.

[348] Wolff 1998, S. 299.

schaft (§§ 13 Abs. 1 Nr. 3, 14 a Abs. 1 Nr. 1, 3, 15 Abs. 1 Nr. 2, 17 Abs. 1 S. 1 Nr. 2), wobei sie die Formulierungen aus § 1 Abs. 1 Nr. 1-4 teilweise abwandeln. Auch die Erholung, § 1 Abs. 1 a.E., spielt im Rahmen der Schutzgebietsvoraussetzungen eine Rolle (§§ 15 Abs. 1 Nr. 3, 16 Abs. 1 Nr. 3, Abs. 2). Teilweise heißt es ausdrücklich, die Ausweisung müsse um ihretwillen „erforderlich" sein, §§ 13 Abs. 1 a.E., 15 Abs. 1 a.E., 17 Abs. 1 S. 1 a.E. Die Auslegung der unbestimmten Rechtsbegriffe, aus denen die Schutzgebietsbeschreibungen zusammengesetzt sind[349], kristallisiert sich speziell am Begriff der „Erforderlichkeit" besonderen Schutzes durch ein Natur- oder Landschaftsschutzgebiet, vgl. §§ 13 Abs. 1 a.E., 15 Abs. 1 a.E. Hier muß begründet werden, warum die Ausweisungszwecke nicht anders umgesetzt werden können, warum also die Schutzgebietsausweisung „vernünftigerweise geboten" ist[350]. Das Schutzerfordernis kann am Vergleich von Prognosen der Entwicklung des Gebiets mit bzw. ohne Schutzregime dargestellt werden. Dafür ist eine Analyse des gegenwärtigen Zustands und der Funktionen des Naturhaushalts, die derzeit ablaufen und/ oder ablaufen könnten, vorzunehmen. Die Bestimmung der Ausweisungsvoraussetzungen setzt jedenfalls eine umfassende Untersuchung und Wertung von Zustand und das Entwicklungspotentialen des Gebiets voraus[351]; die Ziele können dazu wegen ihrer Nähe zu den speziellen Schutzgütern Anhaltspunkte liefern.

Nationalparke, Naturparke und Biosphärenreservate sind übergreifende Schutzgebietskategorien, die sich aus Gebieten zusammensetzen, für die schon im einzelnen die Voraussetzungen für die Ausweisung von Naturschutz- bzw. Natur- oder Landschaftsschutzgebieten vorliegen. Insofern nehmen sie die Anknüpfung dieser Schutzgebietskategorien an Kriterien aus § 1 Abs. 1 indirekt erneut auf. Die inhaltliche Nähe der Begriffe, die die Schutzgebietstypen charakterisieren, zu § 1 Abs. 1 und die Überschrift des 4. Abschnitts des BNatSchG, die die Handlungsaufforderungen aus § 1 Abs. 1 a.A. wiederholt, legen nahe, daß Schutzgebietsausweisungen insgesamt der Verwirklichung der Ziele aus § 1 Abs. 1 dienen sollen. Naturschutzgebiete und Naturdenkmale können darüber hinaus aus wissenschaftlichen, naturgeschichtlichen oder landeskundlichen Gründen ausgewiesen werden, §§ 13 Abs. 1 Nr. 2, 17 Abs. 1 S. 1 Nr. 1. Schutzgebietsausweisung ist mithin nicht *nur* Mittel zur Verwirklichung von Naturschutzzielen[352].

Die landesrechtlichen Vorschriften über die Schutzgebietsausweisung sind durchweg als Ermessensvorschriften ausgestaltet. Für die Ausübung des Ermessens ist

---

349 Vgl. zur Eigenschaft der Festsetzungsvoraussetzungen als unbestimmte Rechtsbegriffe Krause 1996, S. 56; insbesondere zur „Erforderlichkeit" Kuschnerus 1996, S. 237.

350 Carlsen/ Fischer-Hüftle 1993, S. 314.

351 Für Naturschutzgebiete Soell 1993, S. 304; für Landschaftsschutzgebiete Wolff 1997, S. 41; vgl. auch Carlsen/ Fischer-Hüftle 1993, S. 315.

352 Anders offenbar Louis 1990b, S. 801, der die Beachtlichkeit allein der naturschützerischen Ziele bei der Bestimmung der Erforderlichkeit jeglicher Schutzgebietsausweisung hervorhebt. Vermittelnd insoweit Brink/ Wöbse 1989, S. 35 und passim, die hier eine Verbindung zumindest zu § 2 Abs. 1 Nr. 13 herstellen, wo es um die Erhaltung historischer Kulturlandschaften geht.

am Zweck der Ermessenseinräumung zu orientieren. Sowohl über das „Ob" der Ausweisung als auch über die inhaltliche Gestaltung der Schutzgebietsverordnungen muß also nach Maßgabe des § 1 Abs. 1 entschieden werden.
Für die Gewichtung der eingestellten Belange im Rahmen der Schutzgebietsausweisung sind wie für die Eingriffsregelung aus § 1 Abs. 1 allein keine Vorgaben zu gewinnen. Gegenüber entgegenstehenden Anforderungen an Natur und Landschaft, die gegen die Ausweisung eines Schutzgebiets sprechen könnten, wird die Verwaltung jedoch wiederum durch das Optimierungsgebot in § 1 Abs. 1/ 2 gebunden und hat insofern das stets „besondere" Gewicht der Interessen von Naturschutz und Landschaftspflege zu beachten. Außerdem ergibt sich aus Art. 20 a GG auch bei der Ausweisung von Schutzgebieten eine Bekräftigung der Interesse des Naturschutzes und der Landschaftspflege zumindest gegenüber gegenläufigen Belangen, die nicht selbst Verfassungsrang genießen.

c) Zusammenfassung zur Aufnahme der Ziele in den Schutzgebietsvorschriften

Schutzgebiete sind Instrumente des Naturschutzes, die nicht nur einen gegenwärtigen Zustand gegen zukünftige Beeinträchtigungen sichern können, sondern auch eingesetzt werden können, um Verbesserungen zu erzielen, denn sie können auch um der Pflege und Entwicklung von Natur und Landschaft, der Verbesserung und Wiederherstellung eines Naturhaushalts willen ausgewiesen werden, § 1 Abs. 1 a.A. Dies unterscheidet sie insbesondere von der Eingriffsregelung, die vorrangig Abwehrinstrument ist.
Alle Schutzgebietsklassifikationen knüpfen in der einen oder anderen Weise an die Ziele des Naturschutzes und der Landschaftspflege aus § 1 Abs. 1 an, sei es, indem sie das gleiche Handlungsobjekt betreffen, sei es, indem sie den Wortlaut einzelner der Ziele wiederholen, oder, weil sie der Erholung dienen sollen (§ 1 Abs. 1 a.E.). Generell folgt aus der Übereinstimmung von Begriffen in § 1 Abs. 1 Nr. 1-4 und den Schutzgebietsvorschriften, daß hier die Ziele zunächst keine Auslegungshilfe sein können. Wie bei der Eingriffsregelung können die Ziele aber auch hier dazu dienen, der Auslegung Hintergrund und Richtung vorzugeben, insbesondere, wenn eine Schutzgebietsvorschrift nur einzelne Formulierungen der Ziele wiederaufnimmt, so daß die Erwägungen zur Auslegung der Einzelziele auf die Schutzgebietsvorschriften übertragen werden können. Die Auslegung der Schutzgebietsvorschrift kann insbesondere in Abgrenzung zu denjenigen Inhalten der Ziele erfolgen, die in der Spezialvorschrift *nicht* wiederaufgenommen werden. Für den Anteil, den die Umsetzung der Schutzgebietsvorschriften an der Umsetzung der Ziele hat, ist jedoch nicht entscheidend, ob sie Auslegungsspielräume eröffnen, die anhand der Ziele ausgefüllt werden können. Eine bemerkenswerte Bestärkung der Ziele ergibt sich vielmehr schon aus dem Umstand, daß die Schutzgebietsvorschriften selbst deutlich an die Ziele angelehnt sind und ihre Anwendung daher in der Sache von sich aus die Zielverwirklichung voranbringt.

3. Mitwirkung von Verbänden, § 29

§ 29 betrifft die Beteiligung rechtsfähiger Vereine an Maßnahmen, die die Belange des Naturschutzes und der Landschaftspflege berühren, und zwar entweder fördernd (§ 29 Abs. 1 Nr. 1 und 2 betreffen u.a. die Ausweisung von Schutzgebieten) oder beeinträchtigend bzw. Beeinträchtigungen ermöglichend (§ 29 Abs. 1 Nr. 3 und 4 betreffen die Genehmigung von Eingriffen und von Ausnahmen von Schutzgebietsregelungen). Die Beteiligung setzt die Anerkennung des jeweiligen Vereins voraus[353]. Durch die Anerkennung soll zum einen der Kreis der zu beteiligenden Vereine begrenzt werden[354], zum anderen geht es darum, zu gewährleisten, daß die Vereine nicht Partikularinteressen verfolgen, sondern „altruistisch" die Interessen von Naturschutz und Landschaftspflege verwirklichen helfen sollen[355]. Die Voraussetzungen der Verbandsanerkennung umfassen u.a. einen Bezug der Vereinssatzung[356] auf die Ziele des Naturschutzes und der Landschaftspflege.

Die Verbandsbeteiligung dient dazu, daß die Ziele des Naturschutzes und der Landschaftspflege in den einschlägigen Verfahren umfassender und kompetenter berücksichtigt und verwirklicht werden, kann also zur Verwirklichung des Optimierungsgebots aus § 1 Abs. 1/ 2 durch Verfahrensgestaltung beitragen[357]. Sie umfaßt Akteneinsicht und Gelegenheit zur Äußerung[358]. Die Behörden sind verpflichtet, die Stellungnahmen der Verbände zur Kenntnis zu nehmen[359]; § 29 besagt aber nichts darüber, wie sie sie in die Entscheidungen einzubeziehen haben.

Die Bedeutung der Verbandsbeteiligung in gerichtlichen Verfahren besteht darin, daß Naturschutzverbände als einzige im Interesse von Naturschutz und Landschaftspflege klagebefugt sind. Weil es im Naturschutzrecht darüber hinaus keine subjektiv-öffentlichen Rechte gibt, können einzelne nur in Extremfällen Schutz und Erhaltung von Natur und Landschaft vor Gericht geltendmachen. Klagen einzelner sind daher ganz überwiegend gegen Naturschutz und Landschaftspflege gerichtet und dienen zumeist der Durchsetzung von Eigentümerinteressen.

---

[353] Der Streit, ob die Anerkennung dem Verein ein formales (Nachweise hierzu in OVG Lüneburg 1993 [Spülfelder für Dollarthafen], S. 903) oder subjektiviertes Beteiligungsrecht (Positiv insofern VGH Kassel, Beschl. v. 11.7. 1988, NVwZ 1988, S. 1040-1046, 1040 [2 TH 740/ 88], und BVerwG, Urt. v. 31.10.1990, E 87, S. 62-76, 72 f. [4 C 7.88]; im Anschluß an diese Entscheidung zuletzt VGH Kassel, Urt. v. 1.9.1998, NVwZ-RR 1999, S. 304-308 [7 UE 2170/ 95], 304 f., und VGH Mannheim, Beschl. v. 28.9.1998, DÖV 1999, S. 165 [10 S 1600]) oder gar ein subjektives Recht auf Naturschutz verleiht, braucht hier nicht vertieft zu werden; ausführlich zum Hintergrund der Diskussion Balleis 1996, S. 51-86.

[354] Im Hinblick auf § 2 Abs. 1 wäre es auch denkbar, daß Vereine zu beteiligen wären, die gerade die „sonstigen Anforderungen der Allgemeinheit an Natur und Landschaft" repräsentieren. Dem erteilt § 29 Abs. 2 Nr. 1 jedoch eine klare Absage, dazu Balleis 1996, S. 107.

[355] Gassner-Gassner 1996, Nr. 46 zu § 29.

[356] Balleis 1996, S. 113, fordert einen strengeren Maßstab für die Anerkennung, wenn die Ziele nach § 1 Abs. 1 Nr. 1-4 in der Satzung nicht ausdrücklich vorkommen.

[357] Zur Optimierung durch Verfahren Würtenberger 1999, S. 166 f.

[358] Gassner 1995, S. 319.

[359] Balleis 1996, S. 177.

Die Anerkennung von Vereinen nach § 29 Abs. 2 verstärkt folglich die Position der Interessen von Natur und Landschaft prozessual; daß sie an die Verfolgung der Ziele, § 1 Abs. 1, durch den anzuerkennenden Verein anknüpft, bestärkt zudem deren Position im System des Naturschutzrechts.

C. Aufnahme der Ziele in Landesnaturschutzgesetzen

Weil die Vorschriften über Eingriffe in Natur und Landschaft und über Schutzgebietsausweisungen im BNatSchG als Rahmen für landesrechtliche Normierung ausgestaltet sind, § 4 S. 1, wirken die Ziele durch die bundesrechtlichen Vorschriften nicht unmittelbar auf die Verwaltung ein. Erst über den Zwischenschritt landesrechtlicher Konkretisierungen der Eingriffs- und Schutzgebietsnormen können die Ziele gegenüber der Verwaltung zur Wirkung gelangen.

Für die Landesgesetzgeber ergibt sich aus der Gestaltung der bundesrechtlichen Vorschriften als Rahmengesetze eine doppelte Bindung an die Ziele: Sie haben diese bei der Landesgesetzgebung nicht nur als unmittelbar geltendes Recht zu wahren, § 4 S. 3 i.V.m. § 1 Abs. 1, sondern müssen auch die Bezüge auf die Ziele umsetzen, die sich aus den Rahmennormen im einzelnen ergeben.

Möglich ist dabei sowohl eine Bestärkung der Ziele durch ausdrückliche oder sachliche Wiederaufnahme als auch eine Distanzierung der Landesvorschriften von den Zielen z.B. durch abweichende Schwerpunktsetzung[360].

Eine Reihe von Landesgesetzen bildet das Verhältnis von Zielen und Eingriffs- bzw. Schutzgebietsvorschriften so ab, wie es im BNatSchG gestaltet ist, wobei teilweise der Bezug auf die bundesrechtlichen Ziele ausdrücklich[361] oder durch nahezu wörtliche Ähnlichkeit[362] hergestellt wird. Für die Anwendung solcher landesrechtlichen Zielvorschriften ergibt sich im Hinblick auf die bundesrechtlichen Ziele sachlich nichts anderes, als wenn das BNatSchG insgesamt unmittelbar umzusetzen wäre.

Andere Landesgesetze nehmen die bundesrechtlichen Zielvorschriften zwar wörtlich, ausdrücklich oder unerheblich abgewandelt auf, weichen aber in der Eingriffsregelung und/ oder bei den Schutzgebietsnormen deutlich von den bundesrechtlichen Normen ab.

Beispielsweise kehren die Landesnaturschutzgesetze in Mecklenburg-Vorpommern und Brandenburg die bundesrechtlich vorgesehene grundsätzliche Zulässigkeit von Eingriffen in Natur und Landschaft um; Eingriffe dürfen danach, wenn sie nicht vermeid- oder ausgleichbar sind, nur zugelassen werden, wenn die den Eingriff rechtfertigenden Interessen in einer Abwägung mit denjenigen von Naturschutz und Landschaftspflege positiv den Vorrang genießen. Auf Landesebene ist damit

---

[360] Wo landesrechtliche Besonderheiten in der Rechtsprechung spezielle Stellungnahmen bewirkt haben, wird darauf in der Rechtsprechungsanalyse hingewiesen. Auch werden die Landesvorschriften jeweils im Wortlaut zitiert.

[361] So Art. 1 NatSchG Bay und die §§ 1 der Naturschutzgesetze Berl, Brbg, HH, Hess, Sachs.

[362] So die §§ 1 der Naturschutzgesetze B-W, Brem, Nds, N-W, Rh-Pf, Saarl, SachsA.

die Argumentationslast zum Vorteil der Schutzgüter de s§ 1 Abs. 1 verschoben[363]. Es muß sich noch zeigen, ob die Rechtsprechung von diesen Landesbesonderheiten Gebrauch macht. Entscheidungen zur Eingriffsregelung in Mecklenburg-Vorpommern sind bisher nicht veröffentlicht worden; in der einzigen Brandenburger Entscheidung[364] ging es zwar um die Eingriffsregelung, die Landesbesonderheit wurde darin jedoch nicht problematisiert.
In Abs. 9 eröffnet § 8 den Ländern die Möglichkeit, nicht nur Vorschriften zu erlassen, die die rahmenrechtliche Eingriffsregelung (§ 4 S. 3) ausfüllen, sondern auch solche, die sie ergänzen.
Die Ländern haben davon insbesondere insoweit Gebrauch gemacht, als sie Ausgleichsvorschriften geschaffen haben. Danach kann Ausgleich in Geld erhoben werden, wenn Eingriffe weder vermeid- noch „in Natur" ausgleichbar, aber dennoch genehmigt worden sind. An der Übereinstimmung dieser landesrechtlichen Normen mit § 8 Abs. 9 wird im allgemeinen nicht gezweifelt[365].
Weniger erhebliche Unterschiede für die tägliche Anwendung ergeben sich, wenn in Landesgesetzen die Schutzgebietsvorschriften von denjenigen des BNatSchG abweichen: Soweit sich die landesgesetzlichen Vorgaben im Rahmen dessen halten, was das BNatSchG vorgibt, könnten die Schutzregime im einzelnen auch aufgrund mit dem BNatSchG gleichlautenden Landesrechts erlassen werden. Das Landesrecht dient hier eher der klarstellenden Konkretisierung der Normen des BNatSchG.

D. Zusammenfassung zur Aufnahme der Ziele im Gesetz

Die Einzelvorschriften des BNatSchG spiegeln die Ziele aus § 1 Abs. 1 in vielfältiger Weise wider und bekräftigen die Ziele darin, das Naturschutzrecht insgesamt prägend zu bestimmen.

I. Anknüpfungspunkte

Die Vorschriften über die Verbandsanerkennung, die Eingriffsregelung und die Ausweisung von Schutzgebieten nehmen inhaltlich auf die Ziele Bezug. Allein für die „Erforderlichkeit" von Ausgleichsmaßnahmen, § 8 Abs. 2 S. 1, und die Verbandsanerkennung, § 29 Abs. 2 S. 2 Nr. 1, verweist das BNatSchG ausdrücklich auf „die Ziele des Naturschutzes und der Landschaftspflege". Im übrigen nehmen die Einzelvorschriften einzelne Begriffe der Zielformulierungen ausdrücklich[366]

---

[363] Heyen 1998, S. 192.

[364] VG Potsdam 1994 (Großtrappe), S. 427 ff.

[365] Liebrecht 1998, S. 57-68, stellt dies ausführlich dar.

[366] Beispiele: „Natur und Landschaft", § 1 Abs. 1 a.A., werden in § 8 Abs. 1 a.A. wiederholt, zudem in § 8 Abs. 2 S. 1, Abs. 3, Abs. 4, Abs. 6, Abs. 7; §§ 12 Abs. 1 a.A., 13 Abs. 1, 15 Abs. 1 a.A., 18 Abs. 1 a.A. und in der Überschrift des 4. Abschnitts. Die „Leistungsfähigkeit des Naturhaushalts", § 1 Abs. 1 Nr. 1, spielt eine Rolle in § 8 Abs. 1, §§ 15 Abs. 1 Nr. 1, 18 Abs. 1 Nr. 1. „Nachhaltig" aus § 1 Abs. 1 a.E. kommt außerdem in § 8 Abs. 1, Abs. 2 S. 4, §§ 13 Abs. 2 S. 1, 17 Abs. 2 vor.

oder abgewandelt[367] auf oder beziehen sich auf Teile der Gegenstände der Einzelziele[368]. Die Ausrichtung der Einzelvorschriften an den Zielen bestärkt deren Ansatz, als allgemeine Vorschrift das Gesetz insgesamt zu prägen.
Die Methoden, bei deren Anwendung auf die Ziele zurückzugreifen ist, richten sich nach der Gestaltung der Vorschriften über die einzelnen Instrumente. Zwar müssen alle Vorschriften ausgelegt werden und eröffnen insofern mehr oder weniger Raum, um § 1 Abs. 1 einzubeziehen. Eine Abwägung oder Ermessensausübung, für die § 1 Abs. 1 als Anhaltspunkt für die Zusammenstellung und in Verbindung mit Art. 20 a GG auch bei der Wertung von Interessen Bedeutung hat, kommt hingegen nur in wenigen Vorschriften des BNatSchG selbst vor[369].

2. Arten der Auswirkung

Die Wirkungen, die § 1 Abs. 1 für das BNatSchG entfaltet, können in direkte und indirekte Auswirkungen unterteilt werden.
Die Ziele wirken in zweierlei Weise auf die Instrumente des Naturschutzes und der Landschaftspflege ein: Ihre Formulierungen und Strukturen werden innerhalb der Einzelvorschriften wörtlich und abgewandelt wiederaufgenommen, und sie prägen als unmittelbar geltende Rahmenvorschriften, Optimierungsgebote und Einleitungsvorschriften eines Allgemeinen Teils auch unabhängig vom Inhalt der Einzelvorschriften das Naturschutzrecht insgesamt.

a) Direkt

Als „direkt" sollen hier solche Wirkungen der Ziele bezeichnet werden, die die Rechtsanwender unabhängig vom Inhalt der einzelnen Vorschriften zur Geltung zu bringen haben. Hierzu zählen die Wirkungen der Ziele als unmittelbar geltende Rahmenvorschriften, als „Allgemeine Vorschriften", als Optimierungsgebot, aber auch als Zweckvorschriften.
Weil diese unabhängig vom Inhalt der Vorschriften über die naturschutzrechtlichen Instrumente im einzelnen sind, können sie gerade dort eine Rolle spielen, wo die Vorschriften eher unklar oder ausfüllungsbedürftig ist, sei es, weil unbestimmte Rechts- oder Tatsachenbegriffe verwendet werden, sei es, weil der Zweck einer Abwägung nicht ohne weiteres ersichtlich ist. Solche eher offenen Vorschriften ermöglichen, die Ziele vielfältig anzuwenden. So können die Ziele der Anwendung des Naturschutzrechts insgesamt abrunden und zu Stimmigkeit verhelfen.

---

[367] Abgewandelt wird vor allem die Aufforderung, „zu schützen, zu pflegen und zu entwickeln" aus § 1 Abs. 1 a.A., in §§ 12 Abs. 2, 13 Abs. 1 a.A., 15 Abs. 1 a.A., 16 Abs. 1 a.A., 17 Abs. 1 a.A., 18 Abs. 1 a.A.

[368] Der „Naturhaushalt" aus § 1 Abs. 1 Nr. 1 kommt in § 8 Abs. 2 S. 4, Abs. 8 S. 1 vor; auf Tiere und Pflanzen als Teil der „Pflanzen- und Tierwelt", § 1 Abs. 1 Nr. 3, bezieht sich § 13 Abs. 1 Nr. 1.

[369] Abwägungen fordern neben § 1 Abs. 2 und § 2 Abs. 1 a.A. noch § 8 Abs. 2 S. 1 (für die Auswahl unter Ausgleichsmaßnahmen), Abs. 3 und §§ 12 ff. i.V.m. landesrechtlichen Schutzgebietsvorschriften für die Gestaltung der Schutzregime. Die Entscheidung über das „Ob" von Schutzgebietsausweisungen steht im Ermessen der jeweiligen Behörden, vgl. § 12 Abs. 1.

Wenn die Rechtsanwender die direkten Wirkungen von § 1 Abs. 1 konsequent zur Geltung bringen, können die Ziele erhebliche tatsächliche Bedeutung erlangen. Insbesondere das Optimierungsgebot, § 1 Abs. 1/ 2 kann positives bewirken, wenn es mit Nachdruck umgesetzt wird, d.h., wenn tatsächlich immer die aus Sicht des Naturschutzes bestmögliche Maßnahme verwirklicht wird.

b) Indirekt

„Indirekte" Auswirkungen entfalten die Ziele, wo die Einzelvorschriften des BNatSchG Formulierungen und Gedanken aus § 1 wiederaufnehmen. Dabei konkretisieren die Einzelvorschriften die Ziele zum Teil, zitieren zum Teil aber auch Formulierungen daraus wörtlich. Die Grenzen zwischen wörtlicher Wiederaufnahme und Abwandlung sind fließend, wie schon die Abgrenzung der Ausdrücke innerhalb der Ziele selbst kaum möglich ist. Die indirekten Auswirkungen sind unabhängig von der dogmatischen und systematischen Struktur der Ziele, sondern allein auf die wörtliche Ähnlichkeit gegründet.

Die Anwendungskonsequenzen der indirekten Auswirkungen der Ziele auf die Einzelinstrumente sind als eher gering zu prognostizieren: Wo sich Ziele und Einzelvorschriften wörtlich entsprechen, verheißen die Ziele wenig Hilfe zur Auslegung, zumal ihre Offenheit und Unbestimmtheit so in den Formulierungen der Einzelvorschriften fortwirkt. Die Auslegungsarbeit kann hier auch bei den Begriffen in den Einzelvorschriften selbst ansetzen; ohne daß der Bezug zu § 1 Abs. 1 hergestellt werden müßte. Allenfalls kann aus dem Umstand, daß gegenüber § 1 einzelne Aspekte in den konkreten Vorschriften fehlen, sowie aus der Gesamtheit der Ziele Auslegungsmaterial gewonnen werden. Zudem können Erwägungen zur Auslegung der Ziele direkt für die Auslegung der Einzelvorschriften herangezogen werden, wo Übereinstimmung der Formulierungen besteht.

Dritter Abschnitt: Rechtsprechungsuntersuchung

Die Untersuchung von Rechtsprechung in bezug auf § 1 Abs. 1 und §§ 8, 12 ff. soll nunmehr zeigen, welche der Möglichkeiten in der Gerichtspraxis verwirklicht werden, die das Gesetz eröffnet, um die Zilee in die Gesetzesanwendung einzubeziehen. Hier werden dazu zunächst die gerichtlichen Befugnisse zu Stellungnahmen im Bereich des Naturschutzrechts und deren verfassungsrechtliche Grenzen erläutert. Ein Überblick über die unter Einbeziehung der Ziele ergangenen Entscheidungen leitet zur sich anschließenden Rechtsprechungsuntersuchung im einzelnen über. Diese ist in drei Abschnitte gegliedert, deren erster sich Entscheidungen widmet, die unmittelbar die Funktionen der Ziele einbeziehen. Der zweite Abschnitt zur Rechtsprechung behandelt Urteile und Beschlüsse, die indirekt an § 1 Abs. 1 anknüpfen, weil sie Vorschriften betreffen, die sich ihrerseits auf § 1 Abs. 1 beziehen. Schließlich wird in einem weiteren Abschnitt erläutert, welche Sorgfalt die Gerichte jeweils auf die Argumentation anhand der Ziele verwendet.

I. Kontrollierbarkeit der Umsetzung der Ziele

Inwieweit die Rechtsprechung von den Möglichkeiten Gebrauch macht, die § 1 Abs. 1 eröffnet, ist nicht nur vom Bundesnaturschutzgesetz selbst abhängig, das den materiellen Maßstab zur Verfügung stellt; mitentscheidend ist, inwiefern die Anwendung naturschutzrechtlicher Vorschriften (verwaltungs-) gerichtlicher Kontrolle unterliegt[370].

Eine erhebliche quantitative und inhaltliche Einschränkung gerichtlicher Stellungnahmen zu Naturschutzfragen ergibt sich schon aus der Ausrichtung des deutschen Verwaltungsrechtsschutzsystems vor allem an subjektiven Rechten[371]: Der damit bezweckten Einschränkung der Klagebefugnisse, die verhindern soll, daß jedermann beliebiges Verwaltungshandeln auf dessen Rechtmäßigkeit hin kontrollieren lassen kann[372], steht der vor allem allgemeinschützende Charakter naturschutzrechtlicher Vorschriften[373] gegenüber. Auch deshalb kommen „in der verwaltungs-

---

370 Schmidt-Aßmann 1979, S. 5, formuliert hierzu: „Voraussetzung dafür, daß die Konkretisierungskompetenz des Richters [z.B. für die Grundsätze nach § 2 BNatSchG] wirksam wird, ist allerdings die Kontrollzugänglichkeit der betreffenden Gesetzesbegriffe."

371 Vgl. allgemein Schmidt-Aßmann 1992, S. 26; Ule 1970, S. 34; Krebs 1988, S. 163; Schmidt 1979, S. 588 f. Warbeck 1991, S. 9 f., leitet den Schutzansatz historisch aus der Ausrichtung des Verwaltungsrechtsschutzes süddeutscher Länder auf die Wahrung subjektiver Rechte ab; so auch Steiner 1995, S. III.

372 Im naturschutzrechtlichen Zusammenhang hierzu Heyen 1998, S. 214 f.

373 Versuche, die Situation des Naturschutzrechts insofern abzuändern, setzen bei der Begründung zusätzlicher subjektiv-öffentlicher Rechte für den Bereich von Naturschutz und Landschaftspflege aus dem BNatSchG selbst oder aus Grundrechten an (Vgl. Dirnberger 1991, S. 303 ff. und 316, der ein Recht auf Naturgenuß aus § 8 BNatSchG i.V.m. Art. 2 Abs. 1 GG begründet.), fordern eine weniger restriktive Handhabung der Klagebefugnisse, weiten Verbandsklagemöglichkeiten aus (Balleis 1996, S. 36, zitiert hierzu die SPD-Entwürfe für ein neues BNatSchG in BT-DrS 10/ 2653, S. 5 ff. und BT-DrS 12/ 3487, S. 32) oder ordnen dem Staat -

gerichtlichen Judikatur (...) kaum Entscheidungen [vor], in denen die Überprüfung von Naturschutzbelangen eine maßgebliche Rolle gespielt hätte"[374]. Für die vorliegende Arbeit können dennoch etwa einhundert Entscheidungen substantiiert untersucht werden.

Darüber hinaus können sich Begrenzungen für die Anwendbarkeit der Ziele durch die Gerichte aus Begrenzungen der gerichtlichen Kontrolldichte ergeben.

A. Grundsatz richterlicher Vollkontrolle

Grundsätzlich unterliegt die Umsetzung der Ziele durch die Verwaltung vollständiger gerichtlicher Kontrolle.

Nach Art. 92 GG ist die rechtsprechende Gewalt den Richtern anvertraut. Art. 20 Abs. 3 GG bindet die Rechtsprechung an Gesetz und Recht[375]. Bei Maßnahmen gegenüber einzelnen ist zudem Art. 19 Abs. 4 S. 1 GG einschlägig[376]. Zur Kontrolle der Umsetzung naturschutzrechtlicher Vorschriften ist die Verwaltungsgerichtsbarkeit aufgerufen, weil und soweit[377] jene öffentlich-rechtlich sind.

Der Grundsatz der Gewaltenteilung als Bestandteil des Rechtsstaatsprinzips[378] stellt die Gewalten, zu denen sowohl Verwaltung als auch Rechtsprechung gehören, nicht beziehungslos nebeneinander, sondern hat sie zu einem System gegenseitigen Einflusses und gegenseitiger Kontrolle zusammengefaßt[379]. Darauf basiert der Grundsatz der vollständigen gerichtlichen Überprüfung des Verwaltungshandelns in tatsächlicher und rechtlicher Hinsicht[380], wenn auch die Aufgabe der Rechtspre-

---

wiederum objektiv-rechtliche- Schutzpflichten zugunsten von Natur und Landschaft zu (Krahnefeld 1993, S. 41, gründet eine Schutzpflicht des Staates zugunsten der Natur auf Art. 2 Abs. 2, 14 Abs. 1 GG.). Diese Versuche werden hier nicht weiter vertieft; die Untersuchung betrifft tatsächlich ergangene Entscheidungen im Zusammenhang von §§ 1, 2; 8, 12 ff. BNatSchG; ihr Zweck ist es nicht, zu ergründen, warum es davon relativ wenige gibt.

[374] Paetow 1986, S. 145; Brodersen 1988, S. 15, führt dies demgegenüber auf die Kombination des geringen Stellenwerts, den die Gerichte Naturschutz und Landschaftspflege zuordnen, und der fehlenden richterlichen Sachkenntnis zurück.

[375] Zu den verfassungsrechtlichen Grundlagen des Verhältnisses zwischen Verwaltung und Gerichtsbarkeit siehe auch Herzog 1987, S. 105 f.

[376] Redeker 1996, S. 129.

[377] Das „soweit" erklärt sich daraus, daß landesrechtliche Vorschriften zum Teil auch Verpflichtungen an einzelne enthalten, etwa, wenn sie die rahmenrechtlich vorgesehene Pflegepflicht im Siedlungsbereich umsetzen.

[378] Degenhard 1998, S. 86.

[379] V. Münch/ Kunig-Schnapp 1992, Nr. 33 zu Art. 20.

[380] Grundlegend BVerfG, Beschl. v. 5.2.1963, E 275-283, 282 (2 BvR 21/ 60); weiterhin BVerfG, Beschl. v. 8.7.1982, E 61, 82-118, 111 (2 BvR 1187/ 80); Beschl. v. 22.10.1986, E 73, 339-388, 373 (2 BvR 197/ 83) und Beschl. v. 17.4.1991, E 84, 34-58, 49 (1 BvR 419/ 81 - 213/ 83). Vgl. auch Schmidt-Aßmann 1992, S. 28 und Sieckmann 1997, S. 101. Dezidiert für eine Pflicht der Gerichte zu umfassender Sachverhaltsermittlung gerade in Naturschutzsachen außerdem Paetow 1986, S. 145. Schink 1997, S. 229, stellt klar, daß sich aus Art. 20 a GG keine zusätzliche Ausweitung der Kontrollbefugnisse der Verwaltungsgerichte ergibt.

chung und der Verwaltungsrechtsprechung gesetzlich nicht definiert ist[381]. Grundsätzliche Einschränkungen der Gerichte in bezug auf die Kontrolle der Anwendung der Ziele bestehen daher nicht.

B. Ausnahmen

„Rechtsprechende Gewalt" impliziert die Befugnis, „letztverbindlich" zu entscheiden, was Rechtens ist[382]. Diese Befugnis umfaßt jedoch nicht von vornherein eine vollinhaltliche Kontrolle dessen, was für „letztverbindlich" erklärt werden soll[383]. Offen bleibt, ob der Gegenstand der Erklärung vollständig auf eigenes Entscheiden der Rechtsprechung zurückgehen muß oder übernommenes Entscheiden der Verwaltung sein kann oder in Teilen sein muß[384]. Denn der Rechtsprechung kann die Kontrolle behördlichen Handelns *untersagt* sein, wo der Verwaltung ein Bereich eigener Verantwortung zusteht[385]. Sofern dieser Bereich auch die Umsetzung der Ziele umfaßte, müßte die grundsätzliche gerichtliche Vollkontrolle begrenzt werden.

Von Interesse ist daher, wie der Bereich eigener Verantwortung der Verwaltungsbehörden im Naturschutzrecht abzugrenzen ist, wer also jeweils „das letzte Wort" hat[386]. Die Aufgaben von Verwaltung und Rechtsprechung ähneln sich, indem beide zur Konkretisierung von Normen für Einzelfälle aufgerufen sind[387]. Die Verwaltung konkretisiert dabei vor allem Verwaltungszwecke, die Rechtsprechung hingegen Rechtszwecke[388]. Verwaltungszwecke können rechtlicher oder außerrechtlicher Art sein[389]. Danach verbliebe für die Verwaltung eigene Verantwortung, wo sie in

---

381 Dies beklagt Kissel 1982, S. 1778.

382 V. Münch/ Kunig- Meyer 1996, Nr. 5 zu Art. 92.

383 Sieckmann 1997, S. 103; Steiner 1997, S. II.

384 Maurer 1997, S. 121, spricht von „Lockerungen der Gesetzesbindung" und gesteht der Verwaltung die Letztentscheidung für die Fälle zu, in denen sie einen Ermessens- oder Beurteilungsspielraum habe.
Beispielsweise umfaßt die Befugnis, letztverbindlich zu entscheiden, was *Rechtens* ist, nicht von vornherein diejenige, zu erklären, was moralisch richtig oder verwaltungstechnisch zweckgerecht ist, dies müßte mithin nicht Teil der gerichtlichen Erklärung dessen sein, was „Rechtens" ist.

385 Degenhard 1998, S. 88, nennt das den „Kernbereich der Teilgewalten", der unangetastet bleiben soll, den zu definieren aber insbesondere hinsichtlich der Exekutive „bisher nicht befriedigend gelungen ist". Sieckmann 1997, S. 104, stellt generell für das Verhältnis von Verwaltung und Verwaltungsgerichtskontrolle fest, die gerichtliche Kontrolle könne „sinnvollerweise nicht weiter gehen als die rechtlichen Bindungen der Verwaltung".

386 Riedel 1999, S. 182.

387 V. Münch/ Kunig-Krebs 1992, Nr. 65 zu Art. 19, veranlaßt dies zu der Bemerkung, „die Frage nach der gebotenen ‚Kontrolldichte' [gehöre] (...) zu den schwierigsten, deren Beantwortung die Rechtsschutzgarantie des Abs. 4 [aufgebe] (...), da sie die Funktionengliederungsproblematik im Nerv" treffe (Hervorhebung im Original). Ronellenfitsch 1995, S. 47, stellt klar, „im technisch beeinflußten Umweltbereich" könne daher die „gerichtliche Kontrolle nur Gegenstück der administrativen Kontrolle" sein, aber keinesfalls darüber hinausgehen.

388 Scholz 1976, S. 163.

389 Ders., S. 155.

Verfolgung „außerrechtlicher“ Zwecke handelt und entscheidet[390]; die Verwaltungsgerichtsbarkeit könnte die Maßnahmen der Verwaltung nur insoweit überprüfen, als diese der Verwirklichung von Rechtszwecken dienten[391]. Fraglich bleibt, inwiefern Verwaltungszwecke sich von Rechtszwecken unterscheiden können. Weil die Verwaltung durch Art. 20 Abs. 3 GG an „Gesetz und Recht“ gebunden ist, muß jeder ihrer Zwecke vor Gesetz und Recht bestehen. Rechtmäßige „außerrechtliche“ Zwecke können daher nur solche sein, die zwar nicht gesetzlich festgelegt, aber mit „Gesetz und Recht“ insgesamt zu vereinbaren sind.

Raum für Kriterien, die die Normen selbst nicht abschließend aufführen, lassen vor allem relativ offene Vorschriften[392]. Es handelt sich bei solchen Vorschriften insbesondere um diejenigen, die unbestimmte Rechtsbegriffe verwenden und/ oder Abwägungen in Tatbestand und/ oder Rechtsfolge[393] vorsehen[394]. Diese erweitern damit den Entscheidungsspielraum des Rechtsanwenders. Gerichte können und müssen daher selbst rechtsschöpfend tätig werden[395], wenn sie nicht die Auswahl und Anwendung der zusätzlichen Kriterien der Verwaltung überlassen (wollen oder müssen).

1. Einschränkungen bei unbestimmten Rechtsbegriffen

Unbestimmte Rechtsbegriffe kommen im BNatSchG nicht nur in § 1 Abs. 1 a.A., Nr. 1, 2, 4, a.E. und in § 2 vor und werden nicht nur in §§ 8 Abs. 1, 12 Abs. 2, 15 Abs. 1 S. 1, 18 Abs. 1 S. 1 Nr. 1, §§ 13 Abs. 1 Nr. 3 (leicht abgewandelt), 15 Abs. 1 Nr. 2, 17 Abs. 1 S. 1 Nr. 2 (leicht abgewandelt), 18 Abs. 1 S. 1 Nr. 1 und §§ 8 Abs. 2 S. 1 , Abs. 3, 12 Abs. 2, 13 Abs. 1 a.E., 15 Abs. 1 a.E., 18 Abs. 1 S. 2 a.E. wiederaufgenommen oder ergänzt[396]. Beispielhaft seien hier nur der Begriff des „Eingriffs in Natur und Landschaft“ selbst[397], die „Vermeidbarkeit“ bzw. „Unvermeidbarkeit“, die „Erheblichkeit“[398], der „Ausgleich von Eingriffen“ als un-

---

390 Scholz 1976, S. 155; Jöhnk 1995, S. 254, unterscheidet die von den politischen Entscheidungsträgern vorgegebenen Ziele, die die Verwaltung zu verwirklichen habe, und die Aufgabe der Gerichte, zu kontrollieren, „ob die Verwaltung das Recht wahrt“.

391 Krebs 1988, S. 167.

392 Alm-Merk 1997, S. 246.

393 „Abwägung“ umschließt hier „Tatbestands“- und Rechtsfolgenermessen.

394 Allgemein hierzu Seibel 1984, S. 59; speziell zu Spielräumen bei unbestimmten Rechtsbegriffen Ossenbühl 1999, S. 2, insbesondere für den Zusammenhang des Umweltrechts auch S. 3.

395 Walter 1986, S. 492, läßt in seiner Betrachtung die Rolle der Exekutive unerwähnt und problematisiert allein das Verhältnis zwischen Gesetzgebung und Rechtsprechung.

396 Lorz/ Stöckel 1996, Nr. 2 zu § 2, betonen, im Rahmen der Grundsätze würden generell „zahlreiche unbestimmte Rechtsbegriffe verwendet“.

397 Lorz/ Stöckel 1996, Nr. 2 zu § 8; Gassner-Gassner 1996, Nr. 12 zu § 8; Heidtmann 1993, S. 71.

398 Kuschnerus 1996, S. 237.

bestimmte Rechtsbegriffe vermerkt[399], außerdem aus den Schutzgebietsvoraussetzungen die Erforderlichkeit von Ausweisungen[400].

a) Kontrollintensität im allgemeinen

Herkömmlicherweise werden unbestimmte Rechtsbegriffe als Bestandteile des gesetzlichen Tatbestands eingeordnet[401]. Tatbestand und Rechtsfolge werden klar voneinander unterschieden, ihre Rechtmäßigkeit je getrennt voneinander beurteilt. Nach überwiegender Ansicht in der Literatur soll die Rechtsprechung bei der Anwendung der unbestimmten Rechtsbegriffe der Verwaltung einen „Beurteilungsspielraum"[402] zugestehen[403], über dessen Umfang der Gesetzgeber zu entscheiden habe[404]. Einer Rechtsprechungsuntersuchung zum Naturschutzrecht müßte daher die Feststellung vorangehen, inwieweit der Gesetzgeber im Naturschutzrecht Beurteilungsspielräume vorgesehen hat.

Die Rechtsprechung selbst nimmt für sich in Anspruch, die Anwendung unbestimmter Rechtsbegriffe umfassend überprüfen zu können[405]. Etwas anderes gelte nur für Konstellationen, in denen „der Gesetzgeber (...) von einer umfassenden gerichtlichen Nachprüfung [habe] Abstand nehmen wollen", und insofern eine „Beurteilungsermächtigung" an die Behörde ausgesprochen habe[406]. Dabei grenzt das BVerwG gerichtliche Kontrolle und behördliche Wertungen gegeneinander ab. Die Wertung bleibe der Verwaltung vorbehalten, die Gerichte hätten sie nur auf ihre Rechtmäßigkeit zu kontrollieren, aber keine eigene Wertung vorzunehmen[407]. Auch die Entscheidung über die Anwendung von unbestimmten Rechtsbegriffen, die „einen sehr komplexen und in hohem Maße wertenden Charakter" haben, rechtfertigt aber nach Ansicht des BVerwG allein nicht die Annahme, „der Gesetzgeber habe von einer umfassenden gerichtlichen Nachprüfung Abstand nehmen wollen"[408]. Die Rechtsprechung hat Fallgruppen herausgearbeitet, in denen eine

[399] Paetow 1986, S. 147; Heidtmann 1993, S. 71; Ehrlein 1990, S. 123.

[400] Gassner-Schmidt-Räntsch 1996, Nr. 21 zu § 13.

[401] Erichsen-Ossenbühl 1998, S. 210.

[402] Diesen Begriff geprägt zu haben, wird im allgemeinen Bachof 1955, S. 98, zugesprochen, auf den sich unter vielen auch Maurer 1997, S. 131, und Starck 1991, S. 167 mit Fn. 2 beziehen.

[403] Die Unterscheidungen zwischen „Lehre vom Beurteilungsspielraum", „Vertretbarkeitslehre" und Lehre von der „Einschätzungsprärogative" können in diesem Zusammenhang auf sich beruhen. Überblick dazu bei Maurer 1992, S. 131. Speziell die Überprüfbarkeit von Schutzgebietsvoraussetzungen läßt Krause 1996, S. 56, offen.

[404] Redeker 1996, S. 129.

[405] BVerwG, Urt. v. 25.11.1993, E 94, 307-316, 309 (3 C 38.91): „Nur ausnahmsweise und bei Vorliegen ganz besonderer Voraussetzungen ist es daher zu rechtfertigen, der Verwaltungsbehörde bei der Anwendung eines unbestimmten Rechtsbegriffs einen eigenen, gerichtlicher Kontrolle nicht mehr zugänglichen Beurteilungsspielraum einzuräumen."

[406] BVerwG, Urt. v. 10.11.1988, E 81, 12-18, 17 (3 C 19.8); Schmidt-Aßmann 1992, S. 29.

[407] BVerwG, Urt. v. 19.12.1985, E 72, 300-332, 317 (7 C 65.82); so schon Ule 1970, S. 34.

[408] BVerwG, Urt. v. 25.11.1993, E 94, 307-316, 311 (3 C 38.91).

Beurteilungsermächtigung für die Behörden bestehe[409]. Im Zusammenhang des Naturschutzrechts kommt von diesen Fallgruppen die der „Prognoseentscheidungen und Risikobewertungen vor allem im Bereich des Umweltrechts und Wirtschaftsrechts“ in Frage, für die noch keine insgesamt klare Linie erkennbar ist[410]. Gerade Begriffe wie „Nachhaltigkeit“ der Sicherung oder Beeinträchtigung, aber auch „Ausgleich“ und „Erforderlichkeit“ weisen prognostische Elemente auf[411]. Aus der Einordnung von Begriffen aus naturschutzrechtlichen Normen in die von der Rechtsprechung bestimmte Fallgruppe eingeschränkter Kontrollintensität könnten sich andere Entscheidungsfreiräume für die Verwaltung ergeben als diejenigen, die nach Ansicht der Literatur der Gesetzgeber vorgesehen haben könnte.

Dies bedarf aufgrund der Perspektive der vorliegenden Untersuchung jedoch keiner Vertiefung. Die Rechtsprechung soll daraufhin geprüft werden, ob sie die Umsetzung der Ziele nach § 1 Abs. 1 Nr. 1-4 unterstützt, indem sie Verwaltungshandeln auch an den Vorgaben mißt, die die Ziele diesem setzen. Die Vorgaben der Ziele sind relativ abstrakt und werden in den einzelnen naturschutzrechtlichen Instrumenten auf vergleichbarem Abstraktionsniveau aufgenommen[412]. Deshalb kann die Rechtsprechung überprüfen, ob die Verwaltung die Ziele nach der Intention des Gesetzes aufgenommen hat, ohne die naturwissenschaftlichen oder prognoseabhängigen Details des Naturschutzes und der Landschaftspflege in einem Umfang untersuchen zu müssen, der in jenen Raum hineinreichen würde, den die Literatur für die Verwaltung als Beurteilungsspiel-Raum in Anspruch nimmt. Weil die Ziele aus § 1 Abs. 1 Nr. 1-4 eher genereller Natur sind und die Bezüge der einzelnen Instrumente des Naturschutzes und der Landschaftspflege auf die Ziele recht indifferent bleiben, ergibt sich für die Verwaltungsrechtsprechung nicht die Notwendigkeit, speziell den prognoseabhängigen Einzelheiten besondere Bedeutung beizumessen. Deshalb kann die Frage eines behördlichen Beurteilungsspielraums in bezug auf die Ziele, § 1 Abs. 1 Nr. 1-4, für die vorliegende Untersuchung auf sich beruhen.

---

409 Maurer 1997, S. 135 f. zählt die Fallgruppen auf: Prüfungsentscheidungen, prüfungsähnliche Entscheidungen, beamtenrechtliche Beurteilungen, Entscheidungen wertender Art durch weisungsfreie, mit Sachverständigen und/ oder Interessenvertretern besetzte Ausschüsse, Prognoseentscheidungen und Entscheidungen bezüglich von Faktoren insbesondere verwaltungspolitischer Art.

410 Maurer 1997, S. 136.

411 Die Fallgruppe wurde vor allem anhand von Entscheidungen zur Vorsorge gegen Gefahren durch den Betrieb von Kernkraftwerken entwickelt, (vgl. BVerwG, Urt. v. 19.12.1985, E 72, 300-332, 316 [7 C 65.82]), auch soweit solche durch Einwirkungen Dritter entstehen können (vgl. BVerwG, Urt. v. 19.1.1989, E 81, 185-196, 190 f. [7 C 31.87], hier ging es um die „Erforderlichkeit“ von Faustfeuerwaffen für den Werksschutz eines Kernkraftwerks).

412 Erbguth 1987, S. 144, und Erbguth/ Wiegand 1994, S. 76.

Hier kann von der Rechtsprechung nur - aber immerhin - erwartet werden, daß sie die Ziele so in die Anwendung der Einzelvorschriften des BNatSchG einbezieht, wie es sich aus der gesetzlichen Struktur und Formulierung ergibt.

b) 1. Sonderfall: „Tatbestandsermessen"

Etwas anderes ergibt sich auch nicht für Koppelungsvorschrifen, in denen unbestimmte Rechtsbegriffe auf der Tatbestands-[413] und Ermessen auf der Rechtsfolgenseite vorkommen. Solche Koppelungsvorschriften[414] sind im BNatSchG die §§ 12 ff.[415]

Hier wird es insbesondere von der „Lehre vom Tatbestandsermessen" als sachfremd und dogmatisch nicht zwingend kritisiert[416], die Rechtmäßigkeit von Tatbestand und Rechtsfolge getrennt zu prüfen, zumal, „wenn die Gesichtspunkte, die für die Auslegung des unbestimmten Rechtsbegriffs eine Rolle spielen, auch für die Ausübung des Ermessens entscheidend sind"[417]. Argumentations- und Wertungsmaterial in Tatbestand und Rechtsfolge sei stattdessen in einem einheitlichen Wertungsvorgang, in einem Ermessen, zu beurteilen[418].

Verwaltungsgerichtliche Überprüfung von Ermessensrechtsfolgen unterscheidet sich strukturell von derjenigen, die sich auf Subsumtionsentscheidungen bezieht. Während die Gerichte unter gebundene Normen selbst subsumieren, untersuchen sie nach § 114 VwGO bei Ermessensvorschriften lediglich, ob der Verwaltung Ermessensfehler unterlaufen sind[419], und vollziehen damit die Gesetzesanwendung durch die Verwaltung nach.

Die Gerichte trennen bei unbestimmten Rechtsbegriffen nach wie vor Tatbestand und Rechtsfolge; auch bei Koppelungsvorschriften nehmen sie für sich in Anspruch, der Verwaltung grundsätzlich keinen Beurteilungsspielraum[420] zu belassen[421], sondern lediglich in bestimmten Fallgruppen, die der gerichtlichen Erkenntnismöglichkeit verschlossen seien, auf die umfassende Kontrolle zu verzichten. Die Kontrolle der Tatbestandsanwendung geht in der Rechtsprechung der Ermessenskontrolle voran, die sich an den Ermessensfehlern orientiert. Das bedeutet für die

---

[413] Auch Smeddinck 1998, S. 371, spricht noch von „Entscheidungsspielräume[n] im Tatbestand".

[414] Zum Begriff Koch 1979, S. 182.

[415] Die landesrechtlichen Normen zur Schutzgebietsausweisung sind durchweg als Ermessensvorschriften ausgestaltet und knüpfen selbst und über §§ 12 ff. BNatSchG an eine Reihe unbestimmter Rechtsbegriffe an.

[416] V. Danwitz 1998, S. 939.

[417] Schulze-Fielitz 1993, S. 774; ähnlich Smeddinck 1998, S. 371.

[418] Smeddinck 1998, S. 374; instruktiv auch Herdegen 1991, S. 749.

[419] Dies wird im einzelnen später dargestellt, weil es zur Ermessensüberprüfung an sich, nicht zum Tatbestandsermessen gehört.

[420] Vgl. insb. BVerwG, Urt. v. 25.11.1993, E 94, 307-316, 309 (3 C 38.91).

[421] BVerwG, Urt. v. 25.11.1993, E 94, 307-316, 309 (3 C 38.91). Das BVerfG leitet diesen „Grundsatz der richterlichen Vollkontrolle" aus Art. 19 Abs. 4 S. 1 GG ab, vgl. BVerfG, Beschl. v. 17.4.1991, 1 BvR 419/ 81 und 213/ 83, E 84, 34, 49. Weitere Nw. bei v. Danwitz 1998, S. 939.

Ziele aus § 1 Abs. 1 Nr. 1-4, daß sie nach der herkömmlichen Rechtsprechung in Koppelungstatbeständen erstens für die Auslegung der unbestimmten Rechtsbegriffe, die in den genannten Vorschriften vorkommen, von Bedeutung sind, zweitens aber auch an der Ermessensprüfung teilhaben.
Insofern reduziert die „Lehre vom Tatbestandsermessen" die Kontrollmöglichkeiten der Verwaltungsrechtsprechung gegenüber deren eigener Vorgehensweise. Ob damit, wie nach Ansicht der Literatur für unbestimmte Rechtsbegriffe im allgemeinen, die Einflußmöglichkeiten der Rechtsprechung verringert würden[422], ist allerdings wegen der Überschneidungen zwischen Tatbestands- und Rechtsfolgenwertungen fraglich: Es ist nicht ausgeschlossen, daß die Überprüfung der Ausübung einheitlichen Ermessens umfangreicher wäre als diejenige allein des Rechtsfolgenermessens, so daß jene auch solche Gesichtspunkte umfassen kann, die anderenfalls in die Kontrolle der Tatbestandsanwendung Eingang finden würden.
Für die vorliegende Untersuchung mag die Kenntnis der unterschiedlichen Vorgehensweisen in der Rechtsprechung und in der „Lehre vom Tatbestandsermessen" hinreichen, denn die übliche Methode der Rechtsprechung eröffnet dieser im Zweifel weiterreichende Untersuchungsmöglichkeiten als der Ansatz der abweichenden Lehre.

c) 2. Sonderfall: Abwägung im Tatbestand

Als Konsequenz der Entscheidung, die Entscheidungsstrukturen der Rechtsprechung mit dem zu vergleichen, was sie selbst an Kontrolldichte für sich in Anspruch nimmt, ergibt sich eine Ausnahme von der grundsätzlichen Vollkontrolle von Verwaltungsentscheidungen lediglich für § 8 Abs. 3 und Abs. 2 S. 1. § 8 Abs. 3 sieht als Tatbestandsvoraussetzung eine Abwägung vor und weist eine gebundene Rechtsfolge[423] auf. Bei Normen, an denen beispielhaft die „Lehre vom Tatbestandsermessen" entwickelt wurde, sind typischerweise in Tatbestand *und* Rechtsfolge Wertungen erforderlich[424] Das in die Wertungen einzustellende Argumentationsmaterial kann sich so überschneiden, daß es schon vollständig in die Tatbestandsprüfung eingeflossen ist, so daß nichts mehr für die Bestimmung der Rechtsfolge verbleibt. Bei Vorschriften mit gebundener Rechtsfolge - wie § 8 Abs. 3 -kommt dies nicht vor: Mit der Tatbestandsprüfung ist die Zusammenstellung des Entscheidungsmaterials abgeschlossen. Die „Lehre vom Tatbestandsermessen" besagt mithin nichts für die Überprüfung der Anwendung von § 8 Abs. 3.

---

[422] Vgl. v. Danwitz 1998, S. 940, der fordert, „den bisher im deutschen Verwaltungsrecht entwikkelten Ansatz einer entscheidungtypologisch gestuften Kontrolldichte beherzt auszubauen und durch materiellrechtliche Kontrollbeschränkungsnormen nach dem Vorbild des § 70 Abs. 5 S. 2 GWB zu unterstützen".

[423] Gassner 1995, S. 157, spricht ausdrücklich von der Untersagungs*pflicht* als Rechtsfolge.

[424] Zur Vereinfachung wird hier auch für die „Lehre vom Tatbestandsermessen" die herkömmliche Begrifflichkeit verwendet, obwohl diese an sich Tatbestand und Rechtsfolge nicht trennt.

Die ausdrückliche Aufforderung zur Abwägung in § 8 Abs. 3 deutet darauf hin, daß der Gesetzgeber den Behörden einen Abwägungsspielraum[425] einräumen wollte[426]. Das BVerwG stellte hierzu fest, die nach § 8 Abs. 3 geforderte Abwägung sei eine „echte Abwägung", bei der die zuständige Behörde „die im Einzelfall betroffenen, oft gegensätzlichen Belange einander gegenüberzustellen und sachgerecht zu gewichten sowie eine dem Grundsatz der Verhältnismäßigkeit entsprechende Entscheidung über die Bevorzugung eines Belanges und damit notwendigerweise die Zurückstellung anderer Belange zu treffen" habe[427]. Weil im Rahmen dieser Abwägung die Belange des Naturschutzes und der Landschaftspflege eine je nach den Umständen des einzelnen Eingriffs ganz unterschiedliche Bedeutung entfalten könnten, was „keiner vertieften Darlegung" bedürfe, sei „lediglich der Grundsatz festzuhalten, daß die abwägende Entscheidung der Behörde nach § 8 Abs. 3 BNatSchG eine solche (...) [sei], die nicht in vollem Umfang der gerichtlichen Kontrolle" unterliege[428]. In dieser Entscheidung gestand das BVerwG damit der Verwaltung einen Abwägungsspielraum zu, ohne zu problematisieren, daß es sich bei der Abwägung nach § 8 Abs. 3 formal um eine Tatbestandsvoraussetzung handelt.

Aufgrund dieser Stellungnahme des BVerwG müssen die Gerichte im Hinblick auf § 8 Abs. 3 die Einhaltung des „Abwägungsspielraums"[429] ähnlich der Einhaltung von Ermessensspielräumen in Planungsentscheidungen untersuchen[430] und dabei Einschränkungen zugunsten der Eigenverantwortlichkeit der Verwaltung akzeptieren.

Dies ergibt sich auch für § 8 Abs. 2 S. 1, obwohl die Vorschrift eine Abwägungsentscheidung nicht ausdrücklich anordnet. Die Pflicht zu Ausgleichsmaßnahmen ist „strikt bindend"[431]. Es folgt aber aus dem Fehlen weiterer Maßgaben, daß die Be-

---

[425] Dem rheinland-pfälzischen Landesgesetzgeber sprechen Louis/ Engelke, 1997, Nr. 34 zu § 5, für die landesrechtliche Vorschrift, die § 8 Abs. 3 sachlich entspricht, wenn sie auch in der Formulierung diesen etwas abwandelt, die Absicht zu, der Verwaltung einen Abwägungsspielraum bei der Gewichtung der einzustellenden Belange ausdrücklich eröffnet zu haben.

[426] Dagegen Kuschnerus 1996, S. 240, der sich auf die Begründung des Bundesratsentwurfs stützen kann, der fast wortgleich Gesetz geworden ist. Dort heißt es: „Nach Abs. 3 ist ein Eingriff zu untersagen, wenn er nicht ausgeglichen werden kann. Die Untersagung unterliegt jedoch dem Abwägungsgebot mit den übrigen Belangen der Allgemeinheit. Überwiegen diese, so ist der Eingriff zu genehmigen mit der Konsequenz, daß die Folgen des Eingriffs auf sonstige Weise zu beheben sind." BT-DrS 7/ 3879, S. 23.

[427] BVerwG 1990 (Fischteiche), S. 362.

[428] Ebd., S. 363.

[429] Ebd., S. 363.

[430] Louis/ Engelke 1997, Nr. 34 zu § 5, betonen zu der insoweit nahezu gleichlautenden rheinland-pfälzischen Landesvorschrift, sie eröffne kein Ermessen, sondern eine Abwägung, wobei sie diese strukturell mit planerischen Abwägungen vergleichen.

[431] Gassner 1995, S. 149.

hörden Art und Umfang von Ausgleichsmaßnahmen[432] nach Ermessen zu bestimmen haben. Wie im Zusammenhang mit § 8 Abs. 3 haben die Gerichte daher hier nur zu prüfen, ob keine Ermessensfehler vorgekommen sind[433], insbesondere, ob das Abwägungsgebot eingehalten wurde.

d) Zusammenfassung zur Kontrolle der Anwendung unbestimmter Rechtsbegriffe

Die Vielzahl der unbestimmten Rechtsbegriffe in den Zielen wie auch in der Eingriffsregelung und der Schutzgebietsbestimmungen selbst führt nicht zu einer Einschränkung des Anspruchs an die gerichtliche Überprüfung: Selbst eine umfassende Untersuchung der Wiederaufnahme wird nicht in jenen Grenzbereich gelangen, um dessen Überprüfbarkeit gestritten wird, dessen vollständige Überprüfung die Gerichte aber grundsätzlich für sich in Anspruch nehmen. Anders ausgedrückt: Sogar, wenn die Auswirkungen vollständig einer verwaltungsgerichtlichen Kontrolle unterworfen werden, die § 1 Abs. 1 nach seiner Gestalt und Struktur überhaupt auf die behördliche Anwendung der unbestimmten Rechtsbegriffe in den genannten Instrumente haben kann, verbleibt immer noch ein Ausfüllungsspielraum für die Behörden. Überprüft werden würde lediglich, ob die Behörden von der Auslegungsunterstützung Gebrauch gemacht haben, die § 1 Abs. 1 als Hintergrund der unbestimmten Rechtsbegriffe bieten kann. Der Grenzbereich, für den ein behördlicher Beurteilungsspielraum gefordert wird, um die gerichtliche Überprüfung der Anwendung unbestimmter Rechtsbegriffe zu beschränken, würde selbst bei einer vollständigen Überprüfung der Auswirkungen von § 1 Abs. 1 auf die Verwaltungstätigkeit nicht erreicht. Deshalb ergibt sich für den speziellen Bezug zu § 1 kein Unterschied zwischen „vollständiger verwaltungsgerichtlicher Überprüfung" und einer Überprüfung, die um des „Beurteilungsspielraums für die Verwaltung" willen umfänglich reduziert wäre. Ausnahmen für die Kontrolle der Anwendung von § 8 Abs. 2 S. 1, Abs. 3 betreffen nicht die Intensität, sondern die Struktur der Kontrolle. Einschränkungen der gerichtlichen Kontrolldichte wegen unbestimmter Rechtsbegriffe führen jedenfalls nicht dazu, daß es der Rechtsprechung versagt wäre, Gebrauch von den Auslegungsmöglichkeiten zu machen, die das BNatSchG den Zielen des Naturschutzes und der Landschaftspflege eröffnet.

2. Abweichende Struktur bei Ermessensentscheidungen

§ 8 Abs. 2 S. 1 und Abs. 3 sind nicht die einzigen Vorschriften des BNatSchG, bei deren Anwendung die Behörden Ermessen auszuüben haben. Inwiefern die Überprüfung der Anwendung von Ermessensnormen den Gerichten Raum zur Anwendung der Möglichkeiten der Ziele eröffnet, bedarf daher genauerer Betrachtung.

---

[432] Gassner-Gassner 1996, Nr. 32 zu § 8, nennt hier die Auswahl der Arten, des Standorts und den Zuschnitt des Kompensationsbereichs.

[433] Kuschnerus 1996, S. 240, und Gassner 1995, S. 153, betonen die Rolle des Verhältnismäßigkeitsgrundsatzes bei der Auswahl der Ausgleichsmaßnahmen.

a) Begriff und Vorkommen im BNatSchG

Ermessensvorschriften sind solche, deren Rechtsfolge nicht abstrakt festgelegt ist, sondern die die Behörde im Rahmen einer vorgegebenen Zweckbestimmung[434] dazu auffordern, in einem Abwägungsprozeß zu einer für den Einzelfall angemessenen Rechtsfolge zu gelangen, in denen die Verwaltung also zwischen mehreren rechtmäßigen Rechtsfolgen[435] die zweckmäßigste auswählen kann[436]. Diese Entscheidungsfreiheit der Verwaltung hinsichtlich der Rechtsfolge ist „normativ begründet, eingegrenzt und dirigiert"[437].

Unter den unmittelbar geltenden Normen des BNatSchG sieht neben §§ 1 Abs. 2, 2 Abs. 1 die Befreiungsvorschrift § 31 eine Ermessensrechtsfolge vor. Vor allem aber unterliegt die Ausweisung von Schutzgebieten dem Ermessen der zuständigen Behörden, § 12 Abs. 1 BNatSchG i.V.m. dem jeweiligen Landesrecht[438].

b) Art der gerichtlichen Kontrolle

Die Anwendung von Ermessensvorschriften wird nicht wie diejenige von Vorschriften mit gebundenen Rechtsfolgen allein durch Subsumtion überprüft. Im Anschluß an die Subsumtion des Sachverhalts wird die Auswahl der Rechtsfolge anhand eines in Literatur und Rechtsprechung entwickelten Katalogs von Ermessensfehlern kontrolliert, die im Zusammenhang der im Einzelfall einschlägigen Normen konkretisiert werden[439]. Gegenstand verwaltungsgerichtlicher Kontrolle sind nur Ermessensfehler, die zur Rechtswidrigkeit der Entscheidung führen[440]. Jenseits der Ermessensfehler besteht der eigene Spielraum der Verwaltung, der keiner verwaltungsgerichtlichen Kontrolle unterliegt.

Ermessensfehler werden in Kategorien eingeteilt[441]. Geläufig unter den Kategorisierungen ist die Dreiteilung der Ermessensfehler in Ermessensunterschreitung[442], Er-

---

434 Starck 1991, S. 167.

435 Sieckmann 1997, S. 105.

436 Maurer 1997, S. 121, erwähnt diese Auswahl zwischen mehreren Rechtsfolgen; Koch 1979, S. 104 ff., insb. S. 113 ff., beschreibt in umfänglicher Auseinandersetzung mit der Literatur die Ausdehnung des Ermessensbegriffs auf Tatbestandsvoraussetzungen.

437 Erichsen-Ossenbühl 1998, S. 204 f., nimmt für diese Formulierungen und für sich kühn in Anspruch, die herrschende Meinung zu repräsentieren; Koch 1979, S. 148-157, gibt eine Übersicht zu Meinungen, denenzufolge auch die Wahl des *Zwecks* ins Ermessen der handelnden Behörde falle.

438 Kritisch insofern Hofmann 1980, S. 66.

439 Hierzu führt Just 1996, S. 194, aus: „Die Abwägung ist insoweit (lediglich) ein fallabhängiges Normkonkretisierungsverfahren zur Bildung einer konkreten Entscheidungsnorm. Dies gilt für die semantische Interpretation unbestimmter Gesetzesbegriffe, für die Bestimmung der konkreten Rechtsfolge von Ermessensnormen und für die planerische Abwägungsentscheidung gleichermaßen."

440 Maurer 1997, S. 121; Alexy 1986, S. 706, unterscheidet Ermessensfehler, die gerichtlich kontrollierbar sind, von solchen, die nicht gerichtlich kontrollierbar sind. Diese Unterscheidung steht vermutlich mit der hier angedeuteten in Zusammenhang. Der Streit über die Kontrolle nur des Abwägungsergebnisses oder auch des Abwägungsvorgangs soll hier nicht weiter verfolgt werden.

441 Instruktiv zu bestehenden Kategorisierungsversuchen Alexy 1986, S. 701-705.

messensüberschreitung[443] und Ermessensfehlgebrauch. Ermessensfehlgebrauch ist vor allem die zweckwidrige Verwendung des Ermessens, die zur Rechtswidrigkeit führt[444]. Zu unterscheiden ist zwischen nicht am *Zweck der Ermessenseinräumung* orientiertem Ermessensgebrauch, der zur Rechtswidrigkeit des Verwaltungshandelns führt[445], und solchem Ermessensgebrauch, der sich noch im Spielraum der behördlichen Entscheidungsfreiheit bewegt, weil die *Zweckmäßigkeit* des Ermessensgebrauchs keiner gerichtlichen Überprüfung[446] unterliegt. Dem Ermessensgebrauch, der rechtswidrig ist, weil er nicht am Zweck der Ermesseneinräumung orientiert ist, werden auch Ermessensgebräuche zugeordnet, die gegen allgemeine Grundsätze des Verwaltungs- oder Verfassungsrechts, namentlich gegen Grundrechte, insbesondere den Gleichheitssatz oder den Grundsatz der Verhältnismäßigkeit[447] oder gegen das Koppelungsverbot verstoßen[448].
Ausprägung des Verhältnismäßigkeitsgrundsatzes ist insbesondere das Abwägungsgebot[449], weshalb auch dessen Mißachtung als Ermessensfehler einzustufen ist. Es hat für das Naturschutzrecht seine spezialgesetzliche Ausformung in § 1 Abs. 2 gefunden. Daher ist das Ermessen dann rechtswidrig ausgeübt, wenn die nach dem Zweck der Ermesseneinräumung einzustellenden Belange nicht vollständig zusammengestellt wurden[450] oder deren Gewichtung ihrem „objektiven Gewicht" widerspricht[451].
In die Überprüfung naturschutzrechtlichen Ermessens spielen die Ziele herein, weil sie mitbestimmen, welche Belange „nach Lage der Dinge" in die Entscheidungen

---

442 Erichsen-Ossenbühl, S. 207; Maurer 1997, S. 127, nennt diesen Fehler Ermessensnichtgebrauch.

443 Maurer 1997, S. 127; Erichsen-Ossenbühl 1998, S. 207.

444 Erichsen-Ossenbühl 1998, S. 207, stellt vor allem solche Fehler ins Zentrum gerichtlicher Überprüfung , beruft sich auf Alexy 1986, S. 705, und behauptet: „Ermessensfehler sind also Rechtsfehler".

445 Schmidt-Aßmann 1992, S. 30.

446 Starck 1991, S. 171 und 175, stellt dies plastisch heraus.

447 Den Grundsatz der Verhältnismäßigkeit erwähnt als allgemeinem Grundsatz des Verwaltungsrechts Erichsen- Ossenbühl 1998, S. 173 m. Nw.

448 Erichsen-Ossenbühl 1998, S. 208.

449 Kirchhof 1993, S. 136, schreibt dazu: „Das Übermaßverbot oder Verhältnismäßigkeitsprinzip hat in seiner praktischen Handhabung seinen Entfaltungsbereich nicht auf die im Grundgesetz benannten Abwägungen zwischen Eingriff und Eingriffszweck beschränkt, sondern sich zu einem eigenständigen Prinzip des Gewichtens und Wägens der jeweils betroffenen privaten Güter und Interessen entwickelt." und verweist u.a. auf das „Apothekenurteil" des BVerfG vom 11.6.1958, E 7, S. 377, 406 (1 BvR 596, 56).

450 Schmidt-Aßmann 1992, S. 30.

451 Grundlegend zur dreifachen Überprüfbarkeit von Abwägungsentscheidungen BVerwG, Urt. v. 12.12.1969, E 34, S. 301, 309 (IV C 105.66); BVerwG, Urt. v. 20.10.1972, E 41, S. 67, 69 (IV C 14.71); BVerwG, Urt. v. 5.7.1974, E 45, S. 309, 314 f. (IV C 50.72); BVerwG, Urt. v. 14.2.1975, E 48, S. 56, 63 f. (IV C 21.74); aus neuerer Zeit z.B. BVerwG, Beschl. v. 13.3.1995, NVwZ 1995, S. 905-907, 906 (11 VR 2/ 95).

einzubeziehen sind: Jedenfalls gehören dazu die Interessen von Naturschutz und Landschaftspflege, die sich aus der Anwendung der Einzelziele auf die konkreten Situationen ergeben. Zudem geben die Ziele den naturschützerischen Instrumenten den Zweck vor, weshalb die Prüfung, ob wegen „Zweckwidrigkeit" ein Ermessensmißbrauch vorliegt, anhand von § 1 Abs. 1 vorzunehmen ist[452]. Naturschutzbelange haben im Zusammenhang von §§ 1 und 2 kein objektives, sich relativ von anderen Belangen unterscheidendes Gewicht, sondern sind objektiv gleichviel wert wie andere Belange, die gleichfalls Verfassungsrang haben, vgl. Art. 20 a GG, § 1 Abs. 2. Daran ändert auch die Einordnung von § 1 Abs. 1/ 2 als „Optimierungsgebot" nichts.

c) Zusammenfassung zur Kontrolle der Ermessensentscheidungen

Die Rolle, die die Ziele nach § 1 für Verwaltungsentscheidungen zur Anwendung von Abwägungs- und Ermessensvorschriften spielen können, beschränkt sich darauf, der Abwägung bzw. dem Ermessen den Zweck vorzugeben. Deshalb können die Ziele vor allem die Zusammenstellung der Abwägungsbelange und die Gedanken steuern, an denen sich Behörden bei der Abwägung orientieren müssen. Für die Gewichtung der eingestellten Belange ist § 1 Abs. 1 „nur" in Verbindung mit Art. 20 a GG Anhaltspunkt, indem er einen Vorrang der Naturschutzinteressen von anderen Belangen begründen kann, die keinen Verfassungsrang genießen. Diese Aspekte sind im Zusammenhang mit der Einhaltung des Abwägungsgebots auch dann Gegenstand verwaltungsgerichtlicher Kontrolle, wenn man der Behörde darüber hinaus einen Abwägungs- oder Ermessensspielraum zugestehen möchte. Auch im Hinblick auf die Kontrolle solcher Entscheidungen ergibt sich mithin für die vorliegende Untersuchung keine Beschränkung der Gerichte auf einzelne der Möglichkeiten, die Ziele auszulegen und von ihnen Gebrauch zu machen.

C. Umfang der „Vollkontrolle" in bezug auf die Ziele

Die Feststellung, daß die Anwendung der naturschutzrechtlichen Vorschriften, soweit dafür die Ziele nach § 1 Abs. 1 eine Rolle spielen, grundsätzlich vollständiger gerichtlicher Kontrolle durch Subsumtion und Ermittlung von Ermessensfehlern unterliegt, besagt noch nichts darüber, wie die Ziele in solche „Vollkontrolle" einbezogen werden müssen.

---

[452] Daher sind die Ziele auch für die Überprüfung des Verordnungsermessens bei der Schutzgebietsausweisung von Bedeutung, selbst wenn man in diesem Bereich der Verwaltung mit Hofmann 1980, S. 66, einen weiten Abwägungsspielraum eröffnet. Gleiches gilt, wenn man mit v. Danwitz 1988, S. 171 ff., die Gestaltungsfreiheit des Verordnungsgebers als eigenständige Kategorie gegenüber gesetzgeberischem und verwaltendem Ermessen versteht. Auch diese Gestaltungsfreiheit ist eingegrenzt vom Abwägungsgebot als Ausprägung des Verhältnismäßigkeitsgrundsatzes und von den jeweiligen einfachrechtlichen Vorgaben; selbst hier behalten die Ziele also ihre Funktion als Rechtmäßigkeitsmaßstab für Schutzgebietsverordnungen bei. Dazu v. Danwitz 1988, S. 185 f.

Die Intensität, mit der die Gerichte die Ziele bei der Überprüfung der Anwendung naturschutzrechtlicher Vorschriften einbeziehen müssen, hängt davon ab, ob die Ziele direkt oder indirekt auf die Anwendung der Einzelvorschriften einwirken.

1. Direkte Einwirkungen

Wie sich gezeigt hat, sind direkte Einwirkungen der Ziele auf die Instrumente des Naturschutzes und der Landschaftspflege solche, die unabhängig vom Inhalt der Einzelvorschriften zum Tragen kommen können. Sie sind auf die strukturelle Einordnung der Ziele als Optimierungsgebot und unmittelbar geltende Allgemeine Vorschriften in einem Rahmengesetz gegründet.

Weil die Ziele als Allgemeine Vorschriften vor allem Auslegungshilfe sein sollen, ist die Rechtsprechung bei der Auslegung unbestimmter Begriffe, die *nicht* wortgleich in den Zielen wie in den Instrumenten des Naturschutzes und der Landschaftspflege vorkommen, in besonderem Maße aufgefordert, die Ziele zu nutzen. Im Zusammenhang der Eingriffsregelung sind davon die Begriffe „erhebliche Beeinträchtigung", „(un-) vermeidbare Beeinträchtigung", „(erforderlicher) Ausgleich", „landschaftsgerecht" betroffen. Hinsichtlich der Schutzgebietsausweisungen sind derart unbestimmte Begriffe die „Erforderlichkeit" der Ausweisung in §§ 13, 15, 17, 18 und die „Großräumigkeit" des Gebiets in § 14.

Für die Überprüfung von Abwägungsentscheidungen sollen die Gerichte die Ziele bei § 8 Abs. 2 S. 1 hinsichtlich der Auswahl unter Ausgleichsmaßnahmen beachten, außerdem für die „Abwägung aller Anforderungen an Natur und Landschaft" bei der Entscheidung über die Zulassung weder vermeid- noch ausgleichbarer Eingriffe, § 8 Abs. 3. Zudem ist jede Schutzgebietsausweisung ins Ermessen der ausweisenden Behörden gestellt, auch insofern müßte § 1 für die Rechtmäßigkeitskontrolle Bedeutung erlangen.

Schließlich sollen die Ziele auch auf die Überprüfung von landesrechtlichen Vorschriften zur Ausfüllung des Rahmenrechts einwirken. Hier sind die Gerichte zu vollinhaltlicher Kontrolle aufgerufen; die Landesgesetzgeber haben bei der Ausfüllung des bundesrechtlichen Rahmens keinen „gerichtsfesten" Spielraum.

2. Indirekte Einwirkungen

Indirekte Einwirkungen der Ziele sind solche, die sich aus der Wiederverwendung von Formulierungen der Ziele in den Einzelinstrumenten ergeben. Sie sind nicht abhängig von der Struktur und theoretischen Bedeutung der Ziele für das Naturschutzrecht insgesamt, sondern auf die wörtliche Übereinstimmung oder Ähnlichkeit zwischen Zielen und Einzelvorschriften des BNatSchG zurückzuführen.

Ähnlichkeiten gesetzlicher Formulierungen finden sich, selbst wenn man den Blick auf die Eingriffsregelung und die Vorschriften über die Schutzgebietsausweisung beschränkt, an vielerlei Stellen. So knüpfen die Definitionen von Eingriffen in Natur und Landschaft und deren Ausgleich an die „Leistungsfähigkeit des Naturhaushalts" an, § 1 Abs. 1 Nr. 1. Wörtlich heißt es sogar in § 8 Abs. 2 S. 1, Beeinträchtigungen sollten ausgeglichen werden, soweit es „zur Verwirklichung der Ziele des

Naturschutzes und der Landschaftspflege" erforderlich ist. § 13 bezieht sich auf den „besonderen Schutz" von „Tier- und Pflanzenarten" oder der „Seltenheit, Eigenart und Schönheit" von Natur und Landschaft. § 14 nennt als Schutzgrund für zu schützende Gebiete deren „besondere Eigenart" sowie ihren „Tier- und Pflanzenbestand". Beide Vorschriften paraphrasieren also § 1 Abs. 1 a.A., Nr. 3 und Nr. 4. § 15 nimmt § 1 Abs. 1 a.A., Nr. 1, 2, 4 und a.E. auf, weil Landschaftsschutzgebiete ausgewiesen werden können, wenn ein „besonderer Schutz" um der „Leistungsfähigkeit des Naturhaushalts", der „Nutzungsfähigkeit der Naturgüter", der „Vielfalt, Eigenart und Schönheit von Natur und Landschaft" oder um der „Erholung" willen nötig erscheint. § 16 knüpft „Entwicklung und Pflege" von Teilen von Natur und Landschaft an deren Bedeutung für die „Erholung", bezieht sich also auf § 1 Abs. 1 a.A. und a.E.; § 17 nimmt die „Eigenart und Schönheit" von Natur und Landschaft aus § 1 Abs. 1 Nr. 4 als möglichen Schutzgrund auf, und § 18 eröffnet „besonderen Schutz" (vgl. § 1 Abs. 1 a.A.) zur Sicherstellung der „Leistungsfähigkeit des Naturhaushalts", § 1 Abs. 1 Nr. 1.
Die Ähnlichkeiten zwischen den Formulierungen der Einzelinstrumente und denjenigen der Ziele, § 1 Abs. 1, zwingen die Rechtsprechung nicht, die Einzelinstrumente anhand der Ziele auszulegen. Ein Begriff wie die „Leistungsfähigkeit des Naturhaushalts" wird nicht schon dadurch klarer, daß er im Gesetz an zwei Stellen vorkommt. Zwar ist die Rechtsprechung aufgefordert, den Begriff gründlich auszulegen, wenn er etwas für die Entscheidung besagen kann. Sie ist dazu aber nicht verpflichtet, auf den Inhalt der Ziele zurückzugreifen. Wie schon ausgeführt, können solche Begriffe aber insofern anhand von § 1 Abs. 1 ausgelegt werden, als mit ihnen nur Teile der Ziele wiederaufgenommen werden; die Abgrenzung zu den nicht aufgenommenen Teilen mag insoweit hilfreich sein. Außerdem können für alle gleichlautenden Begriffe, die in mehreren Einzelvorschriften vorkommen, die gleichen Auslegungserwägungen angestellt werden.

3. Verbindung direkter und indirekter Einwirkungen

Einige Einzelvorschriften verbinden direkte und indirekte Bezüge zu den Zielen. Als Beispiel sei hier die Eingriffsdefinition genannt, die an Beeinträchtigungen der Leistungsfähigkeit des Naturhaushalts anknüpft und damit § 1 Abs. 1 Nr. 1 wörtlich aufnimmt, die aber zudem auf die „Erheblichkeit" der Beeinträchtigungen abstellt, die in den Zielen selbst nicht vorkommt.
Für die Kontrolle der Anwendung solcher Normen können die Gerichte die Ziele des Naturschutzes und der Landschaftspflege in beiden vorbezeichneten Weisen einbeziehen.

4. Zusammenfassung zum Umfang der Vollkontrolle in bezug auf die Ziele

Wie weit die „vollständige Kontrolle" der Anwendung naturschutzrechtlicher Vorschriften anhand der Ziele zu gehen hat, ist von der Art und Weise abhängig, wie die Einzelvorschriften sich auf die Ziele beziehen.

Um die Anwendung von Normen zu kontrollieren, auf die die Ziele direkt einwirken, können Gerichte gründlich anhand der Ziele argumentieren. Vorschriften, die die Ziele selbst indirekt aufnehmen, lassen demgegenüber weniger Raum zur Einbeziehung der Ziele in die Kontrolle ihrer Anwendung. Die Gerichte sind hier vor allem aufgerufen, gleichsam „negativ“ zu prüfen, ob die Behörden die Betonung einzelner Aspekte der Ziele verwirklicht haben, die sich ergibt, wenn die Einzelvorschriften andere Aspekte der Ziele *nicht* wiederaufnehmen.

D. Zusammenfassung zur Kontrollierbarkeit der Umsetzung der Ziele

Verwaltungsgerichte können die Anwendung der Vorschriften zur naturschutzrechtlichen Eingriffsregelung und zur Schutzgebietsausweisung, aber auch diejenigen zur Anerkennung von Naturschutzverbänden, § 29 Abs. 2, anhand der Ziele des Naturschutzes und der Landschaftspflege überprüfen.

Die unbestimmten Rechtsbegriffe und Abwägungs- bzw. Ermessensvorschriften im BNatSchG ergeben keine inhaltlichen Einschränkungen der Kontrollierbarkeit von Verwaltungsentscheidungen zur Eingriffsregelung und zu Schutzgebietsausweisungen, soweit diese die Ziele und Grundsätze des Naturschutzes und der Landschaftspflege aufnehmen bzw. aufnehmen müßten.

Die Anforderungen, die an die Rechtsprechung im Zusammenhang von §§ 1, 2, 8, 12 ff., 29 Abs. 2 zu stellen sind, entsprechen daher bei der Subsumtion denjenigen, die die Verwaltung zu erfüllen hat. Dies nicht nur dort, wo die Vorschriften im einzelnen auf die Ziele verweisen, sondern auch dort, wo sie offen sind und insoweit Platz für Interpretation und die Einbeziehung der Ziele lassen. Die Intensität, in der sich die Gerichte mit den Zielen zu beschäftigen haben, hängt vom Zusammenhang ab: Wo die Ziele direkt in die Anwendung der Einzelinstrumente einwirkt, gebührt ihnen eine größere Aufmerksamkeit für die Kontrolle als dort, wo sie indirekt wiederaufgenommen werden. Spielräume, innerhalb derer das Verwaltungshandeln keiner gerichtlichen Kontrolle unterliegt, ergeben sich für die Bezüge zwischen den Einzelinstrumenten und den Zielen des Naturschutzes und der Landschaftspflege nicht.

Gleiches gilt für die Überprüfung von Abwägungsentscheidungen: Auch hier entspricht der Umfang der Kontrolle, der den Verwaltungsgerichten eröffnet ist, den materiellen Anforderungen aus § 1, die die Behörden zu erfüllen haben. Was die Überprüfung von Ermessensentscheidungen angeht, so hat sich diese für den Zusammenhang von §§ 1, 2, 8, 12 ff. vor allem auf die Einhaltung des Abwägungsgebots zu konzentrieren. Die Gerichte haben also zu überprüfen, ob die Verwaltung in die Ermessensentscheidungen die Belange, die sich aus § 1 Abs. 1 ergeben, vollständig eingestellt und diese zutreffend gewichtet und die Abwägungsentscheidung um des in § 1 Abs. 1 vorgegebenen Zwecks willen getroffen hat.

Dabei können die Gerichte aus dem Spektrum der Auslegungs-, Anwendungs- und Umsetzungsmöglichkeiten, das die Ziele eröffnen, einzelnen den Vorrang geben.

II. Überblick über die Rechtsprechung zu den Zielen

Bevor die anhand der genannten Kriterien zusammengestellten Entscheidungen im einzelnen untersucht werden, soll hier ein kurzer Überblick zur analysierten Rechtsprechung vermittelt werden.

Die Untersuchung bezieht sich auf 123 Entscheidungen, davon sind 22 vom BVerwG, 18 vom VGH Mannheim, je 11 von den Verwaltungsgerichtshöfen München und Kassel und 9 vom OVG Münster[453]. Von den übrigen Gerichten stammen jeweils nicht mehr als 6 Entscheidungen. Die älteste Entscheidung ist von 1977[454] die jüngsten Entscheidungen sind von 1997[455]. Nicht in diese Zählung eingegangen sind Entscheidungen, die nicht im Rechtsprechungsverzeichnis aufgeführt sind, weil sie nicht zum eigentlichen Untersuchungsgegenstand gehören, sondern diesen nur indirekt betreffen[456].

Von den untersuchten 121 *verwaltungs*gerichtlichen Entscheidungen setzten sich 119 mit Naturschutz und Landschaftspflege inhaltlich auseinander[457].

53 davon behandelten Fragen der Eingriffsregelung, 40 solche von Schutzgebietsausweisungen[458], die restlichen hatten sonstige Naturschutzthemen zum Gegenstand[459]. Während die Klagen gegen Schutzgebietsausweisungen fast ausschließlich von betroffenen Grundstückseigentümern erhoben wurden, die gegen das Schutzregime vorgehen wollten, können die Entscheidungen im Zusammenhang der Eingriffsregelung in zwei Kategorien eingeordnet werden: Zum einen wurde hier über Klagen insbesondere von Naturschutzverbänden entschieden, die sich gegen Planfeststellungsbeschlüsse zu Lasten von Natur und Landschaft wandten, zum anderen über Klagen einzelner, denen Eingriffsgenehmigungen versagt worden waren.

---

[453] Vgl. dazu im einzelnen das Rechtsprechungsverzeichnis.

[454] OVG Berlin 1977 (Kraftwerk Oberjägerweg), S. 2283 ff.

[455] BVerwG 1997 (Kein Vorrang des Vertragsnaturschutzes), S. 37 ff.; BVerwG 1997 (Weißes Waldvögelein), S. 138 f.; OVG Weimar 1997 (Biosphärenreservat Rhön), S. 46 ff.; VG Berlin 1997 (Verband Deutscher Sportfischer), S. 565 ff. Was jüngere Entscheidungen betrifft, so sei nochmals darauf hingewiesen, daß die bis zum Sommer 1999 veröffentlichten Entscheidungen aus 1998 durchgesehen wurden. Unter diesen setzt sich jedoch keine vertieft mit den Zielen aus § 1 Abs. 1 auseinander. Deshalb kann ein jüngster Richtungswechsel der Rechtsprechung insoweit ausgeschlossen werden.

[456] Solche Entscheidungen sind jeweils vollständig in den Fußnoten nachgewiesen.

[457] Die in der Statistik an 121 fehlenden beiden Entscheidungen sind der nicht veröffentlichte Beschluß des OVG Lüneburg 1986 (Meißendorfer Teiche-Berufungsinstanz) als Berufungsinstanz zum Beschluß des VG Stade 1986 (Meißendorfer Teiche-Ausgangsinstanz), S. 235 f., und ein Normenkontrollbeschluß des BVerwG 1987 (Golfplatz in den Bückebergen-Nichtvorlagebeschwerde) S. 728 ff., der allein mit formellen Argumenten begründet wurde.

[458] Als Frage von Schutzgebietsausweisungen wird hier auch die nach der Erteilung von Befreiungen und Ausnahmegenehmigungen in bestehenden Schutzgebieten eingeordnet.

[459] Insbesondere sind damit die Entscheidungen zur Verbandsanerkennung, aber auch zur Genehmigung von Tiergehegen und zu wasser- und straßenrechtlichen Fällen erfaßt.

81 Entscheidungen bezogen die Ziele des Naturschutzes und der Landschaftspflege ein, 38 nicht[460].
73 der Tenorierungen können grob als „im Interesse von Naturschutz und Landschaftspflege"[461] eingeordnet werden, 37 laufen diesen Interessen eher zuwider[462].
Die übrigen 11 Entscheidungen haben keine direkten Auswirkungen für Natur und Landschaft, weil sie sich auf die Anerkennung von Vereinen nach § 29 beziehen.
Charakteristische Entscheidungen zugunsten von Natur und Landschaft sind solche, die die Rechtmäßigkeit der Ausweisung oder inhaltlichen Gestaltung von Schutzgebieten feststellten, und solche, die die Versagung von Eingriffs- oder Schutzgebiets-Ausnahmengenehmigungen für rechtmäßig erklärten. In beiden Fällen handelt es sich typischerweise um Klagen einzelner, die sich durch Naturschutzmaßnahmen oder -verbote in ihrer Handlungsfreiheit oder sonstigen Rechten beeinträchtigt sahen. Entscheidungen zu Lasten von Natur und Landschaft ergingen regelmäßig, wenn Naturschutzverbände gegen Planfeststellungsbeschlüsse oder Pläne klagten, deren Verwirklichung Beeinträchtigungen von Natur und Landschaft zu verursachen drohte.
Auffällig ist die Neigung der Gerichte, die behördlichen Entscheidungen zu bestätigen: 101 verwaltungsgerichtliche Entscheidungen entsprachen im Ergebnis dem, was schon die Verwaltung angeordnet hatte[463]. Es besteht jedoch kein Zusammenhang zu den Auswirkungen der behördlichen Entscheidung für die Schutzgüter des § 1: Die Gerichte bestätigten ***regelmäßig*** die Behördenentscheidungen, gleich, ob damit Beeinträchtigungen von Natur und Landschaft legitimiert oder verhindert wurden. Dies entspricht der allgemeinen Praxis der Verwaltungsgerichte, dem

---

[460] Die Aussagekraft der Statistik wird dadurch nicht wesentlich geschmälert, daß Entscheidungen, die sich nicht auf die Ziele nach § 1 bezogen, nur kursorisch mituntersucht wurden. Vielmehr kann davon ausgegangen werden, daß Entscheidungen, deren Begründung die Auswahlkriterien erfüllen, bis zum Sommer 1997 vollständig erfaßt wurden, soweit sie veröffentlicht wurden. Der Untersuchungsgegenstand ist mithin nur insoweit offen, als Entscheidungen nicht vollständig erfaßt wurden, die sich zwar auf Eingriffsregelung oder Schutzgebietsausweisung, jedoch nicht ausdrücklich auf die Ziele des Naturschutzes und der Landschaftspflege beziehen und die insoweit aus dem Raster der Auswahlkriterien gefallen sind.

[461] Als „im Interesse von Naturschutz und Landschaftspflege" werden Entscheidungen qualifiziert, die z.B. Schutzgebietsausweisungen für rechtmäßig erklären oder die die Verweigerung von Ausnahmen von Schutzvorschriften oder von Eingriffsgenehmigungen bestätigen. „Zugunsten" von Naturschutz und Landschaftspflege" ergehen auch Urteile, die eine großzügige Bemessung von Schutzgebieten billigen (Pufferzonen).

[462] Als „gegen die Interessen von Naturschutz und Landschaftspflege" werden hier Entscheidungen eingeordnet, die z.B. Eingriffsgenehmigungen oder Planfeststellungsbeschlüsse bestätigen, die mit Eingriffen einhergehen, aber auch solche Entscheidungen, die Ausgleichszahlungen für Eingriffe - und damit die Zulässigkeit der Eingriffe selbst - bestätigen.

[463] Anders ausgedrückt: Die Erfolgsaussichten eines Klägers, dessen Begehr auf naturschutzrechtliche Aspekte gestützt ist, stehen - die Zulässigkeit der Klage vorausgesetzt - 1 zu 5.

Verwaltungshandeln Rechtmäßigkeit zu bescheinigen[464]. Die Widersprüchlichkeiten zwischen dem Anspruch der Ziele und ihrer tatsächlichen Verwirklichung belegten, daß ihre gesetzeskonforme Anwendung noch nichts über ihre Wirksamkeit besagt[465].

Auch wurde die Bestätigungsneigung der Gerichte nicht davon beeinflußt, daß sie § 1 in ihre Erwägungen einbezogen. Auffällig ist stattdessen, daß Verwaltungsgerichte zur Bestätigung von Verwaltungsentscheidungen die Ziele von Naturschutz und Landschaftspflege vor allem dann in die Begründung einbringen, wenn die Entscheidungen *zugunsten* von Natur und Landschaft ausfallen. 41 Entscheidungen zu Eingriffsregelung und Schutzgebietsausweisungen, in die die Gerichte § 1 aufgenommen haben, stehen hier 15 Entscheidungen gegenüber, in denen § 1 keine Rolle spielte. Bei der Bestätigung von Verwaltungsentscheidungen mit negativen Folgen für Natur und Landschaft ist das Bild demgegenüber ausgeglichen: Zehnmal beriefen sich Gerichte hier auf § 1, elfmal ließen sie die Ziele unerwähnt[466].

Unter den 17 Entscheidungen, in denen Gerichte vom behördlichen Entscheiden abwichen, bezogen zehn die Ziele aus § 1 mehr oder minder ausführlich ein. Zwölf behandelten die Eingriffe in Natur und Landschaft, vier beschäftigten sich mit den Folgen von Schutzgebietsausweisungen[467]. Sieben Entscheidungen führten zu einem für die Schutzgüter günstigeren Ergebnis als die Behördenentscheidungen. Im vereinfachenden Überblick ergibt sich für die untersuchten Entscheidungen folgendes Bild[468]:

---

464 Vgl. eine Zahl für Niedersachsen 1996: „In mehr als 92 % aller erstinstanzlichen verwaltungsgerichtlichen Verfahren blieb also der Verwaltung der Vorwurf rechtswidrigen Handelns durch das Verwaltungsgericht erspart.“, Alm-Merk 1997, S. 246. Für die Kontrolle von Bebauungsplänen speziell durch das OVG Münster ergibt sich ein anderes Bild: z.B. 1990/ 1991 wurden von 59 Bebauungsplänen, die eingehend nach Fehlern untersucht wurden, 49 für nichtig oder teilnichtig erklärt. Dies waren 1,7 % der in dem Zeitraum verabschiedeten Pläne; siehe hierzu Voge 1993, S. 202. Öhlinger/ Stelzer 1986, S. 419 f., sprechen zudem von einer „gewissen Beharrungstendenz“ der Rechtsprechung sogar gegenüber ausdrücklich geänderten Gesetzen, soweit es um das Festhalten an einmal geäußerten Rechtsansichten geht.

465 Zum Zusammenhang zwischen Anwendung und Wirksamkeit von Gesetzen Treiber 1996, S. 8 f.

466 Auch diese Angaben beziehen sich auf Entscheidungen zur Eingriffsregelung und zu Schutzgebietsausweisungen.

467 Die hier an 17 fehlende Entscheidung ist das Urteil des VGH Mannheim 1990 (Wanderfalke), S. 82 ff. Darin ging es um eine luftverkehrsrechtliche Genehmigung für den Flugmodellbetrieb, die die Behörde um einer Störung der öffentlichen Sicherheit willen verweigert hatte. Der VGH stellte fest, die mögliche Beeinträchtigung von Wanderfalken durch den Flugbetrieb sei nicht so erheblich, als daß schon eine Gefahr für die öffentliche Sicherheit zu befürchten sei.

468 Angegeben ist jeweils die Zahl der untersuchten Entscheidungen, die die drei Kriterien erfüllen.

sachlicher Zusammenhang	Auswirkungen für die Schutzgüter	§ 1 in die Begründung einbezogen	Begründung ohne § 1[469]
Eingriffsregelung	bestätigend zugunsten	17	4[470]
	bestätigend zu Lasten	9	11
	schlechter als Behördenentscheidung	3[471]	3[472]
	besser als Behördenentscheidung	2[473]	4[474]
Schutzgebiets-ausweisung	bestätigend zugunsten	24	11
	bestätigend zu Lasten	1[475]	-
	schlechter als Behördenentscheidung	3[476]	-
	besser als Behördenentscheidung	1[477]	-
sonstige	bestätigend zugunsten	8	2[478]
	bestätigend zu Lasten	4[479]	2[480]
	schlechter als Behördenentscheidung	-	1[481]
	ohne direkte Auswirkungen	9	-

[469] Es sei nochmals darauf hingewiesen, daß veröffentlichte Entscheidungen, die § 1 oder dessen Inhalte *nicht* ausdrücklich einbezogen haben, *nicht* vollständig zusammengestellt wurden, auch wenn sie sich auf die Anwendung der Eingriffsregelung oder auf Zusammenhänge von Schutzgebietsausweisungen bezogen.

[470] OVG Koblenz 1992 (Schloßrondell), S. 290 ff.; VG Stade 1986 (Meißendorfer Teiche-Ausgangsinstanz), S. 235 f.; VG Regensburg 1995 (Heckenentfernung), S. 428 f.; OVG Koblenz 1980 (Fischteiche im Naturpark Nassau), S. 29 ff.

[471] OVG Münster 1996 (Exklusive Villenlage), S. 274 ff.; BVerwG 1990 (Fischteiche), S. 348 ff.; VG Freiburg 1987 (Flugmodelle mit Verbrennungsmotor), S. 52 ff.

[472] VG Mainz 1987 (Weinland), S. 199 f.; OVG Münster 1994 (Abtonungsfläche), S. 308 ff.; OVG Münster 1993 (Blaufichten), S. 349 ff.

[473] OVG Münster 1994 (Quertrasse), S. 46 ff.; im vorläufigen Rechtsschutz VG Frankfurt/ Main 1982 (Startbahn West), S. 28 ff.

[474] VGH Mannheim 1994 (Bundesstraße 292), S. 147 ff.; VGH München 1995 (110-kV-Freileitung), S. 203 ff.; VG Gießen 1989 (Baulückenbestand), S. 95 ff.; VG Potsdam 1994 (Großtrappe), S. 427 ff.

[475] OVG Lüneburg 1990 (Golfplatz in den Bückebergen-Normenkontrolle), S. 87 f. - hier ging es um die Verkleinerung eines Landschaftsschutzgebietes, um den aus dem Schutzregime genommenen Bereich in einen neuen Golfplatz einzubeziehen.

[476] OVG Berlin 1991 (Freileitung im Spandauer Forst), S. 406 ff.; VGH München 1980 (Fahrweg zur Hochalm), S. 275 ff.; VGH Mannheim 1991 (Fichtenaufforstung), S. 487 ff.

[477] Im vorläufigen Rechtsschutz: OVG Berlin 1977 (Kraftwerk Oberjägerweg), S. 2283.

[478] OVG Lüneburg 1990 (Greifvogelabschuß), S. 474 ff., und VGH München 1977 (Großer Brachvogel), S. 603 f.

[479] VG Berlin 1984 (Heizkraftwerk Reuter), S. 228 ff.; VGH München 1993 (Standortsicherungsplan), S. 176 ff.; BVerwG 1985 (Störungsfreier Verkehr), S. 163 ff.; VGH Kassel 1987 (Ortsumgehung im Freilandbau), 250 ff.

[480] BVerwG 1988 (Sparsamer Flächenverbrauch), S. 458 f., und VGH München 1989 (Baumschutzverordnung), S. 395 ff.

[481] VGH Mannheim 1990 (Wanderfalke), S. 82 ff.

Die Argumentationsmuster der Entscheidungen, die sich auf die Ziele beziehen, greifen die Auslegungsmöglichkeiten auf, die sich aus der Untersuchung des BNatSchG im einzelnen ergeben haben.
Immer wieder heben Gerichte aller Instanzen den pflegend-entwickelnden Schutzansatz des BNatSchG hervor[482]. Häufig dient dieser als Argumentationshilfe und Rechtfertigung gegenüber einzelnen, die sich durch Maßnahmen des Naturschutzes in Eigentum[483] oder Handlungsfreiheit[484] verletzt sehen. Auch bei der Auslegung einzelner Begriffe verwendet die Rechtsprechung den generellen Schutzansatz[485]. Manche Gerichte schreiben darüber hinaus ausdrücklich, daß das BNatSchG aufgrund seines entwickelnden Schutzansatzes eine Gesamtbetrachtung[486] von Natur und Landschaft fordert, in die auch Funktionen[487] und Wechselbeziehungen innerhalb des Naturhaushalts[488] einzubeziehen sind[489]. Diese „Gesamtbetrachtung" von

[482] VG Karlsruhe 1978 (Freileitung im Flußtal), S. 36; OVG Koblenz 1982 (Jagdverbot im Naturschutzgebiet), S. 382; VG Wiesbaden 1982 (Gartenkunst und Landschaftspflege, 1. Instanz), S. 698; OVG Lüneburg 1990 (Helgoländer Festlandssockel), S. 283; BVerwG 1996 (Dalbekschlucht), S. 845.
[483] OVG Lüneburg 1990 (Helgoländer Festlandssockel), S. 283; auf diese Entscheidung verweist auch das BVerwG 1996 (Dalbekschlucht), S. 845.
[484] OVG Koblenz 1982 (Jagdverbot im Naturschutzgebiet), S. 382.
[485] BVerwG 1997 (Kein Vorrang des Vertragsnaturschutzes), S. 38 zum „Entwickeln" in Naturschutzgebieten.
[486] VG München 1980 (Jungviehweide im Knabenkraut), S. 39.
[487] VGH München 1991 (Wiesenbrüter), S. 462, zur Beeinträchtigung der Funktion eines Geländes als Brutstätte des Großen Brachvogels; OVG Münster 1994 (Quertrasse), S. 48, zur „Freiraum- und Naherholungsfunktion" eines Landschaftsbildes, die durch eine auf einem Damm geführte Straßentrasse unausgleichbar beeinträchtigt würde; OVG Koblenz 1992 (Schloßrondell), S. 292, zum „funktionellen Zusammenhang", innerhalb dessen eingriffsbedingte Beeinträchtigungen ausgeglichen werden müssen. Etwas zu optimistisch erscheint in dieser Hinsicht das OVG Münster 1993 (Damwildgehege-Weiterführung), S. 261, das feststellt, der Begriff der Leistungsfähigkeit des Naturhaushalts erlaube eine Handhabung der naturschutzrechtlichen Instrumente, die sich seiner bedienen, indem das Attribut „leistungsfähig" die Bewertung der Einzelelemente und ihrer Verflechtungen entbehrlich mache.
[488] So VG Karlsruhe 1978 (Freileitung im Flußtal), S. 36, das im Hinblick auf den Naturhaushalt zumindest von „ökologischem Gleichgewicht" und „Gesamtzusammenhang von Natur und Landschaft" spricht, entscheidend jedoch auf eine Beeinträchtigung des Landschaftsbilds abstellt und VG Sigmaringen 1982 (Schleppstarts am Federsee), S. 34, das den Zusammenhang zwischen Biotop und Biozönose und damit denjenigen zwischen Arten- und Gebietsschutz darlegt; ähnlich auch -ohne § 1- VGH München 1977 (Großer Brachvogel), S. 603 f., der für Pflanzen und Tiere schrieb: „Erst ihre Wechselwirkung und gegenseitige Beeinflussung im Kampf ums Dasein führt zur Bildung von Lebensgemeinschaften. Dabei kommt der Tierwelt in ihrer Wirkung auf die Vegetation oft die leitende Rolle in der Strukturierung und Gestaltung der Ökosysteme und beim Materialaustausch von Leben und Umwelt zu."
[489] Negativbeispiel ist hier ein Urteil des VGH Mannheim 1990 (Wanderfalke), S. 82, in dem dieser der gutachterlichen Aussage folgte, eine Beeinträchtigung des Jagdbereichs von Wanderfalken liege sei nicht zu befürchten, allenfalls könnten aufgrund des Vorhabens Beutetiere vertrieben werden. Was die Falken in dem betroffenen Gebiet jagen sollen, wenn die Beutetiere ver-

Natur und Landschaft ermöglicht es, Beeinträchtigungen des Naturhaushalts an weiter entfernten Punkten auszugleichen, die mit dem beeinträchtigten Funktionsgefüge nicht in direkter Verbindung stehen. Auch können extreme Beeinträchtigungen durch Eingriffe genehmigungsfähig „gemacht werden", wenn man nur den Blick so erweitert, daß der einzelne Eingriff nicht ins Gewicht fällt, weil an vielen anderen Stellen, die so auch in den Blick geraten sind, weniger beeinträchtigte Stoffflüsse und Wechselbeziehungen des Naturhaushalts fortbestehen. Es besteht die Neigung, solche Gesamtbetrachtung zugunsten von Eingriffsverursachern anzustellen[490]. Wenn dagegen eine Gesamtbetrachtung zugunsten von Natur und Landschaft vorgenommen werden müßte, etwa bei der Addition von Eingriffsauswirkungen[491], sind die Gerichte eher zögerlich.

In Stellungnahmen zu Schutzgebietsausweisungen sind Entscheidungen hervorzuheben, in denen Gerichte die Wechselbeziehungen innerhalb des Naturhaushalts würdigen. Zumeist findet dies im Zusammenhang mit der Feststellung statt, auch „Pufferzonen" könnten in das Schutzregime eines Schutzgebiets aufgenommen werden[492].

---

schwunden sind, ließ der Gerichtshof offen. In einer späteren Entscheidung merkte der VGH beiläufig an, der Wanderfalke sei eine „störungsanfällige Art", VGH Mannheim 1995 (Phonolit-Steinbruch), S. 18.

[490] BVerwG 1986 (Ausgleichsabgabe bei Kiesabbau), S. 312 f., und BVerwG, 1989 (Richtfunkschaltstelle), S. 346; OVG Münster 1994 (Abtonungsfläche), S. 309.

[491] Vgl. VG Freiburg 1985 (Fernmeldeturm), S. 41; OVG Bremen 1985 (Gräben am Lehester Deich), S. 131; VGH Mannheim, 1985 (Kinzig-Rückhaltebecken), S. 32; VG Frankfurt/ Main 1991 (Dreifeld-Tennishalle), S. 146. Ausnahmen sind das VG München 1980 (Jungviehweide im Knabenkraut), S. 39: Das Landratsamt habe bei der Zulassung von Drainagen rechtmäßigerweise eine Statistik einbezogen, wonach „in den letzten drei Jahren von 185 Drainageanträgen im Landkreis 173 genehmigt [wurden], wobei insbesondere hof- und ortsnahe Flächen zugelassen worden sind"; es sei daher nicht zu beanstanden, wenn im konkreten Fall *einmal* eine Drainage nicht genehmigt worden sei; außerdem das VG Gießen 1990 (Lebensmittelmarkt), S. 38: Die Addition unerheblicher Beeinträchtigungen des Gewässerhaushalts durch kleinere Flächenversiegelungen könne dazu führen, daß eine für sich genommen unerhebliche weitere Beeinträchtigung als Eingriff zu werten sei. Eher der allgemeinen Vorgehensweise entspricht VG Frankfurt/ Main 1991 (Dreifeld-Tennishalle), S. 146: Wenn ein zu bebauendes Gebiet in der Nähe einer Autobahntrasse liegt, bedeutet seine Bebauung keine Beeinträchtigung des Naturhaushalts oder Landschaftsbilds.

[492] Beispiel ist hier bezüglich der Bemessung der Grenzen eines Schutzgebiets eine Entscheidung des OVG Koblenz, das dazu auffordert, in die Grenzen eines Schutzgebiets auch „Pufferzonen" einzubeziehen, um eine Einengung des Landschaftsbilds und eine weitere „Bodenversiegelung mit allen nachteiligen Folgen für das Ökosystem" zu verhindern, OVG Koblenz 1996 (Triefenbachtal), S. 630; in deutlichen Worten auch VGH München 1994 (Hartschotter), S. 343, ohne sich aber auf § 1 Abs. 1 zu beziehen. Zu Pufferzonen außerdem OVG Schleswig 1992 (Sandabbau), S. 345; OVG Lüneburg 1990 (Helgoländer Festlandssockel), S. 282; VGH München 1988 (Bayerisches Bodenseeufer), S. 262. Im Zusammenhang der Genehmigung einer Ausnahme von Vorschriften einer Landschaftsschutzverordnung OVG Münster 1985 (Damwildgehege-Erweiterung), S. 288.

Unter den dreizehn Einzelgrundsätzen aus § 2 Abs. 1 kommen nur sieben ausdrücklich in der untersuchten Rechtsprechung vor. Es sind dies § 2 Abs. 1 Nr. 1[493], 2[494], 3[495], 6[496], 9[497], 10[498] und 11[499]. Diese Grundsätze nehmen je Aspekte aus § 1 Abs. 1 wieder auf, seien es die Leistungsfähigkeit des Naturhaushalts, § 1 Abs. 1 Nr. 1, in § 2 Abs. 1 S. 1 Nr. 1, 2, 6, der besiedelte Bereich, § 1 Abs. 1 a.A., in § 2 Abs. 1 S. 1 Nr. 2, die Naturgüter, § 1 Abs. 1 Nr. 2, in § 2 Abs. 1 Nr. 3, die Pflanzen- und Tierwelt, § 1 Abs. 1 Nr. 3, in § 2 Abs. 1 S. 1 Nr. 9, 10, oder die Erholungsfunktion der Natur, § 1 Abs. 1 a.E., in § 2 Abs. 1 S. 1 Nr. 11.

III. Umsetzung der Funktionen der Ziele selbst

Einige Gerichte heben die Bedeutung der Zielen im Rahmen der jeweiligen Entscheidung ausdrücklich hervor, stellen also dar, ob diese etwa der Auslegung gesetzlicher Begriffe dienten oder bei der Zusammenstellung von Abwägungsgesichtspunkten zugrundezulegen seien. Manchmal werden die Ziele ausdrücklich „Optimierungsgebot" genannt. Besonders entschiedene Stellungnahmen zur Funktion der Ziele des Naturschutzes und der Landschaftspflege finden sich in solchen Entscheidungen, in denen es nach Lage der tatsächlichen oder rechtlichen Umstände im einzelnen gerade nicht Sache des Gerichts ist, die Ziele entsprechend der Stellungnahme anzuwenden[500].

A. Zweck und Allgemeine Vorschrift

Aus der Einordnung der Ziele als zugleich Allgemeine Vorschrift und Zweckvorschrift für die Maßnahmen des Naturschutzes und der Landschaftspflege hat sich

---

[493] VG Regensburg 1995 (Heckenentfernung), S. 429.
[494] OVG Koblenz 1992 (Schloßrondell), S. 291.
[495] BVerwG 1988 (Sparsamer Flächenverbrauch), S. 459.
[496] VGH Kassel 1985 (Taunus-Talaue), S. 331.
[497] VGH Kassel 1992 (Schlittschuhlaufen auf Werra-Altarm), S. 166.
[498] VGH München 1991 (Wiesenbrüter), S. 462; VG Regensburg 1995 (Heckenentfernung), S. 429; OVG Lüneburg 1989 (Helgoländer Festlandssockel), S. 282 f.; VGH Mannheim 1995 (Klimatologische Auswirkungen eines Bebauungsplans), S. 92. Zur Begründung, warum die jagdrechtliche Abschußgenehmigung für zwei Bussarde rechtmäßig verweigert worden war, berief sich auch das OVG Lüneburg auf § 2 I Nr. 10 BNatSchG, Urt. v. 1.2.1990, NuR 1990, S. 474-476, 476 (3 L 23/ 89).
[499] VGH Kassel 1992 (Schlittschuhlaufen auf Werra-Altarm), S. 166.
[500] VG Frankfurt/ Main 1990 (Dreifeld-Tennishalle), S. 144: § 1 Abs. 1 BNatSchG bilde nur ein Ziel, dessen Verwirklichung dem Landesgesetzgeber obliege; VGH Mannheim 1991 (Fichtenaufforstung), S. 487: § 1 sei keine Verpflichtung einzelner, sondern müsse von der Verwaltung bei der Auslegung unbestimmter Rechtsbegriffe und bei der Ermessensausübung beherzigt werden; VGH Kassel 1993 (Kuhstall und Pferdeboxen), S. 255: § 1 habe der Bemessung einer Ausgleichsabgabe zugrundezuliegen; VGH Mannheim 1994 (Bundesstraße 292), S. 148: § 8 Abs. 3 sehe eine „echte Abwägung" vor, die von der fernstraßenrechtlichen zu unterscheiden sei - vorliegend mußte wegen schon unzutreffend festgestellter Ausgleichbarkeit eines Eingriffs die Abwägung nicht überprüft werden.

ergeben, daß die Ziele bei der Auslegung der Einzelvorschriften wie auch für Abwägungsentscheidungen von Bedeutung sein können. Die untersuchten Entscheidungen spiegeln wider, daß die Rechtsprechung sich bemüht, von den Zielen in dieser Hinsicht Gebrauch zu machen. Zum Teil weisen die Gerichte ausdrücklich auf diese Funktionen der Ziele hin[501].
Soweit sie die Ziele bei der Begründung von Abwägungsentscheidungen zu Hilfe nehmen[502], stellen sie oftmals klar, daß die Anforderungen, die sich daraus im Einzelfall ergeben, trotz ihrer generell „erheblichen" Bedeutung keinen absoluten Vorrang in der Abwägung genießen[503]. Dies verdeutlicht häufig ein Verweis auf § 1 Abs. 2[504].
Wie die Rechtsprechung die Ziele im einzelnen zur Auslegung und bei Abwägungen anwendet, wird in der Darstellung zur Umsetzung der Aufnahme der Ziele im Gesetz zu zeigen sein.

B. Unmittelbar geltende Rahmenvorschrift

Als Rahmenvorschriften könen die Ziele Maßstab der Bundesrechtsgemäßheit landesrechtlicher Vorschriften sein. Eine „besondere" Bedeutung wegen der unmittelbaren Geltung messen die Gerichte den Zielen aber nicht erkennbar zu, wenn sie daran die Rechtmäßigkeit landesrechtlicher Eingriffs- und Schutzgebietsvorschriten messen.

1. Entscheidungen im einzelnen

Dies zeigt sich schon an der geringen Zahl der insoweit veröffentlichten Entscheidungen: Einem Judikat zu einer landesrechtlichen Eingriffsregelung stehen zwei weitere gegenüber, die Landes-Schutzgebietsvorschriften anhand der Ziele überprüfen.

a) Eingriffsregelung

Soweit ersichtlich einmal hat das BVerwG die Ziele des Naturschutzes und der Landschaftspflege ausdrücklich als Rechtmäßigkeitsmaßstab für einzelne Eingriffsvorschriften verwendet, indem es daran die Gruppennützigkeit landesrechtlich festgelegter Ausgleichszahlungen begründete[505]. Deren Rechtmäßigkeit als Sonderab-

---

[501] Zur Abwägung BVerwG 1997 (Kein Vorrang des Vertragsnaturschutzes), S. 38; zu Abwägung und Auslegung VGH Mannheim 1991 (Fichtenaufforstung), S. 487, und 1994 (Kuhstall und Pferdeboxen), S. 255.

[502] Pauschale Hinweise in OVG Münster 1995 (Quarz-Auskiesung), S. 99; OVG Lüneburg 1990 (Golfplatz in den Bückebergen-Normenkontrolle), S. 87; VGH München 1994 (Vorkauf am Starnberger See), S. 659; etwas fundierter OVG Lüneburg 1989 (Helgoländer Festlandssockel), S. 283.

[503] OVG Koblenz 1986 (Kleegemisch im aufgefüllten Feuchtgebiet), S. 277, für die Abwägung nach § 8 Abs. 3 und OVG Schleswig 1995 (Halbinsel Holnis), S. 633, für die Abwägung hinsichtlich einer Schutzgebietsausweisung.

[504] BVerwG 1997 (Winhöring-Alzgerm), S. 916; OVG Weimar 1997 (Biosphärenreservat Rhön), S. 49; VGH München 1984 (Entlandung des Hirschbergweihers-Berufungsinstanz), S. 28.

[505] BVerwG 1986 (Ausgleichsabgabe bei Kiesabbau), S. 312.

gabe setzt ihre Gruppennützigkeit voraus. Hauptargument war dabei der übergreifende Schutzansatz des Gesetzes, der sich aus § 1 Abs. 1 ergebe. Dieser rechtfertige eine Gesamtbetrachtung der Natur auch, wenn es um die Ausgleichbarkeit von Beeinträchtigungen gehe.
In einer Entscheidung zur Ausgleichsabgabe nach § 11 Abs. 3 S. 4, Abs. 5 NatSchG B-W[506], die wegen eines mit einem Kiesabbau verbundenen Eingriffs in Natur und Landschaft erhoben werden sollte, hieß es dazu: „Bei der hier in Rede stehenden naturschutzrechtlichen Abgabe liegt die gruppennützige Verwendung darin, daß das Abgabeaufkommen insgesamt für Zwecke des Naturschutzes und der Landschaftpflege zu verwenden ist, und daß damit nicht ausgleichbare Eingriffe angesichts des Zieles, Natur und Landschaft zu schützen, zu pflegen und zu entwickeln (§ 1 Abs. 1 BNatSchG) (...) zugunsten der Gruppe der Eingreifenden eher hingenommen werden können."[507] So sei die Gruppennützigkeit der Abgabe gegeben[508], die landesrechtliche Vorschrift nicht zu beanstanden.
„Mittelbare" Gruppennützigkeit hatte ein anderes Gericht ohne Hinweis auf die Ziele des Naturschutzes und der Landschaftspflege als hinreichende Rechtmäßigkeitsvoraussetzung einer Ausgleichsabgabe genannt. Diese sei „zwar nicht in dem Sinne gruppennützig, daß sie ausschließlich dem Kreis der Abgabepflichtigen zufließt. Sie dient vielmehr in erster Linie dem Wohl der Allgemeinheit durch die finanzielle Förderung von Maßnahmen zur Verbesserung des Naturhaushalts und des Landschaftsbildes. (...) [Jedoch kommt sie] zumindest mittelbar auch den Abgabepflichtigen als Teil der Allgemeinheit zugute."[509]
Andere Gerichte fanden Begründungen, warum die Vereinbarkeit landesrechtlicher Eingriffsvorschriften mit Bundesrecht nicht geprüft werden müsse. So sei § 8 grundsätzlich nicht Rechtmäßigkeitsmaßstab für landesrechtliche Eingriffsvorschriften, wenn diese schon vor Verabschiedung des BNatSchG erlassen worden sind[510]. Auch entspreche die Einzäunung eines Damwildgeheges nicht dem, „was

---

[506] NatSchG B-W, § 11 Ausgleich von Eingriffen
Abs. 1: Ein Eingriff ist unzulässig, wenn (...).
Abs. 3 S. 4: Soweit dies [sc. der Ausgleich nicht ausgleichbarer Eingriffe auf sonstige Weise] nicht möglich ist, hat der Verursacher für den Natur und Landschaft zugefügten Schaden eine Entschädigung (Ausgleichsabgabe) zu entrichten (Abs. 5).
Abs. 5: Eine Ausgleichsabgabe ist zu entrichten, soweit ein Eingriff nicht ausgleichbar ist. Die Ausgleichsabgabe ist mit der Gestattung des Eingriffs zumindest dem Grunde nach festzusetzen. Sie ist an den Naturschutzfonds beim Ministerium zu leisten. (...)
[507] BVerwG 1986 (Ausgleichsabgabe bei Kiesabbau), S. 312.
[508] Das Gericht schien davon auszugehen, daß an Sonderabgaben der vorliegenden „eigenen Art" geringere Rechtmäßigkeitsanforderungen zu stellen seien als an Lenkungsabgaben, denn es stellte fest, daß die Ausgleichsabgabe „selbst" diejenigen Anforderungen erfüllen würde, die an eine Lenkungsabgabe zu stellen seien (BVerwG 1986 [Ausgleichsabgabe bei Kiesabbau], S. 311). Allerdings seien die Anforderungen auch weniger streng als die an Finanzierungsabgaben.
[509] VGH Mannheim 1983 (Ausgleichsabgabe für Freileitung), S. 277.
[510] BVerwG 1988 (Entlandung des Hirschbergweihers - Revisionsinstanz), S. 288.

ein ordnungsgemäß wirtschaftender Landwirt für eine Damtierhaltung als Weidebetrieb errichten würde"[511], weshalb der Zusammenhang zwischen § 1 Abs. 3 (alt) und der landesrechtlichen Eingriffsvorschrift, aufgrund derer der Weiterbetrieb untersagt worden war, offenbleiben könne. Die Bundesrechtsgemäßheit einer landesrechtlichen Vorschrift, derzufolge Deichbaumaßnahmen regelmäßig *nicht* Eingriff in Natur und Landschaft sind[512], blieb in einer Eilentscheidung offen: Wäre die Landesregelung rechtmäßig, stellte die planfestgestellte Deicherhöhung keinen Eingriff dar, der durch die gleichzeitige Rückverlegung ausgeglichen werden könnte- wäre das Landesgesetz hingegen bundesrechtswidrig, bedeutete der Deichbau einen Eingriff, über dessen Zulässsigkeit eine Abwägung angestellt werden müßte, an der es vorliegend fehlte[513]. Der Planfeststellungsbeschluß sei daher in jedem Fall rechtswidrig. Schließlich ließ ein Gericht offen, ob der hessische Landesgesetzgeber hinsichtlich der Eingriffsvorschrift § 5 Abs. 1 S. 1 NatSchG Hess[514] das Ermessen nach § 1 Abs. 1 BNatSchG fehlerfrei ausgeübt habe, weil ohnehin kein Eingriff vorliege[515]. Dies, obwohl es zuvor festgestellt hatte, § 1 Abs. 1 sei „nur die Formulierung eines Ziels, dessen Verwirklichung dem Gesetzgeber" im Rahmen seines Ermessens obliege[516], und damit beim Leser die Erwartung begründet hatte, es werden den gesetzgeberischen Ermessensgebrauch im Detail untersuchen.

b) Schutzgebiets- und spezielle Verbotsvorschriften

Nur zwei Entscheidungen sind ersichtlich, in denen die § 1 Abs. 1 als Maßstab der Rechtmäßigkeit landesrechtlicher Schutzgebietsvorschriften gedient hat. Einmal begründete das BVerwG anhand der Ziele insgesamt den anthropozentrischen Ansatz des BNatSchG[517], ein anderesmal sprach das OVG Lüneburg von einem „Ziel des Naturschutzes", ohne dabei aber § 1 Abs. 1 in den Blick zu nehmen[518]. Dabei war § 1 Abs. 1 aber nicht Hauptkriterium; im Vordergrund stand vielmehr jeweils die Bestimmtheit der Landesnorm oder deren Vereinbarkeit mit Art. 14 GG. Zwei Gerichte stellten darüber hinaus maßgeblich auf § 1 Abs. 3 (alt) ab.

Nach Art. 12 Abs. 1 NatSchG Bay[519] kann ein Landschaftsschutzgebiet um der Belebung des Landschaftsbildes willen ausgewiesen werden. Dem Einwand, diese

---

[511] OVG Münster 1993 (Damwildgehege-Weiterführung), S. 261 .

[512] NatSchG HH, § 9 Eingriffe in Natur und Landschaft
Abs. 2: Nicht als Eingriffe anzusehen sind (...) 3. Hochwassserschutzmaßnahmen.

[513] OVG Hamburg 1996 (Deichbau), S. 628 f.

[514] NatSchG Hess, § 5 Eingriffe in Natur und Landschaft
Abs. 1: Eingriffe in Natur und Landschaft sind Veränderungen der Gestalt oder Nutzung von Grundflächen, die die Leistungsfähigkeit des Naturhaushaltes, das Landschaftsbild, den Erholungswert oder das örtliche Klima erheblich oder nachhaltig beeinträchtigen können.

[515] VG Frankfurt/ Main 1991 (Dreifeld-Tennishalle), S. 145.

[516] Ebd., S. 144.

[517] BVerwG 1994 (Belebung des Landschaftsbildes), S. 78.

[518] OVG Lüneburg 1994 (Heidhöhner Heide), S. 472.

[519] NatSchG Bay, Art. 12 Landschaftsbestandteile und Grünbestände

Norm sei zu unbestimmt, weil sie eine optisch-ästhetische Bewertung verlange, wurde entgegnet, aus § 1 Abs. 1 BNatSchG ergebe sich der insgesamt anthropozentrische Ansatz des Gesetzes. Da die Erholung durch Naturgenuß „im wesentlichen über optische Eindrücke vermittelt" werde und „die menschliche Psyche anspreche", sei es nicht zu beanstanden, wenn auch die Voraussetzungen der Unterschutzstellung an optisch-ästhetische Aspekte anknüpften[520]. Weiter hieß es: „Dementsprechend sind derartige Begriffe in diesem Regelungsbereich (...) seit langem gebräuchlich (...). Sie haben in der Rechtsprechung des BVerwG eine Objektivierung dahin erfahren, daß weder das Urteil des gegenüber Eingriffen in Natur und Landschaft besonders empfindsamen, noch das Urteil des den Natur- und Landschaftsschutz ablehnenden Betrachters maßgeblich ist, sondern ‚der Standpunkt des gebildeten, für den Gedanken des Natur- und Landschaftsschutzes aufgeschlossenen Betrachters' (...). Dieser Blickwinkel ermöglicht es den Gerichten zugleich, die Rechtsanwendung durch die Exekutive an den gesetzlichen Begriffen zu messen."[521] Daher sei Art. 12 Abs. 1 NatSchG Bay nicht zu unbestimmt[522].

Auf § 28 a NatSchG Nds[523] geht die Einführung „besonders geschützter Biotope" zurück[524]. Die Norm beeinträchtigt also die Befugnisse der Eigentümer von Grundstücken, auf denen derlei Biotope vorkommen. Hierzu wurde entschieden: „In der Bundesrepublik Deutschland und im Lande Niedersachsen ist in den letzten Jahrzehnten die Arten- und Lebensraumvielfalt in großem Ausmaß verringert worden. Es ist ein anerkanntes Ziel des Naturschutzes, wildlebenden Pflanzen- und Tierarten in der Kulturlandschaft ausreichenden Lebensraum durch entsprechenden

---

Abs. 1: Durch Rechtsverordnung können Teile von Natur und Landschaft, die nicht die Voraussetzungen des Art. 9 erfüllen, aber im Interesse des Naturhaushalts, insbesodnere der Tier- und Pflanzenwelt, erforderlich sind oder zur Belebung des Landschaftsbilds beitragen, als Landschaftsbestandteile geschützt werden. Dazu gehören insbesondere Bäume, Baum- und Gebüschgruppen, Raine, Alleen, Hecken, Feldgehölze, Schutzpflanzungen, Schilf- und Rohrbestände, Moore, Streuwiesen, Parke und kleinere Wasserflächen.

[520] BVerwG 1994 (Belebung des Landschaftsbildes), S. 78.

[521] Ebd., S. 78 (Hervorhebung im Original).

[522] Ebd., S. 78.

[523] NatSchG Nds, § 28 a Besonders geschützte Biotope

Abs. 1: Die folgenden Biotope werden unter besonderen Schutz gestellt: 1. Hochmoore (...), 2. unbewaldete Binnendünen, natürliche Block- und Geröllhalden sowie Felsen, Zwergstrauch- und Wacholderheiden, (...)

Abs. 2: Alle Handlungen, die zu einer Zerstörung oder sonst erheblichen Beeinträchtigung des besonders geschützten Biotops führen können, sind verboten. (...)

Abs. 4: Die Naturschutzbehörde teilt Grundeigentümern oder Nutzungsberechtigten auf Antrag mit, ob sich auf ihrem Grundstück ein besonders geschützter Biotop befindet oder ein bestimmtes Vorhaben des Grundeigentümers oder Nutzungsberechtigten nach Abs. 2 S. 1 verboten ist. (...)

[524] Obwohl die Vorschrift zum Artenschutz zu gehören scheint, steht sie im 5. Abschnitt des NatSchG Nds, der „Schutz, Pflege und Entwicklung bestimmter Teile von Natur und Landschaft", also die Ausweisung und Unterhaltung von Schutzgebieten behandelt.

Biotopschutz zu sichern."[525] Dieses Schutzinteresse rechtfertige als Gemeinwohlbelang die Beeinträchtigung der betroffenen Eigentümerinteressen.
Schließlich legten Gerichte an Art. 2 Abs. 1 Nr. 1 des Bayerischen Naturschutz-Ergänzungsgesetzes[526] von 1962 und bei § 64 Abs. 1 Nr. 1 LG N-W[527] § 1 Abs. 3 (alt) BNatSchG als Rechtmäßigkeitsmaßstab an. Die „Wohlwollenserklärung" und „Zielidentitätsklausel" des § 1 Abs. 3 (alt) verhindere nicht, daß bei bestimmten Schutzzwecken auch die Land- und Forstwirtschaft den Regelungen unterliege, die zu deren Verwirklichung geschaffen worden seien[528]. § 1 Abs. 3 (alt) könne nicht „dahin verstanden werden, daß jede beim Inkrafttreten des BNatSchG übliche Maßnahme im Rahmen der Landwirtschaft als ‚ordnungsgemäß' im Sinne des Naturschutzrechts privilegiert werden soll. (...) Mit dieser Formulierung [sc. „in der Regel"] läßt das BNatSchG die Möglichkeit offen, daß auch einzelne bisher übliche Maßnahmen, zumindest soweit sie nicht im Kernbereich der Ausübung der ordnungsgemäßen Landwirtschaft liegen, den Zielen des Naturschutzes zuwiderlaufen können."[529] Daher beschränke die Vorschrift nicht die Freiheit des Landesgesetzgebers, Vorschriften zu verabschieden, auch wenn diese zu Beeinträchtigungen der Landwirtschaft führen könnten.
In einer neueren Entscheidung ging es um das Verhältnis zwischen landwirtschaftlicher Nutzung und dem Schutzregime eines Naturschutzgebiets. § 1 Abs. 3 (alt) wurde dabei nicht erwähnt. Der Landwirtschaft gebühre kein Anspruch auf generelle Freistellung von den Schutzvorschriften: „Eine Zerstörung, Beschädigung oder Veränderung des Naturschutzgebietes oder seiner Bestandteile darf auch dann verboten werden, wenn sie im Rahmen der ordnungsgemäßen Land-, Forst- und Fischereiwirtschaft erfolgt."[530] Deshalb sei § 17 Abs. 3 S. 3 LNatSchG S-H[531] nicht zu beanstanden.

---

[525] OVG Lüneburg 1994 (Heidhöhner Heide), S. 472.

[526] Gesetz zum Schutz der wildwachsenden Pflanzen und der nichtjagdbaren wildlebenden Tiere (Naturschutz-Ergänzungsgesetz), Art. 2 Schutz der Nist-, Brut- und Zufluchtsstätten
Abs. 1: Es ist verboten, in der freien Natur Nr. 1 Hecken, lebende Zäune, Feldgehölze oder -gebüsche zu roden, abzuschneiden, abzubrennen oder auf sonstige Weise zu beseitigen, (...).

[527] LG N-W, § 64 Nist-, Brut-, Wohn- und Zufluchtsstätten
Abs. 1: Es ist verboten, Nr. 1 die Bodendecke auf Feldrainen, Böschungen, nicht bewirtschafteten Flächen und an Straßen- und Wegrändern abzubrennen, zu beschädigen, zu vernichten oder mit chemischen Mitteln niedrig zu halten. Pflegemaßnahmen und die bestimmungsgemäße Nutzung bleiben unberührt.

[528] BayObLG 1983 (Vogelkirsche), S. 290.

[529] VG Köln 1981 (Pflanzenschutzmittel), S. 33 (Hervorhebung im Original).

[530] BVerwG 1997 (Kein Vorrang des Vertragsnaturschutzes), S. 41.

[531] LNatSchG S-H, § 17 Landschaftsschutzgebiete (zu § 15 BNatSchG)
Abs. 3 S. 3: Die Jagd und Fischerei haben sich den Zielen des Naturschutzes für das jeweilige Naturschutzgebiet unterzuordnen.

2. Zusammenfassung

Für die Anwendung von § 1 als Rechtmäßigkeitsmaßstab für Landesrecht haben sich bisher in der Rechtsprechung keine festen Anknüpfungspunkte herausgebildet. Beispielsweise wurde die Rechtfertigung von Ausgleichsabgaben einmal entgegen § 1 mit dem Nutzungsvorteil einzelner, einmal zugunsten der Schutzgüter mit dem Vorteil der Abgabenverwendung für die Natur und Landschaft an sich begründet. Verwaltungsgerichte bestätigen landesrechtliche Naturschutznormen trotz der Unbestimmtheit der Tatbestandsvoraussetzungen, trotz der Beeinträchtigungen von Eigentümerbefugnissen und trotz dem Landwirtschaftsprivileg in § 1 Abs. 3 (alt).

C. Optimierungsgebot

Unter dem Stichwort „Optimierungsgebot" könnten die Gerichte § 1 Abs. 1/ 2 zum Anlaß für die Prüfung nehmen, ob die Behörden eine für Natur und Landschaft bestmögliche Lösung gefunden und für deren Ermittlung auch die durch Art. 20 a GG gesteigerte Bedeutung der Interessen von Natur und Landschaft einbezogen haben.

1. Entscheidungen im einzelnen

Zwar erkennen einige Gerichte ausdrücklich, daß § 1 Abs. 1 ein Optimierungsgebot ist[532]. Etwa nennen sie gleich „§§ 1, 2, 8" als Optimierungsgebote[533], erwähnen § 1 als Beispiel für ein in der Planung grundsätzlich zu beachtendes Optimierungsgebot[534] oder § 1 Abs. 2 als „besonderen Abwägungsvorbehalt"[535]. Keines prüft aber deswegen, ob die Verwaltung zu einer für Natur und Landschaft „optimalen" Lösung gekommen ist.

Ohne § 1 Abs. 1/ 2 ausdrücklich als Optimierungsgebot zu bezeichnen, formulierte ein Gericht in aller Deutlichkeit, was Konsequenz einer solchen Vorschrift sein müßte: „Aus den Grundsätzen und Leitzielen des Gesetzes folgt vielmehr, daß Maßnahmen des Naturschutzes so auszurichten sind, daß sie auf Dauer Gewähr für ein größtmögliches Maß von Naturschutz nach Quantität und Qualität bieten."[536] An anderer Stelle hieß es, die Verwaltung habe „dafür Sorge zu tragen, daß die [in

---

[532] VGH Kassel 1987 (Ortsumgehung im Freilandanbau), S. 252; andeutend auch OVG Koblenz 1982 (Jagdverbot im Naturschutzgebiet), S. 382; OVG Bremen 1989 (Maschinenfleet), S. 226, das zusätzlich noch § 2 Abs. 1 Nr. 2 und 3 als Optimierungsgebot einordnete (wohingegen das BVerwG 1988 [Sparsamer Flächenverbrauch], S. 459, gefordert hatte, den aus § 2 Abs. 1 Nr. 2, 3 abzuleitenden „Grundsatz des sparsamen Flächenverbrauchs" „entsprechend § 1 zu optimieren"); OVG Lüneburg 1990 (Helgoländer Festlandssockel), S. 283; ausdrücklich auch BVerwG 1985 (Störungsfreier Verkehr), S. 165, das § 1 insgesamt als Beispiel für ein Optimierungsgebot aufführt und zudem auf den „Abwägungsvorbehalt" in § 1 Abs. 2 verweist; weiterhin BVerwG 1990 (Fischteiche), S. 354 f.; zu § 1 Abs. 2 OVG Münster 1995 (Exklusive Villenlage), S. 279.

[533] VGH Kassel 1987 (Ortsumgehung im Freilandbau), S. 252.

[534] BVerwG 1985 (Störungsfreier Verkehr), S. 165; so auch BVerwG 1990 (Fischteiche), S. 354 f., und OVG Bremen 1989 (Maschinenfleet), S. 226.

[535] OVG Bremen 1985 (Gräben am Lehester Deich), S. 131.

[536] OVG Lüneburg 1989 (Helgoländer Festlandssockel), S. 283.

§ 1 Abs. 1] (...) formulierten Vorgaben praktisch wirksam werden"[537]; der Optimierungsgedanke klang darin zumindest an.
Ausdrücklich beschränkte eine neuere Entscheidung den Anwendungsbereich des Optimierungsgebots: In der Frage, ob und in welchem Umfang eingriffsbedingte Beeinträchtigungen durch den Bau einer Straße i.S.v. § 8 Abs. 2 zu vermeiden seien, sei keine Optimierung vorzunehmen: „Die Alternativenprüfung ist in der fachplanerischen Abwägung, die auch die Naturschutzbelange und den Vergleich der Eingriffsintensität verschiedener Trassenvarianten umfaßt, abgearbeitet mit dem Ergebnis, daß das Vorhaben auf der gewählten Trasse zulässig ist. Nur dieses und kein anderes Vorhaben ist im Rahmen des § 8 Abs. 2 S. 1 1. HS daraufhin zu untersuchen, ob es Beeinträchtigungen verursacht, die vermeidbar sind. Die durch die Inanspruchnahme von Natur und Landschaft am Ort des Eingriffs selbst zwangsläufig hervorgerufenen Beeinträchtigungen nimmt das Naturschutzrecht dagegen als ‚unvermeidbar' hin. Eine Optimierung ist insoweit auf der Stufe des Vermeidungsgebots nicht mehr möglich und angesichts der gesetzgeberischen Wertungen, die in §§ 1 Abs. 2 und 8 Abs. 3 ihren Niederschlag gefunden haben, auch nicht geboten."[538]
Auf die Auswirkungen der Einführung des Schutzes der natürlichen Lebensgrundlagen als Staatsziel, Art. 20 a GG, für die Gewichtung von Abwägungsinteressen geht keine der Entscheidungen ein.

2. Zusammenfassung

Die Rechtsprechung erwähnt zwar teilweise § 1 Abs. 1/ 2 ausdrücklich als Optimierungsgebot. Dies veranlaßt sie jedoch in keinem Fall, zu prüfen, ob die zugunsten der Schutzgüter des BNatSchG bestmögliche Einzelfallregelung getroffen wurde. Stattdessen heben die Gerichte hervor, daß auch das Optimierungsgebot nicht dazu zwinge, die Interessen von Naturschutz und Landschaftspflege in den Vordergrund zu stellen. Insofern scheint Unklarheit über Inhalt und Bedeutung des naturschutzrechtlichen Optimierungsgebots zu bestehen.
Eine durchgängige Kontrolle der Optimierung der Zielverwirklichung durch die Verwaltungsbehörden findet somit in der Rechtsprechung nicht statt.

D. Subjektives und/ oder objektives Recht

Würden Gerichte den Zielen von Naturschutz und Landschaftspflege nicht nur objektives Recht entnehmen, sondern daraus auch subjektiv-öffentliche Rechte einzelner ableiten, so gingen sie damit über die Auslegungsmöglichkeiten, die § 1 Abs. 1 eröffnet, wie auch über das naturschutzrechtstypische Fehlen solcher Rechte hinaus.

---

[537] BVerwG 1997 (Kein Vorrang des Vertragsnaturschutzes), S. 38.
[538] BVerwG 1997 (Winhöring-Alzgerm), S. 915 (Hervorhebung im Original).

1. Subjektive Positionen

Subjektive *Berechtigungen* könnten sich im Zusammenhang mit § 1 Abs. 1 in bezug auf die Erhaltung konkreter Teile von Natur und Landschaft ergeben, speziell auch hinsichtlich der Aufrechterhaltung eines einmal begründeten Schutzregimes.

a) Entscheidungen im einzelnen

Ein Berliner Gericht begründete 1977 im vorläufigen Rechtsschutz die Antragsbefugnis gegen eine Ausnahmegenehmigung, aufgrund derer in einem Landschaftsschutzgebiet 22 ha Wald gerodet werden sollten. Es bestehe die Möglichkeit einer Verletzung des Anspruchs auf eine „gerechte Abwägung“[539]. Für den Anordnungsgrund verwies es auf Art. 2 Abs. 1 GG i.V.m. § 1[540]. Die Vorschriften gewährten dem Antragsteller ein rechtlich geschütztes Interesse an der Erhaltung der Berliner Wälder, weil insbesondere aufgrund der Insellage Berlins „die Erhaltung von Natur und Erholungsflächen eine hohe sozialphysische und sozialpsychologische Bedeutung“ habe[541]. Das Gericht deutete einen Vorstoß zu einem subjektiv-öffentlichen Recht aus § 1 eher an, als ihn zu unternehmen, und relativierte ihn in mehrfacher Hinsicht: Es bezog sich nicht auf § 1 allein und subsumierte nicht unter die Vorschrift, sondern stellte sie in den Zusammenhang von Art. 2 GG. Schwerpunkt der Rechtsposition war daher die Sicherung der körperlichen und psychischen Existenz der Menschen (Art. 2 GG) durch Sicherung der Natur (§ 1). Das Gericht sprach zudem nicht von einem subjektiv-öffentlichen Recht, sondern von einer „Position“, der insbesondere wegen der damaligen Insellage Berlins „ein gewisser Rechtswert“ zukomme[542]: „Wo sonst in der Bundesrepublik Deutschland am Stadtrand die begrünte Umwelt beginnt, stößt der Berliner auf Mauer und Stacheldraht.“[543] Mit der Änderung der politischen Situation Berlins fiel dieser Grund einer besonderen Rechtsposition seiner Bewohner weg. Auch hat das Gericht nicht abschließend entschieden, sondern verwandte den Gedanken zu § 1, Art. 2 GG allein in der summarischen Prüfung des materiell geltendgemachten Rechts, die für den vorläufigen Rechtsschutz charakteristisch ist. Ein anderes Berliner Gericht prüfte deshalb auf Anträge nach § 123 Abs. 1 VwGO nicht erneut, ob aus Art. 2 Abs. 2 S. 1 GG i.V.m. § 1 Abs. 1 BNatSchG ein subjektives Recht auf Erhaltung des Berliner Waldes zu folgern sei. Ein derartiges Recht bestehe nicht[544].

Später wurde schon die Klagebefugnis einzelner verneint, die sich gegen die Befreiung Dritter von dem in einer Baumschutzsatzung enthaltenen Fällverbot wandten. Aus §§ 1 Abs. 1, 18 Abs. 1 Nr. 3 folge zwar der Zweck, die in besiedelten Bereichen vorhandenen Grünbestände im Interesse der Gesundheit und des Wohlbe-

---

[539] OVG Berlin 1977 (Kraftwerk Oberjägerweg), S. 2284.
[540] Ebd., S. 2285.
[541] Ebd., S. 2285.
[542] Ebd., S. 2285.
[543] Ebd., S. 2285.
[544] VG Berlin 1984 (Heizkraftwerk Reuter), S. 230.

findens der Bewohner zu erhalten und zu pflegen, jedoch kein subjektives Recht auf Erhaltung der Bestände[545].

Im Hinblick auf die Erhaltung eines Schutzgebiets wurde schließlich klargestellt: „Ist ein bestimmtes Gebiet nach Maßgabe der §§ 1 Abs. 2, 12 Abs. 1 und 15 Abs. 1 BNatSchG sowie § 1 Abs. 2 und 26 Abs. 1 NatSchG Nds förmlich unter Schutz gestellt, so begründet diese Unterschutzstellung keine Ansprüche Dritter auf Beibehaltung der Schutzgebietsgrenzen ein für allemal. (...) Da sich der einer Planung zugrundeliegende Sachverhalt im übrigen aus einer Vielzahl von Gründen ändern kann, sind auch bereits getroffene Planungsentscheidungen grundsätzlich änderbar."[546]

Eine *Verpflichtung* einzelner durch § 1 Abs. 1 wurde einmal ausdrücklich abgelehnt: „§§ 1, 2 NatSchG [B-W] normieren Ziele, Aufgaben und tragende materielle Grundsätze des Naturschutzes, der Landschaftspflege und der Erholungsvorsorge. Sie entfalten damit keine unmittelbare Rechtswirkung gegenüber jedermann."[547] Wenn schon §§ 1, 2 NatSchG B-W unmittelbare Außenwirkung für private Dritte entfalteten, „verlören die umfangreichen und detaillierten Regelungen des Gesetzes über Eingriffe, deren Ausgleich und Zulassung ihren Sinn"[548]. Andere Gerichte gingen offenbar selbstverständlich davon aus, daß die Ziele *keine* Verpflichtungen für einzelne enthalten. Eine Ausnahme bildet eine Entscheidung zur Auswahl einer Ausgleichsmaßnahme: Da die ordnungsgemäße Landwirtschaft nach § 1 Abs. 3 (alt) in der Regel den Zielen dieses Gesetzes zu dienen habe (!), seien die Belange der betroffenen Grundstückspächter rechtsfehlerfrei zurückgestellt worden[549], als der Kläger auferlegt bekommen hatte, anstelle 22 von ihm gerodeter Obstbäume 22 neue Obstbäume zu pflanzen. Auf die Ziele in § 1 Abs. 1 ging das Gericht dabei nicht näher ein, stellte jedoch den Einwand des Klägers, neue Bäume seien ökolo-

---

545 VGH München 1989 (Baumschuzverordnung), S. 395.

546 OVG Lüneburg 1990 (Golfplatz in den Bückebergen-Normenkontrolle), S. 88.

547 VGH Mannheim 1991 (Fichtenaufforstung), S. 487; die Entscheidung bezieht sich auf die landesrechtliche Zielvorschrift § 1 Abs. 1 NatSchG B-W.

NatSchG B-W, § 1 Ziele und Aufgaben

Abs. 1: Durch Naturschutz und Landschaftspflege sind die freie und die besiedelte Landschaft als Lebensgrundlage und Erholungsraum des Menschen so zu schützen, zu pflegen und zu entwikkeln, daß 1. die Leistungsfähigkeit des Naturhaushalts, 2. die Nutzungsfähigkeit der Naturgüter (Boden, Wasser, Luft, Klima, Tier- und Pflanzenwelt), 3. die Vielfalt, Eigenart und Schönheit von Natur und Landschaft nachhaltig gesichert werden.

Abs. 2: Der freilebenden Tier- und Pflanzenwelt sind angemessene Lebensräume zu erhalten. Dem Aussterben einzelner Tier- und Pflanzenarten ist wirksam zu begegnen.

Abs. 3: Die sich aus Abs. 1 und 2 ergebenden Anforderungen sind untereinander und gegen die sonstigen Anforderungen der Allgemeinheit an Natur und Landschaft abzuwägen.

§ 2 Grundsätze des Naturschutzes, der Landschaftspflege und der Erholungsvorsorge

Grundsätze zur Verwirklichung der in § 1 genannten Ziele sind: [Der Grundsätzekatalog entspricht im wesentlichen § 2 Abs. 1 BNatSchG].

548 VGH Mannheim 1991 (Fichtenaufforstung), S. 487.

549 VGH Kassel 1996 (Obstbaumrodung), S. 607.

gisch weniger wertvoll als die gleiche Anzahl alter Bäume, ausdrücklich als unbeachtlich dar. Es gehe bei der Ausgleichsmaßnahme um die *Annäherung* des alten Zustands.

b) Zusammenfassung

Kein Gericht entnimmt den Zielen des Naturschutzes und der Landschaftspflege dezidiert subjektive Rechte oder Verpflichtungen einzelner. *Eine* Entscheidung, die die Möglichkeit eines Rechts an der Erhaltung der Berliner Wälder andeutete, bezog sich erstens auf die seinerzeit besondere räumliche Situation West-Berlins und zweitens lediglich auf vorläufigen Rechtsschutz. Die Gerichte heben die Bedeutung der Ziele als objektives Recht und insofern Schutzgut der öffentlichen Sicherheit hervor und sprechen sich ausdrücklich gegen subjektive Rechte aus den Zielen aus. Auch Verpflichtungen einzelner werden abgelehnt.

2. Objektives Recht

Der objektive Gehalt der Ziele des Naturschutzes und der Landschaftspflege wird von den Gerichten überwiegend hervorgehoben, soweit es um Eingriffe in Rechte einzelner geht, sei es durch Landesgesetze, durch Schutzgebietsverordnungen oder Einzelanordnungen. Zwölf Entscheidungen sind hierzu ersichtlich, die bis auf eine Ausnahme zugunsten von Naturschutz und Landschaftspflege ausfallen.

a) Entscheidungen im einzelnen

So bildet nach Ansicht des VGH Mümchen das naturschutzmotivierte Vorkaufsrecht, Art. 34 NatSchG Bay[550], gegenüber anderen Instrumenten von Naturschutz und Landschaftspflege die geringstmögliche Beschränkung des Eigentums. Es sei durch gewichtige Belange des Gemeinwohls gerechtfertigt; hier bezog sich das Gericht auf Art. 141 LVerf Bay[551] und auf §§ 1, 2 BNatSchG und sprach den Zie-

---

[550] NatSchG Bay, Art. 34 Vorkaufsrecht

Abs. 1: Dem Freistaat Bayern sowie den Bezirken, Landkreisen, Gemeinden und kommunalen Zweckverbänden stehen Vorkaufsrechte zu beim Verkauf von Grundstücken, (...).

Abs. 2: Das Vorkaufsrecht darf nur ausgeübt werden, wenn dies gegenwärtig oder zukünftig die Belange des Naturschutzes oder der Landschaftspflege oder das Bedürfnis der Allgemeinheit nach Naturgenuß und Erholung in der freien Natur rechtfertigen.

[551] LVerf Bay, Art. 141[ohne Überschrift]

Abs. 1: Der Schutz der natürlichen Lebensgrundlagen ist, auch eingedenk der Verantwortung für die kommenden Generationen, der besonderen Fürsorge jedes einzelnen und der staatlichen Gemeinschaft anvertraut. Mit Naturgütern ist schonend und sparsam umzugehen. Es gehört auch zu den vorrangigen Aufgaben von Staat, Gemeinden und Körperschaften des öffentlichen Rechts, Boden, Wasser und Luft als natürliche Lebensgrundlagen zu schützen, eingetretene Schäden möglichst zu beheben oder auszugleichen und auf möglichst sparsamen Umgang mit Energie zu achten, die Leistungsfähigkeit des Naturhaushaltes zu erhalten und dauerhaft zu verbessern, den Wald wegen seiner besonderen Bedeutung für den Naturhaushalt zu schützen und eingetretene Schäden möglichst zu beheben oder auszugleichen, die heimischen Tier- und Pflanzenarten und ihre notwendigen Lebensräume sowie kennzeichnende Orts- und Landschaftsbilder zu schonen und zu erhalten.

len und Grundsätzen damit die Kraft zu, Grundrechtsbeschränkungen aufgrund Gesetzes zu rechtfertigen[552]. Weniger deutlich kam dies in einer anderen Entscheidung zum Ausdruck, die die Rechtmäßigkeit einer landesrechtlichen Vorschrift problematisierte, mittels derer bestimmte Biotope unmittelbar unter Schutz gestellt werden[553]: Die Beeinträchtigung der Eigentümer der Grundstücke, auf denen solche Biotope bestehen, sei gerechtfertigt, weil es „ein anerkanntes Ziel des Naturschutzes [ist], wildlebenden Pflanzen- und Tierarten in der Kulturlandschaft ausreichenden Lebensraum durch entsprechenden Biotopschutz zu sichern."[554] Auch eine landesrechtliche Vorschrift über Landschaftsschutzgebiete sei Inhalts- und Schrankenbestimmung des Eigentums und genüge insofern als Ermächtigungsgrundlage, um die Sozialbindung des Eigentums zu konkretisieren[555]. Das Gericht verzichtete hier darauf, Rechtsgüter aus § 1 oder anderen Vorschriften zur Rechtfertigung der Inhalts- und Schrankenbestimmung heranzuziehen.

Durch Ausgleichsabgaben im Anwendungsbereich der Eingriffsregelung können subjektive Rechte beeinträchtigt werden. Zur Gruppennützigkeit der Ausgleichsabgabe nach § 11 Abs. 3 S. 4, Abs. 5 NatSchG B-W[556] führte ein Gericht aus: „Bei der hier in Rede stehenden naturschutzrechtlichen Ausgleichsabgabe liegt die gruppennützige Verwendung darin, daß das Abgabeaufkommen insgesamt für Zwecke

---

[552] VGH München 1994 (Vorkauf am Starnberger See), S. 659.

[553] NatSchG Nds, § 28 a Besonders geschützte Biotope

Abs. 1: Die folgenden Biotope werden unter besonderen Schutz gestellt: 1. Hochmoore (...), 2. unbewaldete Binnendünen, natürliche Block- und Geröllhalden sowie Felsen, Zwergstrauch- und Wacholderheiden, (...), 3. -5. (...).

Abs. 2: Alle Handlungen, die zu einer Zerstörung oder sonst erheblichen Beeinträchtigung des besonders geschützten Biotops führen können, sind verboten. (...)

Abs. 4: Die Naturschutzbehörde teilt Grundeigentümern oder Nutzungsberechtigten auf Antrag mit, ob sich auf ihrem Grundstück ein besonders geschützter Biotop befindet oder ein bestimmtes Vorhaben des Grundeigentümers oder Nutzungsberechtigten nach Abs. 2 S. 1 verboten ist. (...)

[554] OVG Lüneburg 1994 (Heidhöhner Heide), S. 472.

[555] VGH Mannheim 1993 (Elzbachtal), S. 243.

[556] NatSchG B-W, § 11 Ausgleich von Eingriffen

Abs. 1: Ein Eingriff ist unzulässig, wenn 1. (...), 2. (...) oder 3. unvermeidbare erhebliche Beeinträchtigungen nicht oder nicht innerhalb angemessenern Frist ausgeglichen werden können und wesentliche Belange des Naturschutzes, der Landschaftspflege oder der Erholungsvorsorge entgegenstehen.

Abs. 3: Ein Eingriff nach Abs. 1 Nr. 3 kann zugelassen werden, wenn überwiegende öffentliche Belange, insbesondere Zielsetzungen der Raumordnung und Landesplanung, dies erfordern. Der Verursacher des Eingriffs ist verpflichtet, den Eingriff den natrülichen Gegebenheiten so anzupassen, daß dessen Folgen so weit als möglich nach Abs. 2 landschaftsgerecht ausgeglichen werden. Die so nicht ausgleichbaren Beeinträchtigungen sind auf sonstige Weise auszugleichen (Abs. 4). Soweit das nicht möglich ist, hat der Verursacher für den Natur und Landschaft zugefügten Schaden eine Entschädigung zu entrichten. (...)

Abs. 5: Eine Ausgleichsabgabe ist zu entrichten, soweit ein Eingriff nicht ausgleichbar ist. Die Ausgleichsabgabe ist mit der Gestattung zumindest dem Grunde nach festzusetzen. Sie ist an den Naturschutzfonds beim Ministerium zu leisten. (...)

des Naturschutzes und der Landschaftspflege zu verwenden ist und daß damit nicht ausgleichbare Eingriffe angesichts des Zieles, Natur und Landschaft zu schützen, zu pflegen und zu entwickeln (§ 1 Abs. 1 BNatSchG) (...) zugunsten der Gruppe der Eingreifenden eher hingenommen werden können"[557]. Es rechtfertigte also die Rechtsbeeinträchtigung mit den Zielen.

An anderer Stelle wurde nicht schon die landesrechtliche Vorschrift, sondern erst die Schutzgebietsausweisung im Einzelfall als Inhalts- und Schrankenbestimmung verstanden. So sei die Ausweisung eines Landschaftsschutzgebiets verhältnismäßig, wenn die einzelnen Schutzvorschriften geeignet seien, den verfolgten Zweck zu erreichen[558]. Das zur Kontrolle stehende Landschaftsschutzgebiet war schon aufgrund einer Verordnungsermächtigung des RNatSchG ausgewiesen worden. § 1 spielte daher keine Rolle; das Gericht führte aus, der Verordnungsgeber überschreite „nicht die Grenzen zulässiger Eigentumsinhaltsbestimmung, insbesondere nicht den Grundsatz der Verhältnismäßigkeit, wenn er in einer stadtnahen Erholungslandschaft der Erhaltung des besonders reizvollen und charakteristischen Landschaftbildes den Vorrang vor dem Interesse am Abbau von Sand gibt. Daß auch diese optisch-ästhetische Seite ein wichtiger Gemeinwohlbelang ist, der den Erlaß einer Natur- und Landschaftschaftsschutzverordnung und damit die Unterbindung potentieller ertragreicherer Nutzungsmöglichkeiten des Eigentums rechtfertigen kann, entspricht der ständigen Rechtsprechung des BVerwG (...)."[559] Auch die in einer Naturschutzgebietsverordnung bestehende Begrenzung der Eigentümerbefugnisse sei nicht zu beanstanden, urteilte ein anderes Gericht, soweit es „im Lichte der Leitbestimmungen der §§ 1, 2 BNatSchG, (...) sowie des § 1 LPflG S-H[560] (=§ 1 NatSchG S-H[561])" zur Verwirklichung des Schutzziels erforderlich sei, ein Grundstück in ein Schutzgebiet einzubeziehen[562]. Das Gericht wies hier im einzelnen lediglich auf einen als erhaltenswert einzustufenden Hochmoorrest hin, der den Schutz rechtfertige[563], ohne diesen unter eins der Schutzgüter aus §§ 1, 2 BNatSchG zu subsumieren. Ein anderes Gericht beschränkte seine Zusammenstellung der Abwägungsbelange auf Aspekte des Eigentumsschutzes und der Selbst-

---

[557] BVerwG 1986 (Ausgleichsabgabe bei Kiesabbau), S. 312 f.

[558] BVerwG 1983 (Auskiesung), S. 87.

[559] Ebd., S. 89.

[560] § 1 LPflG S-H entsprach § 1 BNatSchG und umfaßte auch einen Abs. 3 wie den inzwischen gestrichenen bundesrechtlichen Abs. 3.

[561] NatSchG S-H (seit 16.6.1993), § 1 Ziele und Grundsätze des Naturschutzes und der Landschaftspflege (zu den §§ 1 und 2 BNatSchG)
Abs. 1: Die Ziele des Naturschutzes und der Landschaftspflege (Ziele des Naturschutzes) und die Grundsätze ergeben sich aus den §§ 1 und 2 des BNatSchG.
Abs. 2: Weitere Grundsätze sind Nr. 1-19 (...)
Abs. 3: Die Grundsätze sind im Einzelfall untereinander und gegen die sonstigen Anforderungen der Allgemeinheit an Natur und Landschaft abzuwägen.

[562] OVG Schleswig 1995 (Halbinsel Holnis), S. 633.

[563] Ebd., S. 633.

verwaltungsgarantie der Gemeinden, nachdem es zuvor festgestellt hatte, wenn eine Schutzgebietsausweisung erforderlich sei, seien „abwägend zugleich ihre Auswirkungen hinsichtlich der übrigen Ziele des Naturschutzes und der Landschaftspflege und der sonstigen Anforderungen der Allgemeinheit an Natur und Landschaft zu berücksichtigen“, was „die rahmenrechtliche Vorschrift des § 1 Abs. 2“ vorschreibe[564].

Eine Reihe von Entscheidungen bezog sich auf die Erteilung luftverkehrsrechtlicher Genehmigungen, insbesondere für den Flugmodellbetrieb. So ging es um die Frage, ob die Ablehnung einer Aufstiegserlaubnis für Flugmodelle nach § 16 Abs. 5 S. 1 LuftVO rechtmäßig gewesen sei. Das Gericht bezog sich hier auf § 1 Abs. 1 BNatSchG und betrachtete Natur und Landschaft als „kollektive Rechtsgüter“[565] und damit als Schutzgüter der öffentlichen Sicherheit, deren Gefährdung die Versagung der Erlaubnis rechtfertigen könnten. Da aber die Beeinträchtigung nicht mit hinreichender Wahrscheinlichkeit zu besorgen sei, habe die Erlaubnis dennoch erteilt werden müssen. Das gleiche Gericht erklärte im vorläufigen Rechtsschutz die Versagung der Genehmigung einer Luftfahrtveranstaltung für rechtmäßig, an der auch Strahlflugzeuge hatten teilnehmen sollen. Zur öffentlichen Sicherheit, um deren Gefährdung willen die Genehmigung wegen § 24 Abs. 2 LuftVG versagt werden könne, gehöre „auch der Schutz der Natur, der als Teil der objektiven Rechtsordnung durch § 1 Abs. 1 BNatSchG und § 1 Abs. 1 NatSchG B-W besonders gesetzlich geregelt“ sei[566]. Das Gericht bezog sich hier ausdrücklich auf §§ 1 Abs. 1 Nr. 3, 2 Abs. 1 Nr. 10 BNatSchG und 1 Abs. 1 Nr. 3, Abs. 2, 2 Nr. 10 NatSchG B-W[567]. Die Unzulässigkeit der Strahlflüge begründete es jedoch ausschließlich damit, daß sie den Vorschriften des zu überfliegenden Landschaftsschutzgebietes zuwiderlaufen würden, die insbesondere dem Schutz der dort lebenden oder rastenden zum Teil vom Aussterben bedrohten Vögel dienten[568]. Es stützte die Verweigerung der Genehmigung auf die konkreteren Vorschriften der Landschaftsschutzverordnung, anstatt sie mit Erwägungen zu den bundes- und landesrechtlichen Ziel- und Grundsatzvorschriften zu belegen, obwohl auch dies unter Arten- und Biotopschutzgesichtpunkten möglich gewesen wäre. Später begründete ein anderes Gericht ausführlich anhand von § 1, warum ein Modellflugbetrieb Störche

---

[564] OVG Weimar 1997 (Biosphärenreservat Rhön), S. 49.

[565] VG Freiburg 1987 (Flugmodelle mit Verbrennungsmotoren), S. 53.

[566] VG Freiburg 1987 (Luftfahrtveranstaltung), S. 277 f.

[567] NatSchG B-W, § 2 Grundsätze des Naturschutzes, der Landschaftspflege und der Erholungsvorsorge

Grundsätze zur Verwirklichung der in § 1 genannten Ziele sind: (...) 14. Landschaftsteile, die sich durch ihre Schönheit, Eigenart, Seltenheit oder ihren Erholungswert auszeichnen oder für einen ausgewogenen Naturhaushalt erforderlich sind, sollen von der Bebauung freigehalten werden.

[568] VG Freiburg 1987 (Luftfahrtveranstaltung), S. 278.

und andere Vögel, damit den Naturhaushalt und insofern die öffentliche Sicherheit gefährden kann[569].

Andere Entscheidungen zur Beeinträchtigung subjektiv-öffentlicher Rechte und deren Rechtfertigung mit Aspekten von Naturschutz und Landschaftspflege ergingen im Zusammenhang der Eingriffsregelung. So sei die Verweigerung der behördlichen Genehmigung für eine Aufforstung keine Verletzung der Grundrechte des Eigentümers des aufzuforstenden Grundstücks. Es handele sich um eine Inhalts- und Schrankenbestimmung des Eigentums, die erst bei fehlender Eignung zur Erreichung der verfolgten Ziele oder Unverhältnismäßigkeit rechtswidrig sei[570]. Im zu entscheidenden Fall sei die Verweigerung aber geeignet, „die Ziele zu erreichen, die das LNatSchG [B-W] und die Landschaftsschutzverordnung verfolgen"[571]. Auch die Nutzung eines Weihers dürfe durch ein Eingriffsverbot nach Art. 6 Abs. 1, Abs. 3 NatSchG Bay[572] beschränkt werden, weil im Einzelfall stets die Abwägung nach § 1 Abs. 2 BNatSchG geboten[573] sei, und weil im zu entscheidenden Fall die Bedeutung der Nutzungsfähigkeit der Naturgüter hinter den ökologischen Belangen „Leisungsfähigkeit des Naturhaushalts, Pflanzen- und Tierwelt"[574] zurückzustehen habe. Offenbar setzte das Gericht Eigentumsnutzung und Nutzungsfähigkeit der Naturgüter gleich.

b) Zusammenfassung

Soweit Gerichte ausdrücklich auf eine objektiv-rechtliche Dimension von § 1 Abs. 1 hinweisen, erklären sie zumeist daran, warum naturschutzrechtliche Eingriffe in Rechtspositionen einzelner gerechtfertigt seien. Dies wird insbesondere deutlich, wenn die Gerichte bei der Kontrolle der Anwendung verwaltungsrechtlicher Vorschriften die Interessen von Natur und Landschaft als Schutzgüter der öffentlichen Sicherheit zu subsumieren Gelegenheit haben. Im Hinblick auf Art. 14 GG handhaben die Gerichte dabei die Frage nicht einheitlich, ob schon die Naturschutzgesetze selbst Inhalt und Schranken des Eigentums bestimmen bzw. in andere Grundrechte eingreifen, oder ob erst die Anwendung der Gesetze Grundrechte beeinträchtigt. Jedenfalls rechtfertigen aber aus der Sicht der Rechtsprechung die Ziele des Naturschutzes und der Landschaftspflege derlei Begrenzungen der Rechtspositionen einzelner.

---

569 VGH Mannheim 1990 (Weißstörche), S. 626 f.

570 BVerwG 1983 (Rötsee), S. 96.

571 Ebd., S. 98.

572 NatSchG Bay, Art. 6 Eingriffe in Natur und Landschaft

Abs. 1: entspricht wörtlich § 8 Abs. 1 BNatSchG

Abs. 3: Für Vorhaben, die 1. den Naturgenuß erheblich oder nachhaltig beeinträchtigen oder 2. den Zugang zur freien Natur ausschließen oder erheblich oder nachhaltig beeinträchtigen, gelten die Regelungen für Eingriffe entsprechend.

573 VGH München 1984 (Entlandung des Hirschbergweihers-Berufungsinstanz), S. 28.

574 Ebd., S. 28.

E. Zusammenfassung zur Umsetzung der Funktionen der Ziele

Gerichte, die in ihre Entscheidungen die Ziele ausdrücklich oder dem Inhalt nach funktionell einbeziehen, machen wesentlich von den Möglichkeiten Gebrauch, die § 1 Abs. 1 eröffnet.

Als allgemeine Vorschriften und als Rahmenvorschriften unmittelbarer Geltung setzen die Gerichte § 1 Abs. 1 ein, indem sie sie als Auslegungs- und Abwägungshilfe und als Maßstab der Rechtmäßigkeit von Landesrecht verwenden.

Manche Gerichte bezeichnen § 1 Abs. 1/ 2 als Optimierungsgebot. Als naturschutzrechtliches Optimierungsgebot im Sinn einer Vorschrift, die fordert, zugunsten von Natur und Landschaft die bestmögliche Maßnahme zu bestimmen, verwendet hingegen keins der Gerichte die Norm.

Zudem entnimmt keins der Gerichte den Zielen selbst eine unmittelbare Verpflichtung oder Berechtigung einzelner. Vielfältig sind demgegenüber die Ansätze, Beschränkungen von subjektiven Rechten anhand der Ziele zu rechtfertigen.

Der Schwerpunkt der Bezüge, die in der Rechtsprechungspraxis zu den Funktionen der Ziele hergestellt werden, liegt auf deren Verwendung zur Auslegung der Vorschriften des BNatSchG im einzelnen und zur Kontrolle der Anwendung des darin eröffneten Ermessens. Dieser Schwerpunkt wird im folgenden Abschnitt dargestellt.

IV. Umsetzung der Aufnahme der Ziele im Gesetz

Wo das BNatSchG die Ziele in Eingriffs- und Schutzgebietsvorschriften wiederaufnimmt, verwenden die Gerichte § 1 Abs. 1 oftmals als Auslegungs- und Abwägungskontrollmaßstab. In bezug auf die Landwirtschaftsklausel, § 1 Abs. 3 (alt), und auf die Überprüfung der Verbandsanerkennung nach § 29 Abs. 2 dienen die Ziele der Rechtsprechung wesentlich als Auslegungshilfe.

A. Eingriffsregelung

Die gesetzliche Formulierung der Eingriffsregelung ist eng an die Ziele nach § 1 angelehnt. 31 der untersuchten Urteile und Beschlüsse beziehen denn auch in die Überprüfung der Anwendung der Regelung § 1 mit ein. Dem stehen unter den analysierten Entscheidungen 22 zur Eingriffsregelung gegenüber, die sich nicht erkennbar mit den Zielen beschäftigen[575].

1. Auslegung

Soweit Gerichte zur Auslegung der Eingriffsregelung auf § 1 Abs. 1 zurückgreifen, geschieht dies teilweise um der Anwendbarkeit der Regelung im baurechtlichen „Innenbereich“ willen[576], die inzwischen durch § 8 a[577] gesetzlich geregelt ist, zu-

---

[575] Es sei hier nochmals darauf hingewiesen, daß insbesondere die Zusammenstellung der Entscheidungen, die § 1 nicht ausdrücklich einbeziehen, keinen Anspruch auf Vollständigkeit erhebt.

[576] VGH Kassel 1985 (Parkplätze für Soldaten), S. 676; VG Gießen 1990 (Lebensmittelmarkt), S. 37.

meist aber im Zusammenhang der Auslegung der Eingriffsdefinition. Einige Gerichte argumentieren hier differenziert zu Begriff, Gegenstand und Erheblichkeit der eingriffskonstituierenden Beeinträchtigungen i.S.v. § 8 Abs. 1.

a) Anwendbarkeit im Innenbereich

In einigen Entscheidungen finden sich Stellungnahmen zur Anwendung der Eingriffsregelung im Innnenbereich. Hier verweisen die Gerichte zunächst schlicht auf die Formulierung „Natur und Landschaft im besiedelten und unbesiedelten Bereich" in § 1 Abs. 1 a.A. Diese sei Beleg für die Anwendbarkeit der Regelung auch im Innenbereich[578]. Darüber hinaus wird in den veröffentlichten Entscheidungen materiell begründet, warum Konstellationen, um die es § 8 geht, dort bestehen oder entstehen können, wo ein Bebauungsplan oder/ und eine geschlossene Ortslage vorliegen. So würden bauliche Anlagen „regelmäßig den Naturbestand verringern und den Boden versiegeln", weshalb die „vorbeugende Kontrolle durch die Naturschutzbehörde" unverzichtbar sei[579]. Auch seien bauliche Anlagen regelmäßig eine nicht unerhebliche Veränderung des Landschaftsbilds[580]. Weil z.B. auch das NatSchG Hess „sachlich und systematisch" auf dem BNatSchG aufbaue, dessen § 1 Abs. 1 Natur und Landschaft auch im besiedelten Bereich erfasse[581], sei die landesrechtliche Eingriffsregelung im Innenbereich anwendbar. Darauf deuteten auch der Wortlaut des Landesgesetzes, das den Siedlungsbereich ausdrücklich einbeziehe[582], der nicht abschließende Charakter der Eingriffstatbestände, der Regelungs-

---

577 Instruktiv zu Bedeutung und Anwendung der Vorschrift BVerwG, Beschl. v. 31.1.1997, E 104, S. 68-79, insb. 72-74 (4 NB 27.96).

578 VGH Kassel 1985 (Parkplätze für Soldaten), S. 676; VG Gießen 1990 (Lebensmittelmarkt), S. 37. Das OVG Greifswald 1994 (Biosphärenreservat Südost-Rügen), S. 162, verwies ähnlich undifferenziert auf § 1 Abs. 1, um zu begründen, warum sich das Gebiet eines Biosphärenreservats auch auf den besiedelten Bereich erstrecken könne.

579 VGH Kassel 1985 (Parkplätze für Soldaten), S. 676.

580 OVG Lüneburg o.J., zit. nach Schriftleitung NuR, Anm. zu VG Braunschweig 1977 (Fellverkauf), S. 74.

581 VG Gießen 1990 (Lebensmittelmarkt), S. 37.

582 Das Gericht bezog sich hierzu auf §§ 1 Abs. 1 Nr. 5, 3 Abs. 2 S. 2 Nr. 3, 4 Abs. 2 und 5 Abs. 1 S. 2 Nr. 6 NatschG Hess. Diese lauteten damals:
NatSchG Hess, § 1 Allgemeine Vorschrifen
Abs. 1: Für die Verwirklichung der Ziele des Naturschutzes und der Landschaftspflege gelten (...) insbesondere folgende Grundsätze (...) Nr. 5 Siedlungs-, Verkehrs- und Bauvorhaben sowie oberirdische Leitungen und deren Trassen sind dem Landschaftsbild nach Lage und Ausführung anzupassen.
NatSchG Hess, § 3 Landschaftsrahmenplan
Abs. 2: In den Landschaftsrahmenplänen werden die überörtlichen Erfordernisse und Maßnahmen zur Verwirklichung der Ziele des Naturschutzes und der Landschaftspflege dargestellt. Insbesondere sind die Bereiche darzustellen, in denen (...) Nr. 3 bauliche Anlagen nicht statthaft sind, die zu einer Zersiedlung, zu einer Beeinträchtigung der Gleiderung von Siedlungsgebieten, des Wasserhaushaltes oder der Freiraumerholung oder der Veränderung der klimatischen Verhältnisse führen können (Regionale Grünzüge); (...).

zweck und die Entstehungsgeschichte des NatSchG Hess[583] hindeute. Eine materielle Begründung vor dem Hintergrund von § 1 Abs. 1 BNatSchG lieferte das Gericht damit allerdings nicht; der Einleitungssatz von § 1 Abs. 1 diente dem Gericht als systematisches Argument zwischen anderen Argumenten, in denen es die übrigen klassischen Auslegungsmethoden anwandte[584]. Gar nicht mit § 1, sondern mit § 2 Abs. 1 Nr. 2 S. 2 BNatSchG wurde zur Frage argumentiert, ob die Beseitigung etwa 80 alter, nicht ersetzbarer Bäume im Stadtbereich zugunsten des Baus einer Tiefgarage einen Eingriff in Natur und Landschaft bedeute. Die Ziele des Naturschutzes und der Landschaftspflege sollten, wie an den genannten Normen abzulesen sei, auch bezüglich begrünter Flächen in besiedelten Bereichen verwirklicht werden, deshalb sei die Eingriffsregelung einschlägig[585].
Zusammenfassend ist festzuhalten, daß die Gerichte § 1 Abs. 1 nicht als zentrale Vorschrift zur Begründung anwenden, warum die Eingriffsregelung auch im Innenbereich einschlägig ist. Die Ziele dienen ihnen als freie Argumente zwischen anderen freien Argumenten.

b) Eingriffsbegriff

Nach der Legaldefinition in § 8 Abs. 1 ist ein Eingriff eine Veränderung der Gestalt oder Nutzung von Grundflächen, die die Leistungsfähigkeit des Naturhaushalts oder das Landschaftsbild erheblich oder nachhaltig beeinträchtigen können. Im Vordergrund der Überprüfung der Anwendung der Eingriffsdefinition steht die Anwendung des Begriffs „Naturhaushalt“, der gleichlautend in der Eingriffsdefinition wie in § 1 Abs. 1 Nr. 1 vorkommt.

(1) Beeinträchtigung des Naturhaushalts

Zur Auslegung des Begriffs „Naturhaushalt“, bedienen sich viele Gerichte einer aufteilenden Betrachtungsweise, indem sie auf Tiere und Pflanzen als Teil des Naturhaushalts abstellen[586]. Dabei spielen die Ziele des Naturschutzes und der Landschaftspflege für die Auslegung eine untergeordnete Rolle; die Gericht subsumieren zumeist ohne Rückgriff auf § 1 Abs. 1.

NatSchG Hess § 4 Landschaftsplan
Abs. 2: Die Landschaftspläne sind als Darstellungen oder Festsetzungen in die Bauleitpläne aufzunehmen.
NatSchG Hess § 5 Eingriffe in Natur und Landschaft
Abs. 1 S. 2: Als Eingriffe gelten insbesondere (...) Nr. 6 die Beseitigung von öffentlichen Grünflächen im besiedelten Bereich; (...).

[583] VG Gießen 1990 (Lebensmittelmarkt), S. 37.
[584] Zu den Auslegungsmethoden Raisch 1988, S. 33.
[585] OVG Koblenz 1992 (Schloßrondell), S. 291.
[586] Kritisch dazu Kuschnerus 1996, S. 238.

(a) Entscheidungen im einzelnen

Allein ein Gericht nahm ausdrücklich auf §§ 1, 2 LPflG Rh-Pf[587] Bezug, als es um die Frage ging, ob die Verfüllung eines Feuchtgebiets einen Eingriff in Natur und Landschaft darstellte. Eine erhebliche Beeinträchtigung i.S.v. § 4 Abs. 1 S. 1 LPflG Rh-Pf liege dann vor, wenn Natur und Landschaft nicht völlig unwesentlich nachteilig verändert würden, wobei „nachteilig" jede Veränderung sei, die mit den „in §§ 1 und 2 LPflG normierten Zwecken und Grundsätzen des Naturschutzes und der Landschaftspflege nicht vereinbar" sei. Das Gericht griff hier insbesondere die Leistungsfähigkeit des Naturhaushalts, § 1 Abs. 1 Nr. 1 LPflG Rh-Pf, und die Sicherung „ihrer"[588] Vielfalt und Eigenart, § 1 Abs. 1 Nr. 3 LPflG Rh-Pf[589], auf. Indem § 4 Abs. 1 S. 2 Nr. 6 LPflG Rh-Pf[590] die Entwässerung von Feuchtgebieten wie Mooren, Sümpfen oder Brüchen stets als Eingriff in Natur und Landschaft werte, erkenne das Gesetz deren Bedeutung für den Naturhaushalt an. In dem konkret betroffenen Feuchtgebiet kämen Pflanzenarten vor, die zum Teil in der Roten Liste aufgeführt seien[591] und so dessen besonderen Wert begründeten. Die Arten seien evident nachteilig beeinflußt worden, als die Wiese aufgefüllt und dort Klee angesät wurde. Diese Beeinträchtigung bilde daher einen Eingriff in Natur und Landschaft. Hierzu verwies das Gericht außerdem auf § 1 Abs. 1 Nr. 4 LPflG Rh-Pf, der die Sicherung der Vielfalt von Natur und Landschaft fordere[592]. Das zuvor aufgestellte weitere Erfordernis der nicht völligen Unerheblichkeit der Beeinträchtigung nahm das Gericht hier nicht wieder auf.

Sonst wurde zur Auslegung des Begriffs „Naturhaushalt" aus § 8 Abs. 1 allenfalls auf § 2 Abs. 1 Nr. 10, nicht aber auf § 1 Abs. 1 verwiesen. § 2 Abs. 1 Nr. 10 führt u. a. die wildlebenden Tiere und Pflanzen und ihre Lebensgemeinschaften als Teil des Naturhaushalts auf, und setzt damit die Funktion einer Landschaft als Lebensraum einer Gruppe von Arten mit der Leistungsfähigkeit des Naturhaushalts gleich: „Teil des Naturhaushalts sind die wildlebenden Tiere und Pflanzen in ihrer natürlichen und historisch gewachsenen Artenvielfalt (vgl. Art. 11 BayNatSchG[593], § 2

[587] Die Vorschriften entsprechen §§ 1, 2 BNatSchG bis auf die Ergänzung, daß § 2 Nr. 14 LPflG Rh-Pf einen Grundsatz über die naturnahe Nutzung von Haus- und Kleingärten enthält.

[588] OVG Koblenz 1986 (Kleegemisch im aufgefüllten Feuchtgebiet), S. 276: der Bezug des weiblichen Pronomens ist schon in der Entscheidung nicht ganz klar; gemeint ist offenbar die Vielfalt und Eigenart der Natur.

[589] Hier handelt es sich um einen unzutreffenden Verweis; die Vielfalt und Eigenart werden in § 1 Abs. 1 Nr. 4 LPflG Rh-Pf als Schutzgüter aufgeführt.

[590] LPflG Rh-Pf, § 4 Eingriffe in Natur und Landschaft
Abs. 1 S. 2: Als Eingriffe gelten (...) [Nr.] 6. der Ausbau (Herstellen, Beseitigen und wesentliche Umgestaltung) von Gewässern.

[591] OVG Koblenz 1986 (Kleegemisch im aufgefüllten Feuchtgebiet), S. 276.

[592] Ebd., S. 276.

[593] NatSchG Bay, Art. 1 Ziele und Grundsätze des Naturschutzes und der Landschaftspflege
Abs. 1: Die Ziele und Grundsätze des Naturschutzes und der Landschaftspflege ergeben sich aus den §§ 1 und 2 des Bundesnaturschutzgesetzes.

Abs. 1 Nr. 10 BNatSchG). Betroffen hier ist ein Lebensraum der Wiesenbrüter, namentlich des Großen Brachvogels, (...). [Die vom Kläger geplante Maßnahme] wirkt auf die Funktionsfähigkeit dieses Lebensraums in folgender Wiese ein: Sie vermindert die freien Landflächen, die das Biotopmuster des Großen Brachvogels kennzeichnen (...), und droht eine Wasservogelfauna anzuziehen, die die Wiesenbrüter negativ beeinflussen kann. Diese Entwicklung beeinträchtigt die Leistungsfähigkeit des Naturhaushalts, d.h. die Stabilität des Wiesenbrütervorkommens." [594] Auch sei „die von der Ökologie bestimmte Auslegung des Begriffes Naturhaushalt (...) in den Zielen und Grundsätzen des (...) [BNatSchG] zum Ausdruck gekommen. Diese als unmittelbares Recht geltenden Vorschriften (vgl. § 4 S. 3 BNatSchG) verdeutlichen, daß der Gesetzgeber die Erhaltung und Sicherung der Leistungsfähigkeit des Naturhaushalts und damit der Vielfalt der Arten in besonderer Weise sichern und gewährleisten will."[595]

Die Fachbegriffe, die ein Gericht früher für die Auslegung des Naturhaushaltsbegriffs heranziehen wollte[596], sollen nicht „von der Ökologie bestimmt", sondern „von der zuständigen naturwissenschaftlichen Fachdisziplin, der Ökologie," erarbeitet werden. Weil nicht auszuschließen sei, daß der Betrieb von Flugmodellen mit und ohne Verbrennungsmotoren bestimmte Wildvogelarten in dem betroffenen Moorgebiet stören und verscheuchen könne, stehe die Beeinträchtigung von Tieren und damit des Naturhaushalts zu befürchten, für die das Moor einen „schwer oder gar nicht ersetzbaren Lebensraum" biete[597].

Die Qualität einer Wasserfläche als Lebensraum für gefährdete Arten war auch mitentscheidend für die Frage, ob die Verfüllung des Gewässers „Eingriff" i.S.v. §§ 8 Abs. 1 BNatSchG, 9 Abs. 1 S. 2 NatSchG HH[598] sei[599], obwohl die Verfüllung bereits als Regelbeispiel eines Eingriffs gesetzlich erwähnt ist, § 9 Abs. 1 S. 2 NatSchG HH.

An anderer Stelle hieß es, die Erhaltung von Feldrainen als selten gewordenen, aber wichtigen Lebensräumen für zahlreiche heimische Arten sei „im Zusammenhang mit der Erhaltung der Leistungsfähigkeit des Naturhaushalts und des Biotop-

---

[594] VGH München 1991 (Wiesenbrüter), S. 461.

[595] VG München 1980 (Jungviehweide im Knabenkraut), S. 39.

[596] VGH München 1977 (Großer Brachvogel), S. 603 (Hervorhebung im Original).

[597] Ebd., S. 604.

[598] NatSchG HH, § 9 Eingriffe in Natur und Landschaft
Abs. 1: (S. 1 entspricht § 8 Abs. 1 BNatSchG), S. 2 Als Eingriffe sind in der Regel insbesondere anzusehen (...) 2. die Vornahme selbständiger Abgrabungen, Aufschüttungen, Auf- oder Abspülungen oder die selbständige Ausfüllung von Bodenvertiefungen, wenn a) die betroffene Grundfläche größer als 400 Quadratmeter ist, (...) c) eine Bodenvertiefung mindestens der Tiefe und Fläche nach Buchstabe b ausgefüllt werden soll, (...) 5. der Ausbau (Herstellen, Beseitigung oder wesentliche Umgestaltung) von Gewässern mit Ausnahme (...), 6. die Lagerung oder Ablagerung von Abfällen (...).

[599] VG Hamburg 1988 (Kiesgrube), S. 356.

schutzes (§ 2 Abs. 1 Nr. 1 und Nr. 10 BNatSchG)" ein „Ziel des Naturschutzes"[600]. Deshalb sei die Beseitigung eines Feldrains[601] geeignet, die Leistungsfähigkeit des Naturhaushalts erheblich zu beeinträchtigen[602]. Das Gericht verzichtete darauf, § 1 Abs. 1 Nr. 1 oder Nr. 3 zu zitieren, sondern verwies auf den § 1 Abs. 1 Nr. 1 entsprechenden Grundsatz in § 2 Abs. 1 Nr. 1. Um die Erhaltung von Hecken ging es auch, als ein Gericht die Artenvielfalt eines Gebiets, durch das eine Straße geführt werden sollte, als Indikator für die Differenziertheit des betroffenen Naturhaushalts verwandte[603]. Allerdings betonte es, „das vielfältige Vorkommen auch schützenswerter Tierarten hat die Planfeststellungsbehörde durch die zutreffende Erfassung der Wertigkeit des Gebiets, die unter anderem durch das Auftreten von Indikatorarten bestimmt worden ist, bei ihrer Entscheidung berücksichtigt, wenn auch eher global und ohne auf einzelne Tierarten ausdrücklich einzugehen. Der damit möglicherweise erweckte Eindruck, daß es auf ein Vorkommen wie etwa des Waldwasserläufers nicht ankommen soll, ist im Kern nicht richtig. Einzelne Vorkommen werden lediglich nicht isoliert gewürdigt, sondern im biozönotischen Zusammenhang. Letztlich ist dies die Konsequenz einer ökologischen Sichtweise, (...)."[604] Hierbei stellte das Gericht nicht wörtlich auf § 1 Abs. 1 ab, als es Aspekte der Wirkungsgefüge innerhalb des Naturhaushalts in seine Erwägungen aufnahm. Ebenso hieß es im Zusammenhang des Baus einer Umgehungsstraße, diese drohe den Naturhaushalt nicht nur durch Inanspruchnahme „insgesamt ökologisch wertvoller Flächen" zu beeinträchtigen, sondern vor allem durch deren Versiegelung und durch die Zerschneidungswirkung der Trasse: „Neben der flächenbezogenen Bewertung des Eingriffs in den Naturhaushalt ist im besonderen Maße die trennende Wirkung der Trasse zu berücksichtigen, die sich nachteilig auf die Tierwelt auswirkt. Der Lebensraum vieler Kleintiere wird zerschnitten oder eingeengt. Gleichzeitig wird die Funktion des Hanges und Bachtales als naturnahes Erholungsgebiet tangiert. Auch unter diesen Aspekten ist eine nachhaltige und erhebliche Störung des Naturhaushaltes zu erwarten."[605]

Aber auch zur Begründung, warum *kein* Eingriff vorliegt, begegnet der Begriff des Naturhaushalts in der Rechtsprechung. Da die Fläche, auf der eine Tennishalle errichtet werden sollte, in der Nähe einer planfestgestellten Autobahntrasse liege, könne der Bau der Halle keine Beeinträchtigung des Naturhaushalts mit sich bringen. Der Bau bedeute zudem keine Verringerung des Erholungswerts oder Minde-

---

600 VG Regensburg 1995 (Heckenentfernung), S. 429.

601 Vgl. zudem BayNatEG, Art. 2 (Schutz der Nist-, Brut- und Zufluchtsstätten [1998 aufgehoben])

Abs. 1 Nr. 1: Es ist verboten, in der freien Natur Hecken, lebende Zäune, Feldgehölze oder -gebüsche zu roden, abzuschneiden, abzubrennen oder auf sonstige Weise zu beseitigen.

602 VG Regensburg 1995 (Heckenentfernung), S. 429; dort sogar ausdrücklich mit dem hier wiedergegebenen Ursachenverhältnis.

603 VGH München 1992 (Bannwald), S. 339.

604 Ebd., S. 339.

605 VGH Kassel 1982 (Nordumgehung Niederursel), S. 387.

rung des Landschaftsbilds, denn die Fläche sei zuvor kleingärtnerisch genutzt und dazu mit zahlreichen Gartenhütten und Zäunen bebaut worden[606]. Schließlich gab eine neuanzulegende Weihnachtsbaumkultur einem Gericht Veranlassung, über den Begriff des Naturhaushalts zu reflektieren. Es definierte diesen als „das komplexe Wirkungsgefüge aller natürlichen Faktoren wie Boden, Wasser, Luft, Klima, Pflanzen- und Tierwelt, wobei zwischen diesen Faktoren vielfältige Wechselbeziehungen bestehen"[607]. Die Anlage der Weihnachtsbaumkultur sei zwar „jedenfalls dann, wenn aus wirtschaftlichen Gründen bei der Pflege der Kultur Herbizide und/ oder Insektizide eingesetzt werden, regelmäßig auch potentiell geeignet, erhebliche oder nachhaltige Beeinträchtigungen des Naturhaushalts zu bewirken."[608] Verzichte der Betreiber jedoch auf solche chemische Unterstützung, bedeute sie nur „Veränderungen durch Aufbereitung des Bodens, Schaffung von Pflanzlöchern und Einsetzen von bislang nicht vorhandenen Jungpflanzen". Als Eingriff in den Naturhaushalt sei sie deswegen jedoch auf bisher landwirtschaftlich genutzten Flächen nicht zu qualifizieren, zumal „dafür, daß im vorliegenden Fall konkrete Besonderheiten vorliegen, nach denen die Anlage der Kultur selbst und ihre mechanische Pflege das in Rede stehende Ökosystem, in das die Antragsfläche eingebunden ist, nennenswert nachteilig beeinflußt, (..) nichts vorgetragen oder sonst ersichtlich"[609] sei.

(b) Zusammenfassung

Zur Auslegung der Tatbestandsvoraussetzung „Beeinträchtigung des *Naturhaushalts*" subsumieren die meisten Gerichte unter Gesichtspunkte der Erhaltung oder Beseitigung von Lebensräumen bestimmter Tiere und führen den Begriff „Naturhaushalt" damit auf Pflanzen und Tiere als seine Bestandteile zurück[610]. Sie machen also vom Vorschlag der Literatur Gebrauch, der Beeinträchtigung von Teilen von Natur und Landschaft Indikatorwirkung für eine Beeinträchtigung des Naturhaushalts als ganzem zuzuschreiben. Damit lehnen sie die Argumentation an § 1 Abs. 1 Nr. 3 an, bis auf eine Ausnahme jedoch, ohne dies ausdrücklich zu machen. Eher noch beziehen sich die Gerichte auf § 2 Abs. 1 Nr. 1 und 10. Der Versuch einer Definition des Naturhaushalts insgesamt begegnet nur in zwei Urteilen[611], in denen die Gerichte anschließend in Ansätzen eine gesamthafte Betrachtung des Schutzguts vornehmen.

---

606 VG Frankfurt/ Main 1991 (Dreifeld-Tennishalle), S. 146.

607 OVG Münster 1993 (Blaufichten), S. 646.

608 Ebd., S. 645 (Hervorhebungen im Original).

609 Ebd., S. 646.

610 OVG Koblenz 1986 (Kleegemisch im aufgefüllten Feuchtgebiet), S. 276; VGH München 1991 (Wiesenbrüter), S. 461; VG München 1980 (Jungviehweide im Knabenkraut), S. 39; VGH München 1977 (Großer Brachvogel), S. 604; VG Hamburg 1988 (Kiesgrube), S. 356; VGH München 1992 (Bannwald), S. 339; VG Freiburg 1987 (Flugmodelle mit Verbrennungsmotoren), S. 53.

611 OVG Münster 1993 (Blaufichten), S. 647; ohne Rückgriff auf § 1 VG Frankfurt/ Main 1991 (Dreifeld-Tennishalle), S. 146.

(2) Beeinträchtigung des Landschaftsbilds

Seltener als auf die Beeinträchtigung des Naturhaushalts stellt die Rechtsprechung bei der Subsumtion des Eingriffsbegriffs auf diejenige des Landschaftsbilds ab. Zumeist gehen die Gerichte, anstatt zunächst das Landschaftsbild zu definieren, unmittelbar zur Bestimmung der „Beeinträchtigung" des Landschaftsbilds über. Dazu orientieren sie sich überwiegend am Leitbild des „durchschnittlichen, den Belangen von Naturschutz und Landschaftspflege aufgeschlossen gegenüberstehenden Beobachters", das das BVerwG schon 1956 entwickelt hat[612].

(a) Entscheidungen im einzelnen

Zur Bestimmung des Begriffs Landschaftsbild unterschied nur ein Gericht ausdrücklich Vielfalt, Eigenart und Schönheit der Landschaft, § 1 Abs. 1 Nr. 4. Wegen „§ 10 Abs. 1 in Verbindung mit § 1 Abs. 1 Nr. 3 NatSchG" B-W[613] sei die Eigenart der Landschaft i.S.d. landesrechtlichen Eingriffsregelung nicht mit Schönheit oder Reiz der Landschaft gleichzusetzen; entscheidend sei vielmehr der spezifische Charakter einer Landschaft[614]. Zu entscheiden war hier über den Eingriffscharakter einer 11 m hohen und 550 m langen Freileitung, die einen Talabschnitt überqueren sollte, in dem schon ein Eisensteg, eine weitere Freileitung, ein Kraftwerkskanal und ein Sportplatz mit Beleuchtungsmasten den Landschaftseindruck prägten. Weil zudem § 2 Nr. 14 NatSchG B-W[615] fordere, Landschaftsteile von der Bebauung freizuhalten, die sich unter anderem durch ihre Eigenart und Seltenheit auszeichneten, stelle auch eine neue Freileitung als Beeinträchtigung des Landschaftsbilds einen Eingriff in Natur und Landschaft dar. Inwiefern der von ihm zitierte § 1 Abs. 1 Nr. 3 NatSchG B-W dieses Ergebnis stützt, legte das VG nicht ausdrücklich dar.

An anderer Stelle wurde das Landschaftsbild ohne Rückgriff auf § 1 Abs. 1 als Gesamtheit der „optischen Eindrücke für einen Betrachter, d.h. die mit dem Auge wahrnehmbaren Zusammenhänge der einzelnen Landschaftsbildelemente" bestimmt[616].

Jüngst hieß es ohne ausdrücklichen Bezug auf die Ziele, für die Frage nach einer Beeinträchtigung des Landschaftsbilds durch eine Weihnachtsbaumkultur sei das bestehende Landschaftsbild zu bewerten, wofür dessen Elemente vollständig „in

---

612 Grundlegend hierzu wirkte das Urteil des BVerwG vom 12.7.1956, E 4, S. 57-60, 59 (I C 91.54), in dem es um die Beeinträchtigung des Landschaftsbilds durch eine in einem Naturschutzgebiet am Bodensee aufgestellte Badehütte ging.

613 § 1 Abs. 1 Nr. 3 NatSchG B-W ist wortgleich mit § 1 Abs. 1 Nr. 4 BNatSchG.

614 VG Karlsruhe 1978 (Freileitung im Flußtal), S. 36.

615 NatSchG B-W, § 2 Grundsätze des Naturschutzes, der Landschaftspflege und der Erholungsvorsorge
Abs. 1: Grundsätze zur Verwirklichung der in § 1 genannten Ziele sind Nr. 1-13 (...), Nr. 14 Landschaftsteile, die sich durch ihre Schönheit, Eigenart, Seltenheit oder ihren Erholungswert auszeichnen oder für einen ausgewogenen Naturhaushalt erforderlich sind, sollen von der Bebauung freigehalten werden.

616 OVG Münster 1993 (Blaufichten), S. 646.

den Blick zu nehmen [seien], die dieses unter den hier maßgeblichen Aspekten der Vielfalt, Eigenart und Schönheit mitprägen“[617].

Andere Gerichte stellten demgegenüber heraus, es komme wegen der Eigenart einer Landschaft, die ebenfalls zum Landschaftsbild gehöre, nicht allein auf deren „Schönheit“ an. Sie orientierten sich damit sachlich eher an § 1 Abs. 1 Nr. 4. So bedeute es eine Beeinträchtigung der Landschaft, Nachklärteiche anzulegen, denn es „(...) gehört zu den Zielen des Naturschutzes und der Landschaftspflege die Erhaltung des Landschaftbildes. Entgegen der Auffassung des Verwaltungsgerichts wird das Landschaftsbild durch die Nachklärteiche beeinträchtigt. Geprägt wird das Landschaftsbild hier durch einen langgestreckten Talzug, der sich auf den Nachbargrundstücken fortsetzt. Die Teiche fügen sich nicht etwa in dieses Landschaftsbild ein, da sie insbesondere nicht an der tiefsten Stelle liegen, was bei natürlichen Teichen der Fall wäre. Es bleibt immer feststellbar, daß es sich um künstlich angelegte Teiche handelt, da die Teichränder aufgeschüttet worden sind. Das gleiche gilt auch für die rechteckige Fom, die so in der Natur nicht vorkommt. (...) Es mag sein, daß die Teichanlage für sich gesehen reizvoll ist. Sie paßt nur ebensowenig in das Landschaftsbild wie ein künstlich aufgeschütteter Hügel im flachen Marschenland. Auch hier mag dem einen oder anderen Betrachter ein Hügel als reizvolle Abwechslung in einer sonst eintönigen flachen Landschaft erscheinen, dennoch hat er dort nichts zu suchen.“[618]

Um in bezug auf das Landschaftsbild die Beeinträchtigung zu bestimmen, orientiert sich eine Reihe von Gerichten an der Perspektive eines „gebildeten, dem Gedanken des Naturschutzes aufgeschlossen gegenüberstehenden Durchschnittsbeobachters“, die zur Bewertung des Landschaftsbilds vor und nach dem Eingriff zu wählen sei[619]. So sei eine neu anzulegende Weihnachtsbaumkultur ein Beispiel für „Monokulturen von Forstpflanzen der hier in Rede stehende Art [, die sich] je nach dem Umfeld, in dem sie stehen, (...) auch in erheblicher und nachhaltiger Form auf das Landschaftsbild nachteilig auswirken können“[620]. Konkret sei aber für das Landschaftsbild, dessen Bewertung aus der Sicht eines aufgeschlossenen Durchschnittsbeobachters zu erfolgen habe, keine Beeinträchtigung zu befürchten, weil in dem betroffenen, ohnehin landwirtschaftlich genutzten Landschaftsraum bereits eine Reihe von Weihnachtsbaumkulturen angelegt sei und „in diesem Wechselspiel unterschiedlichster Nutzungsformen (...) eine Verschiebung einzelner Nutzungsformen“[621] nicht negativ ins Gewicht falle.

---

617 OVG Münster, Urt. v. 12.10.1998, NuR 1999, S. 409-410, 409 (7 A 3813/ 96).

618 OVG Schleswig 1994 (Nachklärteiche), S. 377.

619 BVerwG 1994 (Belebung des Landschaftsbildes), S. 78; BVerwG 1990 (Fischteiche), S. 359; BVerwG 1983 (Auskiesung), S. 90 f.

620 OVG Münster 1993 (Blaufichten), S. 645.

621 Ebd., S. 646 f.

(b) Zusammenfassung

Wenn Gerichte für die Subsumtion des Eingriffsbegriffs auf das Landschaftsbild abstellen, heben sie zwar im allgemeinen hervor, daß dies mehr umfasse als die durch optische Eindrücke vermittelte Schönheit der Landschaft. Auch die charakteristische Eigenart einer Landschaft sei als Teil des Landschaftsbilds schutzwürdig. Insoweit nimmt die Rechtsprechung jedoch den Vorschlag der Literatur, zur Bestimmung des „Landschaftsbildes" § 1 Abs. 1 Nr. 4 heranzuziehen, zumeist nicht zu Hilfe. Zudem wird der Wert der Eigenart der Landschaft an sich relativiert, weil die Gerichte für die „Beeinträchtigung" des Landschaftsbilds überwiegend auf das Leitbild eines dem Naturschutz aufgeschlossenen Durchschnittsbeobachters abstellen - dieser wird sein Urteil zunächst - wenn auch vielleicht unbewußt - wiederum an der Schönheit einer Landschaft ausrichten, die nur einen Teil des Landschaftsbildes nach § 1 Abs. 1 Nr. 4 ausmacht.

(3) Begriff, Erheblichkeit und Vermeidbarkeit der Beeinträchtigung

In manchen Entscheidungen ist nicht so sehr die Betroffenheit eines der Schutzgüter der Eingriffsregelung problematisch, sondern die Frage, ob das Vorhaben diese erheblich beeinträchtigt oder zu beeinträchtigen droht und ob Beeinträchtigungen vermeidbar sind.

Zur Kontrolle der Anwendung der Begriffe „Beeinträchtigung" und „erheblich" werden die Ziele zweimal unter ausdrücklichem Hinweis auf § 1 Abs. 1[622], einmal in ihrer Gesamtheit herangezogen[623], einmal aber auch wiederum mit konkretem Bezug auf Pflanzen und Tiere[624]. Andere Entscheidungen ergehen hier ohne Rückgriff auf die Ziele aus § 1 Abs. 1[625], wenngleich eines dieser Urteile die Sachgründe, die auch in den Einzelzielen vorkommen, sehr gründlich subsumiert[626].

(a) Entscheidungen im einzelnen

Unabhängig davon, ob sich eine eingriffskonstituierende Beeinträchtigung auf Naturhaushalt oder Landschaftsbild bezieht, so stellte ein Gericht klar, sei der naturschutzrechtliche Begriff der Beeinträchtigung nicht mit Beeinträchtigungsbegriffen in anderen Gesetzen gleichzusetzen. Die „pflegerische und schützende Funktion" des Begriffs im Naturschutzrecht bewirke, daß schon eine Beeinträchtigung, die noch keine Verletzung von Natur und Landschaft darstelle, genüge, um einen Eingriff zu begründen[627]. Dies, obwohl sie das Rechtsgut weniger intensiv betreffe als die „Verunstaltung" des Bauordnungsrechts, die eine „Verletzung" des ästheti-

---

[622] Ebd., S. 647; VG Frankfurt/ Main 1991 (Dreifeld-Tennishalle), S. 146.

[623] VG Karlsruhe 1978 (Freileitung im Flußtal), S. 36.

[624] VG Freiburg 1987 (Flugmodelle mit Verbrennungsmotoren), S. 53.

[625] VGH Mannheim 1983 (Ausgleichsabgabe für Freileitung), S. 278; VG Mainz 1987 (Weinland), S. 199.

[626] VG Mainz 1987 (Weinland), S. 199.

[627] VG Karlsruhe 1978 (Freileitung im Flußtal), S. 36; so auch VGH Mannheim 1983 (Ausgleichsabgabe für Freileitung), S. 278.

schen Empfindens erfordere[628]. Das Gericht subsumierte nicht im einzelnen unter die Ziele aus § 1 Abs. 1 BNatSchG, sondern ließ sich von deren Gesamtheit leiten.
In ähnlicher Weise hatte ein Gericht Stellung genommen, indem es feststellte, „aus den vorgenannten Zielen und Grundsätzen des Naturschutzes" ergebe sich „ferner, daß der naturschutzrechtliche Begriff der erheblichen Beeinträchtigung ein Begriff sui generis ist und von Begriffen ähnlicher Art, wie sie in anderen Gesetzen vorkommen, scharf abzugrenzen ist"[629].
Ein anderes Gericht bediente sich umgekehrt der vom BVerwG für den Begriff „Beeinträchtigung" i.S.v. § 8 Abs. 1 entwickelten Gesichtspunkte, als es um „Beeinträchtigungen" anläßlich des Betriebs von Tiergehegen i.S.v. § 24 Abs. 1 ging[630].
Zur Frage, ob eine Beeinträchtigung von Naturhaushalt oder Landschaftsbild im Sinne der Eingriffsregelung „erheblich" ist, bezogen sich einige Gerichte ausdrücklich oder dem Sinn nach auf die Ziele.
Beispielsweise fehle es zur Subsumtion der „Beeinträchtigung" an konkreten Anhaltspunkten dafür, welche Vogelarten, insbesondere welche gefährdeten Arten ihren Lebensraum im Einwirkungsbereich des Modellfluggeländes hätten, von dem aus motorisierte Flugmodelle betrieben werden sollten. Auch ob diese durch den Modellflugbetrieb vertrieben oder zumindest erheblich gestört würden, könne nicht sicher prognostiziert werden[631]. Das Gericht legte das Kriterium der „Erheblichkeit", § 10 Abs. 1 NatSchG B-W[632], damit anhand der Gedanken aus §§ 1 Abs. 1 Nr. 2, 2 Abs. 1 Nr. 10 BNatSchG in ihrer landesrechtlichen Entsprechung aus und argumentierte „im Zweifel gegen den Naturschutz". Zugunsten von Weißstörchen begründete ein anderes Gericht ausführlich, warum ein Modellflugbetrieb diese und andere Vögel, also den Naturhaushalt und damit die öffentliche Sicherheit zu gefährden geeignet sei, unterschied allerdings nicht „Beeinträchtigungen" von „Eingriffen". „Eingriffe in den Naturhaushalt sind erheblich, wenn sie unter Berücksichtigung der örtlichen Verhältnisse nicht von geringer Bedeutung sind (...). Erheblich und nachhaltig sind Eingriffe, wenn sie mit den in den §§ 1 und 2 BNatSchG bezeichneten Zielen und Grundsätzen unvereinbar sind (...), insbesondere, wenn sie den Zielen des § 2 Abs. 1 Nr. 10 zuwiderlaufen, (...).

---

[628] Vgl. hier auch VGH Mannheim 1979 (Forellenteiche), S. 25, zum Verbot der Verunstaltung der Landschaft als Gegenstand einer Landschaftsschutzverordnung.
[629] VG Karlsruhe 1978 (Freileitung im Flußtal), S. 36.
[630] OVG Münster 1993 (Damwildgehege-Weiterführung), S. 260.
[631] VG Freiburg 1987 (Flugmodelle mit Verbrennungsmotoren), S. 53.
[632] NatSchG B-W, § 10 Eingriffe in Natur und Landschaft
Abs. 1: Eingriffe in Natur und Landschaft im Sinne dieses Gesetzes sind Vorhaben im Außenbereich (§ 19 Abs. 1 BauGB), die geeignet sind, insbesondere durch 1. Veränderungen der Bodengestalt (§ 13), 2. Errichtung oder wesentliche Änderung von baulichen Anlagen im Sinne von § 2 Abs. 1 LBauO, Straßen und Wege, 3. Errichtung oder Änderung von Masten sowie Unterstützungen von Freileitungen, 4. Ausbau von Gewässern, Anlage, Veränderung oder Beseitigung von Wasserflächen den Naturhaushalt oder das Landschaftsbild erheblich zu beeinträchtigen.

In diesem Sinne können auch Modellflugplätze eine erhebliche Beeinträchtigung des Naturhaushalts beinhalten."[633]

Den Erwägungen eines anderen Gerichts zufolge beeinträchtigt die Umwandlung von Brachland in landwirtschaftlich genutzte Fläche den Naturhaushalt, weil der hohe ökologische Wert von Brachflächen um der Erosionsverminderung und Erhaltung von Lebensräumen wildlebender Tiere und Pflanzen willen anerkannt sei. Für die „Erheblichkeit" oder „Nachhaltigkeit" komme es auf die Dauer der Brache, Bewuchs, Vorkommen seltener Tier- und Pflanzenarten, die Funktion der Brache als Vernetzungselement mit anderen Brachflächen sowie Nutzungsart und -intensität benachbarter Flächen an[634]. Das Gericht subsumierte nicht unter diese Aspekte, die deutlich, wenn auch nicht ausführlich an die Ziele aus § 1 Abs. 1 Nr. 1 und 3 angelehnt sind, sondern stellte lediglich fest, für das seit fünf Jahren brachliegende Gelände könne insofern keine „erhebliche" Beeinträchtigung angenommen werden[635]. Erheblich oder nachhaltig sei die Beeinträchtigung jedoch in den Bereichen des Grundstücks, die noch nie landwirtschaftlich genutzt worden seien[636].

Ähnlich differenziert und ohne ausdrücklichen Bezug auf §§ 1 Abs. 1 oder 2 wurde die Erheblichkeit der Beeinträchtigung des Landschaftsbilds bewertet, die durch eine geplante Freileitung verursacht werden würde. Das Gericht stellte zunächst „Grundsätze" zusammen, die eine Beeinträchtigung des Landschaftsbilds als erheblich qualifizierten. Entscheidend sei danach, ob die Leitung ein „landschaftsfremdes Element" bedeute, das „in seiner Gesamtheit einen negativ, d.h. verletzend prägenden Einfluß auf einen gesamten Landstrich hat."[637] In Anwendung dieser „Grundsätze" bedeute die zur Beurteilung stehende Freileitung nur dort, wo sie weder entlang vergleichbarer Leitungen noch entlang einer Autobahn verlaufe, einen „erheblichen" Eingriff in das Landschaftsbild. Entlang anderer Leitungen stelle die Leitung aber insofern einen Eingriff dar, als sie die Vögel gefährde, die in einem benachbarten Vogelschutzgebiet nisteten oder rasteten[638]. Der sachliche Hintergrund der befürchteten beträchtlichen Gefährdung der Vögel werde durch die „dem Senat vorgelegte Fachliteratur" untermauert[639]. Das Gericht wich damit auf die Beeinträchtigung des „Naturhaushalts" als konstituierendes Merkmal eines Eingriffs für Bereiche aus, in denen das Landschaftsbild nicht erheblich beeinträchtigt werden würde, auch dies jedoch ohne Rückgriff auf § 1 Abs. 1.

An anderer Stelle verwandte die Rechtsprechung die „Erheblichkeit" von Beeinträchtigungen, die Eingriffe ausmachen, als Gegenbegriff zu solchen, die eine Un-

---

633 VGH Mannheim 1990 (Weißstörche), S. 626.
634 VG Mainz 1987 (Weinland), S. 199.
635 Ebd., S. 199.
636 Ebd., S. 199 f.
637 VGH Mannheim 1983 (Ausgleichsabgabe für Freileitung), S. 278.
638 Ebd., S. 278.
639 Ebd., S. 278.

tersagung nach § 11 Abs. 1 Nr. 3 NatSchG B-W[640] rechtfertigen: „Es muß sich um ein gesteigertes Maß der Beeinträchtigung handeln, wie auch aus der Formulierung ‚wesentlich' und ‚entgegenstehend' hervorgeht."[641] Damit setzte der Gerichtshof die Beweislastverteilung der Eingriffsregelung um und ließ den Eingriff zu, weil kein konkreter Vorrang der Belange von Naturschutz und Landschaftspflege ersichtlich sei.

Das Verhältnis zwischen den Attributen „erheblich" und „nachhaltig", das die Beeinträchtigung des Naturhaushalts nach der hessischen Regelung zum Eingriff qualifiziert[642], wurde einmal problematisiert, und zwar anhand von Gesichtspunkten des § 1 Abs. 1. Die Auslegung des Wortlauts des Gesetzes dahingehend, daß auch erhebliche Beeinträchtigungen des Naturhaushalts nur dann „Eingriffe" begründeten, wenn sie zudem nachhaltig seien, sei mit dem Gesetzeszweck des NatSchG Hess, der mit demjenigen des BNatSchG übereinstimme, nicht zu vereinbaren. Der Gesetzgeber gehe davon aus, daß Natur und Landschaft so knapp und stark belastet seien, daß jede weitere unausgeglichene Beeinträchtigung unterbleiben müsse. Das VG richtete den Blick damit auf die Gesamtheit möglicher Beeinträchtigungen: „Dementsprechend unterliegen auch Beeinträchtigungen, die für sich genommen unerheblich, aber dauerhaft sind, der Eingriffsregelung des Naturschutzrechtes, weil viele sich überlagernde, im einzelnen unerheblichen Dauerbeeinträchtigungen in ihrer Summenwirkung doch erheblich werden können. Augenfällig wird dies an der Summierung der Effekte zahlloser kleinerer Flächenversiegelungen, die erst in ihrer Summierung die Wirkung haben können, daß bei starkem Gewitterregen oder lang anhaltenden Regenfällen die Wasserstände von Bächen und Flüssen schneller steigen, weil das Regenwasser nicht in ausreichendem Maße im Boden versickern kann. Auch die Dezimierung oder Verdrängung von Mikroorganismen und bodenlebenden Kleintieren unter versiegelten Flächen mag für sich genommen unerheblich sein, in der Summierung jedoch führt sie zu Störungen des natürlichen Gleichgewichts, in dem Mirkoorganismen und bodenlebende Kleintiere eine Rolle spielen. Aus dem Schutzzweck des Gesetzes, den Naturhaushalt vor weiteren Beeinträchtigungen zu bewahren, ergibt sich auch, daß keineswegs erst eine Gefahr

---

[640] NatSchG B-W, § 11 Ausgleich von Eingriffen
Abs. 1: Ein Eingriff ist unzulässig, wenn (...) 3. unvermeidbare erhebliche Beeinträchtigungen nicht oder nicht innerhalb angemessener Frist ausgeglichen werden können und wesentliche Belange des Naturschutzes, der Landschaftspflege oder der Erholungsvorsorge entgegenstehen.

[641] VGH Mannheim 1985 (Kinzig-Rückhaltebecken), S. 32 (Hervorhebung im Original). Vgl. zur landschaftsbeeinträchtigenden Wirkung „bis zu 11 m hoher Kunstbauten (...), die selbst bei vorbildlicher Gestaltung der Randbereiche das Landschaftsbild (...) deutlich prägen" VGH Kassel 1992 (Nordumgehung Niederursel), S. 338.

[642] NatSchG Hess, § 5 Eingriffe in Natur und Landschaft
Abs. 1: Eingriffe in Natur und Landschaft sind Veränderungen der Gestalt oder Nutzung von Grünflächen, die die Leistungsfähigkeit des Naturhaushaltes, das Landschaftsbild, den Erholungswert oder das örtliche Klima erheblich oder nachhaltig beeinträchtigen können. Als Eingriffe gelten insbesondere (...).

für die Bestanderhaltung bestimmter Tier- oder Pflanzenarten nachgewiesen werden muß."[643]
Zur Vermeidbarkeit von Beeinträchtigungen durch Eingriffe schrieb ein Gericht ausdrücklich, der Begriff sei „jedenfalls nicht in einem naturwissenschaftlichen Sinne zu verstehen", sondern bedürfe „rechtlicher Eingrenzung", da in tatsächlicher Hinsicht jeder Eingriff vermieden werden könne[644]. Es stellte im Anschluß aber nicht auf die Ziele ab.

(b) Zusammenfassung

Eher als die Auslegung des „Naturhaushalts" und des „Landschaftsbilds" orientiert die Rechtsprechung diejenige der „erheblichen Beeinträchtigung" ausdrücklich oder dem Inhalt nach an § 1 Abs. 1. Zum Teil richtet sie die Argumentation hier erneut an einzelnen Schutzgütern von § 1 Abs. 1 aus, zum Teil aber auch an deren Gesamtheit, Wechselbeziehungen und bereits bestehenden Beeinträchtigungen. Generell bestätigen die Gerichte damit den in der Literatur vertretenen Ansatz, die „Eingriffsschwelle" relativ hoch anzulegen, soweit Eingriffe durch erhebliche oder nachhaltige Beeinträchtigungen konstituiert werden. Dies zeigt sich, wenn die Gerichte ein „gesteigertes Maß" oder eine „verletzende Wirkung" und/ oder den konkreten Nachweis der zu erwartenden Beeinträchtigungen verlangen.

c) Ausgleichspflicht

Rechtsfolge eines Eingriffs i.S.v. § 8 Abs. 1 ist v. a. die Pflicht des Verursachers, Ausgleich zu schaffen, soweit dies zur Verwirklichung der Ziele des Naturschutzes und der Landschaftspflege erforderlich ist, § 8 Abs. 2 S. 1 a.E. Der „Ausgleich" ist in § 8 Abs. 2 S. 4 gesetzlich definiert. Die Ausgleichsdefinition ist gleichsam das Spiegelbild der Eingriffsdefinition.

(1) Entscheidungen im einzelnen

Entscheidungen zum Ausgleich von Beeinträchtigungen problematisierten zunächst den Umfang, in dem die Verwaltung Art und Ausmaß von Beeinträchtigungen ermitteln müsse, um deren Ausgleichbarkeit zu bestimmen.
Insofern sei die „Frage, ob und inwieweit von der Behörde *nicht erkannte* Eingriffe in Natur und Landschaft durch Vermeidungsmaßnahmen minimiert und durch Ausgleichsmaßnahmen ausgeglichen werden können"[645], nicht im gleichen Umfang gerichtlicher Kontrolle zugänglich wie diejenige, „ob trotz angeordneter Ausgleichsmaßnahmen verbleibende Eingriffe in Natur und Landschaft unvermeidbar und nicht ausgleichbar sind und zudem wesentlichen Belangen des Naturschutzes, der Landschaftspflege oder der Erholungsvorsorge entgegenstehen"[646]. Weil es sich bei der Bestands- und Konfliktanalyse zur Vorbereitung der Eingriffsentschei-

---

[643] VG Gießen 1990 (Lebensmittelmarkt), S. 38.
[644] BVerwG 1992 (Sachsendamm), S. 128; diese Entscheidung zitiert insoweit der VGH Mannheim 1994 (Bundesstraße 292), S. 148.
[645] VGH Mannheim 1994 (Bundesstraße 292), S. 152.
[646] Ebd., S. 152.

dung „um die Beurteilung komplexer Vorgänge aus dem Bereich verschiedener naturwissenschaftlicher Fachgebiete handelt (...) [, für die die Planfeststellungsbehörde besonders ausgerüstet sei, sei] es dem Gericht verwehrt, bei (...) wesentlichen Ermittlungsdefiziten der Behörde in deren Kompetenzen durch eigene gerichtliche Sachaufklärung einzugreifen (...). Insbesondere bei der Bestimmung der Ausgleichsmaßnahmen steht der Planfeststellungsbehörde notwendig ein Entscheidungsspielraum zu, in welcher Weise und an welcher Stelle sie *erkannte* Eingriffe durch adäquate, ihnen funktional zugeordnete Maßnahmen ausgleichen will. Entsprechendes gilt für Vermeidungsmaßnahmen."[647]
Großzügiger gegenüber der Verwaltung wurde argumentiert, als es um Beeinträchtigungen von Grundstückseigentümern durch einen Planfeststellungsbeschluß zum Straßenbau ging. Zum Vorbringen des Klägers, die Planfeststellung verletze ihn in seinem Eigentumsrecht, weil die Auswirkungen des Vorhabens nicht vollständig erfaßt worden seien, stellte das Gericht klar, es habe zwar „... auch ein grundstücksbetroffener Kläger keinen Anspruch auf ein vollständiges und fehlerfreies Vermeidungs- und Ausgleichskonzept. Er hat vielmehr nur einen Anspruch auf Planaufhebung, wenn und soweit ein Verstoß gegen die naturschutzrechtliche Eingriffsregelung kausal für seine Eigentumsinanspruchnahme ist."[648] Der Zustand von Natur und Landschaft müsse in dem Umfang ermittelt werden, der nötig sei, um eine sachgerechte Entscheidung zu ermöglichen. „Dabei ist von Bedeutung, daß nicht jede unvermeidbare Beeinträchtigung der Natur auszugleichen ist, sondern nur ‚soweit es zur Verwirklichung der Ziele des Naturschutzes und der Landschaftspflege erforderlich ist' (vgl. § 8 Abs. 2 S. 1 letzter Halbsatz). Es wird unter diesem Gesichtspunkt häufig nicht erforderlich sein, die von einem Vorhaben betroffenen Tier- und Pflanzenarten *vollständig* zu erfassen. (...) Je typischer die Gebietsstruktur des Eingriffsbereichs, je eher kann auch auf typisierende Merkmale und allgemeine Erfahrungen abgestellt werden."[649] Das Gericht schloß hier aus dem Umfang der an der Zielverwirklichung orientierten Ausgleichs- auf denjenigen der Sachverhaltsermittlungspflicht. Dies erscheint fraglich, weil keine Prognose über die Bedeutung eines Eingriffsbereichs für die Verwirklichung der Ziele möglich ist, bevor nicht seine Gegebenheiten und Funktionen ermittelt sind. Das Gericht begrenzte insoweit den Umfang der Ermittlungspflicht anhand eines Kriteriums, über das wesentliche Aussagen erst nach Abschluß der Ermittlungen möglich sind. Dennoch fand die Argumentationslinie höchstrichterliche Bestätigung in einer jüngeren Entscheidung. Hier sollte ein als Biotop kartiertes Grundstück für ein Brückenwiderlager im Verlauf einer neuen Eisenbahnstrecke in Anspruch genommen werden. Das Gericht stellte fest, § 8 Abs. 2 S. 1 zwinge die Planungsbehörde nicht zur Auswahl der ökologisch verträglichsten Trasse. Erst recht sei es daher nicht erforderlich, die betroffenen Tier- und Pflanzenarten vollständig zu erfassen. „Vielmehr

[647] Ebd., S. 152.
[648] BVerwG 1997 (Vermeidungs- und Ausgleichskonzept), S. 353.
[649] Ebd., S. 353.

kann es ausreichen, wenn für den Untersuchungsraum besonders bedeutsame Repräsentanten an Tier- und Pflanzengruppen festgestellt werden und wenn für die Bewertung des Eingriffs auf bestimmte Indikationsgruppen abgestellt wird."[650] Gerade diese Entscheidung macht deutlich, wie das Gericht die Vorgehensweise der Planfeststellungsbehörde billigte, um eines „Verkehrsprojekts Deutsche Einheit" willen auch die Zerstörung eines einhellig als wertvoll eingestuften Biotops in Kauf zu nehmen.

Aber auch „strengere" Stellungnahmen kommen vor. Ein Planfeststellungsbeschluß wurde deswegen für rechtswidrig erklärt, weil die Behörde fehlerhaft die Ausgleichbarkeit der Beeinträchtigungen angenommen habe, nachdem deren Art und Gewicht unzureichend ermittelt worden seien[651].

Zur Bestimmung des *Ausgleichs* selbst wurden Entscheidungen veröffentlicht, die sich mit den in Natur und Landschaft auszugleichenden Funktionen im einzelnen beschäftigten. Andere Gerichte verfochten eine eher übergreifende Betrachtung der Schutzgüter der Eingriffsregelung, die eine großzügigere Handhabung des Ausgleichsbegriffs ermöglichte.

Mehrere Gerichte betonten, „ausgeglichen" sei ein Eingriff erst, wenn die Funktionen von Naturhaushalt bzw. Landschaftsbild, deren Beeinträchtigung ihn konstituiert hatten, wiederhergestellt seien. Etwa müsse ein Eingriff, durch den die Funktionen sowohl des Naturhaushalts als auch der Landschaft beeinträchtigt würden, auch in gleichsam doppelter Hinsicht ausgeglichen werden[652] - es ging hier um die Bedeutung des Landschaftsbilds für Erholung und Freizeitgestaltung, § 1 Abs. 1 BNatSchG und § 1 Abs. 1, § 2 Nr. 2, 11 LG N-W[653]. Ehe deren Beeinträchtigung nicht rückgängig gemacht sei, liege kein Ausgleich vor[654]. Diese Argumentation nahm die landesrechtliche Formulierung des Eingriffsausgleichs beim Wort[655]. Auch sei ein Eingriff i.S.v. § 8 nicht hinreichend gewürdigt, wenn die Behörde in ihren Ausgleichsmaßnahmen „den Baumbestand im Sinne einer ‚Baumbilanz' reduziert hat, indem sie zu fällende sowie zu verpflanzende Bäume den an anderer Stelle (...) neu zu pflanzenden Bäumen gegenübergestellt und maßgeblich auf das Verhältnis 1:3 (gefällte zu neu gepflanzten Bäumen) abgestellt hat. Da aber nicht nur (...) Bäume gefällt, sondern (...) eine innerstädtische Grünfläche in ihrem Erscheinungsbild völlig verändert wird, kann ein Ausgleich nicht allein darin bestehen, irgendwo Bäume zu pflanzen; der Ausgleich muß sich vielmehr auch auf das Landschaftsbild beziehen."[656] Ähnlich sei bei Ausgleichsmaßnahmen für den Bau einer

---

[650] BVerwG 1997 (Weißes Waldvögelein), S. 139.
[651] VGH Mannheim 1994, (Bundesstraße 292), S. 148 f.
[652] OVG Münster 1994 (Quertrasse), S. 48.
[653] § 1 Abs. 1, § 2 Nr. 2, 11 LG N-W entsprechen wörtlich § 1 Abs. 1, § 2 Abs. 1 Nr. 2, 11 BNatSchG.
[654] OVG Münster 1994 (Quertrasse), S. 48.
[655] § 4 Abs. 4 S. 2 LG N-W entspricht wörtlich § 8 Abs. 2 S. 4 BNatSchG.
[656] OVG Koblenz 1992 (Schloßrondell), S. 292.

Umgehungsstraße zu bedenken, daß diese nicht nur „insgesamt ökologisch wertvolle Flächen“ als solche beeinträchtigen würde, sondern daß ihre Trasse „im besonderen Maße (...) trennende Wirkung“ haben würde, „die sich nachteilig auf die Tierwelt auswirkt. Der Lebensraum vieler Kleintiere wird zerschnitten oder eingeengt. Gleichzeitig wird die Funktion des Hanges und Bachtales als naturnahes Erholungsgebiet tangiert“[657]. Diese Wirkungen müßten bei der Bestimmung der Ausgleichsmaßnahmen bedacht werden. Dies gelte auch für die Bauleitplanung, insbesondere, wenn „Anlaß zu der Annahme [besteht], daß die speziellen Standorteigenschaften des zur Bebauung vorgesehenen Gebietes auf diesen [in Zusammenarbeit mit einem Vertreter des Deutschen Bundes für Vogelschutz ermittelten] Ausgleichsfächen nicht vorhanden sind und auch nicht hergestellt werden können. Ein Ausgleich für einen Eingriff in einen besonders schützenswerten Trockenstandort kann aber nicht durch beliebige andere Maßnahmen zugunsten des Naturschutzes bewirkt werden. So stellt etwa die Anlage eines Feuchtgebietes keinen Ausgleich für den Verlust eines Trockenstandortes dar.“[658]

Weniger strenge Anforderungen an den Eingriffsausgleich stellten andere Gerichte einmal aus der Sicht einer Planfeststellungsbehörde, das andere Mal aus der Sicht eines Klägers, den Ausgleichsmaßnahmen in seinem Eigentum betrafen. „Anhaltspunkte dafür, daß die in dem Begleitplan vorgesehenen Maßnahmen nicht ausreichen, um die Eingriffe in Landschaft und Natur soweit wie möglich [!] auszugleichen, sind nicht ersichtlich. (...) Beeinträchtigungen des Grundwassers und der Fließgewässer werden dadurch vermieden, daß die Straßenabwässer in zwei biologisch wirksamen Klärteichen vorgeklärt werden. Insgesamt ist die Neuanpflanzung von 150 000 Bäumen und Sträuchern vorgesehen. Hierdurch werden neue Brut- und Nistmöglichkeiten geschaffen. Soweit Gräser angepflanzt werden, wird der vorhandene Bewuchs berücksichtigt. (...) Bei dieser Sachlage ist die Einschätzung des Beklagten nicht zu beanstanden, daß die Straßenbaumaßnahme auch mit den Belangen des Natur- und Landschaftsschutzes vereinbar ist.“[659] Ausgleichs- und Ersatzmaßnahmen seien als Beeinträchtigung subjektiver Rechte nur rechtmäßig, wenn sie „zur Verwirklichung der Ziele des Naturschutzes und der Landschaftspflege erforderlich (§ 11 Abs. 3 S. 1 NatSchG Brem[660] i.V.m. [...] § 1

---

[657] VGH Kassel 1982 (Nordumgehung Niederursel), S. 387.

[658] VG Gießen 1989 (Baulückenbestand), S. 96.

[659] VGH Kassel 1987 (Ortsumgehung im Freilandanbau), S. 253.

[660] NatSchG Brem, § 11 Eingriffe in Natur und Landschaft

Abs. 3: Der Verursacher eines nach § 12 Abs. 1 beantragten oder angezeigten Eingriffs ist verpflichtet, vermeidbare Beeinträchtigungen von Natur und Landschaft zu unterlassen sowie unvermeidbare Beeinträchtigungen innerhalb einer von der zuständigen Behörden zu bestimmenden Frist durch Maßnahmen des Naturschutzes und der Landschaftspflege auszugleichen, soweit dies zur Verwirklichung der Ziele des Naturschutzes und der Landschaftspflege erforderlich ist. (...)

NatSchG Brem[661]/ § 1 BNatSchG) und zur Erfüllung ihrer Ausgleichs- und Ersatzfunktion geeignet" seien[662].
Den Formulierungen „Naturhaushalt, Tierwelt, Vielfalt ... von Natur und Landschaft" aus § 1 Abs. 1 entnahm das BVerwG einen Begriff der Gesamtheit von Natur und Landschaft, deren Schutz und Erhaltung das Gesetz gewidmet sei. Diese Gesamtheit bilde den Hintergrund für „Ersatzmaßnahmen, durch die die Leistungsfähigkeit des Naturhaushalts insgesamt erhalten oder jedenfalls geschont werden" könne[663], „wenn ein unvermeidbarer Eingriff mit landespflegerischen Maßnahmen an anderer Stelle einhergeht"[664]. Bei nicht ausgleichbaren Eingriffen in Natur und Landschaft könne diesen „Schutzgütern von § 1 Abs. 1 BNatSchG" noch durch Ersatzmaßnahmen Rechnung getragen werden. Der Begriff des Ausgleichs wurde damit wegen § 1 Abs. 1 über den Wortlaut von § 8 Abs. 2 S. 4 hinaus auf solche Maßnahmen ausgedehnt, die nicht die konkrete Beeinträchtigung betreffen, aufgrund derer von einem Eingriff gesprochen wurde. Eine Subsumtion unter die Einzelziele erfolgte nicht. Auch ein Ausgleich der Beeinträchtigung des Landschaftsbilds durch die Anlage von Fischteichen scheide nicht schon deshalb aus, weil der Umstand, daß ein Eingriff erfolgt war, sichtbar geblieben war[665]. Vielmehr komme es darauf an, daß die Funktionen des Naturhaushalts wie vor dem Eingriff fortbestünden[666]. Dann könne dieser als „ausgeglichen" verstanden werden[667]. Das Landschaftsbild könne verändert bleiben, so lange Eingriffe in „landschaftsgerechter Weise aufgefangen" würden, wodurch das Landschaftsbild auch verbessert werden könne[668]. Die Stellungnahme des Berufungsgerichts sei daher unzutreffend. Es hatte entschieden, eine Beeinträchtigung der Landschaft durch die Anlage von Fischteichen sei nur dann als Eingriff „ausgeglichen", wenn sie nicht mehr optisch wahrnehmbar sei[669]. Noch weiter wurde der Ausgleichsbegriff in einer Entscheidung über die Rechtmäßigkeit eines Bebauungsplans in Anbetracht von § 8 a gefaßt: „Zweifelsfrei greift der Bebauungsplan durch Ausweisung von Wohnbauflächen sowohl in die Natur (Naturhaushalt) als auch in die Landschaft (Vegetation) und (...) auch in das örtliche Klima ein. Diese Eingriffe sind im naturwissenschaftlichen Sinn unvermeidbar und insoweit auch nicht ausgleichsfähig. (...)

---

[661] § 1 NatSchG Brem entspricht wörtlich § 1 BNatSchG.
[662] OVG Bremen 1989 (Maschinenfleet), S. 226.
[663] BVerwG 1989 (Richtfunkschaltstelle), S. 346.
[664] Ebd., S. 346.
[665] BVerwG 1990 (Fischteiche), S. 356.
[666] Auf diesen „funktionellen Zusammenhang" zwischen Eingriff und Ausgleich beziehen sich in der Folgezeit neben dem BVerwG selbst (1992 [Sachsendamm], S. 125 f.) eine Vielzahl von Gerichten, vgl. nur VGH Mannheim 1991 (Geflügelmaststall), S. 999; VGH Kassel 1982 (Nordumgehung Niederursel), S. 387.
[667] BVerwG 1990 (Fischteiche), S. 360 f.
[668] Ebd., S. 360 f.
[669] Als Berufungsgericht hatte das OVG Koblenz entschieden; ähnlich argumentierte dies schon 1980 (Fischteiche im Naturpark Nassau), S. 30.

‚Ausgeglichen' sind sie dann, wenn die nachteiligen Auswirkungen auf Natur und Landschaft auf den Bauflächen selbst so gering wie möglich gehalten und nach Möglichkeit und Bedarf auch durch Sicherung zusätzlicher naturbelassener Flächen ‚an anderer Stelle' kompensiert werden; (...). Der Bebauungsplan sieht bereits auf den zu bebauenden Gebieten zahlreiche Minimierungsregelungen vor. Es müssen zahlreiche Bäume neu gepflanzt, und bestehender Baumbestand muß weitestgehend erhalten werden. Die unbebauten und nicht versiegelten Flächen sind intensiv zu begrünen. (...) Mit diesem Regelungskatalog werden die Belange von Natur und Landschaft in weitestgehendem Umfang zur Geltung gebracht."[670]
Drei Entscheidungen schließlich ergingen im Zusammenhang mit § 1 Abs. 1 zur Höhe der Ausgleichsabgaben, die anläßlich von Eingriffen angeordnet worden waren. Sie behandelten die Höhe von Ausgleichsabgaben und gingen mit den Zielen sehr unterschiedlich um.
Das Gericht, das über die Ausgleichsabgabe anläßlich des Baus eines Fernmeldeturms auf einem Schwarzwaldgipfel zu entscheiden hatte, verzichtete darauf, die Vorschriften offenzulegen, an denen es die Entscheidung ausgerichtet hatte. Maßgeblich sei hier die dauerhafte, einschneidende Veränderung des Landschaftsbilds, die ein 95 m hoher Turm verursache, nicht dagegen eine Beeinträchtigung der Natur auf dem Gipfel, die ohnehin durch dessen Besiedelung schon geschädigt sei[671]. Demgegenüber richtete das Gericht, das über die Ausgleichsabgabe anläßlich des Baus eines Kuhstalls samt Pferdeboxen entschied, einen an § 1 Abs. 1 orientierten Vorwurf an die Behörde: „Um zu einer rechtlich einwandfreien Bemessung der Ausgleichsabgabe zu gelangen, wäre zunächst eine umfassende und in den Einzelaspekten nachvollziehbare, plausible, schriftlich niedergelegte Bewertung der durch den Eingriff hervorgerufenen Beeinträchtigungen der Leistungsfähigkeit des Naturhaushalts, des Landschaftsbildes, des Erholungswertes und des örtlichen Klimas erforderlich gewesen. Daran hätte sich eine entsprechende schriftlich niedergelegte Bewertung der günstigen Auswirkungen der Ausgleichmaßnahmen anschließen müssen. (...) Falls der Bekl[agte] im Rahmen der Bewertung der Wirkungen der Ausgleichsmaßnahmen zum Ergebnis gekommen wäre, daß die durch den Eingriff hervorgerufenen Beeinträchtigungen nicht vollständig ausgeglichen sind, so hätte er bewerten müssen, zu welchem Bruchteil oder Prozentsatz ein Ausgleich fehlt. Den so ermittelten Anteil der ersparten Rekultivierungskosten (...) hätte der Bekl[agte] dem Kl[äger] als Ausgleichsabgabe auferlegen können."[672] Damit bezog sich das Gericht auf den Wortlaut von § 1 Abs. 1 Nr. 1 und nahm zudem das Klima als Naturgut aus § 1 Abs. 1 Nr. 2, das Landschaftsbild als anderen Ausdruck für Vielfalt, Eigenart und Schönheit von Natur und Landschaft i.S.v. § 1 Abs. 1 Nr. 4 und den Erholungswert wieder auf, um den es in § 1 Abs. 1 a.E. geht. Es nannte

---

670 VGH Mannheim 1995 (Klimatologische Auswirkungen eines Bebauungsplans), S. 91 f. (Hervorhebungen im Original).
671 VG Freiburg 1985 (Fernmeldeturm), S. 41.
672 VGH Kassel 1993 (Kuhstall und Pferdeboxen), S. 255.

allerdings weder § 1 Abs. 1 noch die in den Formulierungen ähnliche Ausgleichsdefinition des § 8 Abs. 2 S. 4 ausdrücklich als Grundlage der Argumentation. Zudem beschränkte es sich auf die Kritik der Behörde, um deren Entscheidung es ging. Der Verwaltungsgerichtshof bewertete den Eingriff nicht anstelle der Behörde selbst, stellte es dieser aber anheim, „unter Beachtung der im vorliegenden Urteil dargelegten Grundsätze eine neue Bewertung und Berechnung anzustellen und gegebenenfalls dem Kl[äger] eine Ausgleichsabgabe aufzuerlegen."[673]
Auch die dritte Entscheidung zur Höhe von Ausgleichsabgaben im Zusammenhang mit einem Eingriff in Natur und Landschaft stellte insoweit keine ausdrückliche Verbindung zu den Zielen her. Fraglich war hier, in welchem Umfang für eine Freileitung Ausgleich in Geld zu leisten war. Das Gericht bestimmte die Erheblichkeit des Eingriffs jeweils für die Bereiche zwischen den einzelnen Leitungsmasten: Ein Teil der Leitung liege im Randbereich eines Vogelschutzgebiets und begrenze Nahrungs- und Rastmöglichkeiten der Vögel. Ein anderer Teil verlaufe durch eine bisher annähernd unbeeinträchtigte Bachniederung. Für diese Teile sei eine Ausgleichsabgabe gerechtfertigt. Dies gelte nicht für einen dritten Abschnitt der Leitung, der parallel zu einer Bundesautobahn verlaufe: „Der Betrachter hat hier im Gegensatz zu dem vorangegangenen gewürdigten Streckenabschnitt nicht mehr eine freie Landschaft vor sich, sondern eine so stark durch die menschliche Zivilisation und die Technik geprägte Landschaft, daß hier eine optische Überlagerung eintritt, die die Bedeutung des einzelnen Eingriffs so relativiert, daß er nicht mehr als erheblich und damit ausgleichspflichtig angesehen werden kann."[674]

(2) Zusammenfassung

Die Stellungnahmen der Rechtsprechung zu den Anforderungen an den Ausgleich von Eingriffen sind uneinheitlich.
Bei der Bestimmung der beeinträchtigten Funktionen des Naturhaushalts und Landschaftsbilds, die über die Anforderungen an den Ausgleich entscheiden, sind die Gerichte, die die Frage aufwerfen, der Verwaltung gegenüber eher großzügig. Zumeist überlassen sie den Behörden die Entscheidung über die Güter und Funktionen, deren Beeinträchtigung auszugleichen ist. Der in der Literatur vertretene Ansatz, die auszugleichenden Funktionen nach einem Eingriff als Spiegelbild der beeinträchtigten Funktionen zu betrachten, findet darin keinen Nachhall.
Im Anschluß an die Bestimmung der Funktionen der Natur und Landschaft, die ausgeglichen werden sollen, wird teilweise ein funktionsorientiert-vollständiger Ausgleich gefordert, genügt es aber nach Ansicht anderer Gerichte, wenn Beeinträchtigungen „so weit wie möglich" kompensiert werden, was auch durch „Ausgleich" an anderer Stelle geschehen kann. Am geringsten sind die Anforderungen an den Ausgleich, wenn ein Gericht fordert, die Ausgleichsmaßnahmen

[673] Ebd., S. 256.
[674] VGH Mannheim 1983 (Ausgleichsabgabe für Freileitung), S. 278 („vorangegangenen gewürdigten Streckenabschnitt" wie im Original).

müßten als Beeinträchtigungen des Eigentums zur Verwirklichung der Ziele des Naturschutzes und der Landschaftspflege geeignet und erforderlich sein. Daran ändert auch der Umstand nichts, daß das Gericht damit die Anknüpfung der gesetzlichen Eingriffs- und Ausgleichsdefinitionen an die Ziele weiterführt und den Auslegungsansatz anwendet, wonach der letzte Teilsatz von § 8 Abs. 2 S. 1 eine Begrenzung der Ausgleichspflicht anordnet.

d) Landwirtschaftsklausel, § 8 Abs. 7

Entscheidungen zum Landwirtschaftsprivileg in der Eingriffsregelung problematisieren vorwiegend zwei Fragen, nämlich dessen Anwendbarkeit auf Beeinträchtigungen von Naturhaushalt und Landschaftsbild, die eine landwirtschaftliche Nutzung erst ermöglichen sollen, und die Auslegung des Begriffs „ordnungsgemäß" im Tatbestand des Landwirtschaftsprivilegs.

(1) Entscheidungen im einzelnen

Eine Reihe von Entscheidungen zur Auslegung der „ordnungsgemäßen Landwirtschaft" in § 8 Abs. 7 befaßte sich wesentlich mit der Frage, ob das Landwirtschaftsprivileg auch auf Maßnahmen anwendbar sei, die die Voraussetzungen für eine landwirtschaftliche Nutzung schaffen. Die Gerichte stellten hier ausnahmslos klar, dies sei nicht der Fall. Die Ziele des Naturschutzes und der Landschaftspflege spielten zur Begründung keiner dieser Entscheidungen eine Rolle[675].

Andere Gerichte verwiesen ausdrücklich auf § 1 Abs. 3 (alt) oder § 1 Abs. 2, um zu begründen, in welchem Verhältnis ökonomische und ökologische Gesichtspunkte im Rahmen „ordnungsgemäßer" Landwirtschaft eine Rolle spielten. Anhand des so ermittelten Verhältnisses stellten sie fest, ob die zur Prüfung stehenden Maßnahmen Eingriffe seien. Während einige Gerichte dafür plädierten, „ordnungsgemäß" sei anhand ökologischer *und* ökonomischer Kriterien zu bestimmen, zumal ohnehin nur ökologisch „richtig" verstandene Bodennutzung auch langfristig ökonomisch richtig sein könne, sprachen sich andere für ein allein ökologisches Verständnis aus.

Zur erstgenannten Gruppe gehört eine Entscheidung, die sich an der Harmonisierung des Verhältnisses zwischen §§ 1 Abs. 3 (alt) und 8 Abs. 7 a.F. anhand §§ 1 Abs. 1, Abs. 2 versuchte. Nach § 1 Abs. 3 (alt) diene die ordnungsgemäße Landwirtschaft „nur" in der Regel den Zielen des BNatSchG. Es könne also auch Fälle geben, in denen sie den Zielen zuwiderlaufe. Weil § 8 Abs. 7 a.F. die Möglichkeit ausschließe, daß landwirtschaftliche Maßnahmen Eingriffe in Natur und Landschaft bedeuteten, stehe die Vorschrift dazu im Widerspruch. Das Gericht setzte hier „kein Eingriff in Natur und Landschaft" (§ 8 Abs. 7 a.F.) mit „den Zielen dieses Gesetzes dienend" (§ 1 Abs. 3 [alt]) gleich. Der beschriebene Widerspruch sei mit

---

675 Zur Aufsandung eines Gewässeraltarms in einem Landschaftsschutzgebiet BVerwG 1988 (Emstal), S. 179; zur Beseitigung einer Hecke BVerwG 1992 (Heckenbeseitigung), S. 468; zur Aufforstung von Streuwiesen BVerwG 1983 (Rötsee), S. 94; zur Errichtung von Zäunen für ein neues Damwildgehege OVG Koblenz 1988 (Damwildgehege mit Knotengitterzaun), S. 184.

den Zielen in § 1 Abs. 1 nicht zu vereinbaren, es müsse also ein Vorrangverhältnis zwischen §§ 8 Abs. 7 a.F. und 1 Abs. 3 (alt) gefunden werden. Entscheidend sei hier die Relativierung „in der Regel“, die in § 1 Abs. 3 (alt), nicht aber in § 8 Abs. 7 a.F. vorkomme. Ihretwegen „(...) ist die Kammer der Meinung, daß nach objektiv-teleologischen Auslegungskriterien (...) bei der Auflösung dieser Antinomie dem Normgehalt des § 1 Abs. 3 (alt) der Vorrang gebührt. Anders könnte die Entscheidungspraxis den in § 1 Abs. 1 definierten Zielen von Naturschutz und Landschaftspflege und dem Abwägungsgebot in § 1 Abs. 2 in vielen Fällen nicht gerecht werden.“ [676] Zuvor hatte die Kammer einer an § 1 Abs. 1 orientierten, „nur naturgerechten“ Auslegung des Begriffs „ordnungsgemäß“ in § 8 Abs. 7 a.F. eine Absage erteilt, denn diese Lesart mache aus der Vorschrift eine „Leerformel“[677]. „Ordnungsgemäß“ sei daher die „je schul- und zunftgemäße“ Landwirtschaft[678], *auch* wenn dabei im Einzelfall ökonomische Gesichtspunkte im Vordergrund stehen. Man mag zweifeln, ob die Ausgangsthese zutreffend ist: Nicht alles, was Natur und Landschaft nicht beeinträchtigt, trägt dazu bei, z.B. die Leistungsfähigkeit des Naturhaushalts nachhaltig zu sichern, dies zumal angesichts des aktiv-bewahrenden Naturschutzansatzes von § 1 Abs. 1. Dennoch urteilten andere Gerichte im Ergebnis entsprechend für ein ökologisches *und* ökonomisches Verständnis der „Ordnungsgemäßheit“. Eine „ausschließlich ökonomisch verstandene Auslegung der landesrechtlichen Landwirtschaftsklausel“ sei „durch das BNatSchG ausgeschlossen“, weil §§ 2 S. 1, 1 Abs. 2 die Abwägung der sich aus § 1 Abs. 1 ergebenden Anforderungen vorsehe[679]. Dabei machte sich das Gericht von den Formulierungen des Berufungsgerichts weder diejenige zu eigen, §§ 1, 2 enthalte ein „Gebot der Wahrung ökologischer Ziele und Grundsätze“ noch diejenige, „§ 1 Abs. 1, Abs. 2 benenne „Zielvorstellungen“[680]. Auch das Berufungsgericht hatte betont, der Begriff der „ordnungsgemäßen“ Landwirtschaft in der landesrechtlichen Eingriffsregelung[681] sei „auch ökologisch und nicht etwa nur ökonomisch ausgerichtet“[682]. Inwiefern diese Auslegung „mit der wohl überwiegenden Meinung“ auf

---

[676] VG Regensburg 1983 (Erdbeeren und Raps), S. 156.

[677] Ebd., S. 156.

[678] Ebd., S. 156.

[679] BVerwG 1988 (Entlandung des Hirschbergweihers-Revisionsinstanz), S. 289.

[680] VGH München 1984 (Entlandung des Hirschbergweihers-Berufungsinstanz), S. 28.

[681] Inzwischen erläutert das Bayerische Naturschutzgesetz selbst, was im Rahmen der Eingriffsregelung unter „ordnungsgemäßer“ Landwirtschaft zu verstehen ist.
NatSchG Bay, Art. 6 Eingriffe in Natur und Landschaft
Abs. 2: (...) Eine landwirtschaftliche Bodennutzung ist ordnungsgemäß, wenn im Rahmen des wissenschaftlich-technischen Fortschritts und der gesetzlichen Bestimmungen die Bodenfruchbarkeit nachhaltig gesichert und die Erzeugung hochwertiger Nahrungsmittel gewährleistet ist. Als ordnungsgemäße landwirtschaftliche Bodennutzung gilt grundsätzlich die bisher übliche Nutzung durch bäuerliche Landwirtschaft.

[682] VGH München 1984 (Entlandung des Hirschbergweihers-Berufungsinstanz), S. 27.

die Ziele und Grundsätze von Naturschutz und Landschaftspflege abstellt[683], ließ das Gericht offen. Mit dem Hinweis, „ordnungsgemäß" sei allein die langfristig ökonomisch richtige Landwirtschaft[684], deutete es an, letztlich ermögliche nur ein ökologisch vernünftiger Umgang mit den natürlichen Ressourcen eine langfristig ökonomische Landwirtschaft.

Demgegenüber heißt es an anderer Stelle, „im Sinne dieses Gesetzes ordnungsgemäß" könne nur die an den Zielen und Grundsätzen von §§ 1, 2 als „ökologischen Grundsätze" orientierte Landwirtschaft sein[685], was seinerseits von einem weiteren Gericht aufgenommen wurde, um eine ausschließlich ökologische Auslegung der landesrechtlichen Eingriffs-Landwirtschaftsklausel[686] zu begründen[687]. Von „ordnungsgemäßer Landwirtschaft" könne nicht gesprochen werden, wenn eine Moorfläche abgegraben werde, um den Reetertrag zu steigern[688], und dadurch zwar die Moorfläche erhalten, gleichzeitig aber in der Umgebung der Grundwasserspiegel abgesenkt und dadurch die im nicht abgegrabenen Bereich noch vorhandene mooreigene Pflanzenwelt zerstört werden würde. Dieses Gericht nutzte für seine Argumentation den Vergleich mit § 1 Abs. 1 Nr. 3 für die durch die Abgrabung gefährdeten Moorpflanzen, Nr. 2 dieser Norm für die Nutzung des Reet. Dabei verwies es jedoch nicht ausdrücklich auf die Vorschrift. Weiterer Begründungsansatz für die für eine Beurteilung der ordnungsgemäßen Landwirtschaft „ausschließlich nach ökologischen Merkmalen"[689] waren §§ 1, 2 und ein Umkehrschluß zur allein ökonomisch verstandenen ordnungsgemäßen Landwirtschaft. Deren Auswirkungen - hier v. a. auf ein Niedermoor als „Rückzugsgebiet für eine mannigfaltige Pflanzen- und Tierwelt" - könnten „nicht im Sinne des Gesetzgebers gewesen" sein[690]. Warum §§ 1, 2 nach seiner Ansicht jedoch auch eine ökonomisch *und* ökologisch orientierte Auslegung der Landwirtschaftsklausel verbieten, ließ das Gericht offen. Später bestätigte es[691] ein Urteil, in dem begründet worden war, warum eine Weihnachtsbaumkultur am Rand eines Naturschutzgebiets dessen Biotopbedingungen beeinträchtige, insofern einen Eingriff in Natur und Landschaft darstelle und auch nicht als „ordnungsgemäße Landwirtschaft" von der Anwendung der Eingriffsregelung ausgenommen werden könne: „Ordnungsgemäß" sei nur eine Bodennutzung, die „auch und gerade den Zielen und Grundsätzen des Naturschutzgesetzes Rechnung" trage und diese beachte[692]. Das Gericht bezog sich

---

683 Ebd., S. 27.
684 Ebd., S. 28.
685 VG München 1980 (Jungviehweide im Knabenkraut), S. 39.
686 § 7 Abs. 2 LPflG S-H entsprach § 8 Abs. 7 a.F. BNatSchG.
687 VG Schleswig 1983 (Moorflächenabgrabung), S. 283.
688 Ebd., S. 283.
689 OVG Lüneburg 1984 (Wiederherstellung einer Niedermoorsenke), S. 32.
690 Ebd., S. 33.
691 OVG Lüneburg 1986 (Meißendorfer Teiche-Berufungsinstanz), n.v.
692 VG Stade 1986 (Meißendorfer Teiche-Ausgangsinstanz), S. 236.

dazu auf § 7 Abs. 2 NatSchG Nds[693], jedoch weder auf die landes- noch auf die bundesrechtlichen Zielvorschriften.
Ganz auf eine sachliche Begründung seiner These von der allein an ökologischen Grundsätzen zu orientierenden Auslegung der Landwirtschaftsklausel der bayerischen Eingriffsregelung verzichtete ein anderes Gericht - § 8 Abs. 7 a.F. BNatSchG stelle dies klar, wirtschaftliche Aspekte seien daher unbeachtlich[694].

(2) Zusammenfassung
Während die Rechtsprechung die Anwendung von § 8 Abs. 7 auf Vorhaben, die landwirtschaftliche Betätigung erst ermöglichen sollen, einheitlich ablehnt, bestehen zur Auslegung des Begriffs „ordnungsgemäß" vielerlei Ansätze. Ein letztgültiger Modus zum Verhältnis zwischen ökonomisch und ökologisch „richtiger" Wirtschaftsform wurde nicht herausgearbeitet, bevor die Vorschrift 1998 geändert wurde. Die Rechtsprechung spiegelte mithin den ausdauernden Streit in der Literatur über Auslegung und Funktionen der Landwirtschaftsklausel in § 8 Abs. 7 a.F. Zur neugefaßten Norm sind bisher keine Entscheidungen veröffentlicht worden.

e) Zusammenfassung zur Auslegung der Eingriffsregelung anhand der Ziele
Die Rechtsprechung zur Auslegung der Eingriffsregelung ist geprägt von Hinweisen auf die Ziele des Naturschutzes und der Landschaftspflege, die die Gerichte nicht als solche bezeichnen.
Der Naturhaushalt und das Landschaftsbild werden anhand der Kriterien von § 1 Abs. 1 Nr. 3 und 4 ausgelegt, wobei sich die Gerichte aber nicht ausdrücklich auf die Zielvorschrift beziehen. Eher problematisieren die Gerichte die „Erheblichkeit" von Beeinträchtigungen ausdrücklich anhand von § 1 Abs. 1. Insoweit machen die Gerichte von den Möglichkeiten des § 1 Abs. 1 Gebrauch, als Auslegungshilfe verwendet zu werden.
Kaum Beachtung schenken sie den Zielen demgegenüber, wenn es um die Bestimmung von Ausgleichsmaßnahmen für Eingriffe geht. Der von der Literatur herausgearbeitete Weg, sowohl Art und Umfang der Beeinträchtigungen als auch im Anschluß die erforderlichen Ausgleichsmaßnahmen anhand der Kriterien aus § 1 Abs. 1 zu bestimmen, findet in der Rechtsprechung keinen Anklang; es überwiegen generelle Verweise auf die Ziele. Zum Teil werden allerdings Ausgleichszahlungen anhand der durch einen Eingriff beeinträchtigten Bestandteile von Natur und Landschaft bemessen und insoweit die Ziele in Bezug genommen.

---

[693] NatSchG Nds, § 7 Begriff [sc. des Eingriffs in Natur und Landschaft]
Abs. 2: Die im Sinne dieses Gesetzes ordnungsgemäße land-, forst- und fischereiwirtschaftliche Bodennutzung ist nicht als Eingriff anzusehen. Dies gilt in der Regel auch für die Änderung der Nutzungsart landwirtschaftlich genutzter Flächen im Rahmen einer landwirtschaftlichen Bodennutzung.
[694] VG München 1980 (Jungviehweide im Knabenkraut), S. 39.

2. *Abwägung*

In den meisten Entscheidungen, in denen Gerichte zu den bei der Anwendung der Eingriffsregelung möglichen Abwägungen unter Rückgriff auf § 1 Stellung nehmen, entscheiden die Gerichte über Ermessensausübungen im Rahmen von Planfeststellungsverfahren, innerhalb derer gem. § 8 Abs. 4, Abs. 2 S. 1 eine Abwägung über Art und Umfang von Ausgleichsmaßnahmen erfolgen muß[695]. Außerdem werden Abwägungen zur Eingriffsuntersagung nach § 8 Abs. 3 gerichtlicher Kontrolle anhand von § 1 Abs. 1 unterzogen, die in Einzelentscheidungen angestellt wurden[696]; *ein* Urteil ist zur Ermessensentscheidung nach § 8 Abs. 2 S. 1 außerhalb von Planfeststellungsverfahren ersichtlich[697].

a) Zusammenstellung von Belangen

Die Entscheidungen, die zu Planfeststellungsbeschlüssen ergangen sind, forderten zwar von der zuständigen Behörde eine „vollständige" Zusammenstellung der einschlägigen Interessen, wurden aber kaum konkreter. Wie zur Erklärung der eigenen indifferenten Prüfkriterien weisen einige Gerichte in bezug auf Planfeststellungsentscheidungen auch auf Abwägungs- oder Planungsspielräume der Behörden hin. Auch die Entscheidungen zu Einzel-Abwägungen nach § 8 Abs. 3 bleiben zum Teil recht oberflächlich bei der Festlegung dessen, was in die Abwägung eingestellt werden sollte. Konkreter bei der Bestimmung der in die Abwägung nach § 8 Abs. 3 einzubeziehenden Interessen waren sind Urteile, die problematisieren, ob die Interessen betroffener Eigentümer eingestellt werden müßten.

(1) Entscheidungen im einzelnen

So hieß es in einer Entscheidung im vorläufigen Rechtsschutz gegen die Startbahn West des Flughafens Frankfurt/ Main, die Behörde, die den Plan für eine neue Startbahn genehmige, habe auch das Abwägungsgebot nach § 1 Abs. 2 zu erfüllen und deshalb die Naturschutzbehörde zu beteiligen. Wenn über die Folgen von Straßenumlegungsarbeiten die Wasserbehörde entschieden habe, ohne die Natur-

---

[695] VG Frankfurt/ Main 1982 (Startbahn West), S. 28 ff.; OVG Bremen 1985 (Gräben am Lehester Deich), S. 129 ff.; VGH Kassel 1987 (Ortsumgehung im Freilandanbau), S. 250 ff. Ohne Bezug auf die Ziele argumentieren VGH Mannheim 1994 (Bundesstraße 292), S. 147 ff., und BVerwG 1992 (Sachsendamm), S. 125 ff. Allgemein zur Rolle der Verwaltungsgerichte in Planfeststellungsentscheidungen Jöhnk 1995, S. 254 f.

[696] VG Potsdam 1994 (Großtrappe), S. 427 ff.; VGH Mannheim 1992 (Geflügelmaststall), S. 989 ff., zu immissionsrechtlichen Genehmigungen; ohne Rückgriff auf § 1 VGH München 1995 (110-kV-Freileitung), S. 203 ff., und OVG Münster 1994 (Abtonungsfläche), S. 308 ff.; BVerwG 1990 (Fischteiche), S. 348 ff.

[697] OVG Schleswig 1994 (Nachklärteiche), S. 377; innerhalb eines eisenbahnrechtlichen Planfeststellungsverfahrens fand § 8 Abs. 2 S. 1 in letzter Zeit in BVerwG 1997 (Weißes Waldvögelein), S. 139,- wenn auch nicht entscheidende - Beachtung. Auf den Ermessensspielraum der (Planfeststellungs-) Behörden hinsichtlich Art und Umfang von Ausgleichsmaßnahmen wiesen der VGH Kassel 1992 (Nordumgehung Niederursel), S. 388, und das OVG Münster 1995 (Exklusive Villenlage), S. 276, hin.

schutzbehörde auch nur zu hören, sei ein Ermessensausfall im Hinblick auf die nach § 1 Abs. 2 vorgeschriebene Abwägung möglich[698].

Auch im Rahmen eines Planfeststellungsbeschlusses nach § 111 Abs. 1 WHG, so urteilte ein anderes Gericht[699], müsse gem. § 1 Abs. 2 abgewogen werden, weil dieser einem Eingriff i.S.v. § 8 Abs. 1 vorangehe. Hierzu führte das Gericht aus: „[Nach § 1 Abs. 2 BNatSchG und § 1 Abs. 2 NatSchG Brem[700]] sind die Anforderungen, die § 1 Abs. 1 BNatSchG in bezug auf die Erhaltung und Pflege von Natur und Landschaft aufstellt, untereinander und gegen die sonstigen Anforderungen der Allgemeinheit abzuwägen. (...) Die Behörde hat sich auf die Abwägungen im Verfahren zur Aufstellung des Bebauungsplanes bezogen und sie sich zu eigen gemacht. Das kann nicht fehlerhaft sein, weil ihr keine neuen Erkenntnisse vorlagen“[701]. Eine Stellungnahme dazu, welche Interessen in die Abwägung konkret einbezogen werden müßten, sucht man hier vergebens. Dies gilt auch für eine Entscheidung, in der zwar §§ 1, 2, 8 als bei der Planung einer Ortsumgehung zu beachtende Belange genannt wurden, dann aber lediglich festgestellt wurde, in dieser Hinsicht liege kein Planungsfehler vor: „Alle für und gegen die Planung sprechenden öffentlichen und privaten Interessen sind berücksichtigt und mit den privaten Belangen des Klägers in einer Weise abgewogen worden, die nicht zu beanstanden ist.“[702]

Was Abwägungs- oder Planungsspielräume der Behörden betrifft, hieß es, wenn ein Eingriff weder vermeidbar noch ausgleichbar sei, habe die „echte, von der fachplanerischen nach § 17 Abs. 1 S. 2 FStrG zu unterscheidende spezifisch naturschutzrechtliche Abwägung zu erfolgen, die den allgemeinen Grundsätzen behördlicher Abwägungsentscheidungen zu folgen hat und insoweit nur eingeschränkter gerichtlicher Kontrolle zugänglich ist“[703]. Insoweit unterscheide sich die Abwägung vom strikten Vermeidungsgebot und der Ausgleichspflicht[704]. Dies nahm ein Gericht auch zum Anlaß, eine fragwürdige Planfeststellung zu bestätigen: Ein Rechtsfehler liege auch insofern nicht vor, als „§ 14 Abs. 5 S. 2 NatSchG Bln[705]

[698] VG Frankfurt/ Main 1982 (Startbahn West), S. 31. Weil die Entscheidung im vorläufigen Rechtsschutz erging, erfolgte keine abschließende Beurteilung.

[699] OVG Bremen 1985 (Gräben am Lehester Deich), S. 131.

[700] Die Vorschriften sind wortgleich.

[701] OVG Bremen 1985 (Gräben am Lehester Deich), S. 131.

[702] VGH Kassel 1987 (Ortsumgehung im Freilandanbau), S. 252.

[703] VGH Mannheim 1994 (Bundesstraße 292), S. 148.

[704] BVerwG 1992 (Sachsendamm), S. 129. Metz 1996, S. 248, bezeichnet die Ausführungen des Gerichts zu § 8 Abs. 1 S. 1 als „Kapriolen“, die seit der Einführung des § 8 a nicht mehr von Interesse seien.

[705] NatSchG Bln, § 14 Eingriffe in Natur und Landschaft
Abs. 5: Ein Eingriff ist unzulässig, wenn die Beeinträchtigungen nicht zu vermeiden und nicht im erforderlichen Maße auszugleichen sind und die Belange des Naturschutzes und der Landschaftspflege bei Abwägung aller Anforderungen an Natur und Landschaft im Range vorgehen.

nicht ausgleichbare Eingriffe nur zuläßt, wenn überwiegende Belange der Allgemeinheit dies erfordern. Es mag zweifelhaft sein, ob die Planfeststellungsbehörde diese Besonderheit des Landesrechts - im Vergleich zur bundesrechtlichen Regelung des § 8 Abs. 3 BNatSchG - deutlich erkannt hat. Aber auch darauf kommt es letztlich nicht an: Die im Planfeststellungsbeschluß gegebene Begründung läßt nämlich noch hinreichend erkennen, daß die Behörde in eine naturschutzrechtlich gebotenen Abwägung eigetreten ist. Die dargelegten Erwägungen sind zwar knapp, aber angesichts der herausragenden und offensichtlichen Bedeutung der verkehrlichen Belange genügend."[706] § 1 Abs. 1 und Sachargumente zu Naturschutz und Landschaftspflege spielten für diese Entscheidung keine Rolle; im Vordergrund stand die Rechtfertigung des „knappen"[707] Umgangs der Planfeststellungsbehörde mit den Belangen von Naturschutz und Landschaftspflege.
Auch Entscheidungen in Einzelfällen nach § 8 Abs. 3 blieben zum Teil recht oberflächlich. Beispielsweise sei die naturschutzrechtliche Abwägung nach § 8 Abs. 3 BNatSchG in die landesrechtliche Eingriffsregelung, § 11 Abs. 1 Nr. 3 NatSchG B-W[708], eingeflossen, derzufolge ein Eingriff genehmigt werden kann, wenn überwiegende öffentliche Interessen dies erfordern. Es sei daher zu prüfen, „ob die behördliche Abwägung sich in dem für den Einzelfall maßgeblichen rechtlichen Rahmen vollzogen hat."[709] Die Entscheidung über eine Immissionsgenehmigung genüge diesen Anforderungen. Dabei problematisierte das Gericht nicht, ob und in welcher Weise auch § 1 Abs. 1 zum „maßgeblichen rechtlichen Rahmen" gehört. Etwas konkreter war eine neuere Entscheidung zu einem immissionsrechtlichen Genehmigungsbescheid für die Errichtung eines Betonwerks: In die Abwägung hätte nach Ansicht des Gerichts insbesondere die Eigenschaft des betroffenen Gebiets als Lebensraum oder sogar Balzplatz der vom Aussterben bedrohten Großtrappe[710] ein-

---

Ein nicht ausgleichbarer Eingriff darf nur zugelassen werden, wenn überwiegende andere Belange der Allgemeinheit den Eingriff erfordern. (...).

[706] BVerwG 1992 (Sachsendamm), S. 129.

[707] Ebd., S. 129.

[708] NatSchG B-W, § 11 Ausgleich von Eingriffen

Abs. 1: Ein Eingriff ist unzulässig, wenn 1. (...), 2. (...) oder 3. unvermeidbare erhebliche Beeinträchtigungen nicht oder nicht innerhalb angemessenern Frist ausgeglichen werden können und wesentliche Belange des Naturschutzes, der Landschaftspflege oder der Erholungsvorsorge entgegenstehen.

Abs. 3: Ein Eingriff nach Abs. 1 Nr. 3 kann zugelassen werden, wenn überwiegende öffentliche Belange, insbesondere Zielsetzungen der Raumordnung und Landesplanung, dies erfordern. Der Verursacher des Eingriffs ist verpflichtet, den Eingriff den natrürlichen Gegebenheiten so anzupassen, daß dessen Folgen so weit als möglich nach Abs. 2 landschaftsgerecht ausgeglichen werden. Die so nicht ausgleichbaren Beeinträchtigungen sind auf sonstige Weise auszugleichen.

[709] VGH Mannheim 1991 (Geflügelmaststall), S. 999.

[710] Die Großtrappe gehört zu den schwersten flugfähigen Vögeln der Welt. „Als ursprüngliche Bewohnerin der Steppenlandschaften sichert ihr Überleben jetzt die steppenähnliche Agrarlandschaft mit ausgedehnten Brachen (...), auf denen Vieh nur in geringer Dichte gehalten wird. Dort

bezogen werden müssen, mithin ein Gesichtspunkt aus § 1 Abs. 1 Nr. 2, der in der Eingriffsdefinition wiederaufgenommen wird. Das Gericht bezog sich nicht auf § 1 Abs. 1, wies aber die Behörde mit deutlichen Worten zurecht: „Es ist offenkundig falsch, daß in dem fraglichen Bereich Großtrappen nicht gesichtet worden sind. Daß man sich bei der Planaufstellung einzig auf die Aussage des stellvertretenden Bürgermeisters als ornithologisch Kundigen verlassen hat, (...) genügt für die Ermittlung der naturschutzrechtlichen Belange (...) nicht."[711]
Ähnlich entschieden gegen das Vorgehen der Behörde drückte sich auch ein Gericht aus, das über einen energiewirtschaftlichen Enteignungsbeschluß zu entscheiden hatte, der anstelle eines enteignungsrechtlichen Planfeststellungsverfahrens ergangen war: „Im Grunde hat das Landratsamt den Konflikt zwischen Schutz des Landschaftsbildes und Energieversorgung nicht nur nicht abwägend bewältigt, sondern geradezu verdrängt, indem es einerseits, ohne eigene Position zu beziehen, auf die - insoweit ihrer Funktion nach wenig konkrete - landesplanerische Beurteilung Bezug nahm und andererseits die von ihm für nötig angesehene Maßnahmen zur Folgenmilderung der unteren Naturschutzbehörde zu eigener Entscheidung zuwies. Aus diesen Defiziten in bezug auf die Bereitschaft, abwägungserhebliche Probleme in ihnen gemäßer Weise zur Kenntnis zu nehmen und sie angemessen zu bewältigen, resultiert die rechtserhebliche Unterschätzung des Belangs des Schutzes des Landschaftsbilds."[712] Der Enteignungsbeschluß sei daher wegen unvollständiger Zusammenstellung der Abwägungsbelange rechtswidrig[713].
Zur Frage, ob die Interessen betroffener Eigentümer in die Abwägung über eine Eingriffsgenehmigung eingestellt werden müßten, wurde die Formulierung des § 1 Abs. 2 und dessen Struktur mit der baurechtlichen Abwägungsklausel verglichen: „[Nach Art. 6 a Abs. 2 NatSchG Bay[714]] sind abzuwägen Belange des Naturschutzes und der Landschaftspflege einerseits mit allen (sonstigen) Anforderungen an Natur und Landschaft. Damit ist der Bezug zu den Zielen des Naturschutzes und der Landschaftspflege in § 1 BNatSchG hergestellt; dessen Abs. 2 bezeichnet die in Abs. 1 genannten Ziele ausdrücklich als ‚Anforderungen'. (...) Der Vergleich mit § 1 Abs. 6 BauGB, dem Vorbild auch des materiellen Fachplanungsrechts, demzufolge die öffentlichen und privaten Belange gegeneinander und untereinander gerecht abzuwägen sind, bestätigt, daß es sich bei der hier erörterten Abwägung nicht um eine globale, sondern eine auf öffentliche Belange beschränkte handelt."[715] Letztlich entscheidend waren hier Überlegungen zu Art. 14 GG: Inhalt und Schranken des Eigentums würden durch die Eingriffsregelung selbst geregelt.

hat die Großtrappe den nötigen Platz, Fernsicht und Ruhe zur Balz- und Brutzeit", vgl. VG Potsdam 1994 (Großtrappe), S. 430.

711 VG Potsdam 1994 (Großtrappe), S. 429.

712 VGH München 1995 (110-kV-Freileitung), S. 205.

713 Ebd., S. 204.

714 Die Vorschrift ist wortgleich mit § 8 Abs. 3 BNatSchG.

715 VGH München 1991 (Wiesenbrüter), S. 462 f. (Hervorhebung im Original).

Wenn ein Eingriff nicht zu vermeiden und nicht auszugleichen sei, habe er zu unterbleiben, sofern nicht die Abwägung einen Vorrang der Belange herausstellt, die mit dem Eingriff verfolgt werden. Würde dagegen auf der letzten Stufe der Eingriffsregelung erneut auf das Eigentum Bezug genommen werden, wäre die Regelung wegen fehlender Vorhersehbarkeit nicht mit dem Rechtsstaatsprinzip zu vereinbaren: „nicht der Gesetzgeber hätte dann Inhalt und Schranken des Eigentums bestimmt, sondern in erster Linie die Exekutive“[716]. Ein anderes Gericht blieb dichter am Wortlaut von § 1 Abs. 2, um zu begründen, warum die Interessen betroffener Eigentümer für die Abwägung nach § 8 Abs. 3 keine Rolle spielten: Schließlich gehe es in § 1 Abs. 2 „ebenfalls“ um eine Abwägung nur gegen die sonstigen Interessen der Allgemeinheit und sei § 1 Abs. 2 im Verhältnis zu § 8 Abs. 3 die „grundlegende Vorschrift“ [717].
Eine jüngere Entscheidung stellte demgegenüber eine Verbindung zwischen öffentlichen und Eigentümer-Interessen her, indem das Gericht begründete, daß letztere in die Abwägung nach § 8 Abs. 3 einbezogen werden müßten, weil dies auch ersteren zugutekomme. Es ging um die Anlage von Entwässerungsgräben auf einem Grundstück, auf dem in Folge einer Abtonung Sekundärbiotope entstanden waren. Deren Erhaltung wollte die Eingriffsbehörde sicherstellen, indem sie dem Grundstückseigentümer aufgab, die Gräben wieder zu verfüllen. Nach der Abtonung hatte der Grundstückseigentümer zunächst im Einvernehmen mit den zuständigen Behörden auf eine Rekultivierung der Flächen verzichtet, weil geplant war, die angrenzende Mülldeponie um die abgetonte Fläche zu erweitern. Dieser Plan wurde später aufgegeben. Kern der gerichtlichen Begründung, warum die Interessen des Grundstückseigentümers ausschlaggebend berücksichtigt werden müßten, war der Gedanke, daß eine Entscheidung wie die im vorliegenden Fall von der Behörde getroffene Grundstückseigentümer generell davon abhalten könnte, ihre Flächen brachliegen zu lassen: „Das Biotop hat sich nur entwickeln können, weil die Fläche (...) nicht sofort wieder rekultiviert werden sollte, da sie als ‚Vorratsfläche’ für die Deponieerweiterung vorgesehen wurde; es war hiernach ein Biotop ‚auf Abruf’. Diesen Umstand nicht einzubeziehen, könnte im Ergebnis zur Folge haben, daß sich jeder Grundeigentümer, um nicht später naturschutzrechtlichen Einschränkungen ausgesetzt zu sein, gehalten sehen könnte, ‚rechtzeitig’ durch entsprechende Maßnahmen der Entstehung von Biotopräumen entgegenzuwirken. Daß eine derartige Folge dem auch auf Erweiterung naturbelassener Räume angelegten Ziel naturschutz- und landschaftsrechtlicher Bemühungen eher schaden würde, liegt auf der Hand.“[718] Grundeigentümer zu ermuntern, Sekundärbiotope entstehen zu lassen, kann mit § 1 Abs. 1 Nr. 3 und dem Entwicklungsgebot in § 1 Abs. 1 a.A. in Verbindung gebracht werden, wenn auch die Ziele des Naturschutzes und der Landschaftspflege in der Entscheidung nicht ausdrücklich erwähnt wurden. Anstatt

---

[716] Ebd., S. 463.
[717] VGH Kassel 1992 (Halbtrockenrasen), S. 349.
[718] OVG Münster 1994 (Abtonungsfläche), S. 309, Hervorhebungen im Original.

Grundeigentümer davon abzuhalten, durch Gewährenlassen zu faktischer Naturentwicklung beizutragen, solle nach Ansicht des OVG deren befristetes Unterlassen belohnt werden, indem ihre Interessen berücksichtigt werden, wenn es darum geht, die entwickelte „Sekundärnatur" wieder preiszugeben[719].
Lediglich *ein* Urteil ist ersichtlich, in dem die Ziele des Naturschutzes und der Landschaftspflege zur Zusammenstellung von Belangen für die Abwägung über Art oder Umfang von Ausgleichsmaßnahmen zitiert wurden: Es bestätigte die Rechtmäßigkeit der behördlichen Aufforderung, drei an der tiefsten Stelle einer Senke künstlich angelegte Nachklärteiche zu beseitigen. Diese war aufgrund von § 49 Abs. 1 S. 3, § 9 Abs. 8 LPflG S-H[720] ergangen. Das Gericht erklärte, die Anordnung verstoße deswegen nicht gegen das „Übermaßverbot", weil „zu den Zielen des Naturschutzes und der Landschaftspflege die Erhaltung des Landschaftsbildes" gehöre, das hier von den neuangelegten Teichen beeinträchtigt werde[721]. Es verwendete die Ziele als legitimen „Zweck", um die Beeinträchtigung der Handlungsfreiheit zu rechtfertigen, die die Beseitigungsanordnung für den Adressaten bedeutete.

(2) Zusammenfassung

Die Anforderungen, die die Rechtsprechung an die Vollständigkeit der Zusammenstellung von Abwägungsbelangen in der Eingriffszulassung stellt, sind uneinheitlich.
Bei der Überprüfung von Planfeststellungsbeschlüssen ist eine eher großzügige Linie zu erkennen: Die Gerichte lassen den Planungsbehörden im Rahmen von Planungs- und Abwägungsspielräumen bei der Zusammenstellung der Belange eher freie Hand. Konkreter sind die Anforderungen bei Abwägungen nach § 8 Abs. 3 über die Zulassung von Eingriffsvorhaben, für die keine Planfeststellung erfolgt. Hier finden sich in der Rechtsprechung auch deutliche Ermahnungen an die Adresse der Eingriffsbehörden.

---

[719] Vgl. zu fünf Jahre alten Sekundärbiotopen auf brachliegendem Weinland VG Mainz 1987 (Weinland), S. 199.

[720] LPflG S-H, § 49 Durchführung dieses Gesetzes und des Bundesnaturschutzgesetzes
Abs. 1: Dieses Gesetz [wird] (...) von den Landschaftspflegebehörden durchgeführt. Für die Abwehr von Zuwiderhandlungen gegen diese Vorschriften sind die unteren Landschaftspflegebehörden zuständig, soweit nichts anderes bestimmt ist. Sie haben nach pflichtgemäßem Ermessen die zur Durchführung und Einhaltung der Vorschriften nötigen Maßnahmen zu treffen.
LPflG S-H, § 9 Verfahrensvorschriften für den Ausgleich
Abs. 8: Wird ein unter Abs. 1 oder 2 fallender Eingriff ohne die erforderliche Zulassung oder Anzeige vorgenommen oder erlischt eine Zulassung nach Abs. 7, kann die zuständige Behörde die Fortsetzung des Eingriffs untersagen, die Wiederherstellung des früheren Zustands anordnen sowie die nach § 8 Abs. 1-4 erforderlichen Entscheidungen treffen (Abs. 1, 2 regeln die Zuständigkeit für Eingriffsentscheidungen je danach, ob diese im „Huckepack"-Verfahren erteilt werden oder eigenständig von der Landschaftspflegebehörde; § 8 Abs. 1-4 füllen § 8 Abs. 2, 3 und 9 BNatSchG aus).

[721] OVG Schleswig 1994 (Nachklärteiche), S. 377.

Am klarsten äußern sich die Gerichte, wenn sie prüfen, ob *ein* spezieller Belang in die Abwägung einbezogen worden ist, nämlich die Interessen einzelner Eigentümer. Relativ ausführlich begründen sie hier die eigenen Standpunkte, wobei diese sich untereinander unterscheiden.
Die Rolle, die die Gerichte den Zielen bei der Zusammenstellung der Interessen für die Eingriffsabwägung einräumen, ist eher gering: Zumeist wird § 1 Abs. 1 nicht ausdrücklich erwähnt, so daß nicht erkennbar ist, ob die Gerichte die Vorschrift würdigen, wenn sie von den „Belangen des Naturschutzes und der Landschaftspflege“ sprechen.

b) Gewichtung

Es sind keine gerichtlichen Entscheidungen ersichtlich, in denen in Abwägungsentscheidungen aufgrund § 8 Abs. 4 zur Gewichtung auf die Ziele des Naturschutzes und der Landschaftspflege verwiesen oder problematisiert worden wäre, ob sie einzubeziehen seien. Die Gerichte tun sich schwer damit, ausdrücklich herauszustellen, anhand welcher Kriterien die Abwägungsinteressen anstelle von § 1 Abs. 1 zu gewichten sind. Entscheidungen, die insoweit Art. 20 a GG einbeziehen, sind (noch) nicht ersichtlich.

(1) Entscheidungen im einzelnen

So wurde zum Teil ausdrücklich die abstrakte Gleichrangigkeit der Interessen von Natur und Landschaft aus § 1 Abs. 1 im Vergleich zu den entgegenstehenden sonstigen Interessen hervorgehoben[722]. Ein schon gegenwärtig zu beachtender Grundsatz eines „absoluten Natur- und Landschaftsschutzes“ finde im geltenden Recht keine Stütze[723].
Eher zwischen den Zeilen der Erläuterungen zu Planfeststellungsbeschlüssen stand zu lesen, daß entscheidend insoweit der Umfang der tatsächlichen Betroffenheit der einander gegenüberstehenden Interessen sei. So genössen die wirtschaftlichen Belange den Vorrang gegenüber denjenigen von Erholung, Naturschutz und Landschaftspflege, wenn das beplante Gebiet zum einen in der Nähe eines Autobahnzubringers liege und sich daher nicht für Erholungsnutzungen anbiete, und wenn zum anderen der „Lebensraum für erhaltenswerte Tiere und Pflanzen (...) im benachbarten offenen Landschaftsgebiet hergestellt werden“ könne[724]. Dann sei das mit der Beseitigung von Entwässerungsgräben verfolgte Planungsziel ein „gleichrangiges, wenn nicht gar vorrangiges“ gegenüber den Belangen der Natur[725]. Auch würden „bei der naturschutzrechtlichen Abwägung gemäß § 8 Abs. 3 BNatSchG durch die im Rahmen eines anderweitigen Verwaltungsverfahrens jeweils zuständige Behörde

---

[722] BVerwG 1988 (Sparsamer Flächenverbrauch), S. 459; BVerwG 1985 (Störungsfreier Verkehr), S. 165; BVerwG 1997 (Winhöring-Alzgerm), S. 916; kritisch zu dieser Entscheidung Garbe 1997, S. 309.
[723] VGH München 1993 (Standortsicherungsplan), S. 179.
[724] OVG Bremen 1985 (Gräben am Lehester Deich), S. 131.
[725] Ebd., S. 131.

die Belange des Naturschutzes und der Landschaftspflege je nach der Art des zur behördlichen Zulassung anstehenden und mit - unvermeidbaren und nicht ausgleichbaren - Eingriffen in Natur und Landschaft verbundenen Vorhabens sowie je nach dem Gewicht der für seine Verwirklichung sprechenden Belange eine sehr unterschiedliche Bedeutung entfalten", was „auf der Hand" liege[726]. So sei die Intensität einer neuen Beeinträchtigung geringer einzuschätzen, wenn eine „erheblich vorbelastete Landschaft" betroffen sei; „die durch die hinzutretenden Hochwasserdämme hervorgerufenen Eingriffe sind hier weniger gravierend, als sie etwa in einem weitgehend unberührten Schwarzwaldtal wären"[727]. Auch wenn ein 5-9 m hoher Rückhaltedamm wie „eine Art Sperriegel" wirke, nehme „die Begrünung solcher Dämme diesen Anlagen inmitten einer ebenfalls durch grüne Wiesen geprägten Landschaft einiges von ihrer sonst erdrückenden Wirkung"[728].
Die Stellungnahmen zu behördlichen Einzelentscheidungen sind hinsichtlich der Bewertungskriterien für Abwägungsbelange wenig deutlicher. Warum die Erhaltung einer „floristisch überaus wertvollen Feuchtwiese"[729] gegenüber deren Nutzung als Weide vorrangig sei, wurde zum Beispiel nicht ausgeführt: „Im vorliegenden Verfahren stehen die öffentlichen Belange des Naturschutzes im Vordergrund; die wirtschaftlichen Belange des Klägers sind demgegenüber nachrangig. Angesichts der Größe seines Betriebes ist es zumutbar, daß er eine intensive landwirtschaftliche Nutzung dieses verhältnismäßig kleinen streitgegenständlichen Bereiches hinnehmen muß", zumal „in den letzten drei Jahren von 185 Drainageanträgen im Landkreis 173 genehmigt [wurden], wobei insbesondere hof- und ortsnahe Flächen zugelassen worden sind" [730]. An anderer Stelle hieß es schlicht - und ohne Bezug auf § 1 Abs. 1 -, die Behörde und das Berufungsgericht hätten den Wert eines Biotops zutreffend höher eingestuft als den wirtschaftlichen Nutzen seiner Beseitigung, und hätten insofern die Beseitigung zutreffend als Eingriff untersagt[731]. Selbst plakativere Stellungnahmen sind aber nicht hilfreich: Mit der Feststellung, die Belange der Landschaftspflege müßten umso mehr zurücktreten, je unabdingbarer ihnen entgegenstehende Maßnahmen im Allgemeininteresse seien[732], ist noch nichts darüber gesagt, was eine entgegenstehende Maßnahme unabdingbar macht, auch wenn das Gericht hier die Ziele in § 1 Abs. 1 LPflG Rh-Pf wörtlich zitierte. Wiederum anders wurde zur Gewichtung der Abwägungsbelange gefragt, ob die Bedeutung der Leistungsfähigkeit des Naturhaushalts dadurch verringert werde, daß bereits ein Eingriff in Natur und Landschaft stattgefunden und dieser das

---

[726] BVerwG 1990 (Fischteiche), S. 363.
[727] VGH Mannheim 1985 (Kinzig-Rückhaltebecken), S. 32.
[728] Ebd., S. 32 f.
[729] VG München 1980 (Jungviehweide im Knabenkraut), S. 39.
[730] Ebd., S. 39; gemeint ist hier offensichtlich eine *extensive* Nutzung des streitgegenständlichen Grünlands.
[731] BVerwG 1988 (Entlandung des Hirschbergweihers-Revisionsinstanz), S. 289.
[732] OVG Koblenz 1984 (Wasserentnahme), S. 729.

Landschaftsbild beeinträchtigt habe: „Soweit darin [in der Ablagerung von Schutt und Abfall auf dem Grundstück] sicherlich eine nicht zu bestreitende Beeinträchtigung des Landschaftsbilds zu sehen war und damit bereits ein Eingriff i.S.d. § 4 Abs. 1 S. 1 LPflG vorgelegen hatte, rechtfertigte dieser Zustand nicht das Verhalten des Klägers. Denn eine Kompensation der verschiedenen Eingriffe in Natur und Landschaft ist nicht statthaft, da nach der Zielsetzung des Landschaftspflegegesetzes die Leistungsfähigkeit des Naturhaushaltes (§ 1 Abs. 1 Nr. 1 LPflG) sowie die Vielfalt, Eigenart und Schönheit von Natur und Landschaft (§ 1 Abs. 1 Nr. 4 LPflG[733]) in gleicher Weise Schutz genießen."[734] Nach Ansicht des Gerichts ist die Leistungsfähigkeit des Naturhaushalts in einem bestimmten Gebiet daher schutzwürdig, auch wenn das Landschaftsbild in diesem Gebiet bereits beeinträchtigt ist. Dessenungeachtet betrachtete das Gericht die Schutzgüter von § 1 Abs. 1 Nr. 1 und 4 LPflG Rh-Pf als gleichgewichtig, so daß die einzelnen Ziele nicht gegeneinander zur Gewichtung eingesetzt werden konnten.
Zur Gewichtung der Interessen im Rahmen der Auswahl einer Ausgleichsmaßnahme nach § 8 Abs. 2 bezog sich allein *ein* Gericht auf § 1 Abs. 3 (alt): Da die ordnungsgemäße Landwirtschaft nach § 1 Abs. 3 (alt) in der Regel den Zielen dieses Gesetzes zu dienen habe, seien die Belange der betroffenen Grundstückspächter rechtsfehlerfrei zurückgestellt worden[735]. Das Gericht setzte die gesetzliche Feststellung oder Vermutung der inzwischen aufgehobenen Landwirtschaftsklausel mit einer Verpflichtung an die Landwirtschaft gleich.

(2) Zusammenfassung

Soweit die Rechtsprechung die Ziele des Naturschutzes und der Landschaftspflege bei der Kontrolle der Abwägung zur Eingriffsregelung einsetzt, bezieht sie sich allein auf die Zusammenstellung der Abwägungsbelange. Die in der Literatur vorgeschlagene Verwendung der Ziele als Gewichtungsmaßstab speziell im Hinblick auf Art. 20 a GG greifen die Gerichte noch nicht auf, sondern stellen heraus, die Ziele seien für die Gewichtung von Abwägungsbelangen in der Eingriffsregelung ohne Bedeutung. Zum stattdessen anzulegenden Gewichtungsmaßstab treffen auch die Gerichte, die anhand tatsächlicher Umstände zur Gewichtung der Interessen argumentieren, keine verallgemeinernden Aussagen.

c) Zusammenfassung zur Bedeutung der Ziele bei der Kontrolle von Abwägungsentscheidungen im Hinblick auf Eingriffe

Die Gerichte verwenden die Ziele aus § 1 Abs. 1 vor allem zur Kontrolle der vollständigen Zusammenstellung der Abwägungsbelange. Sie erkennen folglich, daß aufgrund der abstrakten Gleichgewichtigkeit der Einzelziele diesen keine Gewich-

---

[733] Die genannten landesrechtlichen Vorschriften lauten gleich wie § 1 Abs. 1 Nr. 1 bzw. 4 BNatSchG.

[734] OVG Koblenz 1986 (Kleegemisch im aufgefüllten Feuchtgebiet), S. 277.

[735] VGH Kassel 1996 (Obstbaumrodung), S. 607.

tungsvorgaben für naturschutzrechtliches Abwägen zu entnehmen sind[736], soweit nicht Art. 20 a GG zu Hilfe genommen werden kann, und gestehen daraufhin den Behörden einen kontrollfreien Abwägungsspielraum zu[737].

3. Zusammenfassung zur Umsetzung der Aufnahme der Ziele in der Eingriffsregelung

In der Rechtsprechung spiegelt sich insgesamt nur wenig wider, daß die Eingriffsregelung Möglichkeiten zur umfassenden Abwehr von Beeinträchtigungen der Schutzgüter des Naturschutzes und der Landschaftspflege und damit zur Verwirklichung der Ziele nach § 1 Abs. 1 eröffnet.
Bei der Auslegung des Eingriffsbegriffs beziehen sich die Gerichte, die überhaupt an § 1 Abs. 1 anknüpfen, vor allem auf § 1 Abs. 1 Nr. 3. Der Natur*haushalt* in seiner Gesamtheit gerät damit nicht in den Blick; die Rechtsprechung verzichtet zumeist darauf, an die festgestellten Beeinträchtigungen von Pflanzen und Tieren anzuknüpfen und im Detail festzustellen, welche konkreten Funktionen von Natur und Landschaft von einem Eingriffsvorhaben betroffen werden. Diese Vorgehensweise setzt sich in der Bestimmung des Ausgleichs von Eingriffen fort. Hier begnügen sich die Gerichte mehrfach damit, daß Beeinträchtigungen „so weit als möglich" ausgeglichen werden. Sie vergleichchen also nicht den Zustand der Schutzgüter und ihres Funktionsgefüges „vor dem Eingriff" mit demjenigen „nach dem Ausgleich". § 1 Abs. 1 wird insoweit auch nicht als Kriterienvorrat ausgenutzt.
In die Kontrolle der Ermessensausübung werden die Ziele vor allem im Hinblick auf die Zusammenstellung der Abwägungsbelange einbezogen. Die Gerichte weisen ihnen dabei nicht erkennbar eine „besondere" Bedeutung zu.

B. Schutzgebietsvorschriften

Die meisten Entscheidungen in bezug auf die Kontrolle von Schutzgebietsausweisungen ergehen wegen Klagen von Eigentümern, deren Grundstücke unter Natur- oder Landschaftsschutz gestellt werden sollen oder gestellt worden sind. Zum Teil ist dabei die Schutzausweisung selbst Gegenstand der Überprüfung, zum Teil geht es „nur" um die Verweigerung einer Ausnahmegenehmigung. Überwiegend bleiben die Klagen ohne Erfolg. Entscheidungen zur Ausweisung von Nationalparken, Naturparken und Geschützten Landschaftsbestandteilen sind nicht ersichtlich: Die Wiederaufnahme der Ziele in §§ 14, 16, 18 BNatSchG bleibt in der Rechtsprechung ohne Resonanz.

---

[736] Ausdrücklich schreiben dies der VGH München 1993 (Standortsicherungsplan), S. 179, und das OVG Koblenz 1986 (Kleegemisch im aufgefüllten Feuchtgebiet), S. 277; im Fall des OVG Koblenz 1984 (Wasserentnahme), S. 729, hatte dasselbe Gericht es stillschweigend klargestellt, indem es die Gewichtung der Abwägungsinteressen anhand deren konkreter Betroffenheit im Einzelfall überprüfte.
[737] VGH Mannheim 1994 (Bundesstraße 292), S. 148; BVerwG 1990 (Fischteiche), S. 360 f.; BVerwG 1992 (Sachsendamm), S. 129.

1. Auslegung

Die „Erforderlichkeit" der Ausweisung von Schutzgebieten ist nicht nur hinsichtlich der Schutzwürdigkeit und -bedürftigkeit, sondern auch wegen des Umfangs des auszuweisenden Gebiets auslegungsbedürftig. Zudem müssen der Zweck der Unterschutzstellung und die Gestaltung der Schutzvorschriften im einzelnen an § 1 Abs. 1 ausgerichtet werden.

a) Zweck der Schutzausweisung

Gerichtliche Stellungnahmen finden sich zum Schutzzweck von drei Landschaftsschutzverordnungen.

(1) Entscheidungen im einzelnen

Während die Bedeutung der Zweckbestimmung für die Schutzverordnung insgesamt einmal eher gering veranschlagt wird[738], ordnen die anderen Entscheidungen die Verordnungen auch wegen der Rechtmäßigkeit des Schutzzwecks als insgesamt nicht zu beanstanden ein[739]. Dies deutet auf ein größeres Gewicht des Schutzzwecks hin. In einer Entscheidung war die Frage, ob die Erweiterung des Schutzzwecks einer Landschaftsschutzverordnung eine „bedeutsame sachliche Regelung" sei, entscheidend dafür, ob die Öffentlichkeitsbeteiligung hätte wiederholt werden müssen. Die Verordnung hatte zunächst dem Schutz der besonderen Eigenart, aufgrund der Erweiterung auch der Erhaltung der Schönheit des Gebiets gedient. Das Gericht entschied, die Eigenart einer Landschaft umfasse ohnedies deren Schönheit[740], weshalb die Änderung nicht „bedeutsam" sei. Dabei ließ aber außer acht, daß Eigenart und Schönheit Aspekte einer Landschaft sind, die in § 15 Abs. 1 Nr. 2 wie auch in § 1 Abs. 1 Nr. 4 voneinander unterschieden werden[741]. § 1 Abs. 1 spielte hier keine Rolle.

Als unzulässig wurde in einer anderen Entscheidung die Möglichkeit dargestellt, Natur und Landschaft entgegen § 1 Abs. 1 BNatSchG, Art. 2 GG „nur um ihrer selbst willen"[742] zu schützen. Den „Verdacht", die Schutzausweisung sei aus solchen Gründen erfolgt, entkräftete das Gericht mit dem Hinweis, die begehrte Aufstiegserlaubnis für Flugmodelle sei aufgrund der Schutzgebietsverordnung nicht versagt worden, um menschlichen Einfluß ganz auszuschließen, sondern um im Gegenteil auch durch Lärmvermeidung menschliche Erholung in dem Gebiet zu ermöglichen[743]. So zog das Gericht zur Argumentation einen Gesichtspunkt aus § 1 Abs. 1 a.E. BNatSchG heran, ohne diesen ausdrücklich zu nennen[744]. Deutlicher

---

738 VGH Mannheim 1987 (Tagelöhnergärten), S. 192. Explizit hierzu a.A. Louis 1990b, S. 803.

739 VGH Mannheim 1979 (Forellenteiche), S. 25; BVerwG 1986 (Zollhausried), S. 493 f.

740 VGH Mannheim 1987 (Tagelöhnergärten), S. 192.

741 Vgl. zum Verhältnis von Eigenart und Schönheit auch VG Karlsruhe 1978 (Freileitung im Flußtal), S. 36.

742 BVerwG 1986 (Zollhausried), S. 494.

743 Ebd., S. 493 f.

744 Dies ist insbesondere deswegen bemerkenswert, weil sowohl Erholung durch Flugmodellsport als auch Erholung in der Stille der Natur zunächst von § 1 Abs. 1 a.E. umfaßt sein könnten. Das

nahm ein anderes Gericht zugunsten des Landschaftsschutzes im Gegensatz zu Erholungsinteressen Stellung. Der Bestimmung einer Landschaftsschutzverordnung zufolge waren in dem Gebiet „Änderungen verboten, welche die Landschaft verunstalten, die Natur schädigen oder den Naturgenuß beeinträchtigen"[745]. Das Gericht führte aus, eine Fischteichanlage „wäre ein so wesentlicher Eingriff, daß er den ursprünglichen Landschaftscharakter im dortigen Bereich geradezu zerstören würde, zumal eine solche Anlage völlig standortfremd wäre. (...) Der Fall des Klägers, der - aus der Stadt kommend - seine erst kürzlich hier erworbenen Grundstücke zu Hobbyzwecken einer standortfremden Nutzung zuführen und entsprechend baulich umgestalten möchte, ist geradezu typisch. Diese Fälle unterstreichen nur die Notwendigkeit eines besonderen Landschaftsschutzes."[746]

(2) Zusammenfassung

Zum Zweck von Schutzgebietsausweisungen sind zu wenig Entscheidungen ersichtlich, als daß eine einheitliche Argumentationslinie und deren Verhältnis zu § 1 Abs. 1 ausgemacht werden könnte.

Die beiden Gerichte, die sich *nicht* auf die Ziele beziehen, schreiben gegensätzliches zur „Eigenart" einer Landschaft. Eines setzt diese entgegen § 1 Abs. 1 Nr. 4 mit der Schönheit gleich; eines stellt die bestehende Charakteristik einer Landschaft als spezielle Rechtfertigung ihres Schutzes dar.

b) Erforderlichkeit des Schutzes

Die Ausweisung besonderen Schutzes für Gebiete oder Einzelobjekte nach §§ 12-17 BNatSchG i.V.m. den jeweiligen landesgesetzlichen Vorschriften setzt immer die Schutzwürdigkeit und -bedürftigkeit des betroffenen Schutzguts voraus, die ihrerseits am Schutzzweck auszurichten ist. Jede Schutzgebietsausweisung muß um ihres Schutzzwecks willen erforderlich sein, vgl. §§ 13 Abs. 1 a.E., 15 Abs. 1 a.E. BNatSchG. Die Vorschriften knüpfen tatbestandlich an Umstände an, die den Einzelzielen von § 1 Abs. 1 Nr. 1-4 ähneln. Die Verwaltungsgerichte setzen diese Vorschriften teilweise in Anlehnung an die Einzelziele um, teilweise geben sie nicht zu erkennen, ob sie sich an bundes- oder landesrechtlichen Zielvorschriften oder an den Schutzgebietsvorschriften selbst orientieren.

(1) Entscheidungen im einzelnen

Eine Voraussetzung der Erforderlichkeit ist die Gefährdung der Schutzgüter. Sie begegnet in unterschiedlichen Abstufungen. So hieß es von Sicherungsmaßnahmen

---

BVerwG stellte dieser Entscheidung jedoch nicht ausdrücklich klar, daß Erholung i.S.v. § 1 Abs. 1 a.E. Erholung in, aber nicht auf Kosten der Natur ist, was demgegenüber die Verwaltungsgerichtshöfe Kassel 1992 (Schlittschuhlaufen auf Werra-Altarm), S. 166, und München 1977 (Großer Brachvogel), S. 604, betonen, letzteres zur landesrechtlichen Eingriffsregelung.

[745] VGH Mannheim 1979 (Forellenteiche), S. 25.

[746] Ebd., S. 25.

i.S.v. § 21 LG N-W[747], „erforderlich" seien sie „nur, wenn in der gegebenen Situation eine Gefahr für die Schutzgüter des Naturschutzrechts besteht"[748]. In den Geltungsbereich einer Landschaftsschutzverordnung könnten beispielsweise Waldränder jedoch schon einbezogen werden, wenn „die Schutzgüter (...) abstrakt gefährdet sind und deren Schutz vernünftigerweise geboten erscheint."[749] Auch sei „...die Stellung eines bestimmten Gebiets unter Landschaftsschutz nicht erst bei natur- oder denkgesetzlicher Unabweislichkeit, sondern schon dann erforderlich, wenn sie als vernünftig geboten erscheint."[750] Sogar Flächen, die selbst „weniger schutzwürdig" seien[751], könnten in die vorläufige Sicherstellung eines Naturschutzgebiets einbezogen werden, wenn dies vernünftigerweise geboten sei. § 1 Abs. 1 kam in dieser Entscheidung nicht vor.

Andere Gerichte begründeten die Schutzwürdigkeit und -bedürftigkeit von Gebieten anhand von § 1 Abs. 1 oder Gedanken daraus.

In allgemeinen Stellungnahmen dazu hieß es, die Kriterien der Erforderlichkeit würden durch die Ziele *und* Grundsätze des Naturschutzes und der Landschaftspflege „angereichert", d.h. konkretisiert: „Mit dieser Regelung [§ 13 Abs. 1 BNatSchG] bestimmt das Bundesrecht mithin zunächst nur allgemein, welche materiellen Voraussetzungen das Schutzgebiet erfüllen muß. Diese Kriterien werden indes angereichert durch die in den §§ 1 und 2 BNatSchG enthaltenen Ziele und Grundsätze des Naturschutzes und der Landschaftspflege (...). Der Naturschutz in seiner Ausprägung durch das BNatSchG beschränkt sich nicht allein darauf, Vorhandenes konservierend zu erhalten. (...)"[752] Entscheidend seien also naturschutzimmanente Gesichtspunkte, die im BNatSchG, aber auch im NatSchG B-W niedergelegt seien[753]. Zur Erfüllung der Gemeinwohlaufgaben des Naturschutzes seien die Naturschutzbehörden „nicht subsidiär, sondern im Gegenteil in erster Linie und vorrangig vor Gemeinden, Forst-, Landwirtschafts- und anderen Behörden berufen, freilich unter Abwägung mit den sonstigen Anforderungen der Allgemeinheit an Natur und Landschaft (§ 1 Abs. 2 BNatSchG bzw. § 1 Abs. 3 NatSchG B-W)[754] (...). Deshalb ist die Erforderlichkeit naturschutzrechtlicher Maßnahmen

---

747 LG N-W, § 21 Landschaftsschutzgebiete, unterscheidet sich nur im 1. Teilsatz von § 15 Abs. 1 BNatSchG, so daß sich die Ausweisung hier als gebundene Rechtsfolge darstellt:
Landschaftsschutzgebiete werden festgesetzt, soweit dies a) zur Erhaltung oder Wiederherstellung der Leistungsfähigkeit des Naturhaushalts oder der Nutzungsfähigkeit der Naturgüter, b) wegen der Vielfalt, Eigenart oder Schönheit des Landschaftsbildes oder c) wegen ihrer besonderen Bedeutung für die Erholung erforderlich ist.

748 BVerwG 1988 (Abgrabungswirtschaftliches Potential), S. 1021. Der VGH Mannheim 1993 (Elzbachtal), S. 242, schloß sich dieser Entscheidung wörtlich an.

749 VGH Kassel 1995 (Waldaußenrand), S. 79.

750 VGH München 1988 (Bayerisches Bodenseeufer), S. 261.

751 VGH Kassel 1994 (Huteflächen), S. 397.

752 BVerwG 1996 (Dalbekschlucht), S. 845.

753 VGH Mannheim 1984 (60 % Landschaftsschutzfläche), S. 275 f.

754 NatSchG B-W, § 1 Ziele und Aufgaben

zunächst allein nach den eigenständigen gesetzlichen Voraussetzungen des Bundes- bzw. Landesnaturschutzgesetzes zu beurteilen, ohne daß es einer speziellen Rechtfertigung und Begründung dafür bedarf, daß und weshalb die anderen Aufgabenträgern zugewiesenen gesetzlichen Möglichkeiten des Naturschutzes nicht ausreichend erscheinen."[755]
Konkretere Bezüge auf die Gegenstände der Ziele wurden mit allgemeinen Bemerkungen eingeleitet, die Ziele in der späteren Argumentation aber nicht wieder aufgenommen. Etwa sei die Schutzwürdigkeit und -bedürftigkeit eines Gebietes, das unter Landschaftsschutz gestellt werden solle, „unter Berücksichtigung der allgemeinen Ziele und Grundsätze des Naturschutzes und der Landschaftspflege (§§ 1 und 2 BNatSchG)"[756] bzw. „§§ 1, 2 BNatSchG und §§ 1, 2 NatSchG (B-W)"[757] zu begründen. Der Schutzgegenstand müsse unter Berücksichtigung der allgemeinen Ziele und Grundsätze des Naturschutzes (§§ 1 und 2 BNatSchG) tatsächlich schutzwürdig und schutzbedürftig sein[758]. Diese „Berücksichtigung" gestaltete sich zum Teil als Begründung der Schutzwürdigkeit mit dem Vorkommen von „zahlreichen" Pflanzen- und Tierarten im betroffenen Gebiet: „Insbesondere ist das unter Schutz gestellte Gebiet hinsichtlich der in § 3 LSchVO genannten Schutzzwecke besonders schutzwürdig. Dies ist in den Stellungnahmen des Naturschutzbeauftragten, der Bezirksstelle für Naturschutz und Landschaftspflege und schließlich zuletzt in der Würdigung zum Landschaftsschutzgebiet (...) durch das Landratsamt (...) mit zahlreichen Listen von Pflanzen und Tieren durch den Biologielehrer R eingehend und überzeugend dargelegt worden. (...) Die Schutzbedürftigkeit des Landschaftsschutzgebiets bedarf im Verdichtungsraum zwischen dem Stadtgebiet der Antragstellerin und der Stadt keiner besonderen Darlegung." [759] Ähnlich klang die Argumentation jedoch auch, wenn § 1 Abs. 1 nicht in Bezug genommen wurde: „Die Schutzwürdigkeit von Streuobstwiesen hat der Senat wiederholt bestätigt (...)[760]. (...) Der Augenschein hat (...) gezeigt, daß trotz der vorhanden Kleinbauten, die insbesondere in Teilen der Gewanne verdichtet vorkommen, noch eine beträchtliche Zahl alter Obstbäume anzutreffen ist. Derartige Obstbäume stellen nach den Erfahrungen des Senats einen wertvollen Lebensraum für Vögel und Insekten dar; dies wird durch die Untersuchungen des Deutschen Bundes für Vo-

---

Abs. 3: Die sich aus den Abs. 1 und 2 ergebenden Anforderungen sind untereinander und gegen die sonstigen Anforderungen der Allgemeinheit an Natur und Landschaft abzuwägen.

[755] VGH Mannheim 1984 (60 % Landschaftsschutzfläche), S. 275 f.

[756] VGH Mannheim 1988 (Unteres Murrtal), S. 404, und VGH Mannheim 1987 (Tagelöhnergärten), S. 192.

[757] VGH Mannheim 1983 (Steinbruch am Dagersheimer Berg), S. 1701 f.; VGH Mannheim 1995 (Ziegelbach mit Streuobstwiese), S. 153.

[758] VGH Mannheim 1993 (Elzbachtal), S. 240; gleichlautend VGH Mannheim 1995 (Osterhalde), S. 604.

[759] VGH Mannheim 1995 (Ziegelbach mit Streuobstwiese), S. 153 f.; ähnlich für eine bestimmte Wechselkrötenart schon VGH Mannheim 1983 (Steinbruch am Dagersheimer Berg), S. 1701 f.

[760] Hier verweist der Gerichtshof auf sein eigenes Urt. v. 1987 (Tagelöhnergärten), S. 191 ff.

gelschutz bestätigt."[761] Ein anderes Mal kam es auf Pflanzen und Tiere nur begrenzt an: „Schließlich ist die Einbeziehung des Grundstücks (...) vom Schutzzweck der Verordnung gerechtfertigt. (...) Es handelt sich (..) großenteils um intensiv genutzte Ackerfläche. Es wird dort Mais und Getreide angebaut, und die Behauptung der Antragsteller erscheint glaubwürdig, daß dies auch unter Einsatz chemischen Düngers und chemischer Pflanzenschutzmittel geschieht, die der natürlichen Flora und Fauna nur engen Lebensraum lassen (sollen). Wie der Augenschein gezeigt hat, gelten diese Feststellungen aber nicht für den (...) Randbereich des Grundstücks (...). (...) [dort] steht eine ‚Allee' von hochstämmigen Obstbäumen, die immerhin auch in der Karte Nr. 2 des Landschaftsarchitekten (...) als ‚bedingt schutzwürdig' bewertet wird."[762] Gesichtspunkte des Schutzes von Pflanzen und Tieren wurden auch mit solchen des Schutzes des Landschaftsbilds und der Eigenart der Landschaft kombiniert, soweit nicht letztere allein ausschlaggebend für die Bestätigung einer Schutzausweisung waren[763]. So hieß es: „a) Soweit es um den Schutz des ‚Landschaftsbildes' geht, also um die Sicherung und Erhaltung der landschaftlichen Schönheit und Eigenart des fraglichen Gebiets, [steht fest,] daß die Naturschutzbehörde in ästhetischer Hinsicht eine zutreffende Beurteilung vorgenommen hat. (...) b) Auch die ökologische Schutzwürdigkeit (...) ist nicht zweifelhaft. (...) Hier zeigte sich, daß das Gebiet ein ökologisch wertvoller Lebensraum für eine große Zahl von Insekten-, Kleinsäuger-, Vogel- und auch Reptilien- und Amphibienarten (Erdkröte, Springfrosch) bilde. Auch hätten Obstbaumwiesen wegen ihrer parkartigen Struktur für den Erholungssuchenden einen besonderen Reiz."[764]
An anderer Stelle kombinierte ein Gericht bei der Prüfung der Ausweisung eines Biosphärenreservats die Gesichtspunkte aus § 1 Abs. 1. Nr. 3 und 4: „Es mag dahinstehen, ob (...) [die Schutzwürdigkeit der Landschaft] schon deshalb anzunehmen ist, weil der Bereich um F nach wie vor einen wichtigen Lebensraum für das vom Aussterben bedrohte Birkhuhn darstellt, weshalb die Ausweisung als Landschaftsschutzgebiet der Erhaltung, Wiederherstellung oder Entwicklungsfähigkeit des Naturhaushalts dienen könnte (...). Ein besonderer Schutz von Natur und Landschaft ist jedenfalls wegen der Eigenart und Schönheit des Landschaftsbildes erforderlich (§ 13 Abs. 1 Nr. 2 VorlThNatG); dies rechtfertigt für sich bereits die Ausweisung dieses Teils der Hohen Rhön als Landschaftsschutzgebiet."[765]
Einmal kombinierte ein Gericht auch materielle Gesichtspunkte der Schutzwürdigkeit und -bedürftigkeit eines Gebiets mit solchen der Gefährdung desselben: Das unter Naturschutz zu stellende Gebiet umfasse „eine noch relativ ursprüngliche Ostsee-Küstenlandschaft", „die nicht nur eine besondere Vielgestaltigkeit, geologi-

---

[761] VGH Mannheim 1991 (Streuobstwiese Margaretle), S. 186.
[762] VGH Mannheim 1988 (Unteres Murrtal), S. 404 (Hervorhebung im Original).
[763] VGH Mannheim 1993 (Elzbachtal), S. 241 f.
[764] VGH Mannheim 1987 (Tagelöhnergärten), S. 193 (Hervorhebung und Konjunktiv wie im Original).
[765] OVG Weimar 1997 (Biosphärenreservat Rhön), S. 49.

sche und geomorphologische Eigentümlichkeit sowie Schönheit aufweist, sondern sich auch aus wissenschaftlichem und landeskundlichem Interesse für eine Unterschutzstellung" anbiete[766]. Die Unterschutzstellung sei insofern „unter Berücksichtigung der Zielvorgaben der § 1 Abs. 1 Nr. 4 BNatSchG, § 1 Abs. 1 Nr. 4 LPflG [S-H][767] (= § 1 Abs. 1 NatSchG [S-H][768]) (...) vernünftigerweise geboten[769]. Knappere Entscheidungen gehen nicht auf Details der Schutzwürdigkeit und -bedürftigkeit ein, wenn sie feststellen, ein Hochmoorrest rechtfertige die Ausweisung eines Schutzgebiets, da insoweit der Naturhaushalt schutzwürdig sei[770] oder ein Biosphärenreservat sei rechtmäßig ausgewiesen worden, weil das fragliche Gebiet bereits seit 1911 in Teilen unter wechselndem Schutzstatus gestanden habe[771].

(2) Zusammenfassung
Die Erforderlichkeit der Ausweisung spezieller Schutzgebiete wird von den Gerichten unterschiedlich begründet. Während in einem Teil der Entscheidungen das Kriterium in die Unterkriterien Schutzwürdigkeit und -bedürftigkeit aufgeteilt wird, stellen andere Entscheidungen maßgeblich auf die Gefährdung der Schutzgüter ab, die durch die Schutzausweisung abgewendet werden soll. Wieder andere gerichtliche Stellungnahmen kombinieren diese Kriterien. Unabhängig davon, ob die Ausweisung eines Natur- oder die eines Landschaftsschutzgebietes zur Kontrolle steht, beziehen sich die Gerichte stellvertretend für den Naturhaushalt zumeist auf einzelne Pflanzen- und Tierarten, deren Vorkommen im betroffenen Gebiet die Schutzausweisung rechtfertigte. In der Sache argumentieren sie damit anhand von § 1 Abs. 3. Der übergreifende Ansatz der Ziele, den Naturhaushalt auch als Wirkungsgefüge aufzufassen, den die Schutzgebietsvorschriften wiederaufnehmen, spiegelt sich hier nicht wider, auch wenn sich die Gerichte oftmals ausdrücklich auf §§ 1, 2 beziehen.

c) Inhalt des Schutzregimes
Die meisten Klagen gegen Schutzgebietsausweisungen, die sich auf die Rechtswidrigkeit des Inhalts der Schutzvorschriften im einzelnen stützen, bleiben auch in solchen Fällen ohne Erfolg, in denen diese „nur" geltendgemacht wird, um die Rechtswidrigkeit von Untersagungen einzelner Vorhaben zu substantiieren[772]. Zum Teil bestätigen Verwaltungsgerichte auch behördliche Entscheidungen, mit denen

---

[766] OVG Schleswig 1995 (Halbinsel Holnis), S. 633.
[767] § 1 Abs. 1 LPflG S-H entsprach § 1 Abs. 1 BNatSchG.
[768] Seit 16.6.1993: NatSchG S-H, § 1 Ziele und Grundsätze des Naturschutzes und der Landschaftspflege (zu den §§ 1 und 2 BNatSchG)
Abs. 1: Die Ziele des Naturschutzes und der Landschaftspflege (Ziele des Naturschutzes) und die Grundsätze ergeben sich aus den §§ 1 und 2 des BNatSchG.
[769] OVG Schleswig 1995 (Halbinsel Holnis), S. 633.
[770] OVG Schleswig 1992 (Sandabbau), S. 345.
[771] OVG Greifswald 1994 (Biosphärenreservat Südostrügen), S. 161.
[772] Eine Ausnahme bildet hier das Urt. d. VGH Mannheim 1990 (Wanderfalke), S. 82.

Vorhaben untersagt werden, weil sie mit dem Schutzregime eines betroffenen Schutzgebiets nicht vereinbar seien. Die Rechtmäßigkeit des Schutzregimes selbst prüfen sie dabei nicht immer.
Entscheidungen zur räumlichen Begrenzung von Schutzgebieten beziehen sich meist auf Flächen „minderer Schutzwürdigkeit". Dies sind „Pufferzonen", die unter Schutz gestellt werden, weil sie von „hinreichend" schutzwürdigen Flächen umgeben sind, oder weil ihre Unterschutzstellung schädliche Einflüsse von den im engeren Sinn schutzwürdigen Flächen abhalten soll, die sie umgeben.

(1) Entscheidungen im einzelnen
Soweit ersichtlich sechsmal überprüften Gerichte die Vorschriften von Naturschutzgebietsverordnungen im einzelnen, wobei sie viermal klarstellten, Naturschutz umfasse nicht nur konservierende, sondern auch entwickelnde und verbessernde Maßnahmen. Ein fünftesmal ging es um die Einschränkungen der Erholungseignung des Naturschutzgebiets, die eine konkrete Schutzvorschrift verursachte.
Im einzelnen bedeute „entwickeln" in § 12 Abs. 2 BNatSchG und § 17 Abs. 1 LNatSchG S-H[773], daß zur Verwirklichung des Naturschutzes nicht nur Maßnahmen zur Erhaltung des bestehenden Zustandes, sondern auch solche erforderlich sein könnten, die diesen Zustand verbessern könnten[774]. Wegen der Verpflichtung zu nachhaltigem Schutz, die sich für wild wachsende Pflanzen und wild lebende Tiere aus §§ 1 Abs. 1, 2 Abs. 1 Nr. 10 BNatSchG ergebe, seien auch solche Maßnahmen naturschutzrechtlich „erforderlich", die einen bestehenden Naturzustand verbessern könnten: „Der Naturschutz in seiner Ausprägung durch das BNatSchG beschränkt sich dabei nicht darauf, Vorhandenes konservierend zu erhalten. Aus den Grundsätzen und Leitzielen des Gesetzes folgt vielmehr, daß Maßnahmen des Naturschutzes so auszurichten sind, daß sie auf Dauer Gewähr für ein größtmögliches Maß von Naturschutz nach Quantität und Qualität bieten. Unter Berücksichtigung der unmittelbar als Leitlinien geltenden Vorschriften der §§ 1 und 2 BNatSchG sind zur Verwirklichung des Naturschutzes nicht lediglich solche Maßnahmen als erforderlich anzusehen, die unumgänglich notwendig sind, um einen bestehenden Zustand zu erhalten, sondern auch solche, die diesen Zustand verbessern können."[775] Die Ausweisung eines Naturschutzgebiets sei daher ein

[773] NatSchG S-H, § 17 Naturschutzgebiete (zu § 13 BNatSchG)
Abs. 1: Gebiete, in denen ein besonderer Schutz der Natur in ihrer Ganzheit oder in einzelnen Teilen 1. zur Erhaltung oder Entwicklung bestimmter oder vielfältiger Pflanzen- und Tiergesellschaften und ihrer Lebensräume oder bestimmte Pflanzen- oder Tierarten und ihrer Bestände, 2. wegen ihrer Seltenheit oder Vielfalt ihres gemeinsamen Lebensraumes, 3. wegen ihrer besonderen Eigenart oder Schönheit oder 4. aus wissenschaftlichen, naturgeschichtlichen oder landeskundlichen Gründen erforderlich ist, können durch Verordnung der obersten Naturschutzbehörde zu Naturschutzgebieten erklärt werden.
[774] BVerwG 1997 (Kein Vorrang des Vertragsnaturschutzes), S. 38.
[775] OVG Lüneburg 1989 (Helgoländer Festlandssockel), S. 282 f.

„Instrument der Gefahrenverhütung, nicht lediglich der Schadensbeseitigung oder Schadenswiedergutmachung“[776]. Deshalb könne es auch gerechtfertigt sein, in einem Naturschutzgebiet die Jagd zu verbieten. Naturschutzrechtliche Maßnahmen seien „nicht mehr darauf [beschränkt], vorhandenes zu konservieren“. Vielmehr seien sie darauf auszurichten, dauerhaft die „Gewähr für ein größtmögliches Maß von Naturschutz“ zu bieten, mithin nicht nur und erst dann erforderlich, wenn sie zur Erhaltung eines Zustands unumgänglich seien[777]. Deshalb seien „zur Verwirklichung des Naturschutzes nicht lediglich solche Maßnahmen als erforderlich anzusehen, die unumgänglich notwendig sind, um einen bestehenden Zustand zu erhalten, sondern auch solche, die diesen Zustand verbessern. Unter diesem Gesichtspunkt kann jedoch nicht zweifelhaft sein, daß eine größere Beruhigung des Naturschutzgebiets als bisher erreicht wird, wenn die mit der Ausübung der Jagd verbundenen Geräusche entfallen.“[778] In der Formulierung vom „größtmöglichen Maß“ des Naturschutzes klingt an, daß das Gericht die Norm als Optimierungsgebot aufgefaßt hat, ohne dies ausdrücklich zu schreiben oder daraus weitergehende Folgerungen abzuleiten.

Zwei Entscheidungen in diesem Zusammenhang stellten *nicht* auf das Entwicklungsgebot in § 1 Abs. 1 a.A. ab: Eine bezog sich auf das Verbot, in einem einstweilig gesicherten späteren Naturschutzgebiet Hunde frei laufen zu lassen: „Das freie Laufenlassen von Hunden widerspricht den Zielen des Naturschutzes, da die Gefahr einer Störung der Vogelwelt, vor allem beim Nist- und Brutgeschäft, besteht.“[779] Die andere betraf das Verbot, auf einem in dem Naturschutzgebiet gelegenen Werra-Arm wie seit alters her Schlittschuh zu laufen. Hier seien die Interessen der Gemeinde als Grundstückseigentümerin und der potentiellen Schlittschuhläufer an Eisflächen den Interessen am Schutz der Feuchtgebiete gegenüberzustellen, einschlägig seien §§ 1 Abs. 1, 2 Abs. 1 Nr. 11, 4 S. 3, 28 BNatSchG, 20 NatSchG Hess[780] auf der einen und §§ 2 Abs. 1 Nr. 9 BNatSchG, 1 Abs. 2[781], 23 Abs. 1 Nr. 5 NatSchG Hess[782] auf der anderen Seite. „Den Erholungsinteressen der

---

[776] Ebd., S. 283; dem OVG Lüneburg folgend BVerwG 1996 (Dalbekschlucht), S. 845.
[777] OVG Koblenz 1982 (Jagdverbot im Naturschutzgebiet), S. 382.
[778] Ebd., S. 382.
[779] VGH Kassel 1994 (Huteflächen), S. 398.
[780] NatSchG Hess, § 20 Bereitstellung von Grundstücken zu Zwecken des Naturschutzes und der Landschaftspflege
Die Verpflichtung des Landes, der Gemeinden, der Landkreise und der sonstigen Gebietskörperschaften nach § 28 des Bundesnaturschutzgesetzes, in ihrem Besitz stehende Grundflächen in angemessenem Umfang für die Erholung bereitzustellen, gilt entsprechend für die Bereitstellung von Grundstücken zu Zwecken des Naturschutzes und der Landschaftspflege, soweit dies mit der öffentlichen Zweckbestimmung der Grundstücke vereinbar ist.
[781] NatSchG Hess, § 1 Allgemeine Vorschriften
Abs. 2: Zur Verwirklichung der bundes- und landesrechtlichen Grundsätze soll die wirtschaftliche Forschung im Bereich des Naturschutzes und der Landschaftspflege gefördert werden.
[782] NatSchG Hess, § 23 Schutz besonderer Lebensräume

Allgemeinheit als Teil der Lebensgrundlagen des Menschen im Sinne des § 1 Abs. 1 BNatSchG" dienten jedoch „nur Handlungen, bei denen es um die Erholung durch Natur und Landschaft geht, nicht um Natur und Landschaft beeinträchtigende Erholungsaktivitäten."[783] Das Schlittschuhlaufen zähle zu solch letzteren Erholungsaktivitäten, weil „die nicht tief unter der Erdoberfläche befindlichen Rhizome, d.h. das Sproßwurzelwerk des Röhrichts mit seinen Vegetationskegeln, durch Trittschäden und Bodenverfestigungen beeinträchtigt würde. Es entspricht der Lebenserfahrung, daß die naturschutzfachlich nicht vorgebildete und nicht sensibilisierte Allgemeinheit diesen Gesichtspunkten beim Betreten der Eisfläche regelmäßig kein besonderes Augenmerk widmet, den Zugang zur Eisfläche auch nicht auf wenige Zugangskorridore beschränkt, so daß der Uferbewuchs erheblich störenden Beeinträchtigungen durch die Allgemeinheit ausgesetzt ist."[784] Daher sei auch ein Betretungsverbot um der Wirksamkeit des Schutzregimes willen geboten.

Ohne die Rechtmäßigkeit der Schutzgebietsvorschriften im einzelnen zu untersuchen, entschieden drei Gerichte, warum Vorhaben nicht zugelassen werden könnten, die diesen zuwiderliefen. Eine Genehmigung zum Hartschotterabbau sei rechtmäßig verweigert worden: „Der Versuch der Klägerin, durch Angriffe auf Einzelfeststellungen des Beklagten zum Vorkommen bestimmter Pflanzen oder die Störempfindlichkeit bestimmter Tierarten den Wert des geschützten Gebietes und die Tragweite der von ihr beabsichtigten Störungen in Frage zu stellen, verfehlt die ganzheitliche Betrachtungsweise, die allein geeignet ist, die ökologischen Zusammenhänge angemessen zu erfassen; (...). Die von der Klägerin angebotene ,Wiederherstellung (...) [des Naturschutzgebiets]' nach Beendigung des Abbaus brauchte der Beklagte nicht vertieft in seine Erwägungen einzustellen. Es geht hier nicht in erster Linie um die Landschaftskulisse in der Mitte des nächsten Jahrhunderts, sondern um die Ungestörtheit und Kontinuität von Lebensbezügen."[785] Auch die Verweigerung einer Ausnahmegenehmigung nach § 67 Abs. 2 Nr. 1 LG N-W[786], aufgrund derer der Kläger in einem Landschaftsschutzgebiet ein Damwildgehege hatte erweitern wollen, sei nicht zu beanstanden. Die 2,4 ha große Waldfläche, in der das Gehege erweitert werden sollte, biete „mit ihrer zumindest im Be-

---

Abs. 1: Es ist verboten,(...) Nr. 5 Feuchtgebiete, insbesondere sumpfige oder moorige Flächen, Verlandungszonen, Altarme von Gewässern, Teiche oder Tümpel, zu verfüllen, zu entwässern oder sonst nachhaltig zu verändern, Nr. 6, 7 (...), soweit diese Maßnahmen nicht in einem verbindlichen Plan festgestellt oder nach den Vorschriften des Dritten Abschnitts genehmigt worden sind.

783 VGH Kassel 1992 (Schlittschuhlaufen auf Werra-Altarm), S. 166.

784 Ebd., S. 166.

785 VGH München 1994 (Hartschotter), S. 343 (Hervorhebung im Original).

786 LG N-W, § 67 Tiergehege

Abs. 2: Die Genehmigung darf nur erteilt werden, wenn Nr. 1 weder der Naturhaushalt noch das Landschaftsbild beeinträchtigt, das Betreten von Wald und Flur nicht in unangemessenere Weise eingeschränkt oder der Zugang zu Gewässern und zu hervorragenden Landschaftsteilen nicht beschränkt wird, Nr. 2, 3 (...), Nr. 4 [und] andere öffentliche Belange nicht entgegenstehen.

reich der Flora zur Zeit noch bestehenden Artenvielfalt einer nicht genau beziffer-baren Anzahl selbständiger Systeme einen natürlichen, vor gewichtigen nachteiligen Veränderungen zu schützenden Lebensraum", weshalb die „Ziele des Naturschutzes und der Landschaftspflege" die Versagung einer Ausnahmegenehmigung rechtfertigten, da das Damwild die gegenwärtig noch vorhandene umfängliche Bodenflora zerstören bzw. beseitigen würde[787]. Eine Aufstiegserlaubnis gem. § 16 Abs. 5 LuftVO, die es einem Modellflugverein ermöglichen sollte, in einem Landschaftsschutzgebiet oder in dessen unmittelbarer Nähe Flugmodelle mit Verbrennungsmotoren steigen zu lassen, sei hingegen rechtswidrig verweigert worden. Die Lebensbedingungen eines Wanderfalkenpaares als Schutzgut der öffentlichen Sicherheit würden zwar beeinträchtigt, wenn der Modellflugbetrieb erlaubt würde. Die Störung sei jedoch nicht so schwerwiegend, als daß darin eine Gefahr für die öffentliche Sicherheit liege[788]. Das Gericht stellte dabei weder auf § 15 Abs. 1 Nr. 1 BNatSchG bzw. die landesrechtliche Ausfüllungsvorschrift noch auf § 1 Abs. 1 Nr. 3 BNatSchG ab. Indem es vor allem die Biotopfunktion des Gebiets für eine Tierart hervorhob, argumentierte es materiell jedoch dichter an § 1 Abs. 1 Nr. 3 als an den spezielleren Vorschriften über Landschaftsschutzgebiete, denen es um die Erhaltung und den Schutz der Leistungsfähigkeit des Naturhaushalts insgesamt geht.

Was die räumlichen Grenzen von Schutzgebieten angeht, wurden die Ziele des Naturschutzes und der Landschaftspflege zweimal ausdrücklich zur Begründung genannt, warum auch „Pufferzonen" [789] entlang schutzwürdiger Gebiete in den Gebietsschutz einbezogen werden dürften, und zusätzlich einmal ausdrücklich aufgezählt[790]. Ein anderesmal wurde zwar § 1 Abs. 1 genannt, der Verweis jedoch nicht inhaltlich ausgeführt.

Mehrfach schließlich entnahmen Gerichte den Zielen insgesamt einen übergreifenden Begriff von Natur und Landschaft, der verbiete, Flächen isoliert von den Wechselbeziehungen zu betrachten, in denen sie mit ihrer Umgebung stehen und die von dort her auf sie einwirken können. „Die Schaffung von Pufferzonen" resultiere „letztlich aus dem Umstand, daß die Natur nicht aus einem Nebeneinander ihrer einzelnen Bestandteile besteht, sondern aus einem Geflecht von Einzelbestandteilen, die voneinander abhängig sind und im Idealfall ein sich selbst tragendes Ge-

[787] OVG Münster 1985 (Damwildgehege-Erweiterung), S. 288. Später entschied das selbe Gericht nochmals in einer ähnlichen Angelegenheit: Es ging um die Genehmigung der Weiterführung eines Damwildgeheges nach §§ 24 Abs. 1 S. 1 BNatSchG, 67 Abs. 1 S. 1 LG N-W. Sie war zu versagen, weil das Damwildgehege sowohl das Landschaftsbild als auch den Naturhaushalt beeinrächtigte, OVG Münster 1993 (Damwildgehege-Weiterführung), S. 260 f.; kritisch zum Umgang dieser Entscheidung mit dem Begriff „Landschaftsbild" Fischer-Hüftle 1997, S. 241.
LG N-W, § 67 Tiergehege
Abs. 1: Die Errichtung, Erweiterung und der Betrieb von Tiergehegen bedarf der Genehmigung der unteren Landschaftsbehörde. (...).

[788] VGH Mannheim 1990 (Wanderfalke), S. 82.

[789] OVG Koblenz 1996 (Triefenbachtal); S. 630.

[790] VGH Mannheim 1995 (Osterhalde), S. 604 f.

samtsystem darstellen (...). Der Umstand, daß die Verordnung (...) auch bebaute Flächen miteinbezieht, ist nicht zu beanstanden. Der A[ntragsgegner] verweist zu Recht auf den Katalog des § 1 Abs. 1 S. 1 BNatSchG, der hinsichtlich der Ziele des Naturschutzes und der Landschaftspflege den besiedelten und den unbesiedelten Bereich gleichermaßen im Auge hat."[791] So bedeute „der partielle Eingriff in einen Teilbereich der Natur, gleich wo er vorgenommen wird, (...) zwangsläufig auch immer einen Eingriff in das gesamte System (...). Der Sinn der Pufferzonen besteht darin, besonders schutzwürdige Gebiete durch einen sie umgebenden Ruhebereich vor Eingriffen, die außerhalb des Schutzgebietes selbst vorgenommen werden, aber zwangsläufig in das Gebiet hineinwirken, zu schützen."[792] Der Schutz der unter Naturschutz gestellten Flächen vor Einflüssen von außen stand auch an anderer Stelle im Vordergrund: „Bereits die normale Bewirtschaftung landwirtschaftlicher Nutzflächen kann im Einzelfall insbesondere in sensiblen Bereichen wie einem Hochwald ohne Randzone zu negativen Einwirkungen von außen auf das Schutzgebiet führen. Der Schutzzweck einer nach Landesrecht zu erlassenden Verordnung (vgl. § 12 Abs. 3 BNatSchG) kann es mithin erfordern, in das Schutzgebiet eine Randzone einzubeziehen, deren Funktion es ist, das Schutzgebiet als ‚Pufferzone' zu sichern."[793] Es „können auch solche Grundstücke einbezogen werden, die zwar selbst weniger schutzwürdig sind, deren Einbeziehung aber im Hinblick auf die zu schützende Kernzone vernünftig und geboten erscheint, damit nicht die mit der endgültigen Unterschutzstellung verfolgten Ziele durch die Rand- und Seitenwirkung von weniger wertvollen Grundstücke beeinträchtigt oder vereitelt werden."[794] Um solche Rand- und Seitenwirkungen zu verhindern, können auch Vorhaben untersagt werden, die in der Nachbarschaft von Schutzgebieten geplant sind: Die Verweigerung einer Genehmigung für Flugzeugschleppstarts nach § 6 Abs. 4 LuftVG wurde unter Bezug auf § 1 Abs. 1 NatSchG B-W[795] bestätigt, „weil sich das Segelfluggelände bei angemessener Berücksichtigung der Erfordernisse des Naturschutzes und der Landschaftspflege zu diesem Zweck als ungeeignet erwiesen hat"[796], dies vor allem wegen der möglichen Beeinträchtigung bestimmter Arten durch die Schleppstarts[797]: „Welche Forderungen sich aus dem Primat der Leistungsfähigkeit des Naturhaushalts für eine mögliche Einbindung des Flugge-

[791] OVG Greifswald 1994 (Biosphärenreservat Südostrügen), S. 162.
[792] OVG Schleswig 1992 (Sandabbau), S. 345.
[793] BVerwG 1996 (Dalbekschlucht), S. 845 f. (Hervorhebung im Original).
[794] VGH Kassel 1994 (Huteflächen), S. 397.
[795] NatSchG B-W, § 1 Ziele und Aufgaben
Abs. 1: Durch Naturschutz und Landschaftspflege sind die freie und die besiedelte Landschaft als Lebensgrundlage und Erholungsraum des Menschen so zu schützen, zu pflegen und zu entwikkeln, daß 1. die Leistungsfähigkeit des Naturhaushalts, 2. die Nutzungsfähigkeit der Naturgüter (Boden, Wasser, Luft, Klima, Tier- und Pflanzenwelt), 3. die Vielfalt, Eigenart und Schönheit von Natur und Landschaft nachhaltig gesichert werden.
[796] VG Sigmaringen 1982 (Schleppstarts am Federsee), S. 34.
[797] Ebd., S. 34 f..

ländes in für die Natur und Landschaft geschützte Gebiete (...) ergeben, läßt sich anhand einer ökologischen Betrachtungsweise ermitteln. Der Ökologie[798] versteht unter Naturhaushalt das funktionelle Zusammenspiel von Biotop und Biozönose, d.h. die wechselseitige Abhängigkeit der Lebensgemeinschaft verschiedenartiger Organismen innerhalb eines abgrenzbaren Lebensraumes von den dort herrschenden Umweltbewegungen (...). Innerhalb dieses biologischen Prozesses kommt der Tierwelt eine dominierende Funktion zu im Hinblick auf die Vegetation, und zwar in Form der Gestaltung der Ökosysteme. Andererseits bieten reich strukturierte Lebensräume die Gewähr für die Stabilität eines Ökosystems, da dieses mit der Zahl der Arten und damit funktionellen Beziehungen und Kombinationsmöglichkeiten wächst. Einzelne wildlebende Tierarten innerhalb ihres Biotops sind Teil des Naturhaushaltes im oben definierten Sinne (...). Aus dieser Wechselwirkung zwischen Biotop und Biozönose ergibt sich zwangsläufig, daß ein wirksamer Artenschutz ohne Gebietsschutz undenkbar ist."[799]

Andere Gerichte begründeten die Schutzwürdigkeit auch von Pufferzonen aspekthaft anhand von § 1 Abs. 1, ohne die Norm ausdrücklich zu zitieren. So hieß es, Schutzgebiete dürften an ihren Rändern auch solche Flächen umfassen, „deren Bedeutung für das Landschaftsbild, die Erholung oder den Naturhaushalt gegenüber dem Kerngebiet gemildert ist" und die einen „Puffer" zwischen bebauten Grundstücken und in ihrem natürlichen Zustand verbleibender Landschaft bildeten[800], deren Einbeziehung in den Schutzstatus sei daher z.B. erforderlich, um „in diesem Bereich des Bodenseeufers die Leistungsfähigkeit des Naturhaushalts zu erhalten, die Eigenart und Schönheit des Landschaftsbilds zu bewahren und damit zugleich zahlreichen Erholungsuchenden ein besonderes Naturerlebnis zu ermöglichen."[801].

In einer Entscheidung wird demgegenüber ausdrücklich beschrieben, warum Pufferzonen *nicht* in den Schutzstatus von Naturschutzgebieten einbezogen dürften. In Baden-Württemberg gibt es eine gesonderte Norm zur Unterschutzstellung von Randbereichen solcher Gebiete[802], derzufolge „die für den Erlaß der Naturschutzverordnung zuständige Behörde, soweit es zur Sicherung des Schutzgegenstandes und Verwirklichung des Schutzzweckes erforderlich ist, angrenzende Gebiete als Landschaftsschutzgebiet ausweisen [soll]. Aus dieser gesetzlichen Systematik erschließt sich zugleich, daß auch der Gesetzgeber die Einbeziehung von Flächen minderer oder gar fehlender Schutzwürdigkeit in ein Naturschutzgebiet nicht für zulässig hält. Hierin unterscheidet sich im übrigen die Gesetzeslage in Baden-

[798] Grammatischer Fehler wie im Original.

[799] VG Sigmaringen 1982 (Schleppstarts am Federsee), S. 34.

[800] OVG Koblenz 1996 (Triefenbachtal), S. 630.

[801] VGH München 1988 (Bayerisches Bodenseeufer), S. 261.

[802] NatSchG B-W, § 21 Naturschutzgebiete
Abs. 5 Soweit es zur Sicherung des Schutzgegenstandes und Verwirklichung des Schutzzweckes erforderlich ist, sollen angrenzende Gebiete als Landschaftsschutzgebiete ausgewiesen werden.

Württemberg von der in verschiedenen anderen Ländern, deren Naturschutzgesetze keine dem § 21 Abs. 5 NatSchG vergleichbare Regelung enthalten."[803]

(2) Zusammenfassung
Soweit Verwaltungsgerichte bei der Überprüfung der inhaltlichen und räumlichen Gestaltung von Schutzgebieten im einzelnen Gedanken und/ oder Formulierungen von § 1 Abs. 1 heranziehen, knüpfen sie die Argumentation zumeist an das Entwicklungsgebot oder an § 1 Abs. 1 Nr. 3 für Schutz und Pflege einzelner Tier- und Pflanzenarten. Gerade das Entwicklungsgebot ermöglicht es den Gerichten, auch relativ weitreichende Schutzvorschriften als rechtmäßig zu bestätigen. Dies zeigt sich insbesondere in den Entscheidungen zur Rechtmäßigkeit von „Pufferzonen". Nur vereinzelt bezieht sich die Rechtsprechung aber ausdrücklich auf die Ziele.

d) Zusammenfassung zur Auslegung der Schutzgebietsvorschriften anhand der Ziele

Bei der Kontrolle von Zweck, Erforderlichkeit und Inhalt von Schutzgebietsausweisungen erfüllen die Aspekte der Ziele des Naturschutzes und der Landschaftspflege unterschiedliche Funktionen. Im Hinblick auf die Erforderlichkeit von Schutzgebietsausweisungen beziehen sich die Gerichte in der Begründung von Schutzwürdigkeit und -bedürftigkeit überwiegend auf einzelne Tier- oder Pflanzenarten, deren Schutz und Erhaltung die Ausweisung eines Natur- oder Landschaftsschutzgebietes erfordere. Insofern knüpfen die Gerichte an § 1 Abs. 1 Nr. 3 an. Geht es hingegen um die konkrete Ausgestaltung von Schutzvorschriften, deren grundsätzliches Gebotensein nicht bestritten wird, so berufen sich die Verwaltungsgerichte oftmals auf den Entwicklungsansatz der Ziele insgesamt, ohne § 1 Abs. 1 ausdrücklich einzubeziehen. Damit stellen sie den Gegensatz der Ziele zum früher gepflegten rein konservierenden Schutz heraus.

2. Abwägung

Abwägungen sind im Zusammenhang mit Schutzgebietsausweisungen zum einen bei der Entscheidung über das „Ob", einer Ausweisung anzustellen, zum anderen aber auch für die inhaltliche Ausgestaltung von Schutzregimes im einzelnen. Die Ziele könnten in beiden Fällen zur Zusammenstellung und Gewichtung der Belange anleiten.

a) Zusammenstellung von Belangen

Die meisten Gerichte, die problematisieren, welche Interessen in die Abwägung über die Ausweisung von Schutzgebieten einzubeziehen sind, verweisen dafür auf die Ziele, § 1 Abs. 1, verwenden aber mehr Aufmerksamkeit auf die Zusammenstellung *entgegenstehender* Belange. Vorwiegend handelt es sich dabei um Individualinteressen, insbesondere am Eigentum, einmal aber auch um das öffentliche Interesse an einer hinreichenden Energieversorgung. Einmal wird zudem bezüglich

---

[803] VGH Mannheim 1995 (Osterhalde), S. 604 f.

des Inhalts der Schutzgebietsvorschriften im einzelnen anhand von § 1 Abs. 1 abgewogen[804].

(1) Entscheidungen im einzelnen
Nicht selbstverständlich schien zunächst jedoch schon, daß vor einer Schutzgebietsausweisung eine Abwägung zu erfolgen habe, sofern nicht das Landesrecht die Schutzausweisung als gebundene Rechtsfolge ausgestaltet. Eine Landschaftsschutzverordnung sei „nur dann mit höherrangigem Recht vereinbar, wenn ihre Auswirkungen in Abwägung mit den übrigen Zielen des Naturschutzes und der Landschaftspflege und gegen die sonstigen Anforderungen der Allgemeinheit an Natur und Landschaft - über den gesetzlichen Wortlaut der § 1 Abs. 2 BNatSchG und § 1 Abs. 3 NatSchG B-W hinaus - zu einem gerechten Ausgleich gebracht worden sind."[805] Grundlegend zur Bedeutung der Abwägung, die bei der Ausweisung von Schutzgebieten anzustellen ist, wenn der Schutzggenstand schutzwürdig und -bedürftig ist, schrieb auch das BVerwG: „Die zuständige Behörde hat sich bei der Entscheidung, ob sie eine Schutzausweisung vornimmt oder von einer solchen Maßnahme zugunsten vertraglicher Vereinbarungen mit den betroffenen Eigentümern absieht, maßgeblich von den in § 1 Abs. 1 BNatSchG genannten Vorstellungen leiten zu lassen. Sie hat dafür Sorge zu tragen, daß die dort formulierten Vorgaben praktisch wirksam werden."[806] Solche Deutlichkeit einer Forderung des Gerichts an die zuständige Behörde kommt selten vor.
Was die Berücksichtigung von Eigentümerbelangen betrifft, führte ein Gericht im Anschluß an die Feststellung der Erforderlichkeit einer Schutzgebietsausweisung aus, so seien „abwägend zugleich ihre Auswirkungen hinsichtlich der übrigen Ziele des Naturschutzes und der Landschaftspflege und der sonstigen Anforderungen der Allgemeinheit an Natur und Landschaft zu berücksichtigen", was „die rahmenrechtliche Vorschrift des § 1 Abs. 2 BNatSchG" vorschreibe[807]. Dennoch beschränkte es die Kontrolle der Zusammenstellung der Abwägungsbelange auf Aspekte des Eigentumsschutzes und der Selbstverwaltungsgarantie der Gemeinden. Diese seien, wie es an anderer Stelle hieß, „über den gesetzlichen Wortlaut des § 1 Abs. 2 BNatSchG und § 1 Abs. 3 LNatSchG [B-W] hinaus" einzubeziehen[808], so daß hinsichtlich des Naturschutzes nur noch auf die zuvor festgestellte Schutzwürdigkeit und -bedürftigkeit des betroffenen Gebiets verwiesen zu werden „brauchte". Diese stellte das Gericht im Rahmen der Abwägungskontrolle nochmals dar: „Gerade in Gebieten mit hohem Siedlungsdruck ist die Erhaltung der nur noch inselartig vorkommenden naturnahen Lebensräume für den Artenschutz besonders wichtig. Ein solcher Ausgleichsbiotop dient als Regenerationszelle der Re-

[804] VGH Kassel 1992 (Schlittschuhlaufen auf Werra-Altarm), S. 166.
[805] VGH Mannheim 1995 (Ziegelbach mit Streuobstwiese), S. 154.
[806] BVerwG 1997 (Kein Vorrang des Vertragsnaturschutzes), S. 38.
[807] OVG Weimar 1997 (Biosphärenreservat Rhön), S. 49.
[808] VGH Mannheim 1995 (Ziegelbach mit Streuobstwiese), S. 154.

population der verschiedenen gefährdeten Arten."[809] Dennoch verwandte es hier auf die Darstellung der der Ausweisung entgegenstehenden v.a. grundrechtlichen Belange allein etwa fünfzehnmal mehr Worte, um letztlich dennoch die Rechtmäßigkeit der Schutzausweisung festzustellen. Ein anderes Gericht erwähnte die Erholungseignung eines Gebiets, dessen Unterschutzstellung einem Grundstückseigentümer ungelegen gekommen war, der dort eine Blautannenkultur hatte anlegen wollen. Es setzte sich jedoch weder mit § 1 Abs. 1 a.E. noch mit der Abwägungsklausel aus § 1 Abs. 2 auseinander[810].

„Sonstige öffentliche Interessen" standen auch im Vordergrund, als ein Gericht die Abwägung hinsichtlich der Ausweisung eines Schutzgebiets für fehlerhaft erklärte. Hier seien „die sich für Natur und Landschaft ergebenden Anforderungen der Allgemeinheit an Natur und Landschaft"[811] einzubeziehen, die Belange der Energieversorgung aber unberücksichtigt geblieben: „Im vorliegenden Fall ist die (...) Landschaftsschutzverordnung (...) abwägungsfehlerhaft, weil weder in der Landschaftsschutzkarte noch in den getroffenen Regelungen der Verordnung oder auch nur in der dem Abgeordnetenhaus mitvorgelegten Begründung das schon weit gediehene Projekt sowie der Belang der Energieversorgung, dessen Bedeutung und Gewicht mit dem unter Beteiligung des jetzigen Verordnungsgebers erlassenen Freigabebescheid im energierechtlichen Verfahren klargestellt war, gewürdigt oder wenigstens erwähnt werden. Hinsichtlich der ‚sonstigen Anforderungen der Allgemeinheit an Natur und Landschaft' im Sinne des naturschutzrechtlichen Abwägungsgebots des § 1 Abs. 2 BNatSchG liegt ein Abwägungsausfall vor. Auch in die naturschutzrechtliche Abwägung oder Würdigung sind alle Positionen einzubeziehen, für die die geplante Landschaftsschutzverordnug relevant werden kann (...)."[812]

In anderen Entscheidungen wurde das Erfordernis, auch anhand der Ziele abzuwägen, zwar erwähnt, aber nicht ausgeführt, sei es, weil die Sache unzulässig sei, sei es, weil sie als zulässig an das Berufungsgericht zurückverwiesen werden sollte. So würden Landschaftsschutzgebiete „nach Maßgabe der §§ 1 Abs. 2, 12 Abs. 1, 15 Abs. 1 BNatSchG sowie §§ 1 Abs. 2[813], 26 Abs. 1[814] NatSchG Nds förmlich unter Schutz gestellt"[815] und habe die Naturschutzbehörde bei der Entscheidung über die

[809] VGH München 1988 (Bayerisches Bodenseeufer), S. 262.

[810] VG Aachen 1988 (Blautannen in der Eifel), S. 185.

[811] OVG Berlin 1991 (Freileitung im Spandauer Forst), S. 406.

[812] Ebd., S. 407 (Hervorhebung im Original).

[813] § 1 Abs. 2 NatSchG Nds entspricht § 1 Abs. 2 BNatSchG.

[814] NatSchG Nds, § 26 Landschaftsschutzgebiete
Abs. 1: Gebiete, in denen Natur und Landschaft ganz oder teilweise besonderen Schutzes bedürfen, weil 1. die Leistungsfähigkeit des Naturhaushalts oder die Nutzbarkeit der Naturgüter zu erhalten oder wiederherzustellen ist, 2. das Landschaftsbild vielfältig, eigenartig oder schön ist oder 3. das Gebiet für die Erholung wichtig ist, kann die Naturschutzbehörde durch Verordnung zu Landschaftsschutzgebieten erklären.

[815] OVG Lüneburg 1990 (Golfplatz in den Bückebergen-Normenkontrolle), S. 88.

Aufhebung einer Landschaftsschutzverordnung „abwägend zu prüfen, ob eine - teilweise - Preisgabe der gesetzlichen Schutzgüter mit den Zielen des BNatSchG (hier § 15) und der entsprechenden landesrechtlichen Regelung vereinbar und unter Beachtung des Grundsatzes der Verhältnismäßigkeit gerechtfertigt [ist]“[816].
Nicht nur zur Ausweisung von Schutzgebieten als solcher, sondern auch zu deren Inhalt im einzelnen sollen die Behörden Abwägungsentscheidungen treffen. Eine gerichtliche Stellungnahme dazu beschrieb die Spannungslage zwischen Schutz und Nutzung von Naturschutzgebieten anhand von §§ 1 Abs. 1, 2 Abs. 1 Nr. 11, 4 S. 3, 28 BNatSchG, 20 NatSchG Hess auf der einen und §§ 2 Abs. 1 Nr. 9 BNatSchG, 1 Abs. 2, 23 Abs. 1 Nr. 5 NatSchG Hess auf der anderen Seite; eine andere verwies lediglich auf „das in §§ 1 Abs. 2, 2 BNatSchG sowie in §§ 1 Abs. 2, 2 LG [N-W][817] enthaltene Abwägungsgebot“[818], ohne Details zu untersuchen.

(2) Zusammenfassung
Was die Ziele betrifft, argumentiert die Rechtsprechung bei der Kontrolle der Zusammenstellung von Abwägungsbelangen hinsichtlich Schutzgebietsausweisungen gerade entgegengesetzt zum Vorgehen bei der Rechtmäßigerklärung von Pufferzonen: Zwar verweist sie häufig auf § 1 Abs. 1, setzt sich jedoch inhaltlich kaum mit der Vorschrift auseinander. Größere Sorgfalt verwendet sie auf die Prüfung, ob die der Schutzausweisung entgegenstehenden Interessen v.a. der betroffenen Grundstückseigentümer hinreichend zusammengestellt wurden.

b) Gewichtung
Bei der Überprüfung der Abwägung über Schutzgebietsausweisungen stellen einige Gerichte ausdrücklich fest, es bestünden keine grundsätzlichen rechtlichen Bedenken dagegen, hier einzelne Interessen zurückzustellen, ohne jedoch die Kriterien zu bestimmen, anhand derer der Vorrang der Interessen konkret ermittelt werden kann. Andere Gerichte stellen auf die Umstände des Einzelfalls ab oder verweisen insoweit auf den Gestaltungs- und Abwägungsspielraum der Naturschutzbehörden.

(1) Entscheidungen im einzelnen
Der allgemeinen Charakter von Abwägungsentscheidungen wurde erläutert, als Gerichte herausstellten, „das Abwägungsgebot“ werde nicht verletzt, „wenn die

[816] BVerwG 1987 (Golfplatz in den Bückebergen - Nichtvorlagebeschwerde), S. 730; das BVerwG zählte zu den „Zielen des Naturschutzes und der Landschaftspflege“ hier offenbar auch die Ausweisung und/ oder den Bestand von Landschaftsschutzgebieten.
[817] § 1 Abs. 2 LG N-W entspricht wörtlich § 1 Abs. 2 BNatSchG. Der Vorbehalt der Verwirklichung der Ziele anhand der Grundsätze, „soweit es im Einzelfall zur Verwirklichung erforderlich, möglich und unter Abwägung aller Anforderungen nach § 1 Abs. 2 angemessen ist“ kommt wortgleich in § 2 a.A. LG N-W und § 2 Abs. 1 a.A. BNatSchG vor.
[818] OVG Münster 1995 (Quarz-Auskiesung), S. 99, - in der Veröffentlichung wird darauf hingewiesen, die Entscheidung enthalte insoweit zusätzliche Ausführungen, die aber nicht abgedruckt sind.

Behörde bei widerstreitenden Belangen den einen bevorzugt und damit den anderen notwendigerweise zurücksetzt. Die darin liegende Gewichtung ist ein wesentliches Element der Gestaltungsfreiheit, die der Naturschutzbehörde eröffnet ist, und als solche der verwaltungsgerichtlichen Kontrolle entzogen"[819]. Zwar unterliege es „keinem Zweifel, daß das naturschutzrechtliche Abwägungsgebot über den Wortlaut der einschlägigen Bestimmungen hinaus sich auch auf die betroffenen privaten Belange, insbesondere die Eigentümerinteressen erstreckt (...). Indes wurden (...) die - abwägungsbeachtlichen - Belange der Antragstellerin (...) sehr wohl in die Abwägung einbezogen. Sie wurden ferner zutreffend gewürdigt und schließlich auch der Ausgleich zwischen ihnen und den Belangen des Naturschutzes nicht in einer Weise vorgenommen, die zur objektiven Gewichtigkeit dieser Belange außer Verhältnis steht. (...) Wenn die höhere Naturschutzbehörde gleichwohl nach abschließender gründlicher Prüfung zum Ergebnis gekommen ist, den Belangen des Naturschutzes den Vorrang einzuräumen vor den als durchaus gewichtig erkannten gegenläufigen privaten und öffentlichen Belangen, so bewegt sie sich dabei innerhalb des Freiraums, welcher der gerichtlichen Beurteilung und mithin der Beanstandung entzogen ist."[820] An welchen Punkten die Gewichtung der Belange zur Ausübung des Ermessens über die Schutzgebietsausweisung auszurichten ist, blieb damit offen.

Konkreter anhand tatsächlicher Umstände argumentierten zwei Gerichte. Darunter war es einem um das „öffentliche Interesse am Schutz des geologisch, geomorphologisch und zoologisch bedeutsamen Gebietes" zu tun, das „nach den Zielvorgaben der §§ 1 und 2 BNatSchG bzw. § 1 LPflG [S-H]/ § 1 NatSchG [S-H][821] erhebliches Gewicht [hat] und (...) dem - im Grundsatz nicht unberechtigten - Interesse am Erhalt einer Agrarsubvention im konkreten Fall" vorgehe[822]. Ein anderesmal hätten die gegen ein Wegegebot in einem Naturschutzgebiet sprechenden Eigentümerinteressen der Gemeinde in der Abwägung zurückgestellt werden dürfen, weil das vom Wegegebot erfaßte Schlittschuhlaufen als Eigentumsnutzung auch an anderen Stellen in der näheren Umgebung und ohne gleichartige Beeinträchtigungen eines Pflanzenbestandes möglich sei[823].

Schließlich unterliegt auch die Erteilung von Ausnahmegenehmigungen zu Schutzgebietsverordnungen dem Ermessen der zuständigen Behörden. Der Genehmigung

---

[819] VGH Mannheim 1987 (Tagelöhnergärten), S. 193.

[820] VGH Mannheim 1995 (Phonolit-Steinbruch), S. 18.

[821] NatSchG S-H, § 1 Ziele und Grundsätze des Naturschutzes und der Landschaftspflege (zu den §§ 1 und 2 BNatSchG)

Abs. 1: Die Ziele des Naturschutzes und der Landschaftspflege (Ziele des Naturschutzes) und die Grundsätze ergeben sich aus den §§ 1 und 2 des BNatSchG.

Abs. 2: Weitere Grundsätze sind (...).

Abs. 3: Die Grundsätze sind im Einzelfall untereinander und gegen die sonstigen Anforderungen der Allgemeinheit an Natur und Landschaft abzuwägen.

[822] OVG Schleswig 1995 (Halbinsel Holnis), S. 634.

[823] VGH Kassel 1992 (Schlittschuhlaufen auf Werra-Altarm), S. 166.

können die Ziele aus § 1 Abs. 1 entgegenstehen: „Hier ist nicht erkennbar, daß nur eine Ermessensausübung zugunsten des Antragstellers rechtmäßig ist, denn die vom Antragsteller ausgeübte Tätigkeit steht mit den Zielen des Naturschutzes, nämlich die Vielfalt, Eigenart und Schönheit von Natur und Landschaft als Lebensgrundlagen des Menschen und als Voraussetzung für eine Erholung in Natur und Landschaft nachhaltig zu sichern (§ 1 Abs. 1 Nr. 4 BNatSchG [...]), im Widerspruch."[824] Unklar blieb dabei, ob das Gericht die in den Zielen ausgedrückten Interessen des Naturschutzes und der Landschaftspflege als abwägungserhebliche Belange oder als der Ausnahmegenehmigung absolut entgegenstehende Gründe verstand.

(2) Zusammenfassung
In der Rechtsprechung zur Kontrolle der Gewichtung von Abwägungsbelangen bei Schutzgebietsausweisungen spielen die Ziele aus § 1 Abs. 1 keine Rolle. Dies schreibt zwar kein Gericht ausdrücklich, es ergibt sich aber „zwischen den Zeilen" daraus, daß Gerichte andere Kriterien vor allem tatsächlicher Art zur Gewichtung der Interessen fruchtbar machen.

c) Zusammenfassung zur Bedeutung der Ziele bei der Kontrolle von Abwägungsentscheidungen im Hinblick auf Schutzgebietsausweisungen
Im Zusammenhang der Abwägung über Schutzgebietsausweisungen, die tatbestandlich an zahlreiche unbestimmte Rechtsbegriffe anknüpfen, zeigt sich, was die Befürworter des „Tatbestandsermessens" kritisieren: Hier werden nur noch entgegengesetzte (Nutzungs-) Interessen gegen die schon festgestellte Schutzwürdigkeit und -bedürftigkeit abgewogen[825], weil die speziellen Sachgründe schon bei der Auslegung der unbestimmten Rechtsbegriffe gewürdigt werden. Bei der Kontrolle der Abwägung spielen die Ziele eine untergeordnete Rolle. So weisen Gerichte nur mehr auf die Erforderlichkeit einer Abwägung hin, ohne deren Rechtmäßigkeit im einzelnen anhand der möglichen Ermessensfehler zu überprüfen. Noch geringer sind die Auswirkungen der Ziele für die Gewichtung der einzustellenden Belange. Kein Gericht stellt das abstrakt gleiche Gewicht der Einzelziele ausdrücklich klar.
Während nach alledem die Möglichkeit, anhand der Ziele die Zusammenstellung von Abwägungsbelangen für Schutzgebietsausweisungen zu kontrollieren, in der Rechtsprechung genutzt wird, beziehen sich die Gerichte für die Gewichtung der Interessen nicht auf die Ziele.

---

[824] VG Braunschweig 1977 (Fellverkauf), S. 74.
[825] Vgl. VGH Kassel 1992 (Schlittschuhlaufen auf Werra-Altarm), S. 166; OVG Weimar 1997 (Biosphärenreservat Rhön), S. 49; VGH Mannheim 1995 (Ziegelbach mit Streuobstwiese), S. 154; OVG Berlin 1991 (Freileitung im Spandauer Forst), S. 407.

C. Landwirtschaftsprivileg

Stellungnahmen, in die Gerichte das Landwirtschaftsprivileg aus § 1 Abs. 3 (alt)[826] einbezogen haben, dienen zumeist der Klärung der Frage, ob Beeinträchtigungen der Landwirtschaft aufgrund naturschutzrechtlicher Maßnahmen hinzunehmen sind. Diese Frage behandeln die Gerichte zum einen bei der Vereinbarkeit von Landes- mit bundesrechtlichen Vorschriften im Zusammenhang des Naturschutzes[827], zum anderen bei der Überprüfung von Einzelmaßnahmen[828]. Einige Gerichte heben hervor, § 1 Abs. 3 umfasse eine widerlegliche Vermutung der Übereinstimmung zwischen den Zielen des Naturschutzes und ordnungsgemäßer Landwirtschaft, und nehmen dies zum Anlaß, darzustellen, warum im Einzelfall eine Ausnahme von der Regelvermutung gemacht werden müsse[829] bzw. nicht gemacht zu werden brauche[830].

1. Entscheidungen im einzelnen

Zwei der Urteile und ein Beschluß über behördliche Einzelentscheidungen, die § 1 Abs 3 in die Argumentation einbezogen, betrafen die Anwendung der Eingriffsregelung.

So erfüllte die Entlandung eines Teiches, der in einem Teilbereich seit 25 Jahren nicht mehr teichwirtschaftlich genutzt worden war, die Tatbestandsvoraussetzungen eines Eingriffs, § 8 Abs. 1. Das Gericht legte § 8 Abs. 7 a.F. anhand von § 1 Abs. 3 aus. Diese Norm sei maßgeblich, weil die gem. § 8 Abs. 7 „im Sinne dieses Gesetzes" ordnungsgemäße Landwirtschaft solche sei, die insbesondere mit §§ 1, 2 im Einklang stehe. Die i.S.v. § 1 Abs. 3 „ordnungsgemäße" Landwirtschaft wiederum sei diejenige, die „nach den anerkannten Regeln des Betriebs langfristig ökonomisch richtig" sei[831]. „Für diese agronomisch verstandene Land- und Forstwirtschaft wird im zweiten Halbsatz der Vorschrift die (widerlegbare) Vermutung der Vereinbarkeit mit den in § 1 Abs. 1 BNatSchG normierten Zielen begründet."[832] In der Entscheidung wurde diese Vermutung nicht widerlegt, denn das Vorhaben betreffe schon nicht die „Kulturlandschaft", § 1 Abs. 3, da der Teich im

[826] In diesem Abschnitt wird darauf verzichtet, § 1 Abs. 3 jeweils als „alt" zu kennzeichnen; der einmalige Hinweis auf die Aufhebung der Vorschrift 1998 mag insoweit hinreichen.

[827] BayObLG 1983 (Vogelkirsche), S. 290; BVerwG 1997 (Kein Vorrang des Vertragsnaturschutzes), S. 41.

[828] VGH München 1984 (Entlandung des Hirschbergweihers-Berufungsinstanz), S. 27; VG Regensburg 1983 (Erdbeeren und Raps), S. 156; BVerwG 1988 (Emstal), S. 179; BVerwG 1992 (Heckenbeseitigung), S. 468; OVG Koblenz 1988 (Damwildgehege mit Knotengitterzaun), S. 184; OVG Münster 1989 (Teichpacht), S. 37; VGH München 1980 (Fahrweg zur Hochalm), S. 275.

[829] VGH München 1984 (Entlandung des Hirschbergweihers-Berufungsinstanz), S. 27; VG Regensburg 1983 (Erdbeeren und Raps), S. 156.

[830] VGH München 1980 (Fahrweg zur Hochalm), S. 276.

[831] VGH München 1984 (Entlandung des Hirschbergweihers-Berufungsinstanz), S. 27.

[832] Ebd., S. 27.

fraglichen Bereich seit längerer Zeit ungenutzt gelegen hatte[833]. Der Vorrang der „ökologischen Interessen“, die gegen die Erteilung der Entlandungserlaubnis sprachen, „müßte selbst dann gelten, wenn entgegen der Meinung des Senats die Regelvermutung des § 1 Abs. 3 BNatSchG nicht schon aus den obengenannten Gründen ausscheiden müßte. Denn bei der Abwägung der besonders gewichtigen ökologischen Interessen einerseits mit den durch die Situationsgebundenheit des Eigentums relativierten Interessen der Klägerin andererseits hätte selbst die Vermutung von der grundsätzlichen Übereinstimmung der landwirtschaftlichen und der ökologischen Zielvorstellungen als widerlegt angesehen werden können und müssen.“[834] Das BVerwG bestätigte als Revisionsinstanz diese Begründung[835].
Schon 1983 hatte ein Verwaltungsgericht zum Verhältnis zwischen § 1 Abs. 3 und § 8 Abs. 7 festgestellt, es spreche „eine gesetzliche, widerlegbare Vermutung dafür, daß je schul- und zunftgerechte Land- und Forstwirtschaft naturgerecht ist.“[836] Für den Einzelfall wäre der Eingriff durch Rapsanbau und Erdbeeranpflanzungen zwar ordnungsgemäße Landwirtschaft[837]. Ausnahmsweise fehle es jedoch am Einklang mit den Zielen von Naturschutz und Landschaftspflege, weil durch die Pflanzungen „Schilf- und Rohrbestände, vielleicht sogar ökologisch besonders wertvolle Naß- und Feuchtflächen“ beseitigt werden würden[838], die zuvor lediglich extensiv genutzt worden waren.
Auch eine Entscheidung, der die Frage zugrundelag, ob eine Ausnahme von Vorschriften eines Naturschutzgebiets gemacht werden könne, erfolgte im Hinblick auf § 1 Abs. 3. Hier war erstens fraglich, ob die Beweidung einer Hochalm „ordnungsgemäße Landwirtschaft“ sei, und zweitens, ob auch die Anlage eines Wegs zu der Alm von der „ordnungsgemäßen“ Landwirtschaft umfaßt sei. Es könne hier „aus dem Umstand, daß eine bestimmte Bewirtschaftung seit längerer Zeit möglich ist, ohne daß sie die Natur erkennbar schädigt, gefolgert werden, daß die tatsächliche Nutzung den gegebenen Nutzungsmöglichkeiten entspricht. Die mündliche Verhandlung hat nichts ergeben, was auf eine Schädigung der Oberen Gutenalpe schließen ließe. Es ist zwar eine Erfahrungstatsache, daß weidendes Vieh insbesondere im Hochgebirge die Grasnarbe schädigt und daß solche Trittschäden Ursache für Erosionen sein können. Die Beweidung der Oberen Gutenalpe aber ist offenbar so, daß Eingriffe in dem Bewuchs regelmäßig regeneriert werden.“[839] Daher deute nichts darauf hin, daß die Nutzung der Hochalm von der Regelvermutung des § 1 Abs. 3 ausgenonmen werden müsse. Gleiches gelte für die Anlage des Weges: „Es hätte besonderer Verdeutlichung bedurft, den für die ord-

---

[833] Ebd., S. 28.
[834] Ebd., S. 28.
[835] BVerwG 1988 (Entlandung des Hirschbergweihers-Revisionsinstanz), S. 289.
[836] VG Regensburg 1983 (Erdbeeren und Raps), S. 156.
[837] Ebd., S. 156.
[838] Ebd., S. 155.
[839] VGH München, 1980 (Fahrweg zur Hochalm), S. 276.

nungsgemäße landwirtschaftliche Bodennutzung notwendigen Wegebau naturschutzrechtlichen Einschränkungen zu unterwerfen, die im Ergebnis die Privilegierung der Landwirtschaft wieder aufheben würden."[840]
Eine eher skurrile Entscheidung des Amtsgerichts Dannenberg bezog sich auf die Ausübung des naturschutzrechtlichen Vorkaufsrechts zugunsten eines Landwirts und zu Lasten eines anerkannten Naturschutzverbands, der das Grundstück hatte kaufen und verpachten wollen, damit darauf eine ökologische Ausgleichsfläche würde geschaffen werden können. Das Gericht betonte, „daß die landwirtschaftliche Nutzung von Betriebsflächen grundsätzlich im Einklang mit den Zwecken des Naturschutzes steht. Im § 1 Abs. 3 des BNatschG (...) ist niedergelegt, daß der ordnungsmäßigen Land- und Forstwirtschaft für die Erhaltung der Natur und Erholungslandschaft eine zentrale Bedeutung zukommt und sie in der Regel den Zielen des Naturschutzes dient. Damit ist klargestellt, daß die Landwirtschaft dem Naturschutz in den Zielen gleichgestellt ist. Nichts ist dafür vorgetragen worden, daß der dringend förderungswürdige Landwirt D. die fragliche Fläche nicht ordnungsmäßig bewirtschaften wird."[841] Das Gericht behandelte also in einem zivilrechtlichen Zusammenhang die Allgemeininteressen von Naturschutz und Landschaftspflege als gleichwertig mit den Belangen eines einzelnen Landwirts.

2. Zusammenfassung

Soweit Stellungnahmen zur Bedeutung des Landwirtschaftsprivilegs in § 1 Abs. 3 ersichtlich sind, trennen die Gerichte die Qualifikation der Landwirtschaft als „ordnungsgemäß" von der Vermutung ihrer Übereinstimmung mit den Zielen und argumentieren vereinzelt auch zu Lasten der Landwirtschaft. Der Inhalt der Ziele im einzelnen spielt für die Entscheidungen allerdings keine Rolle.

D. Verbandsanerkennung

Durch die Verbandsbeteiligung ist die Verwirklichung der Ziele den Verbänden „in besonderer Weise anvertraut". Dies spiegelt sich in der Vorschrift zur Verbandsanerkennung wider, wonach Verbände nur zur Beteiligung in den in § 29 Abs. 1 S. 1 genannten Verfahren anerkannt werden dürfen, wenn sie nach ihrer „Satzung ideell und nicht nur vorübergehend vorwiegend die Ziele des Naturschutzes und der Landschaftspflege" fördern, § 29 Abs. 2 S. 1 Nr. 1. Die meisten gerichtlichen Stellungnahmen im Zusammenhang der Verbandsbeteiligung beziehen sich auf die Frage nach Art und Umfang subjektiver Befugnisse der Verbände. Der subjektive Charakter des Beteiligungsrechts der Verbände wird damit begründet, die Ziele des Naturschutzes und der Landschaftspflege seien den Verbänden vom Gesetz „in besonderer Weise anvertraut". Dies bleibt jedoch soweit ersichtlich ohne Auswirkungen auf die Sachentscheidung: Gerichte nehmen das „besondere Anvertrautsein"

---

840 Ebd., S. 276.
841 AG Dannenberg 1983 (Vorkauf für Feuchtland), S. 286.

nicht zum Anlaß, den Zielen für die Entscheidung ihrerseits besondere Bedeutung beizumessen[842].

1. Entscheidungen im einzelnen

Um den Zweck der Anerkennung eines Vereins ging es in einer Entscheidung über die Erforderlichkeit eines Planfeststellungsverfahrens: „Durch die Anerkennung und die damit verbundenen Beteiligung ist den anerkannten Vereinen die Vertretung der Ziele des Naturschutzes und der Landschaftspflege vom Gesetz in besonderer Weise anvertraut worden. Der klagende Verein tritt nicht als Popularkläger auf; er macht die in der mangelhaften Beteiligung liegende Verletzung seines subjektiven Verfahrensrechts auf Mitwirkung, damit zugleich aber auch die darin liegende Beeinträchtigung der ihm in besonderer Weise zugeordneten Ziele von Naturschutz und Landschaftspflege geltend."[843] Deshalb dürfe die Beteiligung der Vereine nicht vereitelt werden, indem auf ein Planfeststellungsverfahren verzichtet werde[844]. Das Gericht bezog sich hierzu nicht ausdrücklich auf § 1 Abs. 1.

Die „Deutsche Gesellschaft für Gartenkunst und Landschaftspflege" klagte durch zwei Instanzen auf Anerkennung nach § 29 Abs. 2[845]. Das Gericht der Ausgangsinstanz begründete die Anerkennungsfähigkeit der Gesellschaft mit deren satzungsgemäßem Zweck, die Landschaftsplanung zu unterstützen. Schon aus dem Wortlaut von § 1 ergebe sich, daß der Naturschutz nach dem BNatSchG nicht darauf beschränkt sein solle, „das zu bewahren, was noch intakt ist"[846]; § 1 umschreibe die Ziele des Naturschutzes und der Landschaftspflege, die „weit über die vergangene defensiv angelegte Aufgabenstellung" des Naturschutzes hinausreiche[847]. Zur Bekräftigung dieser These verwies das Gericht auf die Grundsätze des Naturschutzes nach § 2 und zitierte einige davon wörtlich. Zudem ergäben sich Ziele des BNatSchG auch aus den Vorschriften über die Landschaftsplanung. Wenn daher der Vereinszweck an der Landschaftsplanung orientiert sei, erfülle er das Kriterium von § 29 Abs. 2 S. 1 Nr. 1[848]. Das Gericht trennte „Ziele des Naturschutzes und der Landschaftspflege" und „Ziele des BNatSchG" nicht voneinander, sondern verwandte beide nebeneinander und im Zusammenhang mit § 29 Abs. 2 Nr. 1. Außerdem bezog es noch die Landschaftsplanung mit ein: „Die weitere satzungsgemäße Zielsetzung, nämlich enge Zusammenarbeit der gesamten Grünflächenpla-

---

[842] Beispielhaft dazu VGH Kassel, Beschl. v. 11.7.1988, NVwZ 1988, S. 1040-1046, passim (2 TH 740/ 88; in der gleichen Sache erging später das Urt. d. VGH Kassel 1992 [Nordumgehung Niederursel]. S. 382-389). S. auch BVerwG, Urt. v. 31.10.1990, E 87, S. 62-76, 72 f. (4 C 7.88) und OVG Lüneburg 1992 (Spülfelder für Dollarthafen), S. 603.

[843] OVG Lüneburg 1992 (Spülfelder für Dollarthafen), S. 903.

[844] Ebd., S. 903.

[845] VG Wiesbaden 1982 (Gartenkunst und Landschaftspflege-Ausgangsinstanz), S. 697 ff., sowie VGH Kassel 1985 (Gartenkunst und Landschaftspflege-Berufungsinstanz), S. 254 ff.

[846] VG Wiesbaden 1982 (Gartenkunst und Landschaftspflege-Ausgangsinstanz), S. 698.

[847] Ebd., S. 698.

[848] Ebd., S. 698.

nung mit der Stadt- und Regionalplanung, der Landesplanung und der Raumplanung, stimmt in vollem Umfang überein mit den Zielen, die das BNatSchG aufzeigt."[849] Demgegenüber stellte das Gericht der 2. Instanz fest, die Ziele, auf die es für § 29 Abs. 2 Nr. 1 ankomme, seien in § 1 Abs. 1 gesetzlich definiert[850]. Da weder die Begriffe „Naturschutz und Landschaftspflege" noch diejenigen, die in § 1 zur Konkretisierung der Ziele eingesetzt würden, in der Satzungsvorschrift vorkämen, in der die Gesellschaft ihren Tätigkeitsbereich umschreibe, könne diese nicht als Verband i.S.v. § 29 Abs. 2 anerkannt werden[851].

Auch ein Landesjagdverband klagte ohne Erfolg durch zwei Instanzen auf Anerkennung. Die Ausgangsinstanz konstatierte kurzerhand die Übereinstimmung der gesetzlichen Ziele, „so wie sie § 1 Abs. 1 BNatSchG formuliert", mit den Vereins-Zielen[852], lehnte aber die Anerkennungsfähigkeit des Vereins ab, weil naturschützerische unter den jagdlichen Zielen des Verbands nicht i.S.v. § 29 Abs. 2 Nr. 1 vorwiegten[853]. Das Berufungsgericht argumentierte noch formaler: „Der Kläger müßte also, um nach seiner Satzung als vorwiegend Ziele des Naturschutzes und der Landschaftspflege fördernd angesehen werden zu können, in seiner Satzung selbst festgelegt haben, daß der vorwiegende Teil seiner Aktivitäten diesen Zielen zu dienen habe. (...) Es kommt nicht auf die Tätigkeit der einzelnen Mitglieder und die mit dieser Tätigkeit verfolgten Zwecke, damit auch nicht auf die Zwecke an, die mit der Jagdausübung zusammenhängen, sondern allein auf die in der Satzung definierten Verbandszwecke und die - hier in der Satzung eben nicht festgelegten - Schwerpunkte der Verbandstätigkeit."[854] Der Inhalt der Ziele des Naturschutzes und der Landschaftspflege spielte hier keine Rolle; das Gericht versuchte stattdessen, einen Vorrang unter den satzungsmäßig festgeschriebenen Zielen des Verbands anhand eines numerischen Vergleichs und einer Bewertung der Reihenfolge der in der Satzung aufgeführten Einzelziele zu ermitteln[855].

Die Anerkennung eines Vogelschutzvereins wurde in drei Instanzen erstritten. Nach der ausdrücklichen Formulierung einer Satzungsklausel förderte der Verein „die Ziele des Naturschutzes und der Landschaftspflege", weshalb das Berufungsgericht die Ziele nicht subsumierte, sondern schlicht die satzungsmäßigen „Ziele" mit den gesetzlichen „Zielen" gleichsetzte und so die Anerkennungsfähigkeit des Vereins begründete[856]. Das BVerwG hob als Revisionsinstanz hier zusätzlich hervor, daß die Entscheidung anerkannter Verbände über die Aufnahme neuer Mitglieder nicht in das freie Belieben des Vereins gestellt sei, sondern sich „an den

[849] Ebd., S. 698.
[850] VGH Kassel 1985, (Gartenkunst und Landschaftspflege-Berufungsinstanz), S. 254.
[851] Ebd., S. 254.
[852] VG Köln 1983 (Landesjagdverband-Ausgangsinstanz), S. 116.
[853] Ebd., S. 117.
[854] OVG Münster 1984 (Landesjagdverband-Berufungsinstanz), S. 77 f.
[855] Ebd., S. 77 f.
[856] OVG Hamburg 1982 (Vogelschutzverein-Berufungsinstanz), S. 688.

Zielen des Bundesnaturschutzgesetzes und der Vereinssatzung"[857] zu orientieren habe.
Eine neuere Entscheidung stellte dagegen weniger formal auf die Formulierungen der Vereinssatzung ab, als es die Anerkennungsfähigkeit eines Vereins feststellte, sondern prüfte das Verhältnis zwischen den satzungsgemäßen Sachaufgaben des Vereins und den Zielen: „Die satzungsmäßigen Aufgaben (Förderung der Umweltschutzes, Forschung und Maßnahmen zur Erhaltung der heimischen Tier- und Pflanzenwelt, Umsetzung des Tierschutzes durch Errichtung und Unterhaltung einer Artenschutzstation) dienen unmittelbar der Pflege und dem Schutz des Naturhaushaltes, der Nutzungsfähigkeit der Naturgüter und der Pflanzen- und Tierwelt. Auch die Förderung und Durchführung von Öffentlichkeitsarbeit und Volksbildung im Rahmen des Natur- und Umweltschutzes als Schwerpunkte der satzungsmäßigen Aufgaben sind Maßnahmen, die die Ziele des Naturschutzes und der Landschaftspflege fördern."[858] Vier Jahre später entschied dasselbe Gericht über die Anerkennung eines Landesfischereiverbandes. Nachdem die Verwaltungsbehörde seine Anerkennung i.S.v. § 29 Abs. 2 verweigert hatte, hatte dieser in seine Satzung eine Klausel aufgenommen, wonach „vornehmstes Anliegen des Verbandes (...) der Schutz, die Pflege, die Erhaltung und Wiederherstellung einer für Tier, Pflanzen und Mensch lebensfähigen Natur [sei], insbesondere der Gewässer und der damit verbundenen Ökosysteme, um diesen Bereich als Lebensgrundlage des Menschen und als Voraussetzung für seine Erholung in Natur und Landschaft zu sichern"[859]. Das Gericht stellte die Übereinstimmung dieser Formulierungen mit den Zielen nach § 1 Abs. 1 fest, um zugleich darauf hinzuweisen, daß allein um derentwillen noch nicht von einem „Vorwiegen" naturschützerischer Zielstellungen i.S.v. § 29 Abs. 2 ausgegangen werden könne: „Aber allein aus der Formulierung, naturschützende Maßnahmen seien ‚vornehmstes Anliegen' des Klägers, läßt sich ein ‚Vorwiegen' der Förderung naturschützender Ziele nicht herleiten, (...). Der Satzungswortlaut ist (...) nur als Indiz für die Tätigkeit des Vereins zu werten."[860]

2. Zusammenfassung

Zwar hat die Rechtsprechung als Zweck der Verbandsbeteiligung herausgearbeitet, durch diese seien die Ziele des Naturschutzes und der Landschaftspflege den Verbänden besonders anvertraut. Dennoch unternehmen die Gerichte, die über die Anerkennung von Verbänden nach § 29 Abs. 2 zu entscheiden haben, nur zum Teil eine fundierte Analyse der maßgeblichen Passagen der Satzungen der Verbände. Ebenso oft steht im Vordergrund der zur Verbandsanerkennung veröffentlichten Entscheidungen ein Wort-für-Wort-Vergleich der Satzungsvorschriften mit den Formulierungen aus § 1 Abs. 1. *Zwei* Entscheidungen, die zur Verbandsanerken-

---

[857] BVerwG 1985 (Vogelschutzverein-Revisionsinstanz), S. 282.
[858] VG Berlin 1993 (Ökowerk Teufelssee), S. 375.
[859] VG Berlin 1997 (Verband Deutscher Sportfischer), S. 566.
[860] Ebd., S. 566 (Hervorhebung im Original).

nung entscheidend auf materielle Kriterien abstellen[861], stehen daher zwei Urteile und ein Beschluß[862] gegenüber, die sich allein daran orientieren, ob in der Satzung des Verbands jeweils auf „die Ziele des Naturschutzes und der Landschaftspflege" abgestellt wird. Ein Gericht argumentiert sogar zum Zweck der Verbandsanerkennung ohne Rückgriff auf § 1. Lediglich zwei neuere Entscheidungen sind ersichtlich, die sich bei der Überprüfung der Verbandsanerkennung sowohl auf die Ziele beziehen als auch fundiert sachlich dazu argumentieren.

E. Zusammenfassung zur Umsetzung der Aufnahme der Ziele im Gesetz

Soweit die Verwaltungsgerichte die Ziele des Naturschutzes und der Landschaftspflege in ihre Entscheidungen einbeziehen, machen sie im wesentlichen von den Möglichkeiten Gebrauch, die sich als Ergebnis des Zweiten Abschnitts für die Auslegung und Anwendung von § 1 Abs. 1 ergeben haben.

Bei der Auslegung der Eingriffsreglung wie auch derjenigen der Schutzgebietsvorschriften lehnen die Gerichte ihre Argumentation zum Teil an die Ziele an, ohne jedoch § 1 Abs. 1 immer ausdrücklich zu zitieren. Den Regelfall der Erwägungn im Zusammenhang mit § 8 bilden vielmehr Erläuterungen zu Beeinträchtigungen spezieller Tier- und Pflanzenarten oder -vorkommen, wenn es um den Naturhaushalt geht, oder zur Eigenart und optisch vermittelten Schönheit der Landschaft, wenn das Landschaftsbild in Rede steht. Für die Feststellung von Beeinträchtigungen als solchen und die Frage, ob diese durch die vorgesehenen Maßnahmen „ausgeglichen" werden, greifen die Gerichte eher auch ausdrücklich auf § 1 Abs. 1 zurück.

Etwas häufiger zitieren Verwaltungsgerichte § 1 Abs. 1 ausdrücklich in Fällen, in denen sie prüfen, ob die Voraussetzungen einer Schutzgebietsausweisung vorliegen. Auch insoweit begegnet oft der Verweis auf schutzwürdige Tier- und Pflanzenvorkommen. Eher als im Rahmen der Eingriffsregelung heben die Gerichte hier zudem das Entwicklungsgebot aus § 1 Abs. 1 hervor, erlaubt es doch, auch relativ weitreichende Schutzvorschriften zu rechtfertigen.

Bei der Auslegung von § 29 Abs. 2, der sich ausdrücklich auf „die Ziele des Naturschutzes und der Landschaftspflege" bezieht, haben die Gerichte bis in die letzte Zeit eher oberflächlich auf § 1 Abs. 1 zurückgegriffen.

Kein einheitlicher Umgang der Rechtsprechung mit den Zielen nach § 1 Abs. 1 ist den Erwägungen zur Zusammenstellung von Belangen für die Abwägung zu entnehmen, die bei der Ausweisung von Schutzgebieten, zum Teil auch im Rahmen der Anwendung der Eingriffsregelung zu erfolgen hat. Zwar kommen Entscheidungen vor, in denen insbesondere zur Rechtfertigung von Schutzgebietsausweisungen auf § 1 Abs. 1 verwiesen wird. Breiten Raum nimmt daneben jedoch oft die

[861] VG Wiesbaden 1982 (Gartenkunst und Landschaftspflege-Ausgangsinstanz), S. 698, und VG Berlin 1993 (Ökowerk Teufelssee), S. 375.

[862] VGH Kassel 1985, (Gartenkunst und Landschaftspflege-Berufungsinstanz), S. 254; VG Köln 1983 (Landesjagdverband-Ausgangsinstanz), S. 117; OVG Hamburg 1982 (Vogelschutzverein-Berufungsinstanz), S. 688.

Darstellung entgegenstehender Interessen ein, etwa des Eigentumsrechts betroffener Grundstückseigentümer. Dies gilt auch für Entscheidungen zur Eingriffsgenehmigung.
Weder für Schutzgebiets- noch für Eingriffsentscheidungen zieht die Verwaltungsrechtsprechung § 1 Abs. 1 als Maßstab für die Gewichtung der einzustellenden Interessen heran. Auch hier schöpfen die Gerichte folglich nicht selbständig Anwendungsmöglichkeiten für die Ziele, die über diejenigen hinausgehen, die im Zweiten Abschnitt dargestellt wurden.

V. Sorgfalt der Anknüpfung an die Ziele

Nachdem dargestellt wurde, wo die Rechtsprechung für die Kontrolle der Anwendung naturschutzrechtlicher Vorschriften auf die Ziele des Naturschutzes und der Landschaftspflege zurückgreift, ist nun zu erläutern, wie gründlich sie sich dabei jeweils mit den Zielen auseinandersetzt.
Vorab sei hier betont, daß „Sorgfalt des Umgangs mit den Zielen" für die Untersuchung von Gerichtsentscheidungen nicht mit „Entscheidungserheblichkeit der Ziele" zu verwechseln ist. Entscheidungserheblich sind die Ziele, sofern in den Entscheidungen - wie zumeist - Verwaltungshandeln für rechtmäßig erklärt wird, nur gleichrangig neben anderen Normen, gegen die duch das Verwaltungshandeln ebenfalls *nicht* verstoßen wurde. Sofern gerichtliche Entscheidungen ein Verwaltungshandeln dagegen für rechtswidrig erklären, sind die Ziele nur entscheidungserheblich, soweit das Rechtswidrigkeitsurteil ausdrücklich auf deren Verletzung gestützt wird.
Während es ein Zeichen für Auswirkungen der Ziele wäre, wenn viele Gerichte sorgfältig anhand von § 1 Abs. 1 argumentieren würden, läßt sich aus der Häufigkeit entscheidungserheblicher Bedeutung der Ziele vor allem auf den Umgang der Behörden mit den Zielen schließen: Je häufiger die Ziele entscheidungserheblich für Urteile oder Beschlüsse sind, umso häufiger haben die Behörden im Hinblick auf die Ziele rechtswidrig entschieden.
Was nun die Sorgfalt angeht, die die Gerichte im einzelnen auf § 1 Abs. 1 anwenden, so reicht deren Spektrum vom Nichterwähnen der Vorschrift über einen bloßen Verweis auf den Paragraphen und über die ausdrückliche Wiedergabe der Norm und ihres Inhalts bis zu fundierten Erwägungen über Wortlaut, Zweck und Regelungshintergrund der Ziele. Aufgrund solcher Erwägungen könnten die Gerichte gezielt von speziellen Möglichkeiten Gebrauch machen, die die Ziele eröffnen. Während manche Gerichte in ihren Ausführungen nicht erkennen lassen, daß sie die Bedeutung der Ziele überhaupt erkannt haben[863], nennen andere lediglich

[863] Sei es, indem sie die Klagen schon für unzulässig erklären, vgl. BVerwG 1997 (Kein Vorrang des Vertragsnaturschutzes), passim, sei es, indem sie allein anhand formeller Kriterien entscheiden, vgl. besonders deutlich VG Regensburg 1983 (Erdbeeren und Raps), S. 156, wo die Vorrangentscheidung zwischen § 8 Abs. 7 a.F. und § 1 Abs. 3 (alt) anhand entscheidungspraktischer Gründe getroffen wurde, oder indem sie darauf hinweisen, im vorläufigen Rechtsschutz sei keine

„§ 1 Abs. 1"[864], teilweise ohne Bezug auf einzelne der Ziele[865], geben seinen Wortlaut wieder[866] oder verwenden den Begriff „Ziele des Naturschutzes und der Landschaftspflege" auch für andere Zusammenhänge[867]. Wieder andere Entscheidungen widmen erhebliche Aufmerksamkeit der Anwendung der Ziele, indem sie ausdrücklich deren Bedeutung für die konkrete Entscheidung darstellen oder entscheidend anhand der Inhalte von § 1 Abs. 1 argumentieren[868], wenn auch häufig, ohne die Vorschrift zu zitieren. Auch innerhalb einzelner Entscheidungen, in denen Ausführungen zu den Zielen an verschiedenen Punkten erwartet werden dürften, variiert die Aufmerksamkeit, die die Gerichte auf § 1 Abs. 1 verwenden.
Schließlich kommen ausdrückliche Hinweise auf einzelne der Grundsätze aus § 2 nur in wenigen Entscheidungen vor.

A. Sorgfalt für direkte Einwirkungen

Direkte Einwirkungen sind solche, die von den Zielen auf die Anwendung der Einzelvorschriften unabhängig von deren Inhalt ausgehen können. Sie ergeben sich aus dem Charakter von § 1 Abs. 1 als unmittelbar geltende Rahmenvorschrift und als „Allgemeine" Ziel-Norm.
Die Vielzahl unbestimmter Rechtsbegriffe in der Eingriffsregelung, aber auch die „Erforderlichkeit" besonderen Schutzes als Voraussetzung der Ausweisung von Schutzgebieten eröffnen Spielräume, zu deren Ausfüllung die Rechtsprechung

---

fundierte sachliche Stellungnahme erforderlich, vgl. OVG Berlin 1977 (Kraftwerk Oberjägerweg), S. 2285; VG Frankfurt/ Main 1982 (Startbahn West), S. 31; OVG Hamburg 1996 (Deichbau), S. 628.

864 OVG Münster 1995 (Quarz-Auskiesung), S. 99; VGH München 1994 (Vorkauf am Starnberger See), S. 659; VGH Mannheim 1988 (Unteres Murrtal), S. 404; VGH Mannheim 1993 (Elzbachtal), S. 240.

865 VG Freiburg 1985 (Fernmeldeturm), S. 41; VG Aachen 1988 (Blautannen in der Eifel), S. 185; BVerwG 1997 (Kein Vorrang des Vertragsnaturschutzes), S. 39; BVerwG 1986 (Zollhausried), S. 493, bezog sich zur Begründung des anthropozentrischen Ansatzes des Naturschutzrechts allein auf „§ 1 BNatSchG, Art. 2 GG" - die gleichen Vorschriften hatte das OVG Berlin verwendet, um auf die Möglichkeit eines Rechts der Berliner Bürger auf Natur und Landschaft hinzuweisen: OVG Berlin 1977 (Kraftwerk Oberjägerweg), S. 2285.

866 OVG Koblenz 1984 (Wasserentnahme), S. 429; VGH München 1991 (Wiesenbrüter), S. 462; BVerwG 1994 (Belebung des Landschaftsbildes), S. 78.

867 Vgl. BVerwG 1983 (Rötsee), S. 98: „Ziele, die das LNatSchG und die Landschaftsschutzverordnung verfolgt". Auf Gesichtspunkte, die unter den Einzelinstrumenten des Naturschutzes genannt werden, beziehen sich als „Ziele" neben dem BVerwG 1987 (Golfplatz in den Bückebergen - Nichtvorlagebeschwerde), S. 730, auch OVG Schleswig 1994 (Nachklärteiche), S. 377, und VG Wiesbaden 1982 (Gartenkunst und Landschaftspflege-Ausgangsinstanz), S. 698. Auch nennen Gerichte Anforderungen, die sich aus der Anwendung der Einzelziele des § 1 Abs. 1 Nr. 1-4 auf konkrete Einzelfälle ergeben, „Ziele": VG Regensburg 1995 (Heckenentfernung), S. 429; OVG Lüneburg 1994 (Heidhöhner Heide), S. 472.

868 VG Karlsruhe 1978 (Freileitung im Flußtal), S. 36; VG München 1980 (Jungviehweide im Knabenkraut), S. 39; VG Sigmaringen 1982 (Schleppstarts am Federsee), S. 34; VGH Kassel 1992 (Schlittschuhlaufen auf Werra-Altarm), S. 166.

häufig recht detailliert auf § 1 Abs. 1 zurückgreift. Soweit Abwägungsentscheidungen nach § 8 Abs. 3 bzw. Abs. 4 oder §§ 12 ff. Gegenstand gerichtlicher Stellungnahme sind, erwähnen die Gerichte die Ziele oder Aspekte daraus zusätzlich als Merkposten bei der Zusammenstellung der Abwägungsbelange.

1. Auslegung

Es hat sich bereits gezeigt, daß die Verwaltungsgerichte bei der Auslegung der Eingriffsregelung wie der Schutzgebietsvorschriften auf die Ziele des Naturschutzes und der Landschaftspflege zurückgreifen. Dies geschieht unterschiedlich gründlich.

a) Eingriffsregelung

Vergleichsweise viele Entscheidungen zitieren § 1 Abs. 1 ausdrücklich und setzen sich inhaltlich damit auseinander, um zu begründen, warum die Eingriffsregelung anwendbar und warum eine Beeinträchtigung im Einzelfall „erheblich" oder „ausgeglichen" sei.

(1) Entscheidungen im einzelnen

Zur - inzwischen durch § 8 a gesetzlich geklärten - Anwendbarkeit der Eingriffsregelung im Innenbereich stellten zwei Gerichte materielle Überlegungen an, erwogen, warum bauliche Anlagen den Naturhaushalt beeinträchtigen könnten, und bezogen dazu auch § 1 Abs. 1 ein[869].

Auch wenn die Gerichte § 1 Abs. 1 nicht selbst nennen, lassen sie doch oft erkennen, wie sie sich zur Bestimmung der „Erheblichkeit" von Beeinträchtigungen inhaltlich mit der Vorschrift auseinandergesetzt haben. Dies gilt für Entscheidungen, in denen letztlich ein Eingriff verneint wird, genauso wie für solche, in denen die Gerichte das Vorliegen einer „erheblichen Beeinträchtigung" feststellen.

Die Legaldefinition des Ausgleichs wird in drei von zehn Entscheidungen ausdrücklich unter Rückgriff auf § 1 Abs. 1 angewendet[870]. Drei weitere Entscheidungen setzen sich im Hinblick auf den Ausgleich von Eingriffen inhaltlich mit § 1 Abs. 1 auseinander[871]. Vier Entscheidungen beziehen sich zur Konkretisierung des Ausgleichs nicht auf die Ziele[872].

Im einzelnen besonders gründlich bezog sich ein Gericht auf die Ziele, das zur Bestimmung des Eingriffsbegriffs in kurzen Worten unter Rückgriff auf § 1 Abs. 1

---

[869] VGH Kassel 1985 (Parkplätze für Soldaten), S. 676; VG Gießen 1990 (Lebensmittelmarkt), S. 37.

[870] BVerwG 1989 (Richtfunkschaltstelle), S. 346; OVG Münster 1994 (Quertrasse), S. 48; BVerwG 1990 (Fischteiche), S. 361.

[871] OVG Koblenz 1992 (Schloßrondell), S. 291; VGH Kassel 1992 (Nordumgehung Niederursel), S. 387; VGH Kassel 1993 (Kuhstall und Pferdeboxen), S. 255.

[872] VGH Mannheim 1994 (Bundesstraße 292), S. 152; VGH Mannheim 1995 (Klimatologische Auswirkungen eines Bebauungsplans), S. 91 f.; VGH Kassel 1987 (Ortsumgehung im Freilandbau), S. 253; VG Freiburg 1985 (Fernmeldeturm), S. 41.

Nr. 1, 2 und 4 Naturhaushalt und Landschaftsbild auslegte[873], um anschließend über zweieinhalb Spalten[874] auszuführen, inwiefern im Einzelfall für die Frage, ob ein Vorhaben eine erhebliche Beeinträchtigung darstellen kann, „jeweils in erster Linie von den Zielen des Naturschutzes (vgl. §§ 1 Abs. 1 und 2 BNatSchG, 1 Abs. 1 und 2 NatSchG [B-W][875]) sowie von den Grundsätzen des § 2 BNatSchG (...) auszugehen [ist], die die wesentlichen Leitlinien zur Verwirklichung dieser Ziele enthalten."[876] Ähnlich breit wurde in einer anderen Entscheidung dargelegt, warum ein Modellflugplatz eine erhebliche Beeinträchtigung des Naturhaushalts bedeute, durch den ein Storchenauswilderungsprojekt und verschiedene im Einzugsbereich des Platzes gelegene Brut- und Nahrungsbiotope wildlebender Vögel gefährdet würden[877]. Die Argumentation knüpfte insoweit inhaltlich, wenn auch nicht ausdrücklich an § 1 Abs. 1 Nr. 1 an. Ausdrücklich auf die Ziele bezog sich wieder ein anderes Gericht: Eine erhebliche Beeinträchtigung liege „immer dann vor, wenn Natur und Landschaft in einer Weise nachteilig verändert werden, die nach Art, Umfang oder Schwere nicht als völlig unwesentlich angesehen werden kann. Nachteilig ist eine solche Veränderung dann, wenn sie mit den in §§ 1 und 2 LPflG[878] normierten Zwecken und Grundsätzen des Naturschutzes und der Landschaftspflege nicht vereinbar ist. Eines der hier genannten Ziele ist die nachhaltige Sicherung der Leistungsfähigkeit des Naturhaushalts (§ 1 Abs. 1 Nr. 1 LPflG), ein anderes die Sicherung ihrer Vielfalt und Eigenart (§ 1 Abs. 1 Nr. 3 LPflG). Insbesondere auf diese Ziele bezogen wirken sich die Maßnahmen des Klägers (...) in nicht unwesentlichem Umfang nachteilig aus."[879] Damit verdeutlichte das Gericht den Zusammenhang zwischen den Zielen und der Auslegung der Eingriffsregelung im Einzelfall.

Im Zusammenhang der Umwandlung von fünf Jahre unbewirtschaftetem Land in Weinkulturen hieß es an anderer Stelle: „Zwar ist nach alledem von einer grundsätzlichen ökologischen Wichtigkeit von Brachflächen für den Naturhaushalt ganz allgemein auszugehen. Dies kann aber rechtlich nicht zu dem Ergebnis führen, jede

---

[873] VG Karlsruhe 1978 (Freileitung im Flußtal), S. 35.

[874] Gemeint sind hier und im folgenden halbseitenbreite Druckspalten in DinA4-formatigen Zeitschriften (hier: NuR).

[875] NatSchG B-W, § 1 Ziele und Aufgaben

Abs. 1: Durch Naturschutz und Landschaftspflege sind die freie und die besiedelte Landschaft als Lebensgrundlage und Erholungsraum des Menschen so zu schützen, zu pflegen und zu entwickeln, daß 1. die Leistungsfähigkeit des Naturhaushalts, 2. die Nutzungsfähigkeit der Naturgüter (Boden, Wasser, Luft, Klima, Tier- und Pflanzenwelt) sowie 3. die Vielfalt, Eigenart und Schönheit von Natur und Landschaft nachhaltig gesichert werden.

Abs. 2: Der freilebenden Tier- und Pflanzenwelt sind angemessene Lebensräume zu erhalten. Dem Aussterben einzelner Tier- und Pflanzenarten ist wirksam zu begegnen.

[876] VG Karlsruhe 1978 (Freileitung im Flußtal), S. 35 f.

[877] VGH Mannheim 1990 (Weißstörche), S. 626.

[878] §§ 1 und 2 LPflG Rh-Pf entsprechen wesentlich §§ 1, 2 BNatSchG.

[879] OVG Koblenz 1986 (Kleegemisch im aufgefüllten Feuchtgebiet), S. 276.

Kultivierung von Brachflächen unabhängig von ihrer jeweiligen Beschaffenheit und Umgebung bereits als nachhaltigen Eingriff i.S. des Landespflegegesetzes anzusehen. Vielmehr bedarf die in Frage stehende Fläche einer konkreten Bewertung. Insoweit bieten sich verschiedene Gesichtspunkte an, wie etwa die Größe der Brachfläche, die Dauer der Brache, Bewuchs, Vorkommen seltener Tier- und Pflanzenarten, die Funktion der Brache als Vernetzungselement mit anderen Brachflächen sowie Nutzungsart/ -intensität benachbarter Flächen."[880] Diese Kriterien verbinden die Pflanzen- und Tierwelt, § 1 Abs. 1 Nr. 3, mit dem generell-übergreifenden Schutzansatz der Ziele insgesamt, der auch die Lebensbedingungen und Wechselbeziehungen der Tiere und Pflanzen erfaßt. Das Gericht verneinte aus der Anwendung dieser Kriterien auf die konkrete Fläche insgesamt eine „erhebliche Beeinträchtigung" durch die Nutzungsänderung. An anderer Stelle wurde differenziert, allerdings gleichfalls ohne ausdrücklichen Rückgriff auf die Ziele, zur Verursachung solcher Beeinträchtigung durch eine Hochspannungsleitung argumentiert. Für diese war eine naturschutzrechtliche Ausgleichsabgabe erhoben worden. Für einen bestimmten Teilbereich der Leitung könne „ein Eingriff in das Landschaftsbild unter optischen Gesichtspunkten nicht angenommen werden; (...) [weil] nicht von einer unberührten Landschaft im eingangs dargelegten Sinn gesprochen werden kann. Gleichwohl ist die Abgabenerhebung gerechtfertigt. Die Ermittlungen haben ergeben, daß der Verlauf der Hochspannungsleitung im Randbereich eines Vogelschutzgebiets eine beträchtliche Gefährdung der dort lebenden, teilweise selten gewordenen Vogelarten darstellt." Für einen anderen Streckenabschnitt „parallel zur Bundesautobahn Basel-Frankfurt konnte der Senat die Erheblichkeit des Eingriffs nicht bejahen. (...) aus der Sicht eines weiter entfernten Betrachters läßt sich das Tatbestandsmerkmal der ‚Erheblichkeit' nicht begründen. (...) Der Betrachter hat hier (...) eine so stark durch die menschliche Zivilisation und die Technik geprägte Landschaft [vor sich], daß nicht mehr von einem erheblichen optischen Eingriff in die Landschaft ausgegangen werden kann..., daß hier eine optische Überlagerung eintritt, die die Bedeutung des einzelnen Eingriffs so vermindert, daß er nicht mehr als erheblich und damit ausgleichspflichtig angesehen werden kann."[881] Die „Eigenart und Schönheit" der Landschaft, § 1 Abs. 1 Nr. 4, klang in dieser Argumentation an, ohne konkret erwähnt worden zu sein.

Nicht immer führt es zu einer Entscheidung zugunsten von Natur und Landschaft, wenn sich ein Gericht bei der Bestimmung der Erheblichkeit einer Beeinträchtigung gründlich mit den Zielen auseinandersetzt und darauf ausdrücklich Bezug nimmt. So begründete ein Gericht, warum es keinen Eingriff bedeute, motorgetriebene Flugmodelle steigen zu lassen. Es erkannte u.a., daß das klägerische Vorhaben „den in §§ 1 Abs. 2, 2 Nr. 10 NatSchG [B-W] [882] und §§ 1 Abs. 1 Nr. 3, 2 Abs. 2

[880] VG Mainz 1987 (Weinland), S. 199.

[881] VGH Mannheim 1983 (Ausgleichsabgabe für Freileitung), S. 278, (Hervorhebung und Auslassungspunkte im Original).

[882] NatSchG B-W, § 1 Ziele und Aufgaben

Nr. 10 BNatSchG normierte[n] Grundsatz des Naturschutzes berührt, daß die freilebende Tierwelt als Teil des Wirkungsgefüges des Naturhaushaltes geschont und seltene oder in ihrem Bestand bedrohte Tierarten einschließlich ihres Lebensraumes erhalten bleiben sollen." Auch „die in §§ 1 Abs. 1 Nr. 3, 2 Nr. 11 und 12 NatSchG [B-W] sowie §§ 1 Abs. 1 Nr. 4, 2 Abs. 1 Nr. 11 BNatSchG niedergelegten Grundsätze des Naturschutzes, der Landschaftspflege und Erholungsvorsorge" könnten berührt sein. Entscheidend liege jedoch kein Eingriff vor, weil keiner der gesetzlich aufgelisteten Regelfälle erfüllt sei, und weil „eine *erhebliche Beeinträchtigung* der angemessenen Lebensräume der Vogelwelt und damit ein Eingriff (...) nach Auffassung der Kammer nur dann angenommen werden (...) [könnte], wenn erstens hinreichend geklärt wäre, welche Vogelarten und insbesondere welche gefährdeten Arten ihren Lebensraum im Einwirkungsbereich des Modellfluggeländes haben, und wenn zweitens mit großer Wahrscheinlichkeit davon ausgegangen werden könnte, daß diese konkreten Vogelarten oder zumindest einige von ihnen durch den Modellflugbetrieb vertrieben oder zumindest wesentlich gestört würden. (...) Hierfür fehlt es jedoch an greifbaren Anhaltspunkten."[883]

Stellungnahmen der Rechtsprechung zum „Ausgleich" von Beeinträchtigungen des Landschaftsbilds zeigen, zu wie unterschiedlichen Folgen für die Schutzgüter des BNatSchG es führen kann, wenn die Ziele je einbezogen werden oder nicht. So hieß es, als ein Planfeststellungsbeschluß für rechtmäßig erklärt wurde: „Anhaltspunkte dafür, daß die in dem Begleitplan vorgesehenen Maßnahmen nicht ausreichen, um die Eingriffe in Landschaft und Natur so weit wie möglich [!] auszugleichen, sind nicht ersichtlich."[884] Die Ziele spielten für diese Entscheidung keine Rolle. Ein anderes Gericht begründete, warum die vorgesehenen Maßnahmen die Zerschneidung der Landschaft nicht ausgleichen könnten: „Ein Ausgleich für die mit dem Vorhaben außerdem einhergehenden Eingriffe in Natur und Landschaft und in die gemäß § 1 Abs. 1 BNatSchG i.V. mit § 1 Abs. 1, § 2 insbesondere Nr. 2 und 11 LG [N-W][885] (...) zu schützenden Funktionen ist jedoch (...) nicht vorgesehen. (...) Einen Ausgleich im Rechtssinne stellen dabei Maßnahmen in bezug auf ein durch einen Eingriff gestörtes Landschaftsbild immer dann dar, wenn durch sie in dem betroffenen Landschaftsraum ein Zustand geschaffen wird, der in gleicher

---

Abs. 2: Der freilebenden Tier- und Pflanzenwelt sind angemessene Lebensräume zu erhalten. Dem Aussterben einzelner Tier- und Pflanzenarten ist wirksam zu begegnen.

NatSchG B-W, § 2 Grundsätze des Naturschutzes, der Landschaftspflege und der Erholungsvorsorge

Grundsätze zur Verwirklichung der in § 1 genannten Ziele sind: (...) 10. Die freilebende Tier- und Pflanzenwelt soll als Teil des Wirkungsgefüges des Naturhaushalts geschont werden; seltene oder in ihrem Bestand bedrohte Tier- und Pflanzenarten sollen einschließlich ihres Lebensraumes erhalten werden.

[883] VG Freiburg 1987 (Flugmodelle mit Verbrennungsmotoren), S. 53.

[884] VGH Kassel 1987 (Ortsumgehung im Freilandanbau), S. 253.

[885] § 1 LG N-W ist wortgleich mit § 1 Abs. 1 BNatSchG.

§ 2 Nr. 2 und Nr. 11 LG N-W sind wortgleich mit § 2 Abs. 1 Nr. 2 und 11 BNatSchG.

Art, mit gleichen Funktionen und ohne Preisgabe wesentlicher Faktoren des optischen Beziehungsgefüges den vor dem Eingriff vorhandenen Zustand in weitestmöglicher Annäherung fortführt (...).“ Für die geplante Straße sei „eine Annäherung an das optische Beziehungsgefüge, wie es insbesondere durch die Offenheit der Flächen (...) zwischen den Kanälen und die gegliederte Parklandschaft bestimmt ist, (...) angesichts des massiven, sich in die vorhandene Landschaft in keiner Weise einpassenden, quer zur vorhandenen Landschaftsgliederung verlaufenden Dammes sowie der Brückenbauwerke nicht vorstellbar.“[886] Die Argumentation zum Schutz des Landschaftsbilds war hier deutlich an § 1 Abs. 1 Nr. 4 orientiert, wenn auch ohne erneuten ausdrücklichen Hinweis.

Weniger hohe Anforderungen stellte ein weiteres Gericht an den Ausgleich, wozu es sich ausdrücklich auf § 1 Abs. 1 stützte und den Gedanken aus § 1 Abs. 1 Nr. 4 und a.E. aufnahm: „Die Auffassung des Berufungsgerichts [bei fortdauernder optischer Wahrnehmbarkeit des Eingriffs fehle es an dem notwendigen Ausgleich] steht im übrigen auch mit den allgemeinen Zielen des Naturschutzes und der Landschaftspflege nicht im Einklang. In bezug auf das Landschaftsbild als Teil der Lebensgrundlagen des Menschen und Voraussetzung für seine Erholung kommt es in der Regel nicht so sehr darauf an, daß bestimmte vorhandene optische Eindrücke von der Landschaft, die zumal in Deutschland weitgehend schon vom Menschen gestaltete Kulturlandschaft ist, unverändert erhalten bleiben. Entscheidend für die Wahrung der Ziele des Naturschutzes und der Landschaftspflege ist vielmehr, unvermeidbare Eingriffe in das Landschaftsbild in einer landschaftsgerechten Weise aufzufangen; (...).“[887]

Gegenteiliger Ansicht war insofern das Gericht gewesen, das erstmals zur rheinland-pfälzischen Eingriffsregelung entschieden hatte, allerdings ohne Bezug auf die Ziele. Eine Beeinträchtigung des Landschaftsbilds könne nur dann als ausgeglichen angesehen werden, „wenn der Eingriff optisch nicht mehr wahrnehmbar ist“[888]. Dies Gericht begründete später wiederum, ohne sich ausdrücklich auf die Ziele zu beziehen, warum im Einzelfall kein Ausgleich bestehe, wenn die Behörde für den Ausgleich des Wegfalls einer innerstädtischen Grünanlage „nur den Wegfall der Bäume als solche erkannt hat und deshalb die Belange des Naturschutzes und der Landschaftspflege allein auf den Baumbestand im Sinne einer ‚Baumbilanz‘ reduziert hat, indem sie zu fällende sowie zu verpflanzende Bäume den an anderer Stelle (...) neu zu pflanzenden Bäumen gegenübergestellt (...) hat. Da aber nicht nur - gleichsam isoliert - Bäume gefällt, sondern, wie dargelegt, eine innerstädtische Grünfläche in ihrem Erscheinungsbild völlig verändert wird, kann ein Ausgleich nicht (allein) darin bestehen, irgendwo Bäume zu pflanzen; der Ausgleich muß sich vielmehr (auch) auf das Landschaftsbild beziehen. (...) Diese beabsichtigten Pflanzungen bewirken aber [vorliegend] (...) keinerlei Verbesserung des Er-

---

[886] OVG Münster 1994 (Quertrasse), S. 48.

[887] BVerwG 1990 (Fischteiche), S. 361.

[888] OVG Koblenz 1980 (Fischteiche im Naturpark Nassau), S. 30.

scheinungsbildes des Schloßrondells. Das optische Beziehungsgefüge zwischen dem Platz und den ihn begrenzenden Bäumen, das durch den Eingriff vorloren geht, wird durch die an anderer Stelle zu pflanzenden Bäume in keiner Weise, auch nicht annähernd, wiederhergestellt."[889] Hier spielte das Schutzgut von § 1 Abs. 1 Nr. 4 mithin eine entscheidende Rolle, ohne gesondert erwähnt zu sein.
Auf die Schutzgüter aus § 1 Abs. 1 Nr. 1, 3, 4 und § 1 Abs. 1 a.E. waren die Erwägungen konzentriert, die ein Gericht zum Ausgleich der Beeinträchtigungen anläßlich des Neubaus einer Umgehungsstraße anstellte: „Die Planfeststellungsbehörde sieht in der Rekultivierung und Neubepflanzung der Böschungsflächen, Mulden, Bankette etc. - neben dem vorübergehenden Aufstellen künstlicher Nisthöhlen - einen angemessenen Ausgleich für den Eingriff (...). Dem vermag sich der Senat nicht anzuschließen. (...) Neben der flächenbezogenen Bewertung des Eingriffs in den Naturhaushalt ist im besonderen Maße die trennende Wirkung der Trasse zu berücksichtigen, die sich nachhaltig auf die Tierwelt auswirkt. Der Lebensraum vieler Kleintiere wird zerschnitten oder eingeengt. Gleichzeitig wird die Funktion des Hanges und Bachtales als naturnahes Erholungsgebiet tangiert."[890] Ein Ausgleich liege daher nicht schon wegen der beschriebenen Maßnahmen vor.
Anhand einer Gesamtbetrachtung der Ziele schrieb ein anderes Gericht zur Rechtmäßigkeit von Ausgleichs- und Ersatzmaßnahmen, den Vorschriften über Ersatzmaßnahmen gehe es „nicht um ein enges Aufrechnen einzelner Eingriffsmaßnahmen gegen einzelne Ausgleichs- und Ersatzmaßnahmen, sondern um eine qualitative Gesamtbilanz. Eine solche Gesamtbetrachtung aber gibt keine Anhaltspunkte für einen landschaftsgestalterischen Planungsexzeß (...). Vielmehr dürften die insgesamt vorgesehenen Ausgleichs- und Ersatzmaßnahmen eher im unteren Bereich dessen liegen, was der unter dem Optimierungsgebot des § 1 BNatSchG/ § 1 NatSchG Brem[891] stehende Plangeber in seiner landschaftspflegerischen Begleitplanung darstellen mußte. Insbesondere war es geboten, den Verlust des ökologisch wertvollen feuchten Grünland- und Grabengebiets westlich der Autobahn 27 durch Neuschaffung bzw. Ausbau von Feuchtgrünland an anderer Stelle wenigstens einigermaßen zu kompensieren. (...) Dabei ist zu berücksichtigen, daß die vorgesehenen Ersatzflächen (...) schon eine eigene Wertigkeit besitzen und deshalb nicht voll in die Eingriffs-Ausgleichs-Bilanz eingesetzt werden."[892] Der Grundstückseigentümer, der geklagt hatte, weil sein Land für die Ausgleichsmaßnahmen in Anspruch genommen werden sollte, blieb deswegen erfolglos.
Auch die Funktion von Ausgleichsabgaben als „Ersatzmaßnahme" i.S.v. § 8 Abs. 9 wurde anhand der Ziele begründet: Wenn ein Eingriff weder vermeid- noch ausgleichbar sei, könne „den Schutzgütern des § 1 BNatSchG durch ‚Ersatzmaßnahmen' Rechnung getragen werden." Dies seien „zusätzliche Maß-

[889] OVG Koblenz 1992 (Schloßrondell), S. 292 (Hervorhebung im Original).
[890] VGH Kassel 1982 (Nordumgehung Niederursel), S. 387.
[891] § 1 NatSchG Brem entspricht § 1 BNatSchG.
[892] OVG Bremen 1989 (Maschinenfleet), S. 226.

nahmen zur Verstärkung des Naturschutzes. Das Bundesnaturschutzgesetz ist auf die Erhaltung und Pflege umfassender Gemeinschaftsgüter gerichtet, die die Lebensgrundlage des Menschen bilden. Sie sind deshalb nicht nur in ihrer jeweiligen örtlichen Vorfindlichkeit verletzbar und entsprechend schutzbedürftig, sondern müssen auch insgesamt vor weiterer Minderung bewahrt werden. Der Wortlaut des § 1 BNatSchG bringt das etwa mit Begriffen wie ‚Naturhaushalt', ‚Tierwelt', ‚Vielfalt ... von Natur und Landschaft' hinreichend deutlich zum Ausdruck. Diese Sicht führt zum Verständnis des Begriffes ‚Ersatzmaßnahme' i.S.v. § 8 Abs. 9 BNatSchG: Die Leistungsfähigkeit des Naturhaushalts (§ 1 Abs. 1 Nr. 1 BNatSchG) kann insgesamt erhalten oder jedenfalls geschont werden, wenn ein unvermeidbare Eingriff mit landespflegerischen Maßnahmen an anderer Stelle einhergeht. Ähnliches gilt für die unter § 1 Abs. 1 Nr. 2-4 BNatSchG aufgeführten Schutzgüter, nämlich (...). Dem Ziel dieser gesetzlichen Regelung entspricht es, daß unvermeidbare Störungen durch zusätzliche Förderungsmaßnahmen kompensiert werden können."[893] Derlei Förderung könne auch durch die Zahlung einer Ausgleichsabgabe erreicht werden, die zugunsten von Natur und Landschaft verwendet werden könne. Die gründlichen Bezüge, die das Gericht hier zu den Zielen des Naturschutzes und der Landschaftspflege herstellte, lassen fast vergessen, daß die Entscheidung konkret zu einer weiteren Minderung der Schutzgüter führte: Das Gericht bestätigte die Eingriffsgenehmigung.

Zur Höhe einer Ausgleichsabgabe hieß es an anderer Stelle: „Um zu einer rechtlich einwandfreien Bemessung der Ausgleichsabgabe zu gelangen, wäre zunächst eine umfassende und in den Einzelaspekten nachvollziehbare, plausible, schriftlich niedergelegte Bewertung der durch den Eingriff hervorgerufenen Beeinträchtigungen der Leistungsfähigkeit des Naturhaushalts, des Landschaftsbilds, des Erholungswertes und des örtlichen Klimas erforderlich gewesen. Daran hätte sich eine entsprechende schriftlich niedergelegte Bewertung der günstigen Auswirkungen der Ausgleichsmaßnahmen anschließen müssen."[894] In dieser Forderung klingen § 1 Abs. 1 Nr. 1, 2 und 4 an.

(2) Zusammenfassung

Obwohl die Eingriffsdefinition ein Spiegelbild der Ziele darstellt, nehmen die Gerichte nicht zu allen Bezügen zwischen § 8 Abs. 1 und § 1 Abs. 1 gleich gründlich Stellung, sondern konzentrieren Erwägungen zu den Zielen auslegungshalber auf die „Erheblichkeit" von Beeinträchtigungen und den „Ausgleich" von Eingriffen, also auf die Anwendung unbestimmter Rechtsbegriffe.

Es besteht folglich ein Zusammenhang zwischen der Sorgfalt, mit der die Gerichte die Ziele für die Auslegung der Eingriffsregelung verwenden, und dem Unterschied zwischen direkter und indirekter Aufnahme der Ziele in den Vorschriften des BNatSchG im einzelnen: Wo schon die Eingriffsvorschriften Formulierungen aus

---

[893] BVerwG, 1989 (Richtfunkschaltstelle), S. 346 (Hervorhebungen im Original).

[894] VGH Kassel 1993 (Kuhstall und Pferdeboxen), S. 255.

den Zielen wiederaufnehmen, bezieht nicht auch noch die Rechtsprechung diese in ihre Entscheidungen ein. Bei der Anwendung von Normen aus den §§ 8 ff., die nicht ausdrücklich an die Ziele angelehnt sind, argumentieren die Gerichte umso sorgfältiger anhand von § 1.

b) Schutzgebietsvorschriften

Auch die Sorgfalt, die die Gerichte bei der Auslegung der Schutzgebietsvorschriften auf die Ziele des Naturschutzes und der Landschaftspflege verwenden, ist uneinheitlich und erscheint abhängig davon, welchen Begriff es jeweils auszulegen gilt.

(1) Entscheidungen im einzelnen

Beispielhaft für eine Auslegung des Begriffs der „Erforderlichkeit" von Schutzausweisungen argumentierte das BVerwG anhand einer Gesamtbetrachtung zu §§ 1 und 2: „Unter Berücksichtigung der unmittelbar als Leitlinien geltenden Vorschriften der §§ 1 und 2 BNatSchG sind zur Verwirklichung von des Naturschutzes nicht lediglich solche Maßnahmen als erforderlich anzusehen, die unumgänglich sind, um einen bestehenden Zustand zu erhalten, sondern auch solche, die diesen Zustand verbessern können. (...) Bereits die normale Bewirtschaftung landwirtschaftlicher Nutzflächen kann im Einzelfall insbesondere in sensiblen Bereichen wie einem Hochwald ohne Randzone zu negativen Einwirkungen von außen auf das Schutzgebiet führen. Der Schutzzweck einer nach Landesrecht zu erlassenden Verordnung (vgl. § 12 Abs. 3 BNatSchG) kann es mithin erfordern, in das Schutzgebiet eine Randzone einzubeziehen, deren Funktion es ist, das Schutzgebiet als ‚Pufferzone' zu sichern."[895] An anderer Stelle hieß es zur gleichen Frage, weil „der Schutzgegenstand unter Berücksichtigung der allgemeinen Ziele und Grundsätze des Naturschutzes (§§ 1 und 2 BNatSchG) tatsächlich schutzwürdig und schutzbedürftig sein" müsse[896], sei es unzulässig, Grundstücke einzubeziehen, „deren Schutzwürdigkeit und Schutzbedürftigkeit fehlen. Die Einbeziehung aller Teile des Schutzgebiets - auch der Randbereiche - muß durch den Schutzzweck der Verordnung gerechtfertigt sein."[897] Der übergreifende, Wechselbeziehungen und äußere Einflüsse erfassende Schutzansatz der Ziele blieb hier trotz dem ausdrücklichen Verweis auf die Vorschrift unbeachtet, was insbesondere vor dem Hintergrund der speziellen landesrechtlichen Vorschrift zu sehen ist, die gebietet, Pufferzonen um Naturschutzgebiete als Landschaftsschutzgebiete auszuweisen[898]. Ein anderes Gericht begründete, warum die „Erforderlichkeit" von Schutzgebietsausweisungen eine allein naturschutzrechtliche Kategorie sei, die grundsätzlich un-

---

[895] BVerwG 1996 (Dalbekschlucht), S. 845 f. (Hervorhebung im Original).

[896] VGH Mannheim 1993 (Elzbachtal), S. 240.

[897] Ebd., S. 241.

[898] NatSchG B-W, § 21 Naturschutzgebiete
Abs. 5 Soweit es zur Sicherung des Schutzgegenstandes und Verwirklichung des Schutzzweckes erforderlich ist, sollen angrenzende Gebiete als Landschaftsschutzgebiete ausgewiesen werden.

geachtet naturschützerischer Bemühungen anderer Fachbehörden zu bestimmen sei: „Richtig ist zwar, daß eine Reihe allgemein geltender gesetzlicher Regelungen, etwa im Landeswald-, Landwirtschafts- und Landeskultur- und selbst im Bundesbaugesetz unmittelbar oder mittelbar auch den Schutz von Natur und Landschaft im Auge haben. Daraus folgt jedoch nicht etwa, daß Maßnahmen nach dem Bundes- oder Landesnaturschutzgesetz nur dann erforderlich sind, wenn in jeder Hinsicht konkret nachgewiesen ist, daß das ohnehin vorhandene gesetzliche Regelungswerk den gewünschten Schutz nicht gewährleistet. (...) Demgegenüber hat der Gesetzgeber mit dem BNatSchG und dem NatSchG B-W (...) Rechtsnormen geschaffen, die gezielt ‚die freie und die besiedelte Landschaft als Lebensgrundlage und Erholungsraum des Menschen' (so § 1 Abs. 1 NatSchG[899], ähnlich § 1 Abs. 1 BNatSchG) in den Vordergrund stellen und deren Schutz und Pflege besonderen Fachbehörden überantworten, die frei von engen örtlichen und einseitig fachspezifischen Interessen und Bindungen die Gemeinwohlaufgaben des Naturschutzes zu erfüllen haben (vgl. auch § 3 BNatSchG). (...) Deshalb ist die Erforderlichkeit naturschutzrechtlicher Maßnahmen zunächst allein nach den eigenständigen gesetzlichen Voraussetzungen des Bundes- bzw. Landesnaturschutzgesetzes zu beurteilen, ohne daß es einer speziellen Rechtfertigung und Begründung dafür bedarf, daß und weshalb die anderen Aufgabenträgern zugewiesenen gesetzlichen Möglichkeiten des Naturschutzes nicht ausreichend erscheinen."[900] Das Gericht schloß eine knappe Darstellung an, warum die Naturschutzbehörde im Einzelfall das unter Schutz gestellte Gebiet zutreffend bewertet hatte[901].

Eine Revision, mittels derer geklärt werden sollte, „ob ein Naturschutzgebiet ausgewiesen werden darf, wenn ‚bestimmte naturschutzwürdige Gegebenheiten erst entwickelt werden sollen'"[902] wurde für schon unzulässig erklärt, weil u.a. diese Frage nicht klärungsbedürftig sei. Denn das Berufungsgericht habe selbst klargestellt, daß es „den Begriff der ‚Entwicklung' ausdrücklich Maßnahmen vorbehält, die dazu bestimmt sind, ‚naturschutzwürdige Gegebenheiten' weiter zu verbessern. Diese Sichtweise (...) entspricht im übrigen der Rechtsprechung des Senats, der (...) unter Hinweis auf die unmittelbar als Leitlinien geltenden Vorschriften der §§ 1 und 2 BNatSchG hervorgehoben hat, daß zur Verwirklichung des Naturschutzes nicht lediglich solche Maßnahmen als erforderlich anzusehen sind, die un-

---

[899] NatSchG B-W, § 1 Ziele und Aufgaben
Abs. 1: Durch Naturschutz und Landschaftspflege sind die freie und die besiedelte Landschaft als Lebensgrundlage und Erholungsraum des Menschen so zu schützen, zu pflegen, zu gestalten und zu entwickeln, daß 1. die Leistungsfähigkeit des Naturhaushalts 2. die Nutzungsfähigkeit der Naturgüter (Boden, Wasser, Luft, Klima, Tier- und Pflanzenwelt) sowie 3. die Vielfalt, Eigenart und Schönheit von Natur und Landschaft nachhaltig gesichert werden.

[900] VGH Mannheim 1984 (60 % Landschaftsschutzfläche), S. 276 f. (Hervorhebung im Original).

[901] Ebd., S. 277.

[902] BVerwG 1997 (Kein Vorrang des Vertragsnaturschutzes), S. 38 (Hervorhebung im Original).

umgänglich erscheinen, um einen bestehenden Zustand zu erhalten, sondern auch solche, die diesen Zustand verbessern können."[903]

(2) Zusammenfassung

§ 1 Abs. 1 wirkt direkt auf die Auslegung der Schutzgebietsvorschriften ein, wo es um die „Erforderlichkeit" einer Ausweisung geht. Charakteristisch sind hier Formulierungen der Rechtsprechung wie: „Die Schutzgebietsausweisung muß unter Berücksichtigung der Ziele und Grundsätze des Naturschutzes und der Landschaftspflege erforderlich sein." Die meisten Gerichte „subsumieren" unter diesen oder ähnliche Obersätze, indem sie Erwägungen zu einzelnen oder mehreren Schutzgütern des BNatSchG, zu deren Vorkommen, Eigenarten und Gefährdungen im betroffenen Gebiet anstellen und/ oder Zweifelsfälle über das Vorliegen der Schutzvoraussetzungen daran lösen. Dies gilt insbesondere zur Frage, ob es erforderlich ist, Pufferzonen in Schutzgebiete einzubeziehen.

Für die Sorgfalt der Subsumtion der Schutzgebietsnormen anhand von § 1 Abs. 1 ergibt sich so das gleiche wie hinsichtlich der Eingriffsregelung: Die Gerichte beziehen die Ziele vergleichsweise gründlich in die Argumentation ein, wo nicht schon die zugrundeliegenden Vorschriften selbst die Ziele oder Formulierungen daraus aufnehmen oder zitieren.

c) Landwirtschaftsklausel und Verbandsanerkennung

Was die Sorgfalt für die Anwendung der Landwirtschaftsklausel angeht, so hat die Unklarheit über den Regelungsgedanken und Inhalt von § 1 Abs. 3 (alt) die Rechtsprechung dazu veranlaßt, teilweise gründlich zu problematisieren, in welchem Verhältnis die Vorschrift zu § 1 Abs. 1 steht[904]. Bevor die Vorschrift abgeschafft wurde, konnte insoweit keine „richtige" oder allgemein anerkannte Lösung gefunden werden.

Wo die Verwaltungsgerichte die Ziele des Naturschutzes und der Landschaftspflege für die Überprüfung der Anerkennung von Naturschutzverbänden herangezogen haben, argumentieren sie bis in die jüngere Zeit zwar sorgfältig, aber zugleich sehr formal. Wo sie Wort für Wort die Satzung des anzuerkennenden Verbands mit den Zielen nach § 1 Abs. 1 vergleichen, tragen sie nicht durch sorgfältige Argumentation in der Sache zur Verwirklichung der Ziele bei. Vielmehr geben sie Anlaß zu der Unterstellung, wörtliche Gesetzestreue sie ihnen wichtiger als eine nicht nur mit § 29 Abs. 2, sondern auch mit dem Regelungsgedanken des BNatSchG insgesamt vereinbare Rechtsanwendung. Daß die Ziele den Naturschutzverbänden „in besonderer Weise anvertraut" seien, beziehen die Gerichte überwiegend nicht in ihre Argumentationslinien ein.

---

[903] Ebd., S. 38 (Hervorhebung im Original).

[904] Siehe nur VGH München 1980 (Fahrweg zur Hochalm), S. 275 ff.; VG Schleswig 1983 (Moorflächenabgrabung), S. 283; VG Regensburg 1983 (Erdbeeren und Raps), S. 156; VG München 1984 (Jungviehweide im Knabenkraut), S. 39.

d) Zusammenfassung zur Sorgfalt der Aufnahme der Ziele bei der Auslegung

Gerichte erwägen die Ziele relativ gründlich auslegungshalber für den Begriff des Eingriffs, insbesondere für die „Erheblichkeit" von Beeinträchtigungen und für deren Ausgleich. Relativ dicht an den Zielen des Naturschutzes und der Landschaftspflege argumentieren sie auch, wenn es um die „Erforderlichkeit" der Ausweisung von Schutzgebieten geht[905]. Insbesondere die Gesamtheit der Ziele wird öfter in Anspruch genommen, um darzustellen, warum aufgrund der Vielfalt der Wechselbeziehungen innerhalb des Naturhaushalts auch solche Gebietsteile in ein Schutzregime einbezogen werden müssen oder können, für die die Schutzvoraussetzungen im einzelnen an sich nicht vorliegen[906].

Von den Möglichkeiten, die Ziele als Auslegungshilfe einzusetzen, machen die Verwaltungsgerichte nach alledem eher Gebrauch, wenn es um Begriffe geht, die nicht sowohl in den Zielen selbst als auch in den auszulegenden Vorschriften vorkommen. Dies sind insbesondere die in Eingriffs- und Schutzgebietsvorschriften und Landwirtschaftsklausel verwendeten unbestimmten Rechtsbegriffe. Bei der Überprüfung der Verbandsanerkennung setzten sich die Gerichte zwar von Anfang an ausführlich mit den Zielen auseinander. Damit ist das hier gefundene Ergebnis aber nicht widerlegt, weil die Subsumtion insoweit zunächst sehr formal blieb. Erst in letzter Zeit beginnen die Gerichte, dies zu ändern.

2. Abwägung

Oft beziehen Gerichte die Ziele auch ein, wenn sie die Rechtmäßigkeit von Abwägungsentscheidungen nach § 8 Abs. 3 oder diejeniger über die Ausweisung von Schutzgebieten zu kontrollieren haben.

a) Eingriffsregelung

Bei der Kontrolle der Anwendung der Eingriffsregelung stellen die Gerichte - teilweise ausdrücklich[907] - anhand der Ziele das Abwägungsmaterial zusammen[908] und/ oder verweisen zusätzlich auf das Abwägungsgebot in § 1 Abs. 1/ 2[909].

---

[905] VGH Mannheim 1983 (Steinbruch am Dagersheimer Berg), S. 1701 f.; VGH Mannheim 1984 (60 % Landschaftsschutzfläche), S. 275 f.; VGH Mannheim 1987 (Tagelöhnergärten), S. 192; VGH Mannheim 1988 (Unteres Murrtal), S. 404; VGH Mannheim 1993 (Elzbachtal), S. 241 f.; VGH Mannheim 1995 (Ziegelbach mit Streuobstwiese), S. 152.

[906] BVerwG 1996 (Dalbekschlucht), S. 845 f.; OVG Greifswald 1994 (Biosphärenreservat Südostrügen), S. 161; VGH München 1988 (Bayerisches Bodenseeufer), S. 261; ohne ausdrücklichen Bezug auf § 1 insofern OVG Schleswig 1992 (Sandabbau), S. 345. Gegen „Pufferzonen", die selbst die Schutzvoraussetzungen nicht erfüllen, VGH Mannheim 1988 (Unteres Murrtal), S. 404; VGH Mannheim 1993 (Elzbachtal), S. 241; OVG Weimar 1997 (Biosphärenreservat Rhön), S. 49.

[907] VG Frankfurt/ Main 1982 (Startbahn West), S. 31; OVG Bremen 1985 (Gräben am Lehester Deich), S. 131; VGH Kassel 1987 (Ortsumgehung im Freilandanbau), S. 253; VGH München 1991 (Wiesenbrüter), S. 461.

[908] VG Potsdam 1994 (Großtrappe), S. 429; OVG Koblenz 1984 (Wasserentnahme), S. 729.

[909] Ausdrücklich zu § 1 Abs. 2 z.B. BVerwG 1997 (Winhöring-Alzgerm), S. 916; VGH Kassel 1992 (Halbtrockenrasen), S. 349; VG Frankfurt/ Main 1982 (Startbahn West), S. 31. Ohne § 1

(1) Entscheidungen im einzelnen

So äußerte ein Gericht Zweifel an der Vollständigkeit der Zusammenstellung der Abwägungsbelange, weil den behördlichen Aufzeichnungen nicht zu entnehmen war, ob die Naturschutzbehörde im wasserrechtlichen Genehmigungsverfahren beteiligt worden war, und problematisierte, ob die Behörde „vom Abwägungsgebot nach § 1 Abs. 2" aufgrund wasserrechtlicher Normen freigestellt sei[910]. Ein anderes Gericht zitierte wörtlich die landesrechtliche Zielvorschrift, als es die Rechtmäßigkeit der Anordnung kontrollierte, einen Eingriff rückgängig zu machen. Veranlaßt wurde es dazu durch die der Anordnung zugrundeliegende landesrechtliche Norm, die ihrerseits auf § 1 Abs. 2 LPflG RhPf[911] verweist. Deswegen seien „in die Abwägung (...) die in § 1 Abs. 2 LPflG [Rh-Pf] angeführten Ziele der Landespflege, nämlich (...) einzubeziehen."[912] Außerdem müssen aber nach Ansicht des Gerichts auch die sonstigen Nutzungsinteressen der Allgemeinheit abgewogen werden, so sei „bei jeder einzelnen Maßnahme (...) daher das Allgemeininteresse (auch in wirtschaftlicher Hinsicht) an ihrer Ausführung gegenüber den Belangen der Landespflege abzuwägen. Je unabdingbarer diese Maßnahmen für die Allgemeinheit sind, um so mehr müssen die Belange der Landespflege zurücktreten."[913]

An anderer Stelle war lediglich von gewichtigen Zweifeln die Rede, „ob die darüber hinaus gebotene Abwägung (§§ 4 Abs. 5 LG N-W[914], 8 Abs. 3 BNatSchG) den an sie zu stellenden Anforderungen genügt. Dabei kann offen bleiben, ob der Antragsgegner überhaupt in eine inhaltliche Abwägung der Belange des Naturschutzes und der Landschaftspflege mit den privaten Belangen des Antragstellers eingetreten ist (...)."[915] Die Ziele spielten für diesen Beschluß keine Rolle. Auch in einer Entscheidung, in der ein Gericht nachdrücklich zugunsten von Natur und Landschaft Stellung nahm, als es um eine Abwägung nach § 8 Abs. 3 ging, berücksichtigte dies die Ziele nicht: „In jedem Fall hatte die Enteignungsbehörde die berührten Belange des Natur- und Landschaftsschutzes mit dem ihnen zukommen-

---

insoweit BVerwG 1992 (Sachsendamm), S. 125 f.; VGH Mannheim 1991 (Geflügelmaststall), S. 999; VGH Mannheim 1994 (Bundesstraße 292), S. 152; VGH München 1995 (110-kV-Freileitung), S. 204.

[910] VG Frankfurt/ Main 1982 (Startbahn West), S. 31.

[911] Die Vorschrift ist wortgleich mit § 1 Abs. 2.

[912] Wie sich gezeigt hat, ist dieser Ansatz nach dem Wortlaut von § 1 Abs. 2 zweifelhaft: Abgewogen werden nicht Ziele selbst, auch nicht landesrechtliche, sondern Anforderungen, die sich aus der Anwendung der Ziele im Einzelfall ergeben.

[913] OVG Koblenz 1984 (Wasserentnahme), S. 729. Die Subsumtion dieser Gesichtspunkte für den Einzelfall ist nicht veröffentlicht.

[914] LG N-W, § 4 Eingriffe in Natur und Landschaft
Abs. 5: Der Eingriff ist zu untersagen, wenn die Belange des Naturschutzes und der Landschaftspflege bei der Abwägung aller Anforderungen an Natur und Landschaft im Rang vorgehen und die Beeinträchtigung nicht zu vermeiden oder nicht im erforderlichen Maße auszugleichen ist.

[915] OVG Münster 1994 (Abtonungsfläche), S. 309.

den Gewicht in die Abwägung gegenüber dem von der Beigeladenen verfolgten öffentlichen Interesse an sicherer Stromversorgung einzustellen; offensichtliche Fehlgewichtungen einzelner Belange stellen sowohl nach den allgemeinen Grundsätzen der Abwägungslehre als auch nach der besonderen Abwägungsvorschrift der naturschutzrechtlichen Eingriffsregelung einen Abwägungsfehler dar. (...) Im Grunde hat das Landratsamt den Konflikt zwischen Schutz des Landschaftsbildes und Energieversorgung nicht nur nicht abwägend bewältigt, sondern geradezu verdrängt, (...). Aus diesen Defiziten in bezug auf die Bereitschaft, abwägungserhebliche Probleme in ihnen gemäßer Weise zur Kenntnis zu nehmen und sie angemessen zu bewältigen, resultiert die rechtserhebliche Unterschätzung des Belangs des Schutzes des Landschaftsbilds."[916]

Strukturell vergleichbar argumentierte ein Gericht, das die Rücknahme einer Eingriffsgenehmigung bestätigte. Hier ging es um die Abwägung nach § 8 Abs. 3: „Es ist darauf hinzuweisen, daß zwar nicht § 8 Abs. 3, wohl aber die grundlegende Vorschrift des § 1 Abs. 2 ebenfalls eine Abwägung der Ziele des Naturschutzes und der Landschaftspflege lediglich gegen die sonstigen Anforderungen der Allgemeinheit an Natur und Landschaft vorsieht."[917] Das Gericht hielt den Eingriffsverursachern zugute, eine geplante Baustoff-Recycling-Anlage, in der auch Bauschutt und Erdaushub eingelagert werden sollten, diene der Allgemeinheit mittels Sicherung von Arbeitsplätzen in einem strukturschwachen Gebiet und wegen der in der Anlage möglichen geordneten Entsorgung von Abfall. Dennoch habe die Behörde die abzuwägenden Belange zutreffend gewichtet, denn gegen die geplante Anlage spreche aus der Sicht des Naturschutzes, daß ihre Realisierung den betroffenen Gesamtkomplex in sehr viel weniger schutzwürdige Einzelgebiete zerteilen würde, und daß davon Halbtrockenrasen beeinträchtigt würden, die auch § 20 c Abs. 1 Nr. 2 unter speziellen Schutz stelle. Das Gericht verwandte auf die Argumentation insoweit mehr als eine Spalte[918]. In dieser Argumentation klangen mit ihrem übergreifenden Ansatz die Gesamtheit von § 1 Abs. 1, in dem Bezug auf den Halbtrockenrasen aber auch § 1 Abs. 1 Nr. 1, 2 und 3 an, ohne daß das Gericht dies ausdrücklich formuliert hätte.

Ein anderes Gericht wies in einem vergleichbaren Sachverhalt konkret darauf hin, „für die Gewichtung der Belange des Naturschutzes und der Landschaftspflege" seien „die gesetzlichen Zielvorgaben des Bundesnaturschutzgesetzes (§ 1 BNatSchG) zu beachten"[919]. Gegen die geplante Verfüllung eines Baggersees mit Erdaushub, Bauschutt, Abbruch, Straßenaufbruch und Buschwerk sprächen aus der Sicht von Naturschutz und Landschaftspflege nicht nur die Gefahr der Gewässerverunreinigung, § 2 Abs. 1 Nr. 6 2. HS, sondern auch § 2 Abs. 1 Nr. 10, konkret der Schutz und die Erhaltung der im Baggersee u.a. siedelnden Flußuferläufer

---

[916] VGH München 1995 (110-kV-Freileitung), S. 204 f.
[917] VGH Kassel 1992 (Halbtrockenrasen), S. 349.
[918] Ebd., S. 349.
[919] VG Hamburg 1988 (Kiesgrube), S. 357.

und Knoblauchkröten. „Nach alledem“ hätten „die gegen die geplante Deponie sprechenden Belange des Naturschutzes und der Landschaftspflege erhebliches Gewicht“, hinter dem die Interessen an der Deponierung zurückzutreten hätten.[920]
In einem anderen Beispiel erwog das entscheidende Gericht die Ziele zwar auch gründlich und ausdrücklich, jedoch nicht, um daraus die Interessen von Naturschutz und Landschaftspflege abzuleiten, sondern um darzustellen, warum Eigentümerinteressen in der Abwägung nach § 8 Abs. 3 keine Rolle spielen[921].
Zu wenig Entscheidungen für repräsentative Aussagen gibt es zur Abwägung nach § 8 Abs. 2 S. 1 über die Auswahl von Ausgleichsmaßnahmen[922].

(2) Zusammenfassung

Soweit die Rechtsprechung für die Abwägung nach § 8 Abs. 3 bzw. Abs. 4 Interessen zusammenstellt, die den Gegenständen der Einzelziele ähneln oder daran orientiert sein könnten, ist ein bezug auf § 1 Abs. 1 oft nicht zu belegen, weil die Gerichte die Norm nicht ausdrücklich zitieren, und weil auch § 8 Abs. 3 von den „Belangen des Naturschutzes und der Landschaftspflege“ spricht. In der Sache lassen sich die Gerichte allerdings häufiger von den Zielen leiten. Keine Hilfe sind ihnen diese bei der Gewichtung von Interessen in der Abwägung; hier knüpfen sie eher an Art und Bedeutung des betroffenen Schutzguts und seiner Beeinträchtigung an.

b) Schutzgebietsvorschriften

Um zu prüfen, ob die Behörden die Belange für die Abwägung über die Schutzgebietsausweisung im einzelnen vollständig zusammengestellt haben, verweisen relativ viele Gerichte auf die Ziele, § 1 Abs. 1, bzw. die Abwägungsklausel, § 1 Abs. 2[923].

(1) Entscheidungen im einzelnen

Grundlegend zur Zusammenstellung der Abwägungsbelange für eine Schutzgebietsausweisung hieß es, die Behörde habe sich „bei der Entscheidung, ob sie eine Schutzgebietsausweisung vornimmt“, „maßgeblich von den in § 1 Abs. 1 genannten Vorstellungen leiten zu lassen. Sie hat dafür Sorge zu tragen, daß die dort formulierten Vorgaben praktisch wirksam werden.“[924]
Mehrmals wurde der Bezug der Schutzgebietsausweisung zur Abwägungsnorm § 1 Abs. 2 ausdrücklich hergestellt und zum Ausgangspunkt der Abwägungsüberprüfung genommen: „Wenn die Unterschutzstellung des betreffenden Gebietes - wie hier - erforderlich ist, sind abwägend zugleich ihre Auswirkungen hinsichtlich der

---

[920] Ebd., S. 357.
[921] VGH München 1991 (Wiesenbrüter), S. 462 f.
[922] Nämlich nur eine: OVG Schleswig 1994 (Nachklärteiche), S. 377.
[923] Ohne Bezug auf die Ziele dagegen VGH München 1988 (Bayerisches Bodenseeufer), S. 262, und VG Aachen 1988 (Blautannen in der Eifel), S. 185. Die Einhaltung des Abwägungserfordernisses nach § 1 Abs. 2 offen ließ das OVG Münster 1995 (Quarz-Auskiesung), S. 99.
[924] BVerwG 1997 (Kein Vorrang des Vertragsnaturschutzes), S. 38.

übrigen Ziele des Naturschutzes und der Landschaftspflege und der sonstigen Anforderungen an Natur und Landschaft zu berücksichtigen. Das schreibt die rahmenrechtliche Vorschrift des § 1 Abs. 2 BNatSchG vor, (...).“[925] Zu prüfen sei daher, „ob der Verordnungsgeber den ihm einzuräumenden weiten Gestaltungsspielraum bei der Festsetzung des jeweils geschützten Gebiets überschritten hat - etwa durch Einbeziehung von Gebieten, die nicht als schutzwürdig angesehen werden können - und ob dadurch verfassungsrechtlich geschützte Positionen in unzulässiger Weise eingeschränkt werden.“ [926] Das Gericht vermischte in dieser Formulierung, nachdem es Schutzvoraussetzungen und Abwägungskontrolle zunächst voneinander unterschieden hatte, die Kontrolle im Hinblick auf Abwägungs- und Subsumtionsfehler: Nicht schutzwürdige Flächen in eine Schutzausweisung einzubeziehen bedeutet, daß das Vorliegen der Tatbestandsvoraussetzungen für die Ausweisung fälschlich angenomnmen wurde; es ist dies keine Frage der richtigen Ermessensausübung. Im Anschluß begründete es, daß keine Abwägungsfehler vorgekommen seien, weil die Eigentümer- und gemeindlichen Planungsinteressen zutreffend einbezogen worden seien[927]. Ein anderes Gericht hatte sich bei der Bewertung eines Standorts als schutzwürdig „von der allgemeinen Erwägung leiten lassen, daß zwar die Entscheidung darüber, ob ein schützenswerter Landschaftsteil überhaupt mit den Mitteln des Naturschutzes gesichert und wie er abgegrenzt werden soll, dergestalt im Ermessen der Naturschutzbehörde steht, daß nicht alles Schützenswerte auch rechtlich geschützt werden muß. (...) Das Ermessen ermächtigt die Behörde jedoch nicht, die Gebietsgrenzen so festzulegen, daß - umgekehrt - Grundstücke einbezogen werden, deren Schutzwürdigkeit und Schutzbedürftigkeit fehlt.“[928] Das Gericht legte über zwei Spalten dar, warum konkret insbesondere das Landschaftsbild schützwürdig sei, wozu es sich vor allem auf gutachterliche Stellungnahmen und auf den Augenschein stützte: „Dem Antragsgegner ist zuzustimmen, wenn er auf das - beim Augenschein erkennbar gewordene - harmonische Bild einer intakten Kulturlandschaft hinweist, die neben Wald, Streuobstwiesen, Wiesen und Gewässerläufen auch Ackerflächen und einzelne Gehöfte (...) einbezieht. Die Durchmischung verschiedener Nutzungsformen, etwa auch am westlich des Buchenbachs gelegenen Weiler Steinächle mit seinem reizvollen Erscheinungsbild erkennbar, ist landschaftstypisch und schützenswert. Von ihrem besonderen Erholungswert hat sich auch der Senat überzeugen können.“[929] Wenn auch ohne nochmals ausdrücklich auf § 1 Abs. 1 zu verweisen, nahm das Gericht hier Gedanken aus Nr. 4 auf. Ähnlich ging das Gericht auch später vor, problematisierte nämlich

---

[925] OVG Weimar 1997 (Biosphärenreservat Rhön), S. 49.

[926] OVG Weimar 1997 (Biosphärenreservat Rhön), S. 49. An § 1 Abs. 2 für die Abwägungsüberprüfung anknüpfend außerdem VGH Mannheim 1984 (60 % Landschaftsschutzfläche), S. 276 und VGH Mannheim 1993 (Elzbachtal), S. 240.

[927] OVG Weimar 1997 (Biosphärenreservat Rhön), S. 49 f.

[928] VGH Mannheim 1988 (Unteres Murrtal), S. 404.

[929] Ebd., S. 404 f.

auf der Tatbestandsebene die Schutzwürdigkeit auch von Siedlungsbereichen, die in ein Landschaftsschutzgebiet einbezogen worden waren[930], und ging im Rahmen der Abwägungskontrolle ausschließlich auf Eigentümer- und gemeindliche Selbstverwaltungsinteressen ein[931].

Auch an anderer Stelle wurde § 1 Abs. 2 als maßgeblich für die Zusammenstellung der Abwägungsinteressen eingeordnet, aber nicht zum Anlaß genommen, neben gemeindlichen Selbstverwaltungsinteressen[932] oder Eigentümerbelangen[933] auch die Forderungen des Naturschutzes für die Abwägungskontrolle zu ermitteln und einzustellen.

Häufig erklären es Gerichte als Ausübung des Gestaltungsermessens, Pufferzonen in Schutzgebiete einzubeziehen, und verweisen auf die Ziele in ihrer Gesamtheit. Zugleich werden damit die Schutzvoraussetzungen erweiternd ausgelegt. Denn die Ermessensprüfung ist nur angezeigt, soweit die Tatbestandsvoraussetzungen erfüllt sind. Wenn die Gerichte die Ausweisung von Pufferzonen im Rahmen der Ermessensprüfung problematisieren, zeigen sie an, daß Pufferzonen jedenfalls schutzwürdig und -bedürftig, die Schutzstellung also „erforderlich" ist. Der Schutz von Pufferzonen ist aber nicht aus ihnen selbst heraus erforderlich, sondern geschieht um des Schutzes der Bereiche willen, die von ihnen umgeben sind. Pufferzonenschutz als Ermessensfrage impliziert mithin, daß die Zonen schutzwürdig wegen der Schutzwürdigkeit anderer Gebiete sind.

So bezog sich ein Gericht auf § 1 Abs. 1 insgesamt, als es begründete, daß die Bestimmung der Grenzen eines Naturschutzgebiets im Ermessen der Behörde liege. Diese habe das Ermessen für einen Ausgleich der sich gegenüberstehenden Interessen des Naturschutzes und der Nutzungsinteressen der Grundeigentümer zu nutzen: „Diese Interessenwürdigung ist im Lichte der Leitbestimmungen der §§ 1, 2 BNatSchG (...) vorzunehmen. (...) Aus der Sicht des Naturschutzes und der Landschaftspflege" könne es angebracht sein, „eine für sich allein nicht schutzwürdige Rand- bzw. Pufferzone in ein Schutzgebiet miteinzubeziehen."[934] Für den Einzelfall grenze das fragliche Grundstück „unmittelbar an den nach der Biotopkartierung im Schutzkonzept als erhaltenswertes Biotop herausgestellten Hochmoorrest. (...) Zur Schonung der Kernflächen ist es notwendig, daß in den Randflächen nur extensive Landwirtschaft betrieben und so der Eintrag von Stoffen in den Boden vermieden wird, der sich auch auf die Kernflächen auswirken könnte."[935]

---

[930] VGH Mannheim 1993 (Elzbachtal), S. 241.

[931] Ebd., S. 242 f.

[932] VGH Mannheim 1984 (60 % Landschaftsschutzfläche), S. 274 und 276; VGH Mannheim 1995 (Ziegelbach mit Streuobstwiese), S. 155.

[933] OVG Weimar 1997 (Biosphärenreservat Rhön), S. 49.

[934] OVG Schleswig 1995 (Halbinsel Holnis), S. 633.

[935] Ebd., S. 633 f.

Ohne ausdrücklichen Bezug auf § 1 Abs. 1 begründeten andere Gerichte im Rahmen der Abwägungskontrolle, warum auch Pufferzonen in Schutzgebiete einbezogen werden müßten: „An fast jeden schutzwürdigen Kernbereich schließen sich naturgemäß Rand- und Übergangszonen an, deren Bedeutung für das Landschaftsbild, die Erholung oder den Naturhaushalt gegenüber dem Kernbereich gemindert sind. Ließe man diese Übergangszonen schutzlos, so wäre vielfach nicht auszuschließen, daß dann, beispielsweise bei einer Bebauung, die angrenzenden Flächen abgewertet und ihrerseits zu Übergangs- oder Pufferzonen würden. Unter diesem Gesichtspunkt ist die Einbeziehung des Grundstückes der Antragsteller in den Schutzbereich der Verordnung nicht zu beanstanden."[936] Es beruhe „die Schaffung von Pufferzonen auf der Erkenntnis, daß die Natur nicht aus einem Nebeneinander ihrer einzelnen Bestandteile besteht, sondern daß sie aus einem Geflecht von Einzelbestandteilen gebildet wird, die voneinander abhängen und einander bedingen und im Idealfall ein in einem biologischen Gleichgewicht stehendes, sich selbst erhaltendes Gesamtsystem darstellen. (...) Der Sinn von Pufferzonen besteht darin, besonders schutzwürdige Gebiete durch einen sie umgebenden Ruhebereich vor Eingriffen, die außerhalb des Schutzgebietes selbst vorgenommen werden, aber zwangsläufig in das Gebiet hineinwirken, zu schützen."[937]
Auf „die Ziele des Naturschutzes und der Landschaftspflege" bezog sich ein anderes Gericht bei der Kontrolle der Abwägung für eine Landschaftsschutzverordnung. Es wertete vor diesem Hintergrund die Interessen des Naturschutzes vor allem im Kontrast zu Eigentümerinteressen: „Darüber hinaus waren ihre [sc. der Schutzverordnung] Auswirkungen mit den übrigen Zielen des Naturschutzes und der Landschaftspflege und gegen die sonstigen Anforderungen der Allgemeinheit an Natur und Landschaft abzuwägen. (...) Gerade in Gebieten mit hohem Siedlungsdruck ist die Erhaltung der nur noch inselartig vorkommenden naturnahen Lebensräume für den Artenschutz besonders wichtig. Ein solcher Ausgleichsbiotop dient als Regenerationszelle der Repopulation der verschiedenen gefährdeten Arten. (...) Der Verordnungsgeber durfte ohne Verstoß gegen das Willkürverbot berücksichtigen, daß sich gerade für diesen Teil des Bodenseeufergeländes der Siedlungsdruck besonders stark entwickelt hatte, dem im Interesse eines wirksamen Landschaftsschutzes durch die angegriffene Regelung entgegenzutreten war."[938]

(2) Zusammenfassung

Bei der Überprüfung der Anwendung des Ausweisungsermessens, das § 12 Abs. 1 einräumt, weisen die Verwaltungsgerichte häufig auf den Gestaltungsspielraum hin, der den Naturschutzbehörden dadurch eingeräumt sei. Zumeist geht es in den Entscheidungen nicht um die Rechtmäßigkeit der Schutzvorschriften im einzelnen, sondern um die Schutzausweisung an sich.

---

[936] OVG Koblenz 1996 (Triefenbachtal), S. 630.
[937] OVG Schleswig 1992 (Sandabbau), S. 345.
[938] VGH München 1988 (Bayerisches Bodenseeufer), S. 262 f.

Gründliche Erwägungen anhand zumeist der Gesamtheit der Ziele finden sich vor allem, wenn die Aufnahme von Pufferzonen in Schutzgebiete Grundstückseigentümern gegenüber zu rechtfertigen ist. Darüber hinaus beschränkt sich die Rechtsprechung darauf, § 1 Abs. 2 als abwägungserheblich zu nennen, und konzentriert ihre Darstellungen auf Eigentümer- und gemeindliche Selbstverwaltungsinteressen. Wenn die Gerichte im sachlichen Detail erwägen, was aus der Sicht von Naturschutz und Landschaftspflege geboten ist, tun sie dies zumeist nicht anhand von § 1 Abs. 1.

c) Zusammenfassung zur Sorgfalt der Aufnahme der Ziele bei der Abwägungskontrolle

Bei der Kontrolle der Abwägung über Eingriffsgenehmigungen argumentieren die Verwaltungsgerichte in der Sache oft relativ gründlich anhand der Ziele. Ausdrückliche Bezüge zu § 1 Abs. 1 kommen hingegen kaum vor.

In der Überprüfung der Ausübung des Schutzgebietsermessens konzentriert die Rechtsprechung ihre gründlicheren Erwägungen anhand der Ziele darauf, ob ein Schutzgebiet für die fragliche Fläche überhaupt ausgewiesen werden darf. Charakteristisch ist hierfür, daß die Ziele zwar genannt werden, eine Subsumtion aber sehr oberflächlich bleibt oder ganz fehlt. Deutlicher anhand der Gesamtheit der Ziele verläuft die Abwägungskontrolle im Zusammenhang mit Schutzgebietsausweisungen. Gerade die Rechtmäßigkeit der Unterschutzstellung von Pufferzonen stellen einige Gerichte als Abwägungsfrage anhand von § 1 Abs. 1 dar. Naturschützerischen Überblick beweisen die Gerichte hier speziell bei der Einbeziehung von Pufferzonen in Schutzgebiete. Deren Rechtmäßigkeit stellen sie vergleichsweise oft anhand einer Gesamtbetrachtung der Ziele dar.

3. Rechtmäßigkeit von formellem Landesrecht

Was die Überprüfung der Übereinstimmung landesrechtlicher Eingriffs- und Schutzgebietsvorschriften mit dem bundesrechtlichen Rahmen betrifft, ergibt sich kein einheitliches Bild: *Eine* Entscheidung orientiert sich maßgeblich an der Gesamtheit der Ziele, andere verwenden andere Kriterien oder beziehen nicht Stellung[939]. Insgesamt sind nur sechs Entscheidungen ersichtlich, die im Zusammenhang der Eingriffsregelung oder der Schutzausweisung die Vereinbarkeit landesrechtlicher Normen mit dem Rahmen des BNatSchG ansprechen.

a) Entscheidungen im einzelnen

Das BVerwG hatte als Revisionsinstanz über eine landesrechtlichen Norm zu entscheiden, die Ausgleichsabgaben für Eingriffe vorsah. Es prüfte die Voraussetzun-

---

[939] BVerwG 1988 (Entlandung des Hirschbergweihers-Revisionsinstanz), S. 288, wo Art. 6 Abs. 3 S. 1 NatSchG Bay nicht an der bundesrechtlichen Eingriffsregelung gemessen wurde, weil rahmenrechtliche Vorschriften des BNatSchG nur für später erlassenes Landesrecht den Rechtmäßigkeitsmaßstab abgäben, hier aber aufgrund von Art. 6 Abs. 3 S. 2 NatSchG Bay zu entscheiden sei, der schon vor der bundesrechtlichen Regelung bestanden habe, und OVG Hamburg 1996 (Deichbau), S. 628.

gen der Rechtmäßigkeit von Sonderabgaben, darunter die „gruppennützige Verwendung des Abgabenaufkommens": „Bei der hier in Rede stehenden naturschutzrechtlichen Ausgleichsabgabe liegt die gruppennützige Verwendung darin, daß das Abgabeaufkommen insgesamt für Zwecke des Naturschutzes und der Landschaftspflege zu verwenden ist und daß damit nicht ausgleichbare Eingriffe angesichts des Zieles, Natur und Landschaft zu schützen, zu pflegen und zu entwickeln (§ 1 Abs. 1 BNatSchG) sowie Eingriffe zu vermeiden und unvermeidbare auszugleichen oder dafür Ersatz zu schaffen (§ 8 Abs. 2, 3 und 9 BNatSchG), zugunsten der Gruppe der Eingreifenden eher hingenommen werden können."[940] Auf den Inhalt der Ziele im einzelnen ging das Gericht nicht ein. In einer vergleichbaren Frage hatte zuvor ein Gericht geschrieben: „Diese Art der Zuwendung der Ausgleichsabgabe ist zwar nicht in dem Sinne gruppennützig, daß sie ausschließlich dem Kreis der Abgabepflichtigen zufließt. Sie dient vielmehr in erster Linie dem Wohl der Allgemeinheit durch die finanzielle Förderung von Maßnahmen zur Verbesserung des Naturhaushalts und des Landschaftsbilds. Nicht übersehen werden darf jedoch, daß die Zahlung damit zumindest mittelbar auch den Abgabepflichtigen als Teil der Allgemeinheit zugutekommt. Berücksichtigt man dabei vor allem, daß normalerweise Eingriffe in Natur und Landschaft unmittelbare Ausgleichs- und Ersatzmaßnahmen erfordern, anderenfalls aber - wenn solche nicht möglich sind - grundsätzlich unzulässig sind, so wird deutlich, daß beim Fehlen einer Ausgleichabgabe eine durch nichts zu rechtfertigende Besserstellung desjenigen gegeben wäre, dem ein nicht ausgleichbarer Eingriff gestattet wird, im Vergleich zu demjenigen, dessen Vorhaben durch kostenverursachende Ausgleichsmaßnahmen die Qualität des Eingriffs genommen wird."[941] Auch hier spielten die Ziele mithin im einzelnen keine Rolle, sondern dienten nur in ihrer Gesamtheit als Rechtfertigung der Ausgleichsabgabe. Bemerkenswert ist allerdings die am Gleichheitssatz orientierte, systematische Argumentation dieses Gerichts. Dergleichen kommt in naturschutzrechtlichen Entscheidungen selten vor.

Ein anderes Gericht problematisierte die Vereinbarkeit der landesrechtlichen Vorschrift, wonach Deichbaumaßnahmen regelmäßig keine Eingriffe in Natur und Landschaft darstellten[942], mit § 8 Abs. 1 BNatSchG. Es bestünden Zweifel an der Rechtmäßigkeit der Norm, weil diese nicht nur Fälle aus dem Anwendungsbereich der Eingriffsregelung ausnehme, für die davon ausgegangen werden könne, daß sie regelmäßig weder erhebliche noch nachhaltige Beeinträchtigungen des Naturhaushalts verursachen würden. Die Frage könne aber offenbleiben, weil die Behördenentscheidung auch bei Rechtmäßigkeit der Landesrechtsnorm rechtswidrig sei[943].

---

[940] BVerwG 1986 (Ausgleichsabgabe bei Kiesabbau), S. 312 f.
[941] VGH Mannheim 1983 (Ausgleichsabgabe für Freileitung), S. 277.
[942] NatSchG HH, § 9 Eingriffe in Natur und Landschaft
Abs. 2: Nicht als Eingriffe anzusehen sind 1.-2. (...) 3. Hochwasserschutzmaßnahmen.
[943] OVG Hamburg 1996 (Deichbau), S. 628 f.

Was die Vereinbarkeit landesrechtlicher Schutzgebietsvorschriften mit den Zielen des Naturschutzes und der Landschaftspflege betrifft, wurden zwei Anträge schon als unzulässig zurückgewiesen, mittels derer geklärt werden sollte, „ob ein Naturschutzgebiet ausgewiesen werden darf, wenn ‚bestimmte naturschutzwürdige Gegebenheiten erst entwickelt werden sollen'" [944], weil Schutzverordnungen auf § 17 Abs. 1 Nr. 1 NatSchG S-H[945] beruhten. Danach können Naturschutzgebiete u.a. ausgewiesen werden, wenn ein besonder Schutz zur Erhaltung oder Entwicklung von Pflanzen- oder Tiergesellschaften erforderlich ist. In beiden zur Entscheidung stehenden Fällen brauchte die Frage nicht beantwortet zu werden, weil die problematischen Gebiete selbst schon schutzwürdig waren, die Schutzwürdigkeit also nicht erst durch Entwicklungsmaßnahmen erzeugt zu werden brauchte. Wegen der unmittelbar als Leitlinien geltenden Vorschriften der §§ 1 und 2 BNatSchG seien aber zur Verwirklichung des Naturschutzes nicht lediglich solche Maßnahmen als erforderlich anzusehen, die unumgänglich erschienen, um einen bestehenden Zustand zu erhalten, sondern auch solche, die diesen Zustand verbessern können.[946]
Auch eine andere Beschwerde wurde für unzulässig erklärt, in der geltendgemacht worden war, die landesrechtliche Vorschrift sei zu unbestimmt, derzufolge eine „Belebung des Landschaftsbilds" möglicher Schutzgrund für die Ausweisung geschützter Landschaftsbestandteile ist[947]. Die Vorschrift sei „verfassungsrechtlich unbedenklich", weil, wie sich aus § 1 Abs. 1 ergebe, „dem Recht des Naturschutzes und der Landschaftspflege - neben anderen Zielsetzungen - die Absicht zugrunde[liegt], die Vielfalt, Eigenart und Schönheit von Natur und Landschaft als Voraussetzung für die Erholung des Menschen zu sichern. Naturschutz und Landschaftspflege dienen demnach der Erholung des Menschen durch Naturgenuß; dieser wird im wesentlichen über optische Eindrücke vermittelt und spricht die menschliche Psyche an. Unter diesen Umständen kann das Recht des Naturschutzes und der Landschaftspflege auf die Verwendung unbestimmter Rechtsbegriffe,

[944] BVerwG 1997 (Kein Vorrang des Vertragsnaturschutzes), S. 38, (Hervorhebung im Original) und - ähnlich - BVerwG 1996 (Dalbekschlucht), S. 845.

[945] NatSchG S-H, § 17 Naturschutzgebiete (zu § 13 BNatSchG)
Abs. 1: Gebiete, in denen ein besonderer Schutz der Natur in ihrer Ganzheit oder in einzelnen Teilen 1. zur Erhaltung oder Entwicklung bestimmter oder vielfältiger Pflanzen- und Tiergesellschaften und ihrer Lebensräume oder bestimmte Pflanzen- und Tierarten und ihrer Bestände, Nr. 2-4 (...) erforderlich ist, können (...) zu Naturschutzgebieten erklärt werden.

[946] BVerwG 1997 (Kein Vorrang des Vertragsnaturschutzes), S. 38, unter Bezug auf BVerwG 1996 (Dalbekschlucht), S. 845.

[947] NatSchG Bay, Art. 12 Landschaftsbestandteile und Grünbestände
Abs. 1: Durch Rechtsverordnung können Teile von Natur und Landschaft, die nicht die Voraussetzungen des Art. 9 erfüllen, aber im Interesse des Naturhaushalts, insbesondere der Tier- und Pflanzenwelt, erforderlich sind oder zur Belebung des Landschaftsbilds beitragen, als Landschaftsbestandteile geschützt werden. Dazu gehören insbesondere Bäume, Baum- und Gebüschgruppen, Raine, Alleen, Hecken, Feldgehölze, Schutzpflanzungen, Schilf- und - Rohrbestände, Moore, Streuweisen, Parke und kleinere Wasserflächen.

die (auch) eine Wertung nach optisch-ästhetischen Gesichtspunkten verlangen, nicht verzichten."[948] § 1 Abs. 1 a.E. spielte insoweit in der Begründung der Entscheidung eine maßgebliche Rolle.

b) Zusammenfassung

Die Ziele des Naturschutzes und der Landschaftspflege werden in der Kontrolle landesrechtlicher Naturschutznormen nur wenig eingesetzt. Die Gerichte problematisieren die Übereinstimmung von Landes- mit Bundesrecht generell nur selten, weil die Vorschriften sich oft schon wörtlich entsprechen. Die Stellungnahmen erfassen daher wesentlich solches Landesrecht, das nicht lediglich Bundesrecht paraphrasiert. Bezüge auf die Ziele des Naturschutzes und der Landschaftspflege sind zu vereinzelt, als daß generelle Aussagen über deren Qualität möglich wären.

4. Zusammenfassung zur Sorgfalt bei direkten Einwirkungen

Wo die Ziele direkt auf die Anwendung naturschutzrechtlicher Vorschriften einwirken, beziehen die Gerichte sie eher gründlich in die Argumentation ein. Sie legen unbestimmte Rechtsbegriffe anhand der Ziele aus, argumentieren in Abwägungsentscheidungen noch relativ sorgfältig anhand der Ziele und prüfen zuweilen die Rechtmäßigkeit formellen Landesrechts an § 1 Abs. 1. Insbesondere in Revisionsentscheidungen, in denen die Gericht mit vergleichsweise großem Abstand zu den Tatsachen Rechtsfragen klären, führt dies zu freier gerichtlicher Argumentation anhand der Ziele. Dennoch kommt den Zielen, selbst wo die Gerichte ausdrücklich darauf verweisen, kein größeres Gewicht für die Entscheidung zu als den anderen jeweils ausgeführten Vorschriften. Sie dienen den Gerichten generell zur Darstellung, warum die Rechtsanwendung jeweils in jeder Hinsicht fehlerfrei verlaufen ist.

B. Sorgfalt für indirekte Einwirkungen

Indirekt wirken sich die Ziele dort auf die Anwendung des BNatSchG aus, wo Begriffe gleichlautend in ihnen und in Einzelvorschriften des Gesetzes vorkommen. Die Gerichte beschränken sich hier zumeist auf Verweise auf die Vorschriften im einzelnen; die Ziele werden kaum herangezogen. Der Qualität der Argumentation im Hinblick auf die Schutzgüter tut dies keinen Abbruch.

1. Eingriffsregelung

Ein Eingriff in Natur und Landschaft setzt eine erhebliche Beeinträchtigung der Leistungsfähigkeit des Naturhaushalts oder des Landschaftsbildes voraus. Die beiden Objekte sind zwar auch Gegenstand von § 1 Abs. 1 Nr. 1 und 4. Wenn Gerichte die Ziele nicht ausdrücklich zitieren, ist aber nicht erkennbar, ob sie die Eingriffsdefinition aus sich oder aus § 1 heraus ausgelegt haben.

---

[948] BVerwG 1993 (Belebung des Landschaftsbilds), S. 77 f.

a) Entscheidungen im einzelnen

So wendeten einige Gerichte die Eingriffsdefinition an, ohne Bezug auf die Ziele zu nehmen. Beispielsweise stellte ein Gericht ausführlich dar, warum es einen Eingriff bedeute, eine Hecke und einen Feldrain zu beseitigen. Dadurch würde die Leistungsfähigkeit des Naturhaushalts erheblich beeinträchtigt, weil „derartige Ackerraine (...) wichtige Lebensräume für zahlreiche heimische Tier- und Pflanzenarten" seien: „Eine Reihe von Arten, die von intensiv genutzten Wiesen und Äckern verdrängt wurden, haben hier Ersatzlebensräume und Rückzugsgebiete gefunden. Vielen Vogel-, Käfer- und Schmetterlingsarten bieten sie Nahrung und Aufenthaltsraum. Bodenbrütende Vögel können dort nisten. Niederwild wie Feldhasen und Rebhühner finden dort Schutz und Nahrung. Zahlreiche Insekten finden dort Nahrungspflanzen und Überwinterungsmöglichkeiten. Feldraine gehören zu den Lebensräumen, die besonders stark zurückgegangen sind. Ihre wichtige Funktion im Naturhaushalt steht außer Zweifel."[949] Das Gericht verzichtete darauf, § 1 Abs. 1 Nr. 1 oder Nr. 3 BNatSchG zu zitieren, sondern verwies auf den § 1 Abs. 1 Nr. 1 entsprechenden Grundsatz in § 2 Abs. 1 Nr. 1 BNatSchG. Es unterschied zudem nicht zwischen „den Zielen" des Naturschutzes und der Landschaftspflege, die sich aus § 1 Abs. 1 BNatSchG ergeben, und „einem Ziel" des Naturschutzes, das aus dem Vergleich[950] der im Einzelfall betroffenen naturräumlichen Konstellation mit den Grundsätzen nach § 2 Abs. 1 folgt.

An anderer Stelle bezog sich ein Gericht zwar auf Art. 1 Abs. 1 NatSchG Bay[951], der § 1 Abs. 1 BNatSchG zitiert, ohne die „Beeinträchtigung des Naturhaushalts" im einzelnen anhand der Ziele zu subsumieren. Stattdessen stellte es ausführlich dar, warum die befürchtete Beeinträchtigung der Lebensbedingungen einer Wiesenbrüterpopulation eine Beeinträchtigung des Naturhaushalts bedeuten würde[952]. Nicht § 1 Abs. 1 Nr. 3, sondern allein § 2 Abs. 1 Nr. 10 BNatSchG nannte das Gericht dazu ausdrücklich[953]. Ein anderes Gericht widerlegte die landesrechtliche Vermutung, die Anlage einer Weihnachtsbaumkultur bedeute einen Eingriff in Natur und Landschaft. Das Gericht definierte sowohl den Naturhaushalt als auch das Landschaftsbild und deren erhebliche oder nachhaltige Beeinträchtigung ausführlich, aber ohne Rückgriff auf die Ziele, und kam zu dem Schluß: „Dafür, daß im vorliegenden Fall konkrete Besonderheiten vorliegen, nach denen die Anlage der Kultur selbst und ihre mechanische Pflege das in Rede stehende Ökosystem, in das die Antragsfläche eingebunden ist, nennenswert nachteilig beeinflußt, ist nichts

---

[949] VG Regensburg 1995 (Heckenentfernung), S. 429.

[950] Von „Subsumtion" kann vielleicht nicht gesprochen werden, wenn und weil das Gericht von einem „Zusammenhang" zwischen der Erhaltung von Feldrainen und dem Schutz von Biotopen spricht: VGH München 1991 (Wiesenbrüter), S. 462.

[951] NatSchG Bay, Art. 1 Ziele und Grundsätze des Naturschutzes und der Landschaftspflege
Abs. 1: Die Ziele und Grundsätze des Naturschutzes und der Landschaftspflege ergeben sich aus den §§ 1 und 2 des Bundesnaturschutzgesetzes.

[952] VGH München 1991 (Wiesenbrüter), S. 462.

[953] Ebd., S. 462 f.

vorgetragen oder sonst ersichtlich."[954] Ein weiteres Gericht konzentrierte seine Erwägungen zum Eingriffsbegriff auf die „Erheblichkeit" von Beeinträchtigungen und beschränkte sich für die Subsumtion unter die „Beeinträchtigung der Leistungsfähigkeit des Naturhaushalts" auf kurze Erwägungen: „Davon, daß die Rekultivierung von Brachflächen weiterhin jedenfalls die Leistungsfähigkeit des Naturhaushalts beeinträchtigen kann, geht die Kammer ebenfalls aus. Mit Leistungsfähigkeit des Naturhaushalts ist bei verständiger Würdigung dessen Funktionsfähigkeit gemeint."[955] Die „verständige Würdigung" ersetzte hier gleichsam den argumentativen Rückgriff auf die Ziele.

Deutliches Beispiel dafür, wie die Rechtsprechung die Ziele gerade dort inhaltlich unbeachtet läßt, wo das Gesetz sie ausdrücklich aufnimmt, ist eine Revisionsentscheidung, die klarstellte, in welchem Umfang die von einem Eingriff beeinträchtigten Güter ermittelt werden müssen, um die notwendigen Ausgleichsmaßnahmen bestimmen zu können: „Die Ermittlungen sind deshalb in einem Umfang durchzuführen, daß eine sachgerechte Planungsentscheidung möglich ist. (...) Dabei ist von Bedeutung, daß nicht jede unvermeidbare Beeinträchtigung der Natur auszugleichen ist, sondern nur ‚soweit es zur Verwirklichung der Ziele des Naturschutzes und der Landschaftspflege erforderlich ist' (...). Es wird unter diesem Gesichtspunkt häufig nicht erforderlich sein, die von einem Vorhaben betroffenen Tier- und Pflanzenarten vollständig zu erfassen. (...) Der Verwaltungsgerichtshof hat festgestellt, daß der Beklagte die den Landschaftsraum prägenden Elemente und vorherrschenden Nutzungen sowie die entstehenden Konflikte für Landschaft und Tierwelt dargestellt und beurteilt sowie die entsprechenden Lösungs- und Ausgleichsmaßnahmen aufgeführt hat; für besonders geschützte Biotope wurde eine eigene Bestands- und Konfliktanalyse erstellt."[956] Das Gericht bezog sich wie § 8 Abs. 2 auf die Ziele, subsumierte diese aber nicht. So verfuhr es auch in einer anderen Entscheidung. Darin führte es ausdrücklich aus, der Verursacher eines Eingriffs sei nach § 8 Abs. 2 verpflichtet, „unvermeidbare Beeinträchtigungen von Natur und Landschaft durch Maßnahmen des Naturschutzes und der Landschaftspflege auszugleichen, soweit dies zur Verwirklichung der Ziele des Naturschutzes und der Landschaftspflege erforderlich ist". Sodann verwies es darauf, der Eingriff könne „nicht im Rechtssinne ausgeglichen werden," weil der „frühere biotoptypische Zustand der Spontanvegetation (...) nicht wiederhergestellt werden [kann], ohne daß erhebliche oder nachhaltige Beeinträchtigungen zurückbleiben"[957]. Den Verweis der Ausgleichsforderung auf die Ziele subsumierte das Gericht nicht.

[954] OVG Münster 1993 (Blaufichten), S. 646.
[955] VG Mainz 1987 (Weinland), S. 199.
[956] BVerwG 1997 (Vermeidungs- und Ausgleichskonzept), S. 353 f. (Hervorhebung im Original).
[957] BVerwG 1992 (Sachsendamm), S. 129.

b) Zusammenfassung

In der Sache oft gründlich, jedoch ohne Hinweis auf die Parallelen zwischen Eingriffsregelung und Zielen von Naturschutz und Landschaftspflege argumentieren die Verwaltungsgerichte zur Anwendung von Vorschriften der Eingriffsregelung, die Formulierungen der Ziele aufnehmen oder wiederholen.

Die Objekte, um deren „erheblicher" Beeinträchtigung willen die Eingriffsregelung eingreift, also die Leistungsfähigkeit des Naturhaushalts und das Landschaftsbild, legen wenige Gerichte im Hinblick auf die Ziele aus. Eher werden hier noch die Grundsätze, insbesondere § 2 Abs. 1 Nr. 10, herangezogen. Zwar werden auch hier teilweise fundierte Überlegungen angestellt. Der Bezug auf die Ziele ist aber zumindest weniger deutlich als beispielsweise derjenige für die „Erheblichkeit" von Beeinträchtigungen: Wenn sich die Formulierungen von Zielen und Einzelvorschriften gleichen, ist nicht erkennbar, ob sich Gerichte, die die Ziele nicht ausdrücklich zititeren[958], auf diese oder auf die einschlägigen Normen im einzelnen stützen.

Anders liegt es, wenn Gerichte zur Anwendung der landesrechtlichen Eingriffskataloge argumentieren. Deren Aufzählungen umfassen konkrete Maßnahmen, von denen widerleglich vermutet wird, es handele sich jeweils um Eingriffe. Hier wenden einige Gerichte erhebliche Sorgfalt auf, um anhand der Ziele darzustellen, warum eine solche Vermutung auch im Einzelfall zutreffend sei[959].

2. Schutzgebietsvorschriften

Die gesetzlichen Voraussetzungen für Schutzausweisungen knüpfen zum Teil wörtlich an die Formulierungen aus § 1 Abs. 1 an. Dies legt die Vermutung nahe, daß auch hier nicht genau zu trennen ist, ob sich die gerichtliche Argumentation im einzelnen auf die speziellen Vorschriften stützt oder an die Ziele anlehnt.

a) Entscheidungen im einzelnen

Auch Gerichte, die zunächst ausdrücklich darauf hinwiesen, der Schutzgegenstand einer Schutzverordnung müsse „unter Berücksichtigung der allgemeinen Ziele und Grundsätze des Naturschutzes und der Landschaftspflege (vgl. §§ 1 und 2 BNatSchG und NatSchG [B-W][960]) tatsächlich schutzwürdig und schutzbedürftig

---

[958] So z.B. OVG Münster 1993 (Blaufichten), S. 646 f.; VG Mainz 1987 (Weinland), S. 199; VGH Kassel 1982 (Nordumgehung Niederursel), S. 387; auch VGH München 1994 (Hartschotter), S. 343 und OVG Schleswig 1992 (Sandabbau), S. 345.

[959] VG Aachen 1988 (Blautannen in der Eifel), S. 185, das begründete, warum eine nach § 4 Abs. 2 Nr. 11 LG N-W als Eingriff geltende Weihnachtsbaumkultur zu einer Entwertung des Bodens führe, ohne sich dazu ausdrücklich auf § 1 Abs. 1 Nr. 3 zu beziehen; auch BVerwG 1990 (Fischteiche), S. 360 f. für die Beeinträchtigung des Landschaftsbilds durch eine Fischteichanlage; für die Verfüllung eines Kiesteichs, der sich als Lebensraum gefährdeter Arten eignet, VG Hamburg 1988 (Kiesgrube), S. 356. Vgl. aber auch OVG Münster 1993 (Blaufichten), S. 646 f., das begründete, warum für den konkreten Fall die Regelvermutung *nicht* einschlägig sei, die Anlage einer Weihnachtsbaumkultur bedeute einen Eingriff i.S.v. § 8 Abs. 1.

[960] NatSchG B-W, § 1 Ziele und Aufgaben

sein"[961], nahmen dies nicht zum Anlaß, die Schutzbedürftigkeit anhand der Ziele zu subsumieren. Selbst in ausführlichen Erwägungen insoweit spielten sie allenfalls auf die Ziele an.

So verwandte ein Gericht eine Spalte seiner Begründung auf die Frage, ob Landschaftsbild und Naturhaushalt schutzwürdig seien: „Soweit es um den Schutz des Landschaftsbildes geht, also um die Sicherung und Erhaltung der landschaftlichen Schönheit und Eigenart des fraglichen Bereichs [steht aufgrund der Augenscheinseinnahme fest], daß die Naturschutzbehörde in ästhetischer Hinsicht eine zutreffende Bewertung vorgenommen hat. Das Gebiet ist ein Streuobstgebiet. Es zeichnet sich daher durch ein Nebeneinander von Wiesen und hochstämmigen Obstbäumen aus. Dadurch entsteht ein parkartiger Charakter der Landschaft mit einem besonderen Reiz. (...) Auch die ökologische Schutzwürdigkeit des Gebiets ist (...) nicht mehr zweifelhaft. (...) Hier zeigte sich, daß das Gebiet ein ökologisch wertvoller Lebensraum für eine große Zahl von Insekten-, Kleinsäuger- , Vogel- und auch Reptilien- und Amphibienarten (Erdkröte, Springfrosch) bilde."[962] Das Gericht richtete seine Argumentation so an § 1 Abs. 1 Nr. 3 und 4 aus, ohne dies kenntlich zu machen. An § 1 Abs. 1 Nr. 3 angelehnt scheint auch die Begründung der Schutzwürdigkeit eines Steinbruchs, weil „zur Sicherung der in dem Steinbruch vorhandenen Lebensstätte bestimmter Amphibien und Reptilien (...) ein bestimmter Schutz erforderlich" sei[963]. Die ausführlichen Darstellungen des Gerichts zu den

---

Abs. 1: Durch Naturschutz und Landschaftspflege sind die freie und die besiedelte Landschaft als Lebensgrundlage und Erholungsraum des Menschen so zu schützen, zu pflegen und zu entwikkeln, daß 1. die Leistungsfähigkeit des Naturhaushalts, 2. die Nutzungsfähigkeit der Naturgüter (Boden, Wasser, Luft, Klima, Tier- und Pflanzenwelt) sowie 3. die Vielfalt, Eigenart und Schönheit von Natur und Landschaft nachhaltig gesichert werden.

Abs. 2: Der freilebenden Tier- und Pflanzenwelt sind angemessene Lebensräume zu erhalten. Dem Aussterben einzelner Tier- und Pflanzenarten ist wirksam zu begegnen.

Abs. 3: Die sich aus den Absätzen 1 und 2 ergebenden Anforderungen sind untereinander und gegen die sonstigen Anforderungen der Allgemeinheit an Natur und Landschaft abzuwägen.

Abs. 4: Die Landwirtschaft (...) und die Forstwirtschaft leisten einen besonderen Beitrag zur Erhaltung und Pflege von Natur und Landschaft. Die Naturschutzbehörden unterstützen sie bei der Erfüllung dieser Aufgabe.

Abs. 5: Bei raumbedeutsamen Planungen und Maßnahmen des Naturschutzes, der Landschaftspflege und der Erholungsvorsorge sind die Erfordernisse der Raumordnung und Landesplanung zu beachten. Erholungsvorsorge ist die Gewährleistung des Rechts auf Erholung in der freien Landschaft.

§ 2 NatSchG B-W entspricht im wesentlichen § 2 Abs. 1 BNatSchG, umfaßt allerdings noch zwei Grundsätze, die die Freihaltung erholungstauglicher Landschaftsteile von Bebauung und die Aufforderung enthalten, die Bebauung der Natur und Landschaft anzupassen, sowie einen Grundsatz zum „Zugang zur freien Landschaft".

[961] VGH Mannheim 1987 (Tagelöhnergärten), S. 192; ähnlich auch VGH Mannheim 1983 (Steinbruch am Dagersheimer Berg), S. 1701, und VGH Mannheim 1995 (Ziegelbach mit Streuobstwiese), S. 153.

[962] VGH Mannheim 1987 (Tagelöhnergärten), S. 193 (fehlerhafter Satzbau wie im Original).

[963] VGH Mannheim 1983 (Steinbruch am Dagersheimer Berg), S. 1701.

Lebensbedingungen insbesondere der Wechselkröte blieben hier ohne ausdrücklichen Bezug auf die Ziele. Knapper faßte sich ein Gerichtshof, der die landesrechtliche Grundlage der Ausweisung von Landschaftsschutzgebieten[964] wörtlich zitierte, deren Schutzgründe nahezu gleich lauten wie § 1 Abs. 1 Nr. 1-4, und darauf hinwies, dies bedeute zunächst, es sei erforderlich, „daß der Schutzgegenstand unter Berücksichtigung der allgemeinen Ziele und Grundsätze des Naturschutzes (§§ 1, 2 BNatSchG und §§ 1, 2 NatSchG [B-W]) tatsächlich schutzwürdig und schutzbedürftig ist (...).“[965] Für den Bereich des unter Schutz gestellten Gebiets, für den das Vorliegen dieser Voraussetzungen bezweifelt wurde, beschränkte sich das Gericht auf den Hinweis, „die ökologische Schutzwürdigkeit von Streuobstwiesen und ihren landschaftspflegerischen Wert“ habe „der Senat wiederholt bestätigt.“[966] Hier klangen die angesprochenen Ziele nicht einmal an. Den Schwerpunkt der Argumentation bildeten Erwägungen zur Vereinbarkeit von Landschaftsschutzverordnung und Bebauungsplan für ein und dasselbe Gebiet.

Ohne Bezug auf die Ziele blieben auch die Erwägungen zum Schutzbedarf eines Bereichs, der als Biosphärenreservat ausgwiesen worden war: „Es mag dahinstehen, ob dies schon deshalb anzunehmen ist, weil der Bereich um F (...) nach wie vor einen wichtigen Lebensraum für das vom Aussterben bedrohte Birkhuhn darstellt, weshalb die Ausweisung als Landschaftsschutzgebiet der Erhaltung, Wiederherstellung oder Entwicklungsfähigkeit des Naturhaushalts dienen könnte (...). Ein besonderer Schutz von Natur und Landschaft ist aber jedenfalls wegen der Eigenart und Schönheit des Landschaftsbildes erforderlich (...).“[967] Das Gericht legte hier breit die Eigenart und Bedeutung des Landschaftsbildes dar, ohne sich auf die Ziele zu beziehen. Auch in einer anderen Entscheidung ging es um die Ausweisung eines Biosphärenreservats. Die Sorgfalt des Gerichts beschränkte sich hier auf die nahezu wörtliche Wiedergabe der §§ 13, 15 und auf einen Hinweis zur abstrakten Gefährdung der Schutzgüter als Schutzvoraussetzung. Im weiteren Verlauf der Begründung stellte das Gericht zwar dar, inwieweit die „abstrakte Gefahr der Schaffung von Zweitwohnsitzen“ bestehe, subsumierte aber nicht die Merkmale von §§ 13, 15, sondern wies lediglich darauf hin, das betroffene Gebiet habe schon seit 1911 in wechselnder Ausprägung unter Naturschutz gestanden[968]. Die Schutzgrün-

---

[964] NatSchG B-W, § 22 Landschaftsschutzgebiete
Abs. 1: Gebiete, in denen ein beonderer Schutz der Natur und Landschaft in ihrer Ganzheit oder in einzelnen Teilen oder besondere Pflegemaßnahmen erforderlich sind, um 1. die Leistungsfähigkeit eines ausgewogenen Naturhaushalts zu gewährleisten oder wiederherzustellen, 2. die Nutzungsfähigkeit der Naturgüter zu erhalten oder zu verbessern, 3. die Vielfalt, Eigenart oder Schönheit der Natur und Landschaft zu erhalten oder 4. ihren besonderen Erholungswert für die Allgemeinheit zu erhalten, zu steigern oder wiederherzustellen, können durch Rechtsverordnung zu Landschaftsschutzgebieten erklärt werden.

[965] VGH Mannheim 1995 (Ziegelbach mit Streuobstwiese), S. 153.

[966] Ebd., S. 154.

[967] OVG Weimar 1997 (Biosphärenreservat Rhön), S. 49.

[968] OVG Greifswald 1995 (Biosphärenreservat Südostrügen), S. 160 f.

de, die in den Zielen angedeutet und von den §§ 12 ff. wiederaufgenommen werden, blieben ohne Belang.
Noch knapper argumentierte ein anderes Gericht, wiederum zur Frage der Schutzwürdigkeit von Streuobstwiesen: „Die Schutzwürdigkeit von Streuobstwiesen hat der Senat wiederholt bestätigt (...). Obstbäume stellen nach den Erfahrungen des Senats einen wertvollen Lebensraum für Vögel und Insekten dar (...).“[969] Deshalb sei das Gebiet schutzwürdig. § 1 wurde nicht erwähnt.

b) Zusammenfassung

Soweit die Vorschriften über die Voraussetzungen von Schutzgebietsausweisungen Formulierungen der Ziele wörtlich wiederaufnehmen oder nur leicht abwandeln, argumentiert die Rechtsprechung eher frei, anstatt die Ziele in die Begründungen einzubeziehen. Warum keine konkrete Gefährdung der Schutzgüter Voraussetzung für eine Schutzausweisung ist, sondern es genügt, wenn diese „vernünftigerweise geboten“ ist, wird zumeist gar nicht begründet[970]. Für den Umgang der Rechtsprechung mit Schutzgebietsvorschriften, die die Formulierungen der Ziele wiederaufnehmen, ergibt sich damit ein ähnliches Bild wie für die eben beschriebenen insoweit ähnlichen Vorschriften der Eingriffsregelung. Die Gerichte beziehen ihre Begründungen zumeist nicht auf die Ziele, auch wenn sie sachgerecht und detailliert anhand deren Inhalte argumentieren.

3. Verbandsanerkennung

In § 29 Abs. 2 Nr. 1 wird die Verbandsanerkennung davon abhängig gemacht, ob ein Verein, um dessen Anerkennung es geht, vorwiegend die Ziele des Naturschutzes und der Landschaftspflege fördert. In den ersten Jahren des Bestehens der Regelung haben Verwaltungsgerichte diese Vorschrift sehr wörtlich genommen und die betreffenden Satzungen auf die Formulierung „Ziele des Naturschutzes und der Landschaftspflege“ durchgesehen[971]. Beispielhaft sei hier eine Stellungnahme zitiert, in der das Gericht „Ziele des Naturschutzes und der Landschaftspflege“ und „Ziele des BNatSchG“ nicht voneinander trennte, sondern beide gleichsam „in einem Atemzug“ und im Zusammenhang mit § 29 Abs. 2 Nr. 1 nannte und außerdem noch die Landschaftsplanung einbezog: „Die weitere satzungsgemäße Zielsetzung, nämlich enge Zusammenarbeit der gesamten Grünflächenplanung mit der Stadt- und Regionalplanung, der Landesplanung und der Raumplanung, stimmt in vollem Umfang überein mit den Zielen, die das BNatSchG aufzeigt.“[972]

---

[969] VGH Mannheim 1991 (Streuobstwiese Margaretle), S. 186.

[970] Vgl. BVerwG 1988 (Abgrabungswirtschaftliches Potential), S. 1021; VGH München 1988 (Bayerisches Bodenseeufer), S. 261; VGH Kassel 1995 (Waldaußenrand), S. 79; VGH Mannheim 1991 (Streuobstwiese Margaretle), S. 187. Ansatzweise anhand der Ziele begründet die Gebotenheit jedoch das OVG Schleswig 1995 (Halbinsel Holnis), S. 633.

[971] VGH Kassel 1985 (Gartenkunst und Landschaftspflege-Berufungsinstanz), S. 254; VG Köln 1983 (Landesjagdverband-Ausgangsinstanz), S. 116; OVG Münster 1984 (Landesjagdverband-Berufungsinstanz), S. 77 f.; OVG Hamburg 1982 (Vogelschutzverein-Berufungsinstanz), S. 688.

[972] VG Wiesbaden 1982 (Gartenkunst und Landschaftspflege-Ausgangsinstanz), S. 698.

In neuerer Zeit stellen die Gerichte auch darauf ab, ob es dem anzuerkennenden Verein sachlich um Natur und Landschaft zu tun ist[973]. Die „formale Gründlichkeit“ derAnfangsjahre wird mithin durch eine fundiertere Auseinandersetzung mit dem Inhalt der Ziele ergänzt.

C. Zusammenfassung zur Sorgfalt der Anknüpfung

Verwaltungsgerichte, die die Anwendung naturschutzrechtlicher Vorschriften kontrollieren, orientieren sich dazu generell eher - und eher ausdrücklich - an den Zielen des Naturschutzes und der Landschaftspflege, soweit deren *direkte* Einwirkungen auf die naturschutzrechtlichen Instrumente in Rede stehen. Indirekte Wiederaufnahmen, sogar wörtliche Verweise zu den Zielen, motivieren die Gerichte eher nicht zu einer Auseinandersetzung mit § 1 Abs. 1. Zugleich wird dabei eine Tendenz erkennbar: Bei den direkten Einwirkungen der Ziele auf die Anwendung der naturschutzrechtlichen Vorschriften geht die Rechtsprechung weniger inhaltlich auf die einzelnen Ziele ein, sondern orientiert sich an grundsätzlichen Überlegungen zu deren Gesamtheit und nennt § 1 Abs. 1 ausdrücklich. Wo indirekte Auswirkungen der Ziele bestehen, weil Einzelvorschriften des BNatSchG und der Landesnaturschutzgesetze wörtliche Bezüge zu den Zielen herstellen, sei es, indem sie auf „die Ziele...“ verweisen, §§ 8 Abs. 2 S. 1 und 29 Abs. 2 S. 2 Nr. 1, sei es, indem sie Formulierungen aus den Zielen aufnehmen oder abwandeln, kontrollieren die Verwaltungsgerichte eher zurückhaltend anhand der Ziele. Dennoch argumentieren sie inhaltlich teilweise detailliert so anhand der Schutzgüter und -richtung der Ziele. Wo die für die Begründung relevanten Vorschriften dabei nicht ausdrücklich zitiert sind, ist jedoch nicht zu unterscheiden, ob die Argumentation an § 1 Abs. 1 oder allein an einschlägigen speziellen Vorschriften orientiert ist, soweit sich deren Formulierungen entsprechen.

Vereinfacht und plakativ zusammengefaßt sind die Chancen der Ziele, von den Gerichten zum Gegenstand substantieller Überlegungen gemacht zu werden, daher größer, soweit sie von den Einzelvorschriften des BNatSchG *nicht* ausdrücklich oder wörtlich wiederaufgenommen werden.

VI. Zusammenfassung zur Rechtsprechungsuntersuchung

Der Vergleich der Möglichkeiten, die die Ziele des Naturschutzes und der Landschaftspflege de lege lata eröffnen, mit dem Umgang der Rechtsprechung mit §§ 1 Abs. 1, 8, 12 ff., 29 Abs. 2 zeigt:

Die Gerichte machen erstens in derjenigen Art und Weise von den Zielen Gebrauch, die sich aus den Funktionen von § 1 Abs. 1 ergibt, die wiederum auf den Inhalt der Eingangsvorschrift zurückzuführen ist. Zweitens beziehen sie die Ziele hinsichtlich derjenigen Instrumente in ihre Entscheidungen ein, die Anwendungs-

[973] VG Berlin 1993 (Ökowerk Teufelssee), S. 375; VG Berlin 1997 (Verband Deutscher Sportfischer), S. 566.

möglichkeiten für § 1 Abs. 1 eröffnen, indem sie Inhalte dieser Vorschrift wiederaufnehmen.
Die Rechtsprechung wendet die Ziele als Rechtmäßigkeitsmaßstab für Landesrecht und als objektives Recht für Begrenzungen der Positionen einzelner an und lehnt subjektive Berechtigungen aus § 1 Abs. 1 einhellig ab. Die Auslegung der §§ 8 ff., 12 ff. und 29 Abs. 2 wird an § 1 Abs. 1 orientiert, wenn auch nicht immer ausdrücklich. Auch in der Überprüfung der Zusammenstellung der Belange in naturschutzrechtlichen Abwägungsentscheidungen greifen die Gerichte auf die Zielvorschrift zurück.
Einzig für die Kontrolle der Gewichtung der Abwägungsbelange machen die Gerichte von den Möglichkeiten des § 1 Abs. 1 (noch) nicht Gebrauch. Dies hängt damit zusammen, daß § 1 Abs. 1 erst seit der Einführung von Art. 20 a GG eine abstrakte Aussage zum Gewicht der Interessen von Natur und Landschaft trifft. Zuvor genossen die Interessen von Naturschutz und Landschaftspflege einen konkreten Vorrang nur dann, wenn sich dieser aus dem Gewicht ihrer tatsächlichen Betroffenheit im Einzelfall ergab.
Die Aufmerksamkeit, die die Gerichte den Zielen im einzelnen widmen, hängt davon ab, ob diese in den Einzelvorschriften des BNatSchG ausdrücklich oder wörtlich aufgenommen werden oder ob die Ziele vielmehr in ihrer Eigenschaft als Allgemeine Vorschriften, die zudem unmittelbar gelten, direkt auf die Einzelvorschriften einwirken.
Die Rechtsprechung vermittelt ein Bild des „guten Willens“: Die Gerichte stehen dem Naturschutz nicht grundsätzlich ablehnend gegenüber. Beispielhaft ist hierfür zum einen das oft bemühte Kriterium des „gebildeten, dem Naturschutz aufgeschlossen gegenüberstehenden Beobachters“, das zur Beurteilung des Landschaftsbilds herangezogen wird[974]. Die Richter und Richterinnen scheinen sich in diesem Kriterium selbst zu umschreiben[975]. Zum anderen ist die Bereitwilligkeit charakteristisch, mit der Gerichte *konkrete* Vorschriften zugunsten von Natur und Landschaft anwenden[976].
Der Umgang der Rechtsprechung mit den Zielen zeigt nach alledem, daß die Gerichte die Bedeutung von § 1 Abs. 1 für die Auslegung und für die Kontrolle von Abwägungsentscheidungen erkannt haben, wenn auch womöglich deren Umfang etwas unterschätzen und das Optimierungsgebot aus § 1 Abs. 1/ 2 (noch) nicht anzuwenden verstehen. Generell weichen die Zusammenhänge, innerhalb derer die Verwaltungsrechtsprechung von den Zielen des Naturschutzes und der Landschaftspflege Gebrauch macht, aber nicht von den Vorgaben aus dem BNatSchG ab. Insbesondere gehen die Gerichte nicht zugunsten der Schutzgüter über die

[974] OVG Münster 1993 (Blaufichten), S. 646, zitiert selbst den „für Schönheiten der natürlich gewachsenen Landschaft aufgeschlossenen Durchschnittsbeobacher“.
[975] Fischer-Hüftle 1997, S. 240; Tausch/ Wagner 1999, S. 373.
[976] VG Aachen 1988 (Blautannen in der Eifel), S. 185; VGH Kassel 1985 (Parkplätze für Soldaten), S. 676; VG Gießen 1990 (Lebensmittelmarkt), S. 37.

Möglichkeiten hinaus, die § 1 Abs. 1 ihnen eröffnet. Überwiegend verweisen die Gerichte auf die Gesamtheit der Ziele; ausdrückliche Erwägungen zu konkreten Einzelzielen stellen eher die Ausnahme dar. Im allgemeinen greifen die Gerichte vor allem dort auf die Ziele zurück, wo andere Argumentationsmuster nicht mit hinreichender Überzeugungskraft zur Bestätigung der Verwaltungsentscheidung führen.

Es ergibt sich dennoch grundsätzlich der Eindruck, daß die Gerichte die Umsetzung der Ziele des Naturschutzes und der Landschaftspflege nach Kräften unterstützen.

Vierter Abschnitt: Folgerungen

Die Untersuchung der Ziele und ihrer ausdrücklichen oder systematischen Wiederaufnahme im BNatSchG hat die Auslegungs- und Anwendungsmöglichkeiten aufgezeigt, die das Gesetz zugunsten von Naturschutz und Landschaftspflege eröffnet. Aus der Gesamtheit der Möglichkeiten ergibt sich zunächst der Eindruck, das Gesetz selbst bedürfe keiner „Verbesserung“: Es scheint, als könne den Schutzgütern Genüge getan werden, wenn nur konsequent von den Möglichkeiten Gebrauch gemacht würde, die die Ziele und die Bezüge darauf eröffnen. Auf der anderen Seite wurden Entscheidungen zu § 1 und seiner Aufnahme im Gesetz analysiert, die die Auslegungs- und Anwendungsmöglichkeiten der Ziele und ihrer gesetzlichen Umsetzung widerspiegeln und darauf hindeuten, die Rechtsprechungspraxis werden der Vorgaben aus und wegen § 1 Abs. 1 gerecht.

Im folgenden soll die andere Seite des Naturschutzrechts in Gesetz und Rechtsprechung gezeigt werden, die diesen Eindrücken gegenübersteht. Hier zeigt sich, daß der Umgang von BNatSchG und Verwaltungsgerichten mit § 1 Abs. 1 den Schutzgütern nicht nur zugutekommt. Zur Abhilfe werden jeweils Handlungsvorschläge gemacht. Diese sind an den Gesetzgesber und die Rechtsprechung je für sich adressiert, betreffen zuletzt aber auch den Umgang der beiden staatlichen Gewalten in Naturschutzsachen miteinander.

I. Gesetz

Inkonsequent im Umgang mit den eigenen Zielen ist das BNatSchG insofern, als es deren Anspruch in verschiedener Weise relativiert. Abhilfe dazu ist auf zwei grundsätzlich verschiedenen Wegen denkbar. Vielversprechend scheint insbesondere eine Verbindung der beiden Wege.

A. Mangel: Relativierung der Ziele

Das BNatSchG räumt neben den Möglichkeiten zur Verwirklichung der Ziele des Naturschutzes und der Landschaftspflege auch Möglichkeiten ein, Interessen entgegenzukommen, die den in den Zielen dargestellten Belangen von Naturschutz und Landschaftspflege zuwiderlaufen, und relativiert damit den Anspruch der Ziele insgesamt, so daß deren Möglichkeiten begrenzt werden, auf die Abläufe des Naturschutzes einzuwirken[977].

Dies beginnt schon in den Allgemeinen Vorschriften, und zwar in struktureller und sachlicher Hinsicht: Nach § 1 Abs. 2 und § 2 Abs. 1 sollen die sich aus den Zielen ergebenden Anforderungen gegenüber sonstigen Anforderungen der Allgemeinheit an Natur und Landschaft abgewogen werden. Die Interessen von Naturschutz und Landschaftspflege werden dadurch mit Wirkung für alle Ermessens- und Abwägungsentscheidungen innerhalb der Naturschutzgesetze auf die gleiche Wertigkeitsstufe mit entgegengesetzten Belangen gestellt und der Abwägung je nach den

---

[977] Vgl. zur Verfehlung der Steuerung gesellschaftlicher Abläufe durch Gesetz König 1983, S. 4.

Umständen des Einzelfalls überlassen. Weil das Naturschutzgesetz keine Anhaltspunkte für die Gewichtung der Interessen des Naturschutzes und der Landschaftspflege wie auch der entgegenstehenden Interessen gibt[978], geraten die schwer „quantifizierbaren" Interessen der Natur zusätzlich in der Abwägung ins Abseits[979]. Die Abwägung in § 1 Abs. 2 als „Allgemeiner Vorschrift" nimmt damit den Anspruch aus § 1 Abs. 1 für alles naturschutzrechtliche Handeln zurück, das an Ermessensentscheidungen anknüpft, indem sie gegenläufige „sonstige Interessen der Allgemeinheit" auf eine Stufe mit denen des Naturschutzes und der Landschaftspflege stellt. Schon an so früher, allgemeiner Stelle des BNatSchG wird damit verdeutlicht, daß die Ziele aus § 1 Abs. 1 nicht absolut verwirklicht werden sollen.

§ 2 Abs. 1 2. TS bestärkt dies, weil danach der Auftrag zur Verwirklichung der Ziele unter dem Vorbehalt steht, in Abwägung mit allen gegenläufigen Ansprüchen an Natur und Landschaft „erforderlich" zu sein, die Ziele also nur insoweit umzusetzen sind, als dies als Beeinträchtigung der gegenläufigen Interessen verhältnismäßig ist[980]. Die Grundsätze des § 2 Abs. 1 im einzelnen sorgen zudem inhaltlich eher für Unklarheit und Abschwächung des Umsetzungsanspruchs der Ziele denn für konkretisierende Bekräftigung[981]: Sie schreiben die Teilbarkeit der Schutzgüter der Ziele fest und legitimieren Beeinträchtigungen der Schutzgüter[982]. Die Grundsätze beziehen sich zwar im wesentlichen auf die Schutzgüter der § 1 Abs. 1 Nr. 1-4, dies aber zumeist aus einer abwehrenden Perspektive: Viele der Grundsätze konkretisieren die Ziele, indem sie die Abwehr möglicher Verwirklichungshemmnisse einfordern. Die Entwicklungsaufforderung aus § 1 Abs. 1 findet darin keine Entsprechung. Zweifel an der Eindeutigkeit des gesetzgeberischen Willens bei der Verabschiedung des BNatSchG sind daher angezeigt: Der Gesetzgeber scheint einen Kompromiß sachlich unvereinbarer Interessen gesucht zu haben, um einen drängenden politischen Handlungsbedarf zu befriedigen[983]. Deswegen könnte er

---

[978] Schink 1991, S. 73 f.

[979] Stadler 1996, S. 233 sowie Heidtmann 1993, S. 70, der die zu Abwägungsniederlagen führende schlechte Quantifizierbarkeit von Naturschutzinteressen insbesondere gegenüber den „harten, in großem Umfang normativ aufbereiteten" Fakten betont. Brahms/ v. Haaren/ Langer 1986, S. 68, kritisieren daher die Abwägungsspielräume als zu groß.

[980] Heyen 1998, S. 185, beschränkt die Bedeutung der „Erforderlichkeitsklausel" in § 2 Abs. 1 demgegenüber darauf, sie regele die Geltung der Grundsätze, nicht den Auftrag zur Verwirklichung der Ziele.

[981] Bunte/ Schrader kritisieren die Aufforderung, die Leistungsfähigkeit des Naturhaushalts zu erhalten, als „wohlklingende Formulierungen" und nicht quantifizierbare „Leerformeln", in: Brahms/ v. Haaren/ Langer 1996, S. 2.

[982] Gassner 1989, S. 64, erläutert am Beispiel des „Landschaftsbilds", daß der Begriff auch andere als Naturschutzaspekte enthält und schon von daher keine rein naturschützerische Entscheidung ermöglicht; zu im Einzelfall möglichen gegenläufigen Forderungen insb. aus § 2 Abs. 1 BNatSchG und dem wortgleichen landesrechtlichen § 2 LG N-W auch Schink 1989, S. 102 f.

[983] König 1986, S. 13, spricht insoweit von einem „Kleinarbeiten" von Problemen im Gesetzgebungsprozeß. Zur Funktion von Gesetzen, „gesellschaftlichen Druck ohne großen Arbeitsaufwand

offene Formulierungen und Zielsetzungen bewußt in Kauf genommen haben[984], die sich in geringer Wirksamkeit der Ziele widerspiegeln[985], wenn die konträren Interessen in der Anwendung des Gesetzes erneut auftreten.
So beschränkt § 1 Abs. 2 die Möglichkeiten zur Verwirklichung der Ziele des Naturschutzes und der Landschaftspflege insgesamt[986].
Im Rahmen der Besonderen Vorschriften ist die Eingriffsregelung Instrument zur Behandlung von Beeinträchtigungen von Natur und Landschaft, also Zugeständnis an die Notwendigkeit, Nutzungen der Schutzgüter des § 1 Abs. 1 um vielfältiger Interessen willen zu ermöglichen oder zu dulden. Eingriffe sind grundsätzlich zulässig und können nur ausnahmsweise untersagt werden[987]. Schon die bloße Existenz der Eingriffsregelung ist demnach Zugeständnis des Gesetzgebers an entgegenstehende Interessen.
Diese Relativierung des Anspruchs der Ziele setzt sich im Begriff des Eingriffs fort, der an erhebliche oder nachhaltige Beeinträchtigungen anknüpft. Die Beschränkung auf Störungen, die von einiger Bedeutung sind, eröffnet die Möglichkeit, z.B. Nutzungsänderungen, für die der Art und Umfang der Auswirkungen nicht zuverlässig

---

aufzufangen" Krems 1979, S. 34; aus philosophischer Sicht spricht Bubner 1993, S. 399, der Verrechtlichung gesellschaftlicher Probleme -allerdings vorwiegend für die Ebene der Rechtsprechung- die unversöhnliches Aufeinandertreffen von Gegensätzen „zersetzende Macht der Abstraktion" zu. Demgegenüber stellt Ipsen 1986, S. 436 f., die Verwendung unbestimmter Rechtsbegriffe und Generalklauseln „nicht notwendig" als „Flucht - ggf. aus der politischen Verantwortung" dar; sie sei vielmehr „Einsicht in den begrenzten Erfahrungshorizont des Normgebers und damit in die Grenzen legislatorischer Normierungsfähigkeit".

984 Vgl. für das Naturschutzrecht Hill 1988, S. 12; Fischer-Hüftle 1997, S. 239, lobt z.B. die Schutzvorschriften für das Landschaftsbild trotz ihrer Interpretationsbedürftigkeit. Allgemein für Zweckvorschriften in umwelt- und technikrechtlichen Gesetzen Vitzhum/ Geddert-Steinacher 1990, S. 45 f. Vgl. in diesem Zusammenhang generell zur symbolischen Funktion von Gesetzgebung Kindermann 1988, S. 225; und Noll 1972, S. 263:„Bei der Beobachtung der gesetzgeberischen Praxis drängt sich die Annahme auf, daß der Gesetzgeber durch den legislativen Akt häufig nur sich selbst entlasten, vom politischen Druck, der hinter einem legislativen Postulat steht, befreien, die Sache erledigen, vom Tisch haben will, gleichgültig, ob und welche Wirkungen der Gesetzgebungsakt zeitigen wird." Zur gesetzgeberischen Verlagerung des Problems von der Normsetzungs- auf die Normanwendungsebene auch Treiber 1996, S. 7.

985 Zur Schwierigkeit der Bestimmung der Wirksamkeit von Normen, die widersprüchliche gesetzgeberische Absichten verfolgen, Deckert 1993, S. 245 f.

986 Gassner-Gassner 1996, Nr. 13 zu § 2; Bender/ Sparwasser/ Engel 1995, S. 140; Hoppe/ Beckmann 1989, S. 292. Vgl. auch BMU 1998, S. 869: „Wenig geglückt erscheint die allgemeine Abwägungsklausel des § 1 Abs. 2: Die Abwägung betrifft nämlich die Zielverwirklichung, nicht die Zielsetzung. Mit den Zielen des Naturschutzes und der Landschaftspflege in einem Atemzug genannt, kann die Klausel als Relativierung mißverstanden werden,...". Soell fordert deshalb, § 1 Abs. 2 zu streichen, NuR 1993, 301, 308.

987 Ausnahmen bilden die Eingriffsregelungen der Landesnaturschutzgesetze von Brandenburg und Mecklenburg-Vorpommern, wonach Eingriffe grundsätzlich unzulässig sind.

prognostiziert werden können, aus der Eingriffsregelung herauszunehmen. Aus Auslegungsspielräumen ergeben sich dabei zusätzliche Handlungsspielräume[988].
Die Vermeidungsaufforderung der Eingriffsregelung belegt deren Nähe eher zum Schutz- als zum Pflege- und Entwicklungsauftrag der Ziele: Die Eingriffsregelung dient allein der *Abwehr* von Beeinträchtigungen. Es bedeutet aber nicht selbst eine Entwicklungstätigkeit zugunsten der Schutzgüter, ihre Beeinträchtigung zu verhindern[989]. Dies zeigt zum einen, daß das Gesetz die Ziele gegenwärtig als verwirklicht betrachtet - anderenfalls wäre die bloße Vermeidung von Beeinträchtigungen der Schutzgüter nicht hinreichend zur Verwirklichung der Ziele. Zum anderen erweist sich auch hier, daß die Eingriffsregelung den „Entwicklungs-" Auftrag der Ziele nicht umsetzt.
Soweit die Eingriffsregelung die Möglichkeit eröffnet, aktives Tun in Form von Ausgleichsmaßnahmen zur Zielverwirklichung einzufordern, erlaubt sie, die Ziele als verwirklicht zu betrachten, wo Beeinträchtigungen der Schutzgüter *nicht* ausgeglichen werden. Denn die Regelung sieht Ausgleichsmaßnahmen nur insoweit vor, als diese zur Verwirklichung der Ziele „erforderlich" sind. Die Vorschrift relativiert damit den Anspruch der Zielverwirklichung, da ein Eingriff selbst schon die Feststellung beinhaltet, die Ziele seien im Bereich des Eingriffsvorhabens nicht verwirklicht. Diesen Nachteil für die Schutzgüter verstärkt noch § 8 Abs. 3, der die Beweislast *gegen* Eingriffe den Belangen von Naturschutz und Landschaftspflege zuordnet. Von dieser Regelung weichen nur die Landesnaturschutzgesetze von Brandenburg und Mecklenburg-Vorpommern ab, in denen die Beweislast zugunsten der Interessen von Naturschutz und Landschaftspflege verteilt ist. In der bundes- wie in den übrigen landesrechtlichen Eingriffsregelungen können in der Abwägung die Naturschutz- gegenüber den Naturnutzungsinteressen in den Hintergrund gestellt werden, sofern auch die letzteren Verfassungsrang haben oder im Einzelfall so erhebliche Bedeutung gewinnen, daß sie die Naturschutzinteressen trotz deren durch Art. 20 a GG begründetem Verfassungsrang überwiegen. Dies steht im Widerspruch zur Anspruch der Ziele, die Verwirklichung der Interessen von Naturschutz und Landschaft zu optimieren.
Für Schutzgebiete beschreibt das BNatSchG ein breites Spektrum möglicher Schutzgründe, die die Gegenstände und Handlungsaufforderungen der Ziele abbilden. Eine Relativierung des umfassenden Ansatzes der Ziele ergibt sich daraus insofern, als der Ausweisung von Schutzgebieten der Reservatsgedanke zugrundeliegt: Es läuft dem Verständnis von Natur und Landschaft als insgesamt zu betrach-

---

[988] Brahms/ v. Haaren/ Langer 1986, S. 68; auch Stadler 1996, S. 233; Uppenbrink/ Riecken 1996, S. 19, fordern deshalb, „zur Überprüfung eines geplanten Eingriffs hinsichtlich seiner Vermeidbarkeit, Erheblichkeit, Nachhaltigkeit und Ausgleichbarkeit bestimmte Mindeststandards in quantitativer und qualitativer Hinsicht verbindlich vorzuschreiben", weil der mögliche Eingreifer in der Regel kein Interesse daran habe, Informationen zu sammeln und der Behörde zur Verfügung zu stellen, aufgrund derer diese sein Vorhaben ablehnen könnte.
[989] Anders aber Eissing/ Louis 1996, S. 487.

tendem Beziehungs- und Funktionsgefüge grundsätzlich zuwider, dies auf mehr oder minder eng umgrenzten Flächen schützen und entwickeln zu wollen.
Zudem haben nicht alle Schutzgebietsausweisungen ausschließlich naturschützerische oder landschaftspflegerische Hintergründe. So ist die Ausweisung von Naturschutzgebieten oder Naturdenkmalen auch möglich, wenn sie um wissenschaftlicher, naturgeschichtlicher oder landeskundlicher Gründe willen erforderlich scheint, §§ 13 Abs. 1 Nr. 2 bzw. 17 Abs. 1 Nr. 1; geschützte Landschaftsbestandteile können sogar um ihrer Erhaltung selbst willen als solche festgesetzt werden, § 18 Abs. 1 Nr. 3[990].
Der Anweisung aus § 1 Abs. 1 a.A., „zu schützen, zu pflegen und zu entwickeln" setzt § 12 Abs. 1 das behördliche Ermessen über die Schutzausweisung entgegen, das vielerlei Erwägungen gegen ein Tätigwerden zuläßt und dies verhindern oder dazu führen kann, daß Schutzregime im einzelnen sehr locker ausgestaltet werden. So erfährt die Wiederaufnahme der Ziele weitere Relativierung und wirkt nicht nur § 1 Abs. 1 im Inhalt der Schutzgebietsregime fort, sondern auch § 1 Abs. 2, der zur Einstellung auch entgegenstehender Interessen auffordert. Zudem verhindert diese Konstruktion, daß der Verzicht auf die Ausweisung eines Schutzgebiets oder auch auf eine effektive Ausgestaltung des Schutzregimes jemals rechtswidrig wäre. Eine Ermessensreduzierung, die zur Ausweisung eines bestimmten Schutzgebietstyps für eine bestimmte Fläche verpflichten würde, ist kaum je zu begründen.
Von der Verbandsbeteiligung schließlich heißt es zwar, durch sie seien die Ziele des Naturschutzes und der Landschaftspflege den Verbänden in besonderer Weise anvertraut. Das Gesetz stellt den Zusammenhang zwischen den Zielen und den Verbänden aber nur bei deren Anerkennung her; im übrigen wirken sich die Ziele in der Verbandsbeteiligung im einzelnen nicht aus. Insbesondere sind die Vereine nicht darauf beschränkt, in den Verfahren nach § 29 Abs. 1 Belange geltendzumachen, die sich aus den Zielen ergeben, und gewinnen die Interessen kein besonderes Gewicht allein dadurch, daß sie von Vereinen geltendgemacht werden.
Darüber hinaus fehlt es dem Naturschutzgesetz an umfassenden Instrumenten, mittels derer Regelungen der Gesamtsituation von Natur und Landschaft ermöglicht würden[991]. So ist die Landschaftsplanung, die diese Absicht verfolgt, nicht unmittelbar verbindlich; ihre Umsetzung obliegt zudem Behörden, die nur vorsehen werden, was sie ohnehin zu tun beabsichtigen[992].
Aus den vielfältigen Relativierungen des Anspruchs der Ziele in Allgemeinen und Besonderen Vorschriften des BNatSchG ergeben sich Zweifel, ob das Gesetz insgesamt zur Verwirklichung des in § 1 Abs. 1/ 2 festgeschriebenen Gebots zur Op-

---

[990] Vgl. andeutend OVG Lüneburg 1990 (Golfplatz in den Bückebergen-Normenkontrolle), S. 88; ausdrücklich demgegenüber OVG Berlin 1991 (Freileitung im Spandauer Forst), S. 407; VGH Mannheim 1995 (Ziegelbach mit Streuobstwiese), S. 154; OVG Weimar 1997 (Biosphärenreservat Rhön), S. 49.
[991] Uppenbrink/ Riecken 1996, S. 19.
[992] Kiemstedt/ Horlitz/ Ott 1993, S. 145.

timierung der Belange von Natur und Landschaft anstoßen kann. Soweit das Gesetz selbst die Möglichkeiten der Ziele zurücknimmt, kann und braucht die Verwaltung die Ziele nicht konsequent zur Richtlinie ihres Handelns zu machen.
Obwohl § 1 Abs. 1/ 2 ein Optimierungsgebot zugunsten der Interessen von Naturschutz und Landschaftspflege entnommen werden kann, ist deshalb nach dem BNatSchG im Extremfall auch eine weitestreichende Zerstörung oder erheblichste Beeinträchtigung von Natur und Landschaft rechtmäßig, wenn die entgegenstehenden Belange je im Einzelfall eine größere Bedeutung genießen als Schutz und Pflege von Natur und Landschaft. Grenze der Verwirklichung naturbeanspruchender Interessen sind hier erst die Grundrechte: Erst wenn eine Naturnutzung die Verwirklichung des Grundrechts auf Leben und körperliche Unversehrtheit unmöglich macht, ist sie auch aufgrund von entgegenstehenden Interessen erheblichen Gewichts nicht mehr zu rechtfertigen. Trotz dem Optimierungsgebot bietet das BNatSchG damit jedoch keine Gewähr für die tatsächliche Verwirklichung seiner weitreichenden Ziele.

B. Abhilfe

Das Staatsziel Umweltschutz ist vor allem an den Gesetzgeber gerichtet[993]. Zwar beläßt es diesem einen weiten Spielraum gesetzgeberischen Ermessens bei der Auswahl und Gestaltung seiner Mittel zur Verwirklichung des Staatsziels[994]. Weil das bisherige Optimierungsgebot in § 1 Abs. 1/ 2 allenfalls einen gegenwärtig überlebenswichtigen Mindestbestand der natürlichen Lebensgrundlagen sichern kann, ist der Gesetzeber aber zu Veränderungen aufgefordert[995].
Der Relativierung des Anspruchs der Ziele durch deren Aufnahme im BNatSchG kann abgeholfen werden, indem diese Aufnahme entweder geändert, nämlich zugunsten der Schutzgüter des § 1 Abs. 1 konkretisiert, oder ganz darauf verzichtet und damit der Weg für eine „reine“ Optimierung der Belange von Naturschutz und Landschaftspflege eröffnet würde. In Betracht kommt außerdem eine Kombination der beiden Änderungsansätze.

1. Konkretisierung

Es ist der Anwendung der Ziele zumal in der Rechtsprechung nicht dienlich, daß die Einzelvorschriften schon begrifflich weder weiterreichende noch detailliertere Forderungen stellen als die Ziele als Eingangs- und Leitvorschriften des Gesetzes. Weder Behörden noch Gerichte erhalten durch solche Einzelvorschriften Unterstützung im Hinblick auf ihre Unsicherheit in den naturschützerischen Sachfragen.

---

993 Henneke 1995, S. 330; Kloepfer 1996, S. 75.
994 Henneke 1995, S. 332; Schink 1997, S. 223; Bernsdorff 1997, S. 330.
995 Ähnlich Bernsdorff 1997, S. 332, demzufolge Art. 20 a GG „von der Legislative (...) eine ernsthafte politische Gesamtabwägung zwischen dem Umweltschutz und anderen öffentlichen und privaten Belangen“ fordert. Würtenberger 1999, S. 154, formuliert, die „aus den Grundrechten hergeleitete umweltrechtliche Optimierungspflicht“ führe zu einer „erheblichen Dynamisierung des Rechts“, so daß dies immer auf seine „Verbesserungswürdigkeit“ zu untersuchen sei.

Deshalb ist zu erwägen, die Einzelvorschriften detaillierter zu fassen oder darin Ansprüche an Naturschutz und Landschaftspflege zu formulieren, die weiter reichen als die vielfältigen Relativierungen der Ziele in den gegenwärtigen Einzelvorschriften des BNatSchG. Dadurch könnte der Rechtsprechung die Scheu gegenüber naturschützerischen Sachfragen genommen oder erleichtert werden[996], die Gerichte würden möglicherweise nicht länger mit offensichtlich sachfremden selbstgeschaffenen Kriterien[997] arbeiten. Wenn der Gesetzgeber die naturschutzrechtlichen Vorschriften erheblich konkretisieren würde, an den Behörden und Gerichte ihre Entscheidungen ausrichten können, könnte das Verantwortungsbewußtsein und die Handlungsfähigkeit der staatlichen Stellen in Fragen der Verwirklichung der Ziele des Naturschutzes und der Landschaftspflege verbessert werden.
Gegen eine Konkretisierung der Vorschriften im einzelnen spricht hingegen, daß sie im Gesamtbild des BNatSchG die möglichen direkten Wirkungen der Ziele zusätzlich zurücknehmen könnten. Je mehr spezielle den allgemeinen Vorschriften gegenüberstehen, umso zögerlicher könnten die Rechtsanwender im Rückgriff auf die allgemeinen Normen werden. Zudem steigt mit der Spezialisierung eines Gesetzes generell das Risiko, Einzelfälle nicht erfassen zu können, die bei der Verabschiedung des Gesetzes übersehen werden oder die sonst aus dem Raster der speziellen Tatbestandsvoraussetzungen fallen. Der Gewinn für die Schutzgüter der Ziele, der aus der konkreteren Fassung der Naturschutznormen im einzelnen folgen könnte, würde damit möglicherweise aufgewogen durch die Gefahr, daß die Rechtsanwender den nicht speziell geregelten Situationen erst recht tatenlos gegenüberstehen[998].

2. Öffnung

Der Gefahr, den Schutzgütern durch zu konkrete Regelungen eher zu schaden, weil diese eher den Blick auf das grundsätzliche Optimierungsgebot versperren

---

[996] Paetow 1986, S. 148.

[997] Beispielhaft sei hier das Kriterium des „gebildeten und den Belangen des Naturschutzes und der Landschaftspflege aufgeschlossen gegenüberstehenden Beobachters" genannt, das regelmäßig im Zusammenhang mit Beeinträchtigungen des Landschaftsbilds herangezogen wird. Es wird dem Optimierungsgebot nicht gerecht: „Bestmögliche" Verwirklichung der Ziele des Naturschutzes und der Landschaftspflege erfordert zunächst, zu erkunden, wie ein besonders empfänglicher, naturschützerisch sensibilisierter Betrachter ein Landschaftsbild beurteilen würde. Zutreffend insoweit zur landesrechtlichen Eingriffsregelung VGH München 1977 (Großer Brachvogel), S. 604.

[998] Gegen die Ankurbelung einer „Konkretisierungsspirale" daher auch Hufen 1998, S. 17 f.: „Genannt sei auch erneut die sprichwörtliche deutsche Intoleranz gegenüber (...) offenen Entscheidungssituationen - auch und gerade auf Seiten der Behörden selbst, die ihre Entscheidungsspielräume nicht ausfüllen, sondern Konkretisierungsbedarf sogleich an den Gesetzgeber rückmelden und damit jene immerwährende Spirale von kasuistischem Gesetz und noch höherem Detaillierungsbedarf in Gang setzen." Herzog 1987, S. 110 f., nennt in diesem Zusammenhang einen „immer weiter um sich greifenden Wunsch, Einzelfallgerechtigkeit schon in der Norm und nicht erst im Normvollzug zu sichern".

würden als dies im Detail zu verwirklichen zu helfen, wird begegnet, wenn man zur Änderung des BNatSchG in entgegengesetzter Weise vorgeht:
Das in den Zielen enthaltene Optimierungsgebot kann deutlicher hervortreten und den Verwaltungsbehörden vor Augen führen, daß sie in erster Linie zu naturschutzrechtlicher Optimierung verpflichtet sind, wenn Einzelvorschriften gestrichen werden, die nicht mehr fordern als die Ziele selbst. Solche Vorschriften, die begrifflich nicht über die Ziele hinausgehen, treibenderen Verwirklichung ohnehin nicht voran.
Insbesondere gilt dies für die Grundsätze, deren Auswirkungen für den Naturschutz im Spiegel der Rechtsprechung vernachlässigenswert gering sind. Ihr Einleitungssatz, § 2 Abs. 1 2. TS, läuft dem Optimierungsgebot des § 1 Abs. 1/ 2 zuwider, indem er die entgegengesetzten Interessen und Belange in den Vordergrund rückt. Die Streichung der Grundsätze würde also keine Lücke im Naturschutzrecht erzeugen, sondern im Gegenteil das Optimierungsgebot besser zur Geltung bringen. Aber auch Vorschriften zu den Einzelinstrumenten könnten gestrichen werden. Weder Verwaltung noch Verwaltungsrechtsprechung müßten sich dann länger mit dem Verhältnis der Allgemeinen Vorschriften zu den Einzelinstrumenten auseinandersetzen. Sie würden offener für Lösungen anhand fachlicher Stellungnahmen von Naturwissenschaftlern und könnten unmittelbar Sachentscheidungen fällen[999], die jedoch nicht in freiem Ermessen stünden, sondern durch das Handlungsprogramm der Ziele vorgegeben und so demokratisch legitimiert wäre[1000]. Dies Vorgehen müßte nicht als Flucht des Gesetzgebers vor der politischen Verantwortung, sondern könnte als Einsicht in begrenzte legislatorische Normierungsfähigkeit aufgefaßt werden[1001], die Bedenken gegen die Bestimmtheit eines so verschlankten Naturschutzgesetzes entkräften könnte. Würden die Naturschutzbehörden nicht mit einer Fülle von Vorschriften im einzelnen konfrontiert, sondern erhielten sie vor allem die offene, aber klare Anweisung, jeweils die bestmögliche Lösung zugunsten von Natur und Landschaft zu verwirklichen, könnte dies förderliche Wirkung für die Schutzgüter des BNatSchG haben.
Gegen die Öffnung des Naturschutzrechts spricht die angesichts der gegenwärtigen Praxis der naturschutzrechtlichen Rechtsprechung begründete Gefahr, auf diesem Weg nicht nur sachgerechte Lösungen zugunsten der Ziele des § 1 Abs. 1 zu er-

---

[999] Vgl. hierzu Herzogs Forderung 1987, S. 110, der Gesetzgeber solle sich „grundsätzlich darauf beschränken, das Wesentliche zu regeln, und die Details den beiden vollziehenden Gewalten" überlassen.
[1000] Allgemein zu dieser Funktion von Optimierungsgeboten Würtenberger 1999, S. 153.
[1001] Vgl. Ipsen 1986, S. 436 f. und zur Beschränkung des Gesetzgebers, dem die „Problemverarbeitungskapazität" fehle, auf „Richtungsentscheidungen" Würtenberger 1999, S. 153.

möglichen, sondern wiederum auch die Durchsetzung entgegenstehender Belange und Interessen zu erleichtern[1002].

3. Kombination

Am vielversprechendsten erscheint daher eine Kombination der beiden Wege: Der Gesetzgeber sollte möglichst detailliert einen Ziel-„Zustand“[1003] von Natur und Landschaft umschreiben, dessen Verwirklichung durch alle Maßnahmen von Naturschutz und Landschaftspflege anzustreben und durch anderes landesgesetzliches oder behördliches oder landesgesetzlich oder behördlich ermöglichtes Handeln möglichst wenig zu behindern ist. Zu den Maßnahmen könnte eine neu zu schaffende naturschutzrechtliche Generalklausel ermächtigen. Ein Ziel-„Zustand“ könnte einerseits konkret genug sein, um die im Einzelfall tunlichen Maßnahmen von Naturschutz und Landschaftspflege direkt abzuleiten und konkreter zu bestimmen als dies derzeit vor dem Hintergrund der Ziele, § 1 Abs. 1, möglich ist. Andererseits könnte der Zielzustand offen genug sein, um den Behörden zu vermitteln, daß sie selbst aufgefordert sind, ihn für den Einzelfall zu konkretisieren. Sie könnten ihre Verantwortung und Handlungsmöglichkeiten erkennen und diese wahrnehmen, um sachgerechte Maßnahmen zu treffen, ohne durch zu detaillierte gesetzliche Regelungen behindert zu werden. Detailvorschriften mit Paraphrasen des Zielzustands wären dann entbehrlich und könnten gestrichen werden. Das Optimierungsgebot des § 1 Abs. 1/ 2 würde dadurch betont und in den Vordergrund der Aufmerksamkeit gerückt.

II. Rechtsprechung

Die Gerichte tun in naturschutzrechtlichen Entscheidungen ein übriges dazu, daß die Ziele des Naturschutzes und der Landschaftspflege nur unzureichend verwirklicht werden, wenn sie die Unzulänglichkeiten der Naturschutzgesetze unreflektiert umsetzen oder noch durch eigene Mängel ergänzen. Maßnahmen zur Abhilfe sollten hier vor allem die eigene Verantwortung auch der Rechtsprechung für die Schutzgüter von Naturschutz und Landschaftspflege hervorheben, die auch in Art. 20 a GG zum Ausdruck kommt.

A. Mängel

Die aus dem Gesetzeswortlaut und von der Literatur nahegelegten Möglichkeiten, die Ziele zur Auslegung naturschutzrechtlicher Normen und zur Kontrolle von deren Anwendung durch die Verwaltung zu nutzen, werden von der Rechtsprechung nicht voll ausgeschöpft. Die Gerichte kontrollieren Einhaltung und Verwirklichung des naturschutzrechtlichen Optimierungsgebots nicht konsequent und vermeiden

---

[1002] Seibel 1984, S.16, warnt vor „einem relativen Verlust an Rechtsverbindlichkeit und damit der Tendenz nach auch an Wirksamkeit des Rechts“, der „bei jeder Lockerung klarer Tatbestands-Rechtsfolgen-Verknüpfungen“ zu befürchten sei.

[1003] „Zustand“ in Anführungszeichen, weil in Wechselbeziehungen und Stoffflüssen des Naturhaushalts nicht von einem Zustand gesprochen werden kann, soweit „alles“ in Bewegung ist.

es, die Verwaltungsbehörde insoweit auf Fehler aufmerksam zu machen. So neigen die Gerichte zum einen dazu, spezifisch naturschutzfachlichen Stellungnahmen zugunsten von Erwägungen auszuweichen, die juristischem Argumentieren „vertrautere" Gegenstände betreffen, zum anderen bestätigen sie oftmals verwaltungsbehördliche Entscheidungen ungeachtet deren Konsequenzen für die Schutzgüter des BNatSchG.

1. Vermeidung naturschutzfachlicher Stellungnahmen

Die Eingriffsregelung dient nach dem Gesetzeswortlaut zunächst dazu, Beeinträchtigungen der Schutzgüter der Ziele *so weit als möglich* zu verhindern. Bei der Anwendung der Eingriffsdefinition stützen sich viele Gerichte auf die Feststellung der Beeinträchtigung einzelner Arten z.B. durch die Verkleinerung oder Zerschneidung ihres Lebensraums. Diese mag einfacher zu begründen sein als diejenige des Naturhaushaltes als ganzem. Der gesamthaften Betrachtung des Naturhaushalts in den Zielen wird diese Vorgehensweise aber nicht gerecht. Umgekehrt zeigt sich dies auch daran, daß die Gerichte, die den Begriff der Beeinträchtigung des Naturhaushalts insgesamt subsumieren, aufgrund der Vielfalt der darin bestehenden Wechselbeziehungen eine Beeinträchtigung eher verneinen. Wo Verwaltungsgerichte Abwägungsentscheidungen zur Anwendung der Eingriffsregelung überprüfen, stellen sie zwar für die Zusammenstellung der Belange oft auf § 1 Abs. 1 ab. Dennoch liefern die ausschlaggebende Begründung häufig entgegenstehende Interessen, zumal, wenn diese einfacher zu benennen und zu quantifizieren sind als diejenigen von Naturschutz und Landschaftspflege[1004]. So wird im Rahmen der Anwendung von § 8 Abs. 7 a.F. zwar ausführlich begründet, warum die gesetzliche Vermutung im Einzelfall einschlägig sei, dabei jedoch darauf verzichtet, Anhaltspunkte gegen deren Anwendbarkeit auch nur zu suchen[1005]. Der Forderung, Beeinträchtigungen so weit als möglich zu vermeiden, wird derlei Vorgehensweise nicht gerecht.

Ähnliches gilt für die Kontrolle der Ausweisung von Schutzgebieten: Hier verweisen relativ viele Gerichte auf die Ziele, § 1 Abs. 1, bzw. die Abwägungsklausel, § 1

1004 OVG Bremen 1986 (Gräben am Lehester Deich), S. 131: Vorrang der Sicherung oder Schaffung von Arbeitsplätzen vor naturschützerischen Interessen. VGH Kassel 1987 (Ortsumgehung im Freilandbau), S. 251 ff.: Überwiegen des Interesses an der Schaffung von „leistungsfähigen Straßen" zur Entlastung von Ortsdurchfahrten gegenüber den durch einen landschaftspflegerischen Begleitplan nur gemindert beeinträchtigten Naturschutzbelangen; OVG Münster 1994 (Abtonungsfläche) S. 309: Vorrang der Eigentümerinteressen vor der Erhaltung von Sekundärbiotopen.

1005 OVG Münster 1993 (Blaufichten), S. 646.

Abs. 2[1006]. Oft stellen sie aber gerade nach solchen Hinweisen entscheidend auf dem Naturschutz entgegenstehende Interessen ab[1007].
Bei der Überprüfung von Behördenentscheidungen zur Verbandsanerkennung nahmen die Gerichte anfangs die Kriterien des § 29 Abs. 2 wörtlich und überprüften, ob in der Satzung der jeweiligen Vereine die Worte „Ziele des Naturschutzes und der Landschaftspflege“ vorkamen. Der im Gesetz zum Ausdruck gekommenen Intention der Verbandsanerkennung wurden sie damit nicht gerecht, denn bestätigt wurde aufgrunddessen nicht die Anerkennung solcher Vereine zur Verfahrensbeteiligung, die sachlich und fachlich besonders zur Hilfe bei der Verwirklichung der Ziele ausgewiesen waren, sondern die Anerkennung von Vereinen, die bei der Gestaltung ihrer Satzung kompetent beraten wurden und die sich deshalb darin zuvörderst die Verwirklichung der Ziele, wie sie § 1 Abs. 1 formuliert, vorgenommen haben.
Eine Reihe von Entscheidungen vermittelt darüber hinaus den Eindruck, die Gerichte wendeten, wenn sie ausdrücklich erkennen, daß die Ziele nach § 1 Abs. 1 inhaltlich einschlägig sind, eher Phantasie auf, um zu begründen, warum dennoch keine Auseinandersetzung mit den Zielen erforderlich ist, als daß sie die Ziele tatsächlich in ihre Entscheidung einbeziehen. Auf der anderen Seite gehen Gerichte in der Sache gründlich auf die Ziele ein, wo sie über Klagen von Naturschutzverbänden zu entscheiden haben. Damit scheinen sie diese vor allem dauerhaft befrieden zu wollen, gerade auch, wenn die Entscheidung letztlich zu Lasten von Natur und Landschaft ausfällt[1008].
Unter den Funktionen der Ziele widmet die Rechtsprechung deren Charakter als Optimierungsgebot am wenigsten Aufmerksamkeit, obwohl diese Eigenschaft auch vom BVerwG mehrfach festgestellt wurde[1009]. In keiner der untersuchten Entscheidungen prüfte ein Gericht ausdrücklich, ob die Verwaltung zu einer für Naturschutz, Landschaftspflege und die entgegenstehenden Interessen bestmöglichen Lösung gekommen ist. Oft geht aus den Entscheidungsbegründungen nicht einmal hervor, daß die Gerichte das Optimierungsgebot überhaupt als solches erkannt haben. Dies betrifft insbesondere solche Urteile, in denen Verwaltungsgerichte Interessen den Vorrang oder zumindest entscheidungserhebliche Bedeutung eingeräumt

---

[1006] Ohne Bezug auf die Ziele dagegen VGH München 1988 (Bayerisches Bodenseeufer), S. 262 und VG Aachen 1988 (Blautannen in der Eifel), S. 185. Die Einhaltung des Abwägungserfordernisses nach § 1 Abs. 2 offen ließ das OVG Münster 1995 (Quarz-Auskiesung), S. 99.

[1007] OVG Berlin 1991 (Freileitung im Spandauer Forst), S. 407; VGH Mannheim 1984 (60 % Landschaftsschutzfläche), S. 274 und 276; VGH Mannheim 1995 (Ziegelbach mit Streuobstwiese), S. 155; OVG Weimar 1997 (Biosphärenreservat Rhön), S. 49. Vgl. aber auch VGH Mannheim 1995 (Phonolit-Steinbruch), S. 18: Vorrang der Erhaltung wertvoller Waldgesellschaften in einem Steinbruch gegenüber der Rohstoffgewinnung.

[1008] VG Freiburg 1987 (Flugmodelle mit Verbrennungsmotor), S. 52 ff.

[1009] BVerwG 1985 (Störungsfreier Verkehr), S. 165; BVerwG 1990 (Fischteiche), S. 354 f.

haben, die offenbar einfacher zu quantifizieren oder zu prognostizieren waren als Interessen des Naturschutzes und der Landschaftspflege[1010].

2. Bestätigungsneigung

Die Gerichte erklären nur in krassen Fällen die Entscheidungen der Verwaltung *nicht* für rechtmäßig, gleichviel, ob diese zugunsten oder zu Lasten von Natur und Landschaft ausgefallen sind[1011]. Diese Bestätigungsneigung[1012] ist Indiz für das Bestreben der Gerichte, die Entscheidung den Behörden zu überlassen, anstatt eigenständig zu prüfen[1013]. So zeigt sich ein in Naturschutzsachen eher passives Selbstverständnis der Gerichtsbarkeit, die auch als Mangel an naturschützerischem Weitblick gedeutet werden kann[1014]. Die Verwaltungsgerichte ziehen sich hier deutlich auf ihre „klassische" Kontrollfunktion zurück, anstatt im Interesse der Schutzgüter des BNatSchG der Verwaltung entschiedener gegenüberzutreten. Auch gründliche Argumentation anhand der Ziele gerät so in den Verdacht, allein der Befriedung der Parteien, aber nicht dem Naturschutz selbst dienen zu wollen.

Die Statistik der untersuchten Entscheidungen belegt zwar, daß etwa zwei Drittel davon zugunsten von Natur und Landschaft ausgefallen sind. Allein deshalb kann den Gerichten jedoch kein grundsätzlich „naturschutzfreundliches Entscheiden" zugutegehalten werden. Vielmehr ist die Statistik insoweit Abbild der sehr eingeschränkten Klagemöglichkeiten zugunsten von Natur und Landschaft in Verbindung mit der Bestätigungsneigung der Gerichte, die sich auch auf Behördenentscheidungen zugunsten von Natur und Landschaft bezieht.

[1010] Dies gilt speziell für wirtschaftliche Interessen, etwa das der Hansestadt Bremen an der Sicherung oder Schaffung von Arbeitsplätzen, vgl. OVG Bremen 1985 (Gräben am Lehester Deich), S. 131. Positiv demgegenüber VGH Mannheim 1995 (Phonolit-Steinbruch), S. 18: Vorrang der Erhaltung wertvoller Waldgesellschaften in einem Steinbruch gegenüber der Rohstoffgewinnung. Auch der Sicherung der Stromversorgung wurde ein Vorrang vor naturschützerischen Interessen eingeräumt, vgl. OVG Berlin 1991 (Freileitung im Spandauer Forst), S. 407. Das OVG Weimar 1997 (Biosphärenreservat Rhön), S. 51, stellte dagegen die Deckung des Strombedarfs zweier Gemeinden als Gemeinwohlbelang ausdrücklich hinter den Schutz des Landschaftsbilds einer Rhön-Hochebene zurück, als es um die Genehmigung einer Windkraftanlage ging. Kritisch zum Hang der Gerichte, den Naturschutz insoweit nachrangig zu behandeln, Brodersen 1988, S. 15 f.

[1011] Beispielhaft seien hier drei Entscheidungen genannt: VGH Mannheim 1994 (Bundesstraße 292), S. 147-152; VG Gießen 1989 (Baulückenbestand), S. 95-97; VG Potsdam 1994 (Großtrappe) S. 427-431. Die Behörden hatten jeweils entschieden, ohne die Interessen von Natur und Landschaft überhaupt erkennbar in ihre Erwägungen einzubeziehen. Krasses Gegenbeispiel ist der Beschluß des BVerwG 1992 (Sachsendamm), S. 125-131. Das Gericht räumte ein, „die Planfeststellungsbehörde [habe] (...) eine derartige spezifisch naturschutzrechtliche Abwägung zwar nicht ausdrücklich (...) vorgenommen" (S. 129), dennoch sei der Planfeststellungsbeschluß im Ergebnis nicht zu beanstanden.

[1012] Die Verwaltungsgerichte bestätigten in der Sache in fast 85 v.H. der untersuchten Fälle die zugrundeliegende Behördenentscheidung.

[1013] Paetow 1986, S. 146.

[1014] Brodersen 1988, S. 15.

Im Hinblick auf ihre Neigung zur Bestätigung von Verwaltungsentscheidungen muß sich die Rechtsprechung fragen lassen, warum sie die Ziele nicht im gleichen Maß zugunsten von Naturschutz und Landschaftspflege in ihre Argumentation einbezieht, um Verwaltungsentscheidungen *aufzuheben*, wie sie dies tut, um Verwaltungsentscheidungen zu *bestätigen*. Dazu mag gemutmaßt werden, daß Urteile, die behördliches Entscheiden zugunsten von Natur und Landschaft bestätigen, regelmäßig zu Klagen Einzelner ergehen, die sich durch Naturschutzmaßnahmen in subjektiven Rechten verletzt sehen. Hier ziehen die Gerichte eher auch die Ziele heran, um ihre Argumentation zu bekräftigen. Entscheidungen zur Bestätigung behördlichen Handelns mit negativen Folgen für Natur und Landschaft betreffen demgegenüber eher Verbandsklagen, weil Einzelnen zumeist schon die Klagebefugnis fehlt. Die Gerichte achten hier eher weniger auf die Ziele; daß sie dies „absichtlich" tun, um sich die Feststellung zu ersparen, die Behördenentscheidungen seien damit nicht vereinbar, ist anhand der veröffentlichten Begründungen nicht nachzuweisen.
Weiterhin bekräftigen die Verwaltungsgerichte mit ihrer Bestätigungsneigung die Relativierungen des Verwirklichungsanspruchs der Ziele, die sich schon aus dem Gesetz selbst ergeben und sich in dessen Anwendung durch die Verwaltungsbehörden konkretisieren. Anders verhält es sich mit der Relativierung, die die Ziele durch die Grundsätze und die zusätzliche Abwägung nach § 2 Abs. 1 zu erfahren scheinen. In den wenigsten Entscheidungen sind diese Grundsätze überhaupt Teil der Begründung, so daß nicht nur die konkretisierenden, sondern auch die relativierenden Wirkungen der Grundsätze keinen wesentlichen ausdrücklichen Widerhall finden.

B. Abhilfe

Abhilfe im Hinblick auf beide Ursachen für Mängel im Umgang der Gerichte mit den Zielen des Naturschutzes und der Landschaftspflege kann in erster Linie bei einer Besinnung der Gerichte auf § 1 Abs. 1/ 2 als Optimierungsgebot ansetzen.
Sowohl dem Hang zum Ausweichen vor naturschutzfachlichen Stellungnahmen als auch demjenigen, die Rechtmäßigkeit des zu kontrolllierenden Behördenhandelns nahezu grundsätzlich zu bestätigen, würde entgegengewirkt, wenn die Gerichte in ihren Entscheidungen konsequent prüften, ob die Verwaltung Naturschutz und Landschaftspflege jeweils bestmöglich beachtet und umgesetzt haben. Zwar kann selbst die durchgängige Verwirklichung des naturschutzrechtlichen Optimierungsgebots nur ein Minimum für den Menschen unmittelbar lebenswichtiger Bestandteile von Natur und Landschaft sichern. Wenigstens dies muß die Rechtsprechung aber sicherstellen, indem sie die Einhaltung des Gebots durchgängig prüft und insofern von der Verwaltung einfordert.

1. Naturschutzfachliche Stellungnahmen und Bestätigungsneigung

Eine Besinnung auf den Optimierungscharakter von § 1 Abs. 1/ 2 kann naturschutzspezifisches Entscheiden herausfordern, weil die Gerichte zunächst eigen-

ständig die in der jeweiligen behördlichen Entscheidungssituation erreichbare bestmögliche Verwirklichung von Naturschutz und Landschaftspflege bestimmen müßten, um daran die ergangene Entscheidung zu messen. Insbesondere in der Kontrolle von Behördenentscheidungen, die sich zu Lasten von Natur und Landschaft auswirken, und für die die Gerichte bisher die Ziele eher zurückhaltend einbezogen haben, kann die ausdrückliche Bestimmung des erreichbaren Verwirklichungsniveaus zu sachnäheren Entscheidungen führen[1015].
Wenn die Gerichte Klarheit über die bestmögliche Einzelfallösung für Natur und Landschaft auch im Detail hergestellt haben, kann es ihnen zudem leichter fallen, Behördenentscheidungen aus eigener Sachkenntnis umfassend zu überprüfen. Die Rechtsprechung hat dann die Möglichkeit, das Verwaltungshandeln gründlicher naturschutzspezifisch zu kontrollieren und läuft weniger Gefahr, ihrer Neigung zur Bestätigung der Behördenentscheidungen nachzugeben.

2. Begründung von Optimierungsentscheidungen zu Lasten von Natur und Landschaft

Auch eine derart sachgerechte und ergebnisoffene Argumentation der Verwaltungsgerichte anhand der Ziele kann aber im Einzelfall trotz dem Optimierungsgebot aus § 1 Abs. 1/ 2 zu Lasten von Natur und Landschaft ausfallen. Hier ist die Rechtsprechung aufgefordert, ausdrücklich herauszustellen, weshalb eine auch aus der Sicht von Naturschutz und Landschaftspflege bestmögliche Lösung den Schutzgüter von § 1 Abs. 1 zum Nachteil gereichen wird. Dadurch können die Gerichte der Verwaltung für deren späteres Entscheiden in ähnlich gelagerten Fällen aufzeigen, wie dies den Schutzgütern des BNatSchG wirksamer zugutekommen kann[1016], aber auch dem Gesetzgeber bestehenden Normierungsbedarf verdeutlichen.
Zwar sind die Gerichte im Einzelfall an die Vorgaben aus § 1 Abs. 1 gebunden. Sie können also nur feststellen, daß ein Verwaltungshandeln mit den Zielen vereinbar - und insofern rechtmäßig - ist, oder daß es die Ziele verletzt und daher rechtswidrig ist. Sie dürfen nicht auf der einen Seite zum Ergebnis kommen, die Optimierung sei rechtmäßig zu Lasten von Natur und Landschaft ausgefallen, um auf der anderen Seite nicht hinzunehmen, daß naturschützerische Optimierung entgegenstehende Interessen zur Geltung bringt[1017]. Dennoch kann man von den Gerichten erwarten, daß sie nicht nur die Rechtmäßigkeit des Behördenhandelns im Einzelfall an den Maßstäben des BNatSchG messen, sondern darüber hinaus kritisch prüfen, ob die Entscheidung der Verwirklichung der Ziele von Naturschutz und Landschaftspflege insgesamt dient.

[1015] Klarheit der gerichtlichen Argumentation anhand der gesetzlichen Kriterien fordern jüngst Tausch/ Wagner 1999, S. 374.
[1016] Nach Steiner 1997, S. III, ist „die rechtsprechende Gewalt dem Verwaltungsrichter durch Art. 92 GG auch gegenüber der Verwaltung anvertraut".
[1017] Achterberg 1980, S. 195, formuliert dazu, der Richter könne „die Gesetzgebung nicht unter Bezugnahme auf unerwünschte soziale Folgen korrigieren".

a) Inhalt und Begründung der Forderung

Sie könnten darauf hinweisen, daß die gesetzliche Begrifflichkeit zu undeutlich ist, daß Eingriffe nach § 8 Abs. 1 nur je für sich bewertet werden sollen, jedoch nicht in ihrem Zusammenhang, daß die Beweislast z.B. in § 8 Abs. 3 es fordert oder, daß eine prozessuale Handhabe fehlt, aber auch, daß sie gutachtlichen Stellungnahmen vertrauen, daß die Interessen des Naturschutzes nicht zuverlässig prognostiziert werden können, oder daß sachliche Gründe die Nachrangigkeit des Naturschutzes erfordern. Solche Klarheit der Stellungnahme verlangt zum einen der Rechtsprechung Klarheit der Gedankenführung ab. Diese wird daran gehindert, lediglich aufgrund ungenauer Ermittlung der Sach- und Rechtslage gegen Naturschutz und Landschaftspflege zu entscheiden oder ideologische oder vor allem politische Entscheidungen „durch mehr oder weniger kunstvolle, jedenfalls ‚konsensfähige' Argumentationen zu überdecken"[1018]. Zum anderen könnten nicht nur die von der Einzelfallentscheidung Betroffenen[1019], sondern darüber hinaus die Verwaltung im allgemeinen und die Rechtsprechung von solcher Klarheit profitieren, mit der die Gerichte verdeutlichen, worum es in der Sache geht und welche Konsequenzen sich daraus ergeben. Deutliche Gedankenführung im gerichtlichen Entscheiden kann auch die Verwaltungsbehörden zu klaren Entscheidungen anhalten[1020].

Die Verwaltungsrechtsprechung ist an Vorgaben aus der Verwaltungsgerichtsordnung, im übrigen aber „nur" an das materiell im Einzelfall maßgebliche Recht gebunden. Ein „Zitiergebot", wonach die Verwaltungsgerichte die Auswirkungen ihres Entscheidens für die Verwirklichung positiver Rechtssätze ausdrücklich machen müßten, besteht nicht. Folglich sind die Gerichte jedenfalls nicht direkt verpflichtet, klarzustellen, warum sie konkret zu Lasten von Natur und Landschaft entscheiden. Etwas anderes könnte sich aber wiederum aus Art. 20 a GG ergeben. Die Rechtsprechung hat danach - wenn auch gegenüber der Gesetzgebung nachrangig[1021] - die natürlichen Lebensgrundlagen nach Maßgabe von Gesetz und Recht zu schützen. Es wäre daher noch nicht als „interpretatorisches Eiferertum" zu werten[1022], wenn die Gerichte zur Verwirklichung dieses Auftrags im Einzelfall klarstellen würden, warum sie sich genötigt sehen, zu Lasten von Natur und Landschaft zu entscheiden.

[1018] Öhlinger/ Stelzer 1986, S. 419 (Hervorhebung im Original).

[1019] Nach Ansicht Achterbergs 1980, S. 186, ist argumentative Klarheit kein Selbstzweck, sondern dient der Förderung des Rechtsfriedens.

[1020] Zuletzt forderte z.B. das OVG Münster, Beschl. v. 13.3.1998, NuR 1999, S. 113-114, 113 (7 a B 374/ 98.NE) eine Gemeinde auf, in der Bauleitplanung „die Belange, die sie für vorzugswürdig hält, präzise [zu] benennen", da „eine Zurückstellung der Belange des Naturschutzes und der Landschaftspflege (...) nur zugunsten entsprechend gewichtiger anderer Belange in Betracht" kommt, was „besonderer Rechtfertigung" bedürfe.

[1021] Kloepfer 1996, S. 75; Henneke 1995, S. 330.

[1022] Meyer-Teschendorf 1994, S. 78, befürchtet dies auch angesichts der vorsichtigen Formulierung des Art. 20 a GG.

b) Zulässigkeit
Die Zulässigkeit gerichtlicher Stellungnahmen über die praktischen Folgen des eigenen Entscheidens und deren Verhältnis zu gesetzlichen Vorgaben ist entscheidend davon abhängig, welche Funktion die Verwaltungsgerichtsbarkeit im Gefüge der Staatsgewalten ausfüllt. Die Grenzen der hier gestellten Forderung sind also der Verfassung zu entnehmen.

(1) Grenzen gegenüber der Verwaltung
Grundsätzlich ist es Aufgabe der Verwaltungsgerichte, die Tätigkeit der Verwaltung zu *kontrollieren*[1023]. Als Ausdruck der im Grundgesetz angelegten Gewaltenteilung und -verschränkung soll die verwaltungsgerichtliche Überprüfung des Behördenhandelns sicherstellen, daß dies nicht einzelne in ihren Rechten verletzt. Die Verwaltungsgerichte sind dabei aufgefordert, nicht ein eigenes Entscheiden an die Stelle dessen der Verwaltung zu stellen, sondern zu überprüfen, ob dieses mit dem materiell einschlägigen Recht vereinbar ist[1024]. Weil sich die Tätigkeit der Verwaltungsgerichte grundsätzlich auf Einzelfälle bezieht, soll grundsätzlich nur ausgeführt werden, was für die Entscheidung des Einzelfalls von Belang ist[1025].
Allerdings wird von der Verwaltungsrechtsprechung auch gefordert, daß sie zur Entscheidung anstehendes nicht übertrieben in rechtlich relevantes zerteilt und anhand von Details die Gesamtentscheidung begründet, dabei aber die „auf den Nägeln brennende" Sachfrage unbeantwortet läßt[1026]. Derlei Forderungen aus der Verwaltung zeigen, daß diese selbst ein Interesse an übertragbaren Begründungen verwaltungsgerichtlicher Entscheidungen hat.

(2) Grenzen gegenüber der Gesetzgebung
Wenn die Verwaltungsrechtsprechung klarstellt, inwiefern ihr Entscheiden die Verwirklichung der Ziele des Natuschutzes und der Landschaftspflege behindert, bezieht sie sich nicht auf einen Bereich, in dem keine Normierung besteht. Sie betreibt also keine Rechtsfortbildung, sondern eine Kommentierung der bestehenden Rechtslage.
Die Erkenntnis, daß das Optimierungsgebot nicht geeignet ist, um je im Einzelfall eine Entscheidung zugunsten von Natur und Landschaft zu treffen, darf nicht dazu führen, daß die Verwaltungsgerichte anders entscheiden, als das BNatSchG ihnen vorgibt[1027]. Die Gerichte dürfen sich nicht über die Entscheidung des demokratisch legitimierten Gesetzgebers hinwegsetzen[1028]. Es steht ihnen aber frei, den Gesetz-

---

[1023] Krebs 1988, S. 156; Kanther 1998, S. 925; pointiert für den Gegensatz zwischen Zivil- und Strafgerichten und Verwaltungsgerichten Ossenbühl 1993, S. 758: „die Zivil- und Strafgerichte entscheiden, die Verwaltungsgerichte kontrollieren".
[1024] Jöhnk 1995, S. 254.
[1025] Ipsen 1986, S. 438.
[1026] Redeker 1996, S. 130; Lamprecht 1998, S.1040.
[1027] Mit allgemeiner Perspektive Ipsen 1986, S. 440.
[1028] Warbeck 1991, S. 14; Schmidt 1979, S. 589, fordert insofern eine „stetige Besinnung auf die Grenzen richterlicher Gewalt".

geber auf die praktische Anwendbarkeit und die Folgen dieser Entscheidung hinzuweisen.
Auch ist es nicht Aufgabe der Verwaltungsrechtsprechung, sich selbst an die Stelle des Gesetzgebers zu setzen oder diesem verbindliche Vorgaben für neu zu verabschiedende oder für die Änderung der bestehenden Gesetze zu machen. Dem Gesetzgeber muß selbstverständlich die Möglichkeit zugestanden bleiben, „durch neuerlichen legislatorischen Akt eine ihm nicht genehme Entwicklung zurückzunehmen und zu korrigieren“[1029].

(3) Grenzen der eigenen Leistungsfähigkeit
Soweit schon gegenwärtig Gerichte ihre Erwägungen zu den zur Entscheidung stehenden Einzelfällen um allgemeine Überlegungen ergänzen[1030], werden sie heftig kritisiert. Es wird geltendgemacht, die Rechtsprechung dürfe sich nicht einerseits in theoretischen Erläuterungen ergehen, die nicht entscheidungserheblich sind, aber mehr Raum in der Entscheidungsbegründung einnehmen als die tatsächlich sachentscheidenden Gesichtspunkte, um sich andererseits über ihre große Belastung zu beklagen und diese als Ursache für Verzögerungen in der Entscheidungsfindung anzuführen. Gerichtliche Selbstbeschränkung auf die Ausführung entscheidungserheblicher Gesichtspunkte und die Berücksichtigung des klägerischen Vorbringens[1031] diene damit nicht nur der Verfahrensbeschleunigung, sondern auch der Verständlichkeit und Glaubwürdigkeit der Entscheidungen und verhindere entbehrliche dogmatische Schwierigkeiten[1032].
Für die hier vorgeschlagene Ergänzung der Entscheidungsbegründung sind diese Kritikpunkte nicht stichhaltig: Wie sich gezeigt hat, ist das naturschutzrechtliche Optimierungsgebot ohnehin in jeder Entscheidung, die Bezüge zu Naturschutz und Landschaftspflege aufweist, auf seine Einhaltung hin zu untersuchen. Die Gerichte müssen sich also ohnedies mit § 1 Abs. 1 beschäftigen. Es kostet daher weder dogmatisch noch sachlich besonderen zusätzlichen Aufwand, noch kurz zu beschreiben, ob und warum im Einzelfall die Optimierung zu Lasten von Natur und Landschaft ausfällt.

c) Erfolgsaussichten

Die Aufforderung an die Rechtsprechung, deutlich zu machen, warum sie im Einzelfall zu Lasten von Natur und Landschaft entscheidet, ist gerechtfertigt, weil begründete Aussicht besteht, daß Verwaltung und Gesetzgeber zu einer Verhaltensänderung bewegen werden, wenn die Gerichte ihr nachkommen.

[1029] Baden 1987, S. 275; ähnlich aus verfassungsrechtlicher Sicht Herzog 1987, S. 111 f.
[1030] Krebs 1988, S. 169, spricht vom „Trend einer Befrachtung der Verwaltungsgerichtsbarkeit mit Aufgaben objektiver Verwaltungskontrolle“.
[1031] Redeker 1996, S. 128.
[1032] Lamprecht 1998, S. 1040 f.

(1) Gegenüber der Verwaltung

Behörden sind bestrebt, ihre Entscheidungen von vornherein „gerichtsfest" zu treffen. Sie neigen daher dazu, gerichtliche Stellungnahmen als Richtschnur für ihr späteres Handeln zu verwenden[1033]. Die Begründungen gerichtlicher Einzelfallentscheidungen sind damit Basis für späteres behördliches Entscheiden in vergleichbar gelagerten Fällen[1034] und werden deshalb von der Verwaltung zur Kenntnis genommen[1035].

Nun sind die Erfolgsaussichten einer Klage, mithin das Fortbestehen der zugrundeliegenden Behördenentscheidung, und die Auswirkungen der Entscheidung für Natur und Landschaft nicht voneinander abhängig, soweit der Verwaltungsrechtsschutz an subjektiven Rechten orientiert ist, die regelmäßig eher die Nutzung als den Schutz der Lebensgrundlagen betreffen.

Das Argument von der gewünschten Gerichtsfestigkeit von Verwaltungsentscheidungen greift direkt daher nur für Fälle, in denen die Verwaltung zugunsten von Natur und Landschaft entschieden hat und solche Entscheidungen verwaltungsgerichtlich aufgehoben werden. Diese Konstellation betrifft vor allem die Anordnung von Ausgleichsmaßnahmen für Eingriffe oder deren Untersagung, darüber hinaus aber auch die Ausweisung von Schutzgebieten.

Gerichte können jedoch auch bei der Bestätigung von Verwaltungsentscheidungen, in denen Beeinträchtigungen von Natur und Landschaft ermöglicht oder gerechtfertigt werden[1036], zugunsten der Schutzgüter des BNatSchG wirken, indem sie klarstellen, daß die Verwaltungsentscheidung auch anders hätte ausfallen können. Denkbar ist dies etwa, wenn auch eine andere Auslegung eines unbestimmten Rechtsbegriffs oder auch eine andere Abwägungsentscheidung noch im Rahmen des zulässigen gelegen hätte, die für Natur und Landschaft möglicherweise günstiger gewesen wäre.

[1033] Ule 1970, S. 28; Schmidt 1979, S. 589.

[1034] Erichsen-Ossenbühl 1998, S. 171.

[1035] Daß insoweit für die Verwaltung ein Informationsbedürfnis besteht, zeigt sich an der erheblichen Zahl von Entscheidungsbesprechungen und -zusammenstellungen auch in der naturschutzrechtlichen Literatur. Diese sind zumeist von Praktikern verfaßt worden und beschränken sich überwiegend darauf, zusammenzustellen, in welchen Angelegenheiten wie entschieden wurde; selten werden die Entscheidungen kritisiert. Vgl. aus neuerer Zeit beispielhaft Schmidt 1996, S. 437-444 und ders. 1999, S. 363-375. Stellung beziehen Stock 1995, S. 291 f. und Garbe 1997, S. 311. Für die schleswig-holsteinischen Landschaftspflegebehörden gibt es gar eine gesonderte Entscheidungssammlung, die vom Landesamt für Naturschutz und Landschaftspflege herausgegeben wird und sich vor allem an die Verwaltung richtet (Landesamt für Naturschutz und Landschaftspflege Schleswig-Holstein 1996). Zudem gibt Meßerschmidt zu seinem Kommentar zum BNatSchG eine Entscheidungssammlung heraus (Meßerschmidt 1998b) und veröffentlicht Fischer-Hüftle in einer weiteren Sammlung naturschutzrechtliche Leitsätze nebst Fundstellen (Fischer-Hüftle 1998).

[1036] Dies ist nicht nur in Schleswig-Holstein der Regelfall, vgl. v. Gerlach, zit. nach Brodersen 1988, S. 16, sondern hat sich auch in der statistischen Betrachtung der hier untersuchten Entscheidungen gezeigt.

Derlei Hinweise an die Adresse der Behörden können diesen zumindest verdeutlichen, daß sie ihre Entscheidungsspielräume *auch* zugunsten von Natur und Landschaft ausnutzen können und vor dem Hintergrund von Art. 20 a GG sollen. Den Behörden damit „die Augen zu öffnen“ für Entscheidungsstrukturen zu Lasten und Entscheidungsmöglichkeiten zugunsten des Naturschutzes, wäre schon als Erfolg zu werten.

(2) Gegenüber der Gesetzgebung
Klarheit in der Begründung gerichtlicher Entscheidungen kann bei der Novellierung von Vorschriften im Zusammenhang des Naturschutzrechts eine Hilfe sein[1037]. Die Gerichte könnten dafür insbesondere darauf hinweisen, daß die Beschreibung der Ziele des Naturschutzes und der Landschaftspflege in § 1 Abs. 1 der Klarstellung durch gesetzliche und untergesetzliche Vorschriften bedürfen und daß die schlichte Anwendung der Eingriffsregelung von Einzelfall zu Einzelfall der gesamthaften Betrachtung von Natur und Landschaft, die das Gesetz in § 1 Abs. 1 fordert, nicht gerecht wird, so daß die Belange des Naturschutzes mit den Instrumenten des BNatSchG nur auf recht niedrigem Niveau optimiert werden können. Ob der Gesetzgeber solche klarstellenden Hinweise allerdings zur Kenntnis nimmt und umsetzt, bleibt fraglich[1038]. Die Erkenntnis, daß die gesetzgeberische „Verantwortung für die rechtliche Ordnung einer Materie mit der Verkündung eines Gesetzes im Bundesgesetzblatt nicht erlischt, sondern nur eine neue, nicht weniger wichtige Qualität annimmt“, nämlich nunmehr in der Verantwortung für „notwendig werdende gesetzgeberische Korrekturen“[1039] besteht, hat sich noch nicht durchgesetzt.

d) Form

Kritik aus Literatur und Verwaltung an der Gewohnheit insbesondere der Verfassungs-, aber auch der Verwaltungsgerichtsbarkeit, anhand eines konkret zu entscheidenden Einzelfalls Erwägungen zu einer Fülle von Problemen anzustellen, die bestenfalls am Rand mit den entscheidungserheblichen Fragen zu tun haben, wird vor allem darauf gestützt, daß die entscheidungserheblichen nicht hinreichend deutlich von den zusätzlich angestellten Überlegungen unterschieden würden[1040]. Daher sollen die Gerichte, wenn sie der hier erhobenen Aufforderung nachkommen, jedenfalls die Entscheidungsgründe deutlich von den zusätzlichen Erwägungen zur Verwirklichung der Ziele absondern.

1037 Zeh 1995, S. 28, spricht von „maßgeblichen Impulsen“, die die Rechtsprechung dem Gesetzgeber vermittle.

1038 Redeker 1996, S. 127, weist für die mangelnde Bereitschaft des Gesetzgebers, Stimmen der Literatur einzubeziehen, auf Beispiele aus dem Sozialrecht hin. Was für das Verhältnis des Gesetzgebers zur juristischen Literatur gilt, mag für seine Haltung zu Stellungnahmen der Rechtsprechung ähnlich zutreffen.

1039 Herzog 1987, S. 111.

1040 Lamprecht 1998, S. 1040; Redeker 1996, S. 130.

III. Wechselwirkungen

Die Untersuchung der Aufnahme der Ziele des Naturschutzes und der Landschaftspflege im BNatSchG und in der Verwaltungsrechtsprechung hat aufgezeigt, daß sowohl der Gesetzgeber selbst als auch die Rechtsprechung mehr als gegenwärtig dazu beitragen können, die Ziele zu verwirklichen und deren Optimierungsauftrag zu erfüllen. Beide sind aufgefordert, insbesondere vor dem Hintergrund der durch Art. 20 a GG veränderten verfassungsrechtlichen Situation zugunsten der Schutzgüter des BNatSchG umzudenken; keins darf sich mit den Unterlassungen des anderen entschuldigen. Gesetzgeber und Gerichte müssen in einer „Art der Arbeitsteilung" bei der Erzeugung des Naturschutzrechts kooperieren, um dessen Verwirklichungsaussichten zu verbessern[1041].

A. Reaktion der Rechtsprechung auf Bestand und Änderungen des Gesetzes

Verwaltungsgerichte haben die Aufgabe, die Anwendung bestehender Rechtsvorschriften zu kontrollieren, aber auch die Befugnis, die Behörden in Ergänzung zu einzelfallentscheidenden Rechtserwägungen auf die grundsätzliche Bedeutung naturschutzrechtlicher Normen und Instrumente hinzuweisen, um damit durch die Anwendung des geltenden Rechts Rechtsklarheit und -sicherheit herzustellen[1042]. Dabei kann die grundgesetzliche Pflicht der Gericht, „jeden vor sie gebrachten Rechtsstreit sachgerecht zu entscheiden"[1043], diese auch dazu verpflichten, spezialgesetzliche Regelungslücken zu erkennen und zu schließen, die aus tatsächlichen oder rechtlichen Entwicklungen entstanden sind[1044].

1. Optimierung im Hinblick auf Art. 20 a GG

Eine gegenüber der Anfangszeit des BNatSchG geänderte rechtliche Situation besteht vor allem seit der Einführung von Art. 20 a GG. Bisher ist die Staatszielbestimmung des Art. 20 a GG von der Verwaltungsrechtsprechung im Zusammenhang mit dem Naturschutzrecht nicht umgesetzt worden[1045].

Die Gerichte dürfen nicht ihre eigenen umweltpolitischen Auffassungen an die Stelle derjenigen von Gesetzgeber und Verwaltung stellen[1046], sind aber aufgefordert, behördliche Abwägungsentscheidungen daraufhin zu überprüfen, ob die Ge-

---

[1041] So für den Zusammenhang des Arbeitsrechts Söllner 1996, S. 245; in bezug auf die Verwirklichung von Optimierungsgeboten Würtenberger 1999, S. 170.

[1042] Henneke 1988, S. 69.

[1043] BVerfG, Beschl. v. 26.1.1991, E 84, S. 212-232, 227 (1 BvR 779/ 85).

[1044] BVerfG, Beschl. v. 3.4.1990, E 82, S. 6-18, 12 (1 BvR 1186/ 89). Allgemein zur Konkretisierung subjektiv-öffentlicher Rechte durch Richterrecht Wahl 1996, S. 648 und passim.

[1045] Ersichtlich ist bisher lediglich ein Beschluß des BVerwG zum Verhältnis der Staatszielbestimmung zur Kunstfreiheit: BVerwG, Beschl. v. 13.4.1995, UPR 1995, S. 309-311 (4 B 70/ 95), zu Art. 20 a GG insb. S. 310.

[1046] Dies stellte z.B. Murswiek auf der 19. Umweltrechtlichen Fachtagung der Gesellschaft für Umweltrecht im November 1995 klar, vgl. Stüer 1996, S. 95. So auch Meyer-Teschendorf 1994, S. 78; vergleichbar in einem mietrechtlichen Zusammenhang BVerfG, Beschl. v. 3.4.1990, E 82, S. 6-18, 12 (1 BvR 1186/ 89).

wichtung der eingestellten Belange vor dem Hintergrund von Art. 20 a GG erfolgt ist[1047]. Sie dürfen also nicht mehr von einer grundsätzlichen Gleichrangigkeit der Naturschutz- und der gegenläufigen Interessen ausgehen, soweit nicht auch diese mit Verfassungsrang ausgestattet sind. Hier ist zwar einzuräumen, daß auch die meisten der Interessen, die in der Vergangenheit als gegenüber denjenigen von Naturschutz und Landschaftspflege vorrangig eingeordnet wurden, Verfassungsrang haben. Gerade weil solcher den natürlichen Lebensgrundlagen vor der Einführung von Art. 20 a GG nicht zukam, müßten sich aber Auswirkungen aus dem Staatsziel auf behördliches Abwägen und dessen gerichtliche Überprüfung ergeben. Auch ob die Behörden die Staatszielbestimmung bei der Anwendung unbestimmter Rechtsbegriffe des Naturschutzrechts herangezogen haben, unterliegt gerichtlicher Kontrolle[1048], die konsequent durchgeführt werden muß.

2. Optimierung in gebundenen Entscheidungen

Zwar nehmen einige Gerichte ausdrücklich zur Kenntnis, daß die Ziele des Naturschutzes und der Landschaftspflege als Optimierungsgebot ausgestaltet sind. Dennoch besteht in dieser Beziehung Erweiterungsbedarf: Die Verwaltungsgerichte haben in *jeder* Entscheidung, in der Naturschutz- und Landschaftspflegeinteressen eine Rolle spielen und ein entsprechender Handlungsfreiraum besteht, etwa, weil es sich um eine Ermessensentscheidung handelt, zu überprüfen, ob die Behörden diejenige Lösung gefunden haben, die die Interessen auch von Natur und Landschaft bestmöglich zu verwirklichen verspricht[1049]. Das Optimierungsgebot spielt in solche Entscheidungen aufgrund seiner allgemeinen Fundierung in § 1 Abs. 1/ 2 immer als „sonstiges Recht“ eine Rolle, so daß seine Verletzung stets einen Ermessensfehler bedeutet.

Zwar sind Ermessensentscheidungen im Naturschutzrecht insbesondere bei Planungsmaßnahmen und bei der Ausweisung von Schutzgebieten von erheblicher Bedeutung. In der Eingriffsregelung als einem wesentlichen Instrument des BNatSchG geht es jedoch um gebundene Entscheidungen, selbst wenn teilweise im Tatbestand abzuwägen ist. Zu bedenken ist, ob nicht auch hier das Optimierungsgebot zugunsten von Natur und Landschaft angewendet werden kann.

Optimierung setzt Spielräume voraus, innerhalb derer verschiedene Entscheidungen möglich sind, von denen die bestmögliche getroffen werden soll. Gebundene Entscheidungen sind dadurch geprägt, daß auf der Rechtsfolgenseite kein Spielraum besteht. Wenn der Tatbestand erfüllt ist, bindet das Gesetz die Verwaltung an die vorgesehene Entscheidung. Optimierung gebundener Entscheidungen kann daher nur bei der Anwendung der Tatbestandsvoraussetzungen bzw. deren gerichtlicher Kontrolle ansetzen. Viele der Tatbestandsvoraussetzungen auch der gebunde-

---

[1047] Henneke 1995, S. 333; Steinberg 1996, S. 1993.

[1048] Schink 1997, S. 228.

[1049] Es sei daran erinnert, daß „bestmöglich“ nicht nur eine Lösung sein kann, sondern daß mehrere „optimale“ Lösungen bestehen können, von denen jede die Ziele „bestmöglich“ zur Geltung bringt. Dazu auch Würtenberger 1999, S. 147.

nen Entscheidungen des Naturschutzrechts sind als unbestimmte Rechtsbegriffe ausgestaltet, die zumal prognostische Aussagen über das Schutzgut umfassen. Hier kann der Optimierungscharakter von § 1 Abs. 1/ 2 zum Tragen kommen[1050]. Der Anwendungsmodus des Optimierungsgebots in gebundenen Entscheidungen kann der einer Beweislastregel sein, so daß „im Zweifel zugunsten der Natur" entschieden werden kann, wenn die Auslegung eines unbestimmten Rechtsbegriffs in Rede steht.

B. Reaktion des Gesetzgebers auf Praxis der Rechtsprechung

Der Gesetzgeber ist um der Schutzgüter des BNatSchG willen aufgefordert, verwaltungsgerichtliche Entscheidungen und Stellungnahmen zu naturschutz- und landschaftspflegerechtlichen Fragen zu verfolgen und zu bedenken, wenn er das BNatSchG ändert oder dessen Gegenstände in ein neues, umfassendes Umweltgesetzbuch einbezieht. Er hat Problemangemessenheit, Wirkungsgrad und Erfolg der bestehenden Regelung zu beobachten[1051]. Der Blick auf das, was die Gerichte aus dem geltenden Recht machen, kann hilfreich sein für die Gestaltung neuer Vorschriften, die effektiver die bestehenden Ziele verfolgen oder neue Ziele festlegen sollen[1052].

Änderungen des BNatSchG haben demnach vor allem bei den genannten Hauptmängeln der naturschutzrechtlichen Rechtsprechung anzusetzen.

1. Erleichterung der Optimierbarkeit

Die Verwaltungsgerichte können mit den Zielen aus § 1 Abs. 1, insbesondere auch mit dem Optimierungsgebot des § 1 Abs. 1/ 2 am meisten anfangen, wenn ihnen die Möglichkeit gegeben wird, diese zur Anwendung klassischer juristischer Methoden zu verwenden, nämlich unbestimmte Rechtsbegriffe damit auszufüllen, aber auch Abwägungsfehler festzustellen.

Für den Gesetzgeber kann aus den Feststellungen zum Umgang der Gerichte mit den Funktionen der Ziele gefolgert werden, daß er diesen zu umfassenderer Verwirklichung verhelfen könnte, wenn er den Verwaltungsgerichten weiterreichende Möglichkeiten einräumt, die Ziele im Zusammenhang „klassischer" Methoden einzusetzen. Der Gesetzgeber ist hier aufgefordert, in größerem Umfang als bisher unbestimmte Rechtsbegriffe und Abwägungsinstrumentarien ins BNatSchG einzufügen, offene Instrumente und Begriffe also, deren Anwendung die Gerichte anhand der Ziele nachvollziehen können[1053].

Weil die Untersuchung gezeigt hat, daß unbestimmte Rechtsbegriffe in Verbindung mit einer umfassenden Zielvorschrift als gesetzgeberische Mittel in der Rechtspre-

---

[1050] Würtenberger 1999, S. 147, schreibt Optimierungsgeboten bei der Anwendung unbestimmter Rechtsbegriffe erhebliche Steuerungswirkung zu, wobei er davon ausgeht, daß derlei Begriffe durch eine Abwägung anzuwenden seien, die voller gerichtlicher Kontrolle unterliege.

[1051] Deckert 1993, S. 241.

[1052] Öhlinger/ Stelzer 1986, S. 412.

[1053] Vgl. Ipsen 1986, S. 437.

chung besonders „gut ankommen", nämlich mit besonderer Sorgfalt angewendet werden, kann sie - etwas überspitzt - neuen gesetzgeberischen Aktivitäten auch auf anderen Gebieten des Umweltrechts eine Hilfe sein: Will der Gesetzgeber sich der Aufmerksamkeit der Rechtsprechung versichern, so sollte er diese Kombination von Mitteln verwenden, um sicher sein zu können, daß die Gerichte vergleichsweise großen Aufwand betreiben, um sie zu konkretisieren. Umgekehrt ist der Gesetzgeber, der sich dieser Methode bedient, aber aufgefordert, zu beobachten, was die Gerichte aus den Vorschriften machen, damit er um des Vorteils für die Schutzgüter willen die Vorschriften in der einen oder anderen Richtung verbessern kann. So ist das Risiko zu kontrollieren, daß neue, offenere Normen auch entgegen der ursprünglichen Intention angewendet werden könnten.
Im Hinblick auf die Eigenschaft der Ziele, ein naturschutzrechtliches Optimierungsgebot zu begründen, kann der Gesetzgeber außerdem mittels eines Zitiergebots die Behörden verpflichten, klarzustellen, ob und in welchem Umfang ihr Entscheiden jeweils die Schutzgüter der Ziele betrifft. Dies kann ihnen vor Augen führen, inwiefern schon aufgrund geltenden Rechts Entscheidungen zugunsten von Natur und Landschaft möglich und inwiefern diese aufgrund der tatsächlich sich fortlaufend verschlechternden Bedingungen dringend erforderlich sind. Angesichts der Bestätigungsneigung der Gerichte ist es angezeigt, schon und unter anderem auf diesem Weg anzustreben, daß Behörden eher zugunsten von Natur und Landschaft entscheiden. Zudem wird die Ausführung eines solchen Gebots auch die Gerichte daran erinnern, daß sie zur Feststellung aufgerufen sind, ob die Behörden jeweils die bestmögliche Lösung für Natur und Landschaft gewählt haben. Damit kann ihre Bestätigungsneigung möglicherweise durch das Gesetz zugunsten solcher Behördenentscheidungen eingeschränkt werden, die tatsächlich „optimal" sind. Die Forderung nach der Einführung eines Zitiergebots findet eine Stütze in Art. 20 a GG. Das Zitiergebot ist eine Figur aus dem Verfassungsrecht, die für Grundrechte schon besteht, und die auf andere Rechtsgüter von Verfassungsrang übertragen werden kann, so auch auf die natürlichen Lebensgrundlagen als Schutzgut des Staatsziels Umweltschutz und des § 1 Abs. 1.

2. *Reaktion auf gerichtliche Bestätigungsneigung*

Verwaltungsgerichte zeigen eine Neigung zur Bestätigung der Entscheidungen, die ihnen zur Überprüfung vorgelegt werden, nicht nur im Naturschutzrecht, sondern ganz allgemein. Will der Gesetzgeber daher mit einem öffentlich-rechtlichen Gesetz tatsächliche Steuerungswirkungen erzielen, so darf er sich auf Gebieten, wo kaum subjektiv-öffentliche Rechte bestehen, nicht im Vertrauen darauf der Verantwortung entziehen, daß die Gerichte Versäumnisse der Verwaltung korrigieren können[1054]. Dies gilt speziell im Naturschutzrecht umso mehr, als auch eine buchsta-

[1054] Senig 1978, S. 206, nimmt den Zusammenhang zwischen dem Fehlen subjektiv-öffentlicher Rechte im Naturschutzrecht und den eingeschränkten Möglichkeiten zu gerichtlicher Kontrolle

bengetreue Anwendung der Ziele, bei der der Verwaltung keine Versäumnisse vorzuwerfen wären, keine Gewähr für die Verwirklichung der tatsächlichen Ziele von § 1 Abs. 1 bietet[1055]. Vielmehr müssen die Gesetze jeweils so ausgestaltet sein, daß das Behördenhandeln mit Nachdruck in die gewünschte Richtung gesteuert wird. Für das BNatSchG hat der Gesetzgeber dies offenbar versäumt, nicht nur bei der Verabschiedung des Gesetzes 1976, sondern auch in Anbetracht der Verwaltungs- und Rechtsprechungspraxis in Naturschutzsachen, die er bisher nicht zum Anlaß für wirklich grundlegende Verbesserungen des Gesetzes genommen hat.

---

naturschutzrechtlicher Entscheidungen zum Anlaß einer Kritik der Schutznormlehre; ähnlich schon Sailer 1975, S. 405 und jetzt Stadler 1996, S. 237.

[1055] Zum Zusammenhang zwischen der Anwendung eines Gesetzes und der Verwirklichung seiner Ziele Treiber 1996, S. 8 f.

Literaturverzeichnis

Die angegebene Literatur wird in den Fußnoten nach Autor, Jahr und Seite zitiert. Mehrere Veröffentlichungen desselben Autors aus einem Jahr werden durch arabische Buchstaben unterschieden, die hier mit angegeben sind. Bei Kommentaren und Lehrbüchern, die von mehreren Autoren verfaßt wurden, ist in den Zitaten jeweils der Bearbeiter mit aufgeführt.

Achterberg, Norbert, Rechtsprechungslehre - Desiderat der Wissenschaft, in: ders. (Hg.), Theorie und Dogmatik des öffentlichen Rechts, Berlin 1990, S. 178-196

Alexy, Robert, Zum Begriff des Rechtsprinzips, Rechtstheorie, Beiheft 1 (1979), S. 59-87

Alexy, Robert, Rechtsregeln und Rechtsprinzipien, ARSP, Beiheft 25 (1985), S. 13-29

Alexy, Robert, Ermessensfehler, JZ 1986, S. 701-716

Alexy, Robert, Theorie der Grundrechte, 2. A., Frankfurt/ Main 1994

Alm-Merk, Heidi, Das Verhältnis zwischen Exekutive und der Verwaltungsgerichtsbarkeit sowie zu Inhalt und Grenzen der Mediation im Verwaltungs- und Verwaltungsgerichtsverfahren, NdsVBl 1997, S. 245-249

Axer, Peter, Bundesstaatliche Rahmengesetzgebung und landwirtschaftliche Ausgleichsklauseln. Zur Neuregelung des Art. 75 AbS. 2 GG, AgrarR 1996, S. 1-5

Bachof, Otto, Beurteilungsspielraum, Ermessen und unbestimmter Rechtsbegriff, JZ 1955, S. 97-102

Baden, Eberhard, Vom Gesetzgeber, der „klüger" sein wollte als das Gesetz. Ein gescheiterter Versuch des Gesetzgebers, die Rechtsprechung zu korrigieren, ZG 1987, S. 274-278

Balleis, Kristina, Mitwirkungs- und Klagerechte anerkannter Naturschutzverbände, Frankfurt/ Main 1996

Bartlsperger, Richard, Planungsrechtliche Optimierungsgebote, DVBl 1996, S. 1-12

Battis, Ulrich, Allgemeines Verwaltungsrecht, 2. A., Heidelberg 1997

Bender, Bernd/ Sparwasser, Reinhard/ Engel, Rüdiger, Umweltrecht: Grundzüge des öffentlichen Umweltschutzrechts, 3. A., Heidelberg 1995

Berkemann, Jörg, Rechtliche Instrumente gegenüber Eingriffen in Natur und Landschaft, NuR 1993, S. 97-108

Bernsdorff, Norbert, Positivierung des Umweltschutzes im Grundgesetz (Art. 20 a GG), NuR 1997, S. 328-334

Bertenbreiter, Gerhard, Naturschutz und Naturschutzrecht bei der fachplanerischen Beurteilung von Vorhaben, München 1982

Bohn, Udo/ Bürger, Klaus/ Mader, Hans-Joachim, Leitlinien des Naturschutzes und der Landschaftspflege, NuL 1989, S. 379-381

Brahms, Margret/ v. Haaren, Christina/ Langer, Hans, Naturschutzansprüche und ihre Durchsetzung, Münster 1986

Brink, Antje/ Wöbse, Hans Hermann, Die Erhaltung historischer Kulturlandschaften in der Bundesrepublik Deutschland. Untersuchung zur Bedeutung und Handhabung des § 2 AbS. 1 Nr. 13 BNatSchG, Hannover 1989

Brodersen, Johannes, Naturschutz und Landschaftspflege in der Rechtsprechung, SchlHA 1988, S. 15-16

Bubner, Rüdiger, Zur juristischen Substitution des Politischen, ZRP 1993, S. 399-401

Bugiel, Karsten, Das Landesnaturschutzgesetz Mecklenburg-Vorpommern, NordÖR 1998, S. 412-424, NordÖR 1999, S. 5-10 und 61-66

BMU (Hg.), Umweltgesetzbuch. Entwurf der Unabhängigen Sachverständigenkommission zum Umweltgesetzbuch beim Bundesministerium für Umwelt, Naturschutz und Reaktorsicherheit, Berlin 1998

Bunzel, Arno, Nachhaltigkeit - ein neues Leitbild für die kommunale Flächennutzungsplanung. Was bringt das novellierte Baugesetzbuch ?, NuR 1997, S. 538-591

Bunzel, Arno, Anforderungen an die Art des Ausgleichs - artgleich, wertgleich oder in sonstiger Weise, ZfBR 1998, S. 226-230

Carlsen, Claus, Anmerkung zu OLG Hamm, Urt. v. 2.3.1989, NuR 1991, S. 44-46

Carlsen, Claus, Anmerkung zu VGH Mannheim, Urt. v. 14.2.1996, NuR 1996, S. 612-613

Carlsen, Claus, Anmerkung zu BVerwG, Beschl. v. 24.4.1996, NuR 1997, S. 79-82

Carlsen, Claus/ Fischer-Hüftle, Peter, Rechtsfragen und Anwendungsmöglichkeiten des Landschaftsschutzes, NuR 1993, S. 311-320

Christen, Olaf, Weniger Dünger auf den Feldern, FAZ v. 2.12.1998, S. N 2

v. Danwitz, Thomas, Die Gestaltungsfreiheit des Verordnungsgebers, Berlin 1988

v. Danwitz, Thomas, Rechtliche Optimierungsgebote oder Rahmensetzungen für das Verwaltungshandeln ?, DVBl 1998, 928-941

Degenhard, Christoph, Staatsrecht I. Staatszielbestimmungen - Staatsorgane - Staatsfunktionen, 14. A, Heidelberg 1998

Dirnberger, Franz, Recht auf Naturgenuß und Eingriffsregelung, Berlin 1991

Dreier, Horst (Hg.), Grundgesetz. Kommentar, Bd. 2, Art. 20-82, Tübingen 1998

Eberhard, Klaus/ Schettler, Wolfgang, Das inhaltliche und methodische Vorgehen bei der Bewältigung der naturschutzrechtlichen Eingriffsregelung, BWGZ 1997, 88-91

Ebinger, Barbara, Der unbestimmte Rechtsbegriff im Recht der Technik, Berlin 1993

Ehrlein, Matthias, Die naturschutzrechtliche Eingriffsregelung, VBlBW 1990, 121-130

Eissing, Hildegard/ Louis, Hans-Walter, Rechtliche und fachliche Anforderungen an die Bewertung von Eingriffen, NuR 1996, 485-492

Enderlein, Wolfgang, Abwägung in Recht und Moral, Freiburg/ München 1992

Erbguth, Wilfried, Rechtssystematische Grundfragen des Umweltrechts, Berlin 1987

Erbguth, Wilfried, Bundesstaatliche Kompetenzverteilung im Bereich der Gesetzgebung, DVB 1988, 317-327

Erbguth, Wilfried/ Schink, Alexander, Gesetz über die Umweltverträglichkeitsprüfung, 2. A., München 1996

Erbguth, Wilfried/ Wiegand, Bodo, Landschaftsplanung als Umweltleitplanung, Berlin 1994

Erichsen, Hans-Uwe, Allgemeines Verwaltungsrecht, 11. A, Berlin/ New York 1998

Erlwein, Wilhelm, Naturschutz und Landschaftspflege als öffentliche Aufgabe - Die Effektivität der Instrumente dargestellt am Beispiel Bayern, Tübingen 1981

Fischer-Hüftle, Peter, Biotopschutz nach geltendem Recht un Möglichkeiten seiner Verbesserung, DÖV 1990, S. 1011-1018

Fischer-Hüftle, Peter, Eingriffsregelung und Bauleitplanung, NuR 1996, S. 64-74

Fischer-Hüftle, Peter, Vielfalt, Eigenart und Schönheit der Natur aus der Sicht eines Juristen, NuL 1997, S. 239-244

Fischer-Hüftle, Peter, Rechtsprechungssammlung zum Naturschutzrecht, Stuttgart, Lsbl., Stand: Juni 1998

Fleischer, Wolfgang/ Barz, Irmhild, Wortbildung der deutschen Gegenwartssprache, 2. A., Tübingen 1995

Fliedner, Ortlieb, Einführung eines Gesetzesvorspruchs, in: Hill, Hermann (Hg.), Gesetzesvorspruch - Verbesserter Zugang des Bürgers zum Recht, Heidelberg 1988, S. 16-21

Fliedner, Ortlieb, Notwendigkeit, Verständlichkeit und Praktikabilität von Rechtsvorschriften, ZG 1993, S. 347-356

Fremuth, Wolfgang/ Weinzierl, Hubert, Bundesnaturschutzgesetz - Natur ohne Schutz, ZAU 1989, S. 113-118

Frenz, Walter, Das Verursacherprinzip im Öffentlichen Recht, Berlin 1997

Freytag, Christoph/ Iven, Klaus, Anforderungen und Konsequenzen der neuen Rahmengesetzgebungskompetenz des Bundes für das Naturschutzrecht, NuR 1997, 121-128

Friedlein, Herbert/ Weidinger, Wilhelm/ Graß, Günther, Bayerisches Naturschutzgesetz, 2. A., München 1983

Fuchs, Werner, Bauleitplanung und Naturschutz - Naturschutz am Scheideweg ?, NuR 1997, S. 338-342

Ganzert, Christian, Die agrarstrukturellen Grundlagen der Kulturlandschaft und ihre Bedeutung für den Naturschutz, ZAU 1994, S. 90-104

Garbe, Thorsten, Die naturschutzrechtliche Eingriffsregelung und ihre Bedeutung in der Bauleitplanung, Berlin 1996

Garbe, Thorsten, Neue Entwicklungen der Rechtsprechung zur Eingriffsregelung, ZUR 1997, S. 309-311

Gassner, Erich, Zum Recht des Landschaftsbildes - eine systematische Untersuchung zum Ausgleich von Eingriffen, NuR 1989, S. 61-66

Gassner, Erich, Zum Zusammenwirken von Naturschutz und Baurecht, NVwZ 1991, S. 26-31

Gassner, Erich, Rechtliche und methodische Aspekte der Landschaftsplanung, NuR 1993, S. 118-125

Gassner, Erich, Das Recht der Landschaft. Gesamtdarstellung für Bund und Länder, Radebeul 1995

Gassner, Erich, Aktuelle Fragen der naturschutzrechtlichen Eingriffsregelung, NuR 1999, S. 79-85

Gassner, Erich/ Bendomir-Kahlo, Gabriele/ Schmidt-Räntsch, Annette/ Schmidt-Räntsch, Jürgen, Bundesnaturschutzgesetz, München 1996

Gellermann, Martin/ Middeke, Andreas, Der Vertragsnaturschutz - Tatsächliche Gestaltung und rechtliche Grenzen, NuR 1991, S. 457-465

Grau, Stephanie, Überblick über Arbeiten zur Landschaftszerschneidung sowie zu unzerschnittenen Räumen in der Bundes-, Landes- und Regionalplanung Deutschlands, NuL 1998, S. 427-434

Grimm, Christian, Rechtliche Instrumente für den Schutz und die Entwicklung des ländlichen Raumes, AgrarR 1998, S. 233-240

Haber, Wolfgang, Zur Problematik der Landwirtschaftsklauseln im Naturschutzrecht, ZAU 1989, S. 103-107

Haber, Wolfgang/ Duhme, Friedrich/ Pauleit, Stephan/ Schild, Jürgen/ Stary, Roman, Quantifizierung raumspezifischer Entwicklungsziele des Naturschutzes, Hannover 1993

Hahn, Klaus-Günther, Das Recht der Landschaftsplanung, Münster 1991

v. Hammerstein, Christian, Verbesserung der Gesetzgebung durch neue Instrumente und Methoden, in: Hill, Hermann (Hg.), Zustand und Perspektiven der Gesetzgebung, Berlin 1989, S. 141-147

Hartje, Volkmar J., Naturschutzabgaben - eine ökomische Bewertung ihres Einsatzes nach dem BNatSchG, in: Mackscheidt, Klaus/ Ewringmann, Dieter/ Gawel, Erik (Hg.), Umweltpolitik mit hoheitlichen Zwangsabgaben ?, Festschrift für Karl-Heinrich Hansmeyer, Berlin 1994, S. 331-347

Frhr. v. Heeremann, Constantin, Naturschutz und Landwirtschaft, ZAU 1989, S. 107-112

Heidtmann, Enno, Landschaftsplanung und Eingriffsregelung, die wesentlichen Planungselemente des Naturschutzes und der Landschaftspflege, NuR 1993, S. 68-75

Henneke, Hans-Günter, Landwirtschaft und Naturschutz, Heidelberg 1986

Henneke, Hans-Günter, Thesen zum Verhältnis von landwirtschaftlicher Bodennutzung und Umweltschutz, SchlHA 1988, S. 69-73

Henneke, Hans-Günter, Der Schutz der natürlichen Lebensgrundlagen in Art. 20 a GG, NuR 1995, S. 325-335

Hentschel, Elke/ Weydt, Harald, Handbuch der deutschen Grammatik, Berlin 1990

Herdegen, Matthias, Beurteilungsspielraum und Ermessen im strukturellen Vergleich, JZ 1991, S. 747-751

Herzog, Roman, Gesetzgeber und Gerichte, in: Brandt, Willy/ Gollwitzer, Helmut/ Henschel, Johann Friedrich (Hg.), Ein Richter, ein Bürger, ein Christ. Festschrift für Helmut Simon, Baden- Baden 1987, S. 103-112

Heyen, Erk Volkmar, Deutschland, in: ders. (Hg.), Naturschutz im Ostseeraum. Landesberichte, Baden-Baden 1998, S. 181-224

Hieber, Ulrich, Umsetzung des § 8 a BNatSchG aus der Sicht der Landesverwaltung, BWGZ 1997, S. 68-71

Hill, Hermann, Einführung in die Gesetzgebungslehre, Heidelberg 1982

Hill, Hermann, Maßnahmen zur Verbesserung der Gesetzgebungskultur in nationalen Rechtsordnungen in Anlehnung an das EG-Recht, in: ders. (Hg.), Gesetzesvorspruch - Verbesserter Zugang des Bürgers zum Recht, Heidelberg 1988, S. 1-12

Hill, Hermann, Bemühungen zur Verbesserung der Gesetzgebung, ZG 1993, S. 1-11

Hirsch, Günther/ Schmidt-Didczuhn, Andrea/ Winnacker, Ernst-Ludwig, Gentechnikgesetz, München 1991

Hofmann, Karl, Zum Ermessen bei der Festsetzung von Schutzgebieten, NuR 1980, S. 65-67

Höger, Harro, Die Bedeutung der Zweckbestimmungen in der Gesetzgebung der Bundesrepublik Deutschland, Berlin 1976

Homann, Conrad, Die Verwendung Allgemeiner Teile oder allgemeiner Vorschriften in der neueren Gesetzgebung, in: Rödig, Jürgen (Hg.), Studien zu einer Theorie der Gesetzgebung, Berlin/ Heidelberg/ New York 1976, S. 328-335

Honnefelder, Ludger, Welche Natur sollen wir schützen ?, GAIA 2 (1993), S. 253-264

Hoppe, Werner, Landschaftsplanung als Umweltleitplanung ?, DVBl 1992, S. 1381-1390

Hoppe, Werner, Die rechtliche Wirkung von Zielen der Raumordnung und Landesplanung gegenüber Außenbereichsvorhaben (§ 35 AbS. 3 S. 3 BauGB), DVBl 1993, S. 1109-1117

Hoppe, Werner/ Beckmann, Martin, Umweltrecht, München 1989

Hufen, Friedhelm, Über Grundlagengesetze, in: Schuppert, Gunnar Folke (Hg.), Das Gesetz als zentrales Steuerungsmittel des Rechtsstaates, Baden-Baden 1998, S. 11-26

Ipsen, Jörn, Rechtsprechung im Grenzbereich zur Gesetzgebung, in: Achterberg, Norbert (Hg.), Rechtsprechungslehre, Köln/ Berlin/ Bonn/ München 1986, S. 435-450

Jarass, Hans, Regelungsspielräume des Landesgesetzgebers im Bereich der konkurrierenden Gesetzgebung und in anderen Bereichen, NVwZ 1996, S. 1041-1047

Jarass, Hans, Bundesimmissionsschutzgesetz, 4. A., München 1999

Jöhnk, Wulf, Zur Kritik an verwaltungsgerichtlichen Entscheidungen: Nehmen Verwaltungsgerichte zuviel Einfluß auf bedeutsame Verwaltungsentscheidungen ?, SchlHA 1995, S. 253-256

Just, Jan-Dirk, Ermittlung und Einstellung von Belangen bei der planerischen Abwägung, Münster 1996

Kanther, Manfred, 50 Jahre Verwaltungsgerichtsbarkeit in der Bundesrepublik Deutschland, NVwZ 1998, S. 922-925

Keuffel, Gesa, Mehr Naturschutz für weniger Geld ?, top agrar 5/ 1997, S. 42-45

Kiemstedt, Hans/ Horlitz, Thomas/ Ott, Stefan, Umsetzung von Zielen des Naturschutzes auf regionaler Ebene, Hannover 1993

Kindermann, Harald, Symbolische Gesetzgebung, in: Grimm, Dieter/ Maihofer, Werner (Hg.), Gesetzgebungstheorie und Rechtspolitik (Jahrbuch für Rechtssoziologie und Rechtstheorie, Bd. 13), Opladen 1988, S. 222-245

Kirchhof, Paul, Gleichmaß und Übermaß, in: Badura, Peter/ Scholz, Rupert, Wege und Verfahren des Verfassungslebens, Festschrift für Peter Lerche, München 1993, S. 133-149

Kissel, Otto Rudolf, Grenzen der rechtsprechenden Gewalt, NJW 1982, S. 1777-1785

Kloepfer, Michael, Abwägungsregeln bei Satzungsgebung und Gesetzgebung, DVBl 1995, S. 441-448

Kloepfer, Michael, Umweltschutz im Verfassungsrecht: Zum neuen Art. 20 a GG, DVBl 1996, S. 73-80

Kloepfer, Michael, Umweltrecht, 2. A., München 1998

Kloepfer, Michael/ Rehbinder, Eckard/ Schmidt-Aßmann, Eberhard/ Kunig, Philip, Umweltgesetzbuch. Allgemeiner Teil, 2. A., Berlin 1991

Koch, Hans-Joachim, Unbestimmte Rechtsbegriffe und Ermessensermächtigungen im Verwaltungsrecht, Frankfurt/ Main 1979

Köhl, Werner, Die Abwägungsentscheidungen unter besonderer Berücksichtigung naturschutzrechtlicher Belange im Rahmen der Bauleitplanung, BWGZ 1997, S. 76-81

Kolodziejcok, Karl-Günther, Das neue Naturschutzrecht des Bundes, JNL 25 (1976), S. 10-20

Kolodziejcok, Karl-Günther/ Recken, Josef, Naturschutz, Landschaftspflege und einschlägige Regelungen des Jagd- und Forstrechts, Berlin, Lsbl., Stand: Juli 1996

König, Klaus, Evaluation als Kontrolle der Gesetzgebung, Speyer 1983

König, Klaus, Zur Überprüfung von Rechtssetzungsvorhaben des Bundes, Speyer 1986

Krahnefeld, Lutz, Naturschutz im Recht der Bauleitplanung, Kiel 1993

Kratsch, Dietrich, Aktuelle Probleme der naturschutzrechtlichen Eingriffsregelung, BWVP 1996, S. 193-198

Kratsch, Dietrich, Anmerkung zu VGH Mannheim, Urt. v. 12.7.1995, Az. 3 S 3167/ 94 und Urt. v. 19.4.1996, Az. 8 S 2641/ 95, NuR 1997, S. 94-95

Krause, Christian/ Klöppel, Dieter/ v. Hoegen, Petra, Landschaftsbild und Eingriffsregelung. Hinweise zur Berücksichtigung von Landschaftsbildelementen, Bonn 1996

Krause, Ralph, Die Grenzen der Sozialpflichtigkeit des Eigentums im Naturschutzrecht, Sinzingen 1996

Krebs, Walter, Verwaltungskontrolle durch Verwaltungsgerichte ?, Verw 21 (1988), S. 155-173

Krems, Burkhardt, Grundfragen der Gesetzgebungslehre, Berlin 1979

Kunig, Philip/ Paetow, Stefan/ Versteyl, Ludger-Anselm, Kreislaufwirtschafts- und Abfallgesetz, München 1998

Kuschnerus, Ulrich, Die naturschutzrechtliche Eingriffsregelung, NVwZ 1996, S. 235-241

Lambrecht, Heiner, Der Vollzug des Vermeidungsgebots der naturschutzrechtlichen Eingriffsregelung - Grundlagen, offene Fragen und Perspektiven am Beispiel des Straßenbaus, ZAU 1998, S. 167-185

Lamprecht, Rolf, Obiter dictum – Arabeske oder Ballast ?, NJW 1998, S. 1039-1041

Landesamt für Naturschutz und Landschaftspflege Schleswig-Holstein (Hg.), Naturschutz und Landschaftspflege in der Rechtsprechung, Entscheidungssammlung zur schleswig-holsteinischen Rechtsprechung, 3 Bd., Flintbek, Lsbl., Stand: August 1998

Frhr. v. Lersner, Heinrich, Zum Rechtsbegriff der Natur, NuR 1999, S. 61-63

Liebrecht, Dirk, Die eingriffsbezogenen Geldleistungspflichten des Naturschutzrechts als Anwendungsfälle einer Ökoschadensgebühr, Berlin 1998

Lippold, Klaus, Steuererhöhung anstatt Umweltschutz: die „Ökosteuer", ZAU 1998, S. 309-311

Lorz, Albert, Fischerei und Naturschutz - eine rechtliche Betrachtung, NuR 1982, S. 4-10

Lorz, Albert/ Stöckel, Heinz, Gesetz über Naturschutz und Landschaftspflege, in: Erbs, Georg/ Kohlhaas, Max/ Ambs, Friedrich (Hg.), Strafrechtliche Nebengesetze, Bd. 3, München, Lsbl., Stand: Mai 1996

Louis, Hans Walter, Artenschutz durch Ausweisung von Naturdenkmalen, Landschaftsschutzgebieten und besonders geschützten Landschaftsbestandteilen, NuR 1990, S. 105-108 (1990a)

Louis, Hans Walter, Wirksamkeitsvoraussetzungen und Regelungsinhalte naturschutzrechtlicher Verordnungen, DVBl 1990, S. 800-804 (1990b)

Louis, Hans Walter/ Engelke, Annegret, Landespflegegesetz Rheinland-Pfalz, Braunschweig 1997

Louis, Hans Walter/ Hoffmann, Bernd, Bundesnaturschutzgesetz, Braunschweig 1994

Maurer, Hartmut, Allgemeines Verwaltungsrecht, 11. A., München 1997

Meßerschmidt, Klaus, Bundesnaturschutzgesetz, Bd. 1 (Kommentar), Heidelberg, Lsbl., Stand: September 1998 (1998a)

Meßerschmidt, Klaus, Bundesnaturschutzgesetz, Bd. 2 (Entscheidungssammlung), Heidelberg, Lsbl., Stand: November 1998 (1998b)

Metz, Dieter, Die Auswirkungen des Biotopschutzes auf das Baurecht in Hessen, NVwZ 1996, S. 247-249

Meyer-Teschendorf, Klaus, Verfassungsmäßiger Schutz der natürlichen Lebensgrundlagen, ZRP 1994, S. 73-79

Mitschang, Stephan, Die Aufgaben und Instrumente des Naturschutzes und der Landschaftspflege nach dem neuesten Stand des Bundes- und Landesrechts, UPR 1994, S. 206-215

Müller, Martha Dagmar, Auswirkungen der Grundsgesetzrevision von 1994 auf die Verteilung der Gesetzgebungskompetenzen zwischen Bund und Ländern, Münster 1996

Müller, Walter, Das neue Bundesnaturschutzgesetz, NJW 1977, S. 925-930

Müller-Terpitz, Ralf, Aus eins mach zwei - Zur Novellierung des BNatSchG, NVwZ 1999, S. 26-32

v. Münch, Ingo/ Kunig, Philip (Hg.), Grundgesetz-Kommentar, Bd. 1 (Präambel - Art. 20), 4. A., München 1992

v. Münch, Ingo/ Kunig, Philip (Hg.), Grundgesetz-Kommentar, Bd. 3 (Art. 70-146), 3. A., München 1996

Niederstadt, Frank, Ökosystemschutz durch Regelungen des öffentlichen Umweltrechts, Berlin 1998

Noll, Peter, Gründe für die soziale Unwirksamkeit von Gesetzen, in: Rehbinder, Manfred/ Schelsky, Helmut (Hg.), Zur Effektivität des Rechts (Jahrbuch für Rechtssoziologie und Rechtstheorie, Bd. 3), Düsseldorf 1972, S. 259-269

Nolte, Martin, Die Erholungsfunktion des WaldeS. Einfachgesetzliche Rechtsansprüche des Erholungsuchenden unter besonderer Berücksichtigung des Straßen- und Wegerechts, des Forst- und Waldrechts und des Naturschutzrechts, Kiel 1997

z. Oettingen-Spielberg, Albrecht/ v. Schilcher, Florian, Vom Aussterben der Arten, AFZ/ Der Wald 1998, S. 837-838

Öhlinger, Theo/ Stelzer, Manfred, Rechtsprechung aus der Sicht der Gesetzgebungslehre, in: Achterberg, Norbert (Hg.), Rechtsprechungslehre, Köln/ Berlin/ Bonn/ München 1986, S. 409-424

Ossenbühl, Fritz, 40 Jahre Bundesverwaltungsgericht. Bewahrung und Fortentwicklung des Rechtsstaates, DVBl 1993, S. 753-762

Ossenbühl, Fritz, Der verfassungsrechtliche Rahmen offener Gesetzgebung und konkretisierender Rechtssetzung, DVBl 1999, S. 1-7

Paetow, Stefan, Die gerichtliche Überprüfbarkeit der Entscheidung über die Zulassung von Eingriffen in Natur und Landschaft, NuR 1986, S. 144-148

Peine, Franz-Joseph, Allgemeines Verwaltungsrecht, 4. A., Heidelberg 1998

Pielow, Ludger, Naturschutz und Verwaltung - aus der Sicht der Verwaltungspraxis, JNL 25 (1976), S. 31-42

Raisch, Peter, Vom Nutzen der überkommenen Auslegungskanones für die praktische Rechtsanwendung, Heidelberg 1988

Redeker, Konrad, Legislative, Exekutive und Verwaltungsgerichtsbarkeit, NVwZ 1996, S. 126-131

Rehbinder, Eckard, Umweltrecht, RabelsZ 1976, S. 363-408

Reichert, Ronald, Verfassungsmäßigkeit der Novelle zum Wasserhaushaltsgesetz ? - Grenzen der Rahmengesetzgebung, NVwZ 1998, S. 17-21

Rengeling, Hans-Werner/ Gellermann, Martin, Kooperationsrechtliche Verträge im Naturschutzrecht, ZG 1991, S. 317-333

Rethorn, Dietrich, Verschiedene Funktionen von Präambeln, in: Rödig, Jürgen (Hg.), Studien zu einer Theorie der Gesetzgebung, Berlin/ Heidelberg/ New York 1976, S. 296-327

Riedel, Eibe, Rechtliche Optimierungsgebote oder Rahmensetzungen für das Verwaltungshandeln ? VVDStRL 58 (1999), S. 181-220

Rödig, Jürgen, Anmerkung zu Homann, Conrad, Die Verwendung Allgemeiner Teile oder allgemeiner Vorschriften in der neueren Gesetzgebung, in: derS. (Hg.), Studien zu einer Theorie der Gesetzgebung, Berlin/ Heidelberg/ New York 1976, S. 335-336

Ronellenfitsch, Michael, Selbstverantwortung und Deregulierung im Ordnungs- und Umweltrecht, Berlin 1995

Sachs, Michael, Grundgesetz, München 1996

Sailer, Christian, Das Grundrecht auf Naturschutz, BayVBl 1975, S. 405-412

Schink, Alexander, Naturschutz- und Landschaftspflegerecht in Nordrhein-Westfalen, Münster 1989

Schink, Alexander, Rechtsprechung zum Naturschutzrecht, NWVBl 1991, S. 73-81

Schink, Alexander, Umweltschutz als Staatsziel, DÖV 1997, S. 221-229

Schink, Alexander, Beeinträchtigung der Umwelt in Deutschland durch landwirtschaftliche Produktion, UPR 1999, S. 8-17

Schlink, Bernhard, Abwägung im Verfassungsrecht, Berlin 1976

Schmidt, Johann, Wandel der Aufgabenbereiche der Verwaltungsrechtsprechung in Bayern, BayVBl 1979, S. 585-590

Schmidt, Jörg, Die Rechtsprechung zum Naturschutzrecht 1993 und 1994, NVwZ 1996, S. 437-444

Schmidt, Jörg, Die Neuregelung des Verhältnisses zwischen Baurecht und Naturschutz, NVwZ 1998, S. 337-341

Schmidt, Jörg, Die Rechtsprechung zum Naturschutzrecht 1995-1997, NVwZ 1999, S. 363-375

Schmidt-Aßmann, Eberhard, Die Grundsätze des Naturschutzes und der Landschaftspflege, NuR 1979, S. 1-9

Schmidt-Aßmann, Eberhard, Die gerichtliche Kontrolle administrativer Entscheidungen im deutschen Bau-, Wirtschafts- und Umweltverwaltungsrecht, in: Schwarze, Jürgen/ Schmidt-Aßmann, Eberhard (Hg.), Das Ausmaß der gerichtlichen Kontrolle im Wirtschaftsverwaltungs- und Umweltrecht, Baden-Baden 1992, S. 9-61

Schmidt-Bleibtreu, Bruno/ Klein, Franz, Kommentar zum Grundgesetz, 9. A., Neuwied/ Kriftel 1999

Schmidt-Salzer, Joachim, Der Beurteilungsspielraum der Verwaltungsbehörden, Berlin 1968

Schneider, Hans, Gesetzgebungslehre, 2. A., Heidelberg 1991

Schneider, Thorben, Die Rahmengesetzgebungskompetenz des Bundes, Kiel 1994

Scholten, Christoph, Reformvorstellungen zur naturschutzrechtlichen Eingriffsregelung, Berlin 1995

Scholz, Rupert, Verwaltungsverantwortung und Verwaltungsgerichtsbarkeit, VVDStRL 34 (1976), S. 145-220

Schomerus, Thomas, Defizite im Naturschutzrecht, Göttingen 1987

Schröder, Meinhard, „Nachhaltigkeit" als Ziel und Maßstab des deutschen Umweltrechts, WiVerw 1995, S. 65-79

Schulze-Fielitz, Helmuth, Das Flachglas-Urteil des BVerwG, BVerwGE 45, 309, Jura 1992, S. 201-208

Schulze-Fielitz, Helmuth, Neue Kriterien für die verwaltungsgerichtliche Kontrolldichte, JZ 1993, S. 772-781

Seibel, Wolfgang, Die Nutzung verwaltungswissenschaftlicher Forschung für die Gesetzgebung, München 1994

Senig, Christoph, Zum Umweltgrundrecht des Bürgers, BayVBl 1978, S. 205-206

Sieckmann, Jan-Reinard, Regelmodelle und Prinzipienmodelle des Rechtssystems, Baden-Baden 1990

Sieckmann, Jan-Reinard, Zur Begründung von Abwägungsurteilen, Rechtstheorie 26 (1995), S. 45-69

Sieckmann, Jan-Reinard, Beurteilungsspielräume und richterliche Kontrollkompetenzen, DVBl 1997, S. 101-107

Smeddinck, Ulrich, Der unbestimmte Rechtsbegriff - strikte Bindung oder Tatbestandsermessen ?, DÖV 1998, S. 370-377

Soell, Hermann, Aktuelle Probleme des Naturschutz- und Landschaftspflegerechts, in: Tanner, Widmar (Hg.), Der Mensch und seine Umwelt, Regensburg 1980, S. 155-186

Soell, Hermann, Naturschutz- und Landschaftspflegerecht, in: Salzwedel, Jürgen (Hg.), Grundzüge des Umweltrechts, Berlin 1982, S. 481-568

Soell, Hermann, Grenzen zwischen Landwirtschaft, Naturschutz und Landschaftsschutz, NuR 1984, S. 8-14

Soell, Hermann, Schutzgebiete, NuR 1993, S. 301-311

Sommermann, Karl-Peter, Staatsziele und Staatszielbestimmungen, Tübingen 1997

Stadler, Klaus, Naturschutz und Erholung, Berlin 1996

Starck, Christian, Das Verwaltungsermessen und dessen gerichtliche Kontrolle, in: Franßen, Everhardt/ Redeker, Konrad/ Schlichter, Otto/ Wilke, Dieter (Hg.), Bürger - Richter - Staat, Festschrift für Horst Sendler, München 1991, S. 167-181

Steiger, Heinhard, Die rechtliche Bedeutung der Ziele und Grundsätzes des BNatSchG und der Ländernaturschutzgesetze, in: Neues Naturschutzrecht 1/ 1981, Schriftenreihe des Deutschen Rates für Landschaftspflege, Heft 36, S. 470-474

Steiger, Heinhard, Entwicklungen des Rechts der natürlichen Lebenswelt, NuR 1995, S. 437-443

Stein, Erwin, Die neue Situation im Naturschutzrecht im Bund und in den Ländern, JNL 25 (1976), S. 21-30

Steinberg, Rudolf, Verfassungsrechtlicher Umweltschutz durch Grundrechte und Staatszielbestimmung, NJW 1996, S. 1985-1994

Steiner, Udo, Staats- und verfassungsrechtliche Bedeutung einer umfassenden Verwaltungsgerichtsbarkeit, BayVBl 1997, Beiheft 1, S. II-III

Steinfort, Frank, Die Umsetzung der naturschutzrechtlichen Eingriffsregelung, VerwArch 86 (1995), S. 107-151

Stich, Rudolf, Die Bedeutung des Naturschutzes, der Landschaftspflege und der Grünordnung bei der Überprüfung von Bebauungsplänen, DVBl 1992, S. 257-266

Stock, Martin, Störungen der Natur in der Sicht des Naturschutzrechts, ZUR 1995, S. 289-298

Stüer, Bernhard, Neunzehnte umweltrechtliche Fachtagung der Gesellschaft für Umweltrecht, DVBl 1996, S. 93-97

Stühler, Hans-Ulrich, Einige Anmerkungen zu neueren Gerichtsentscheidungen zu § 8 a BNatSchG, VBlB-W 1996, S. 168-171

Tausch, Christian/ Wagner, Stefan, Erstaufforstung und Schutz des Landschaftsbildes, NuR 1999, S. 370-378

Treiber, Hubert, Zur Umsetzung von Rechtsnormen, Baden-Baden 1996

Uechtritz, Michael, Die naturschutzrechtliche Eingriffsregelung in der Bauleitplanung - Klarstellungen, NVwZ 1997, S. 1182-1185

Ule, Carl Hermann, Die Bedeutung der Verwaltungsgerichtsbarkeit in der rechtsstaatlichen Demokratie, in: Zehn Jahre Verwaltungsgerichtsordnung, Berlin 1970 S. 20-43

Uppenbrink, Martin/ Riecken, Uwe, Besonderer Novellierungsbedarf des BNatSchG aus der Sicht der Naturschutzverwaltung - Anforderungen im Zusammenhang mit der Konzipierung eines überregionalen Biotopverbundsystems, ZUR 1996, S. 17-21

Vitzhum, Wolfgang Graf/ Geddert-Steinacher, Tatjana, Der Zweck im Gentechnikrecht. Zur Schutz- und Förderfunktion von Umwelt- und Technikgesetzen, Berlin 1990

Voge, Andreas, Bebauungspläne vor Gericht, Städte- und Gemeinderat 1993, S. 201-204

Wahl, Rainer, Die doppelte Abhängigkeit des subjektiven öffentlichen Rechts, DVBl 1996, S. 641-651

Wahrig, Gerhard/ Wahrig-Burfeind, Renate (Hg.), Deutsches Wörterbuch, Gütersloh 1994

Walter, Robert, Rechtsprechung als Rechtsvollzug und Rechtsschöpfung, in: Achterberg, Norbert (Hg.), Rechtsprechungslehre, Köln/ Berlin/ Bonn/ München 1986, S. 491-499

Warbeck, Anke, Die gerichtliche Kontrolle der Verwaltung, RiA 1991, S. 7-18

Weitzel, Wolfgang, Bundesrecht und Landesrecht - künftig ein besonderes Problem des Naturschutzes, AgrarR 1978, S. 182-183

Weitzel, Wolfgang, Anmerkung zu VG Gießen, Gerichtsentscheid vom 20.7.1987, NuR 1988, S. 306-307

Wolff, Dietmar, Potentiale des Instrumentariums „Landschaftsschutzgebiet“, Hamburg 1997

Wolff, Dietmar, Die „Wiederherstellung" geschädigter Natur und Landschaft durch Landschaftsschutzgebiete, NuR 1998, S. 298-299

Würtenberger, Thomas, Rechtliche Optimierungsgebote oder Rahmensetzungen für das Verwaltungshandeln ?, VVDStRL 58 (1999), S. 139-176

Zeibig, Jan, Vertragsnaturschutz als Beispiel konsensualen Verwaltungshandelns, Kiel 1998

Zippelius, Reinhold, Juristische Methodenlehre, 6. A., München 1994

Zvolský, Zdenek, Schutzbedürftigkeit - Hauptkriterium von Naturschutz und Landschaftspflege, NuL 1981, S. 392-396

Rechtsprechungsverzeichnis

Das Rechtsprechungsverzeichnis umfaßt diejenigen Entscheidungen, die substantiell analysiert werden, und jeweils ein Stichwort dazu, das die Wiedererkennung erleichtern soll. Soweit das Stichwort einen Hinweis auf die Instanz enthält, in der die Entscheidung ergangen ist, sind zu der gleichen Sache Entscheidungen mehrerer Instanzen untersucht worden.

Im übrigen werden die Entscheidungen in den Fußnoten nach Gericht, Jahr, Stichwort und Seite zitiert. Urteile und Beschlüsse, auf die nur ein- oder zweimal verwiesen wird und die daher hier nicht aufgeführt sind, werden vollständig in den Fußnoten nachgewiesen. Es handelt sich dabei insbesondere um Entscheidungen, die außerhalb naturschutzrechtlicher Zusammenhänge ergangen sind, die aber wegen ihrer allgemeinen Bedeutung auch vorliegend von Interesse sind.

1. Bundesverwaltungsgericht

Urt. v. 13.4.1983, 4 C 21.79, E 67, S. 84-92 (Auskiesung)

Urt. v. 13.4.1983, 4 C 76.80, E 67, S. 93-98 (Rötsee)

Urt. v. 22.3.1985, 4 C 73.82, E 71, S. 163-166 (Störungsfreier Verkehr)

Urt. v. 6.12.1985, 4 C 55.82, E 72, S. 277-282 (Vogelschutzverein-Revisionsinstanz)

Urt. v. 4.7.1986, 4 C 50.83, E 74, S. 308-314 (Ausgleichsabgabe bei Kiesabbau)

Beschl. v. 29.7.1986, 4 B 73/ 86, NVwZ 1987, S. 493-494 (Zollhausried)

Beschl. v. 18.12.1987, 4 NB 1/ 87, NVwZ 1988, S. 728-730 (Golfplatz in den Bückebergen-Nichtvorlagebeschwerde)

Besch. v. 14.4.1988, 4 B 55/ 88, NVwZ-RR 1989, S. 179 (Emstal)

Beschl. v. 16.6.1988, 4 B 102/ 88, NVwZ 1988, S. 1020-1021 (Abgrabungswirtschaftliches Potential)

Urt. v. 14.10.1988, 4 C 58/ 84, NVwZ-RR 1989, S. 288-290 (Entlandung des Hirschbergweihers-Revisionsinstanz)

Beschl. v. 20.12.1988, 4 B 211/ 88, NVwZ-RR 1989, S. 458-459 (Sparsamer Flächenverbrauch)

Urt. v. 20.1.1989, 4 C 15.87, NuR 1989, S. 345-347 (Richtfunkschaltstelle)

Urt. v. 27.9.1990, 4 C 44.87, E 85, S. 348-368 (Fischteiche)

Beschl. v. 26.2.1992, 4 B 38/ 92, NVwZ-RR 1992, S. 467-468 (Heckenbeseitigung)

Beschl. v. 30.10.1992, 4 A 4.92, NuR 1993, S. 125-131 (Sachsendamm)

Beschl. v. 11.5.1993, 7 NB 8/ 92, NVwZ-RR 1994, S. 77-78 (Belebung des Landschaftsbildes)

Beschl. v. 13.8.1996, 4 NB 4.96, BauR 1996, S. 844-846 (Dalbekschlucht)

Beschl. v. 21.2.1997, 4 B 177.96, NuR 1997, S. 353-354 (Vermeidungs- und Ausgleichskonzept)

Urt. v. 7.3.1997, 4 C 10/ 96, NVwZ 1997, S. 914-917 (Winhöring-Alzgerm)

Beschl. v. 18.7.1997, 4 BN 5/ 97, NuR 1998, S. 37-41 (Kein Vorrang des Vertragsnaturschutzes)
Urt. v. 27.8.1997, 11 A 61/ 95, NuR 1998, S. 138-139 (Weißes Waldvögelein)

2. Oberverwaltungsgerichte und Verwaltungsgerichtshöfe

OVG Berlin
Urt. v. 2.5.1977, II B 2/ 77, NJW 1977, S. 2283 (Kraftwerk Oberjägerweg)
Beschl. v. 26.9.1991, 2 A 5/ 91, NVwZ-RR 1992, S. 406-410 (Freileitung im Spandauer Forst)

OVG Bremen
Beschl. v. 4.11.1985, OVG 1 B 44/ 85, NuR 1986, S. 129-132 (Gräben am Lehester Deich)
Urt. v. 24.10.1989, OVG 1 G 1/ 88, NuR 1990, S. 225-227 (Maschinenfleet)

OVG Greifswald
Urt. v. 20.4.1994, 4 K 25/ 93, LKV 1995, S. 156-164 (Biosphärenreservat Südostrügen)

OVG Hamburg
Beschl. v. 22.3.1982, Bf III 7/ 81, NVwZ 1982, S. 687-688 (Vogelschutzverein-Berufungsinstanz)
Beschl. v. 8.3.1996, OVG Bs V 8/ 86, NuR 1996, S 626-629 (Deichbau)

VGH Kassel
Urt. v. 8.5.1985, 3 OE 63/ 83, NuR 1985, S. 330.331 (Taunus-Talaue)
Beschl. v. 9.9.1985, 3 TG 1640/ 85, NVwZ 1986, S. 675-677 (Parkplätze für Soldaten)
Urt. v. 24.10.1985, 3 OE 141/ 82, NuR 1986, S. 254-256 (Gartenkunst und Landschaftspflege-Berufungsinstanz)
Urt. v. 20.10.1987, 2 UE 1292/ 85, NuR 1988, S. 250-254 (Ortsumgehung im Freilandbau)
Urt. v. 11.2.1992, 2 UE 969/ 88, NuR 1992, S. 382-389 (Nordumgehung Niederursel)
Beschl. v. 30.7.1992, 3 N 686/ 88, NuR 1993, S. 165-167 (Schlittschuhlaufen auf Werra-Altarm)
Beschl. v. 29.12.1992, 14 TH 668/ 92, NVwZ-RR 1993, S. 348-350 (Halbtrockenrasen)
Urt. v. 12.2.1993, 4 UE 2744/ 90, NVwZ-RR 1994, S. 252-256 (Kuhstall und Pferdeboxen)
Beschl. v. 11.3.1995, 3 N 2454/ 93, NuR 1994, S. 395-398 (Huteflächen)
Beschl. v. 23.3.1995, 4 N 2809/ 91, UPR 1996, S. 79 (Waldaußenrand)

Urt. v. 14.10.1996, 6 UE 2562/ 95, NuR 1997, S. 607-608 (Obstbaumrodung)

OVG Koblenz
Urt. v. 2.10.1980, 1 A 144/ 78, NuR 1981, S. 29-31 (Fischteiche im Naturpark Nassau)
Urt. v. 5.1.1982, 10 C 16/ 80, UPR 1982, S. 381-383 (Jagdverbot im Naturschutzgebiet)
Urt. v. 30.11.1984, 8 A 111/ 83, DÖV 1985, S. 727-729 (Wasserentnahme)
Urt. v. 18.9.1986, 8 A 77/ 84, NuR 1987, S. 275-278 (Kleegemisch im aufgefüllten Feuchtgebiet)
Urt. v. 29.1.1988, 8 A 56/ 87, NuR 1989, S. 184-185 (Damwildgehege mit Knotengitterzaun)
Urt. v. 22.1.1992, 10 C 10428/ 91, NuR 1992, S. 290-292 (Schloßrondell)
Urt. v. 28.2.1996, 8 C 1353/ 94, NuR 1996, S. 629-631 (Triefenbachtal)

OVG Lüneburg
Urt. v. 19.7.1984, 3 OVG A 149/ 83, NuR 1985, S. 32-33 (Wiederherstellung einer Niedermoorsenke)
Beschl. v. 5.11.1986, 3 OVG B 116/ 86, nicht veröffentlicht (Meißendorfer Teiche-Berufungsinstanz)
Urt. v. 7.12.1989, 3 A 198/ 97, NuR 1990, S. 281-284 (Helgoländer Festlandsockel)
Urt. v. 1.2.1990, 3 L 23/ 89, NuR 1990, S. 474-476 (Greifvogelabschuß)
Urt. v. 9.5.1990, 3 OVG C 4/ 88, NuR 1991, S. 87-88 (Golfplatz in den Bückebergen-Normenkontrolle)
Urt. v. 27.1.1992, 3 A 221/ 88, NVwZ 1992, S. 903-904 (Spülfelder für Dollarthafen)
Urt. v. 23.8.1994, 3 L 3933/ 93, NuR 1995, S. 470-473 (Heidhöhner Heide)

VGH Mannheim
Urt. v. 19.7.1979, VII 3598/ 78, NuR 1980, S. 24-25 (Forellenteiche)
Urt. v. 24.6.1983, 5 S 2201/ 82, NuR 1983, S. 276-278 (Ausgleichsabgabe für Freileitung)
Urt. v. 16.12.1983, 5 S 297/ 83, NuR 1984, S. 1700-1702 (Steinbruch am Dagersheimer Berg)
Urt. v. 12.6.1984, 5 S 2397/ 83, NuR 1984, S. 274-277 (60 % Landschaftsschutzfläche)
Urt. v. 30.7.1985, 5 S 2553/ 84, NuR 1987, S. 31-33 (Kinzig-Rückhaltebecken)
Urt. v. 24.9.1987, 5 S 422/ 86, NuR 1988, S. 191-195 (Tagelöhnergärten)
Urt. v. 29.9.1988, 5 S 1466/ 88, NVwZ-RR 1989, S. 403-405 (Unteres Murrtal)
Urt. v. 6.4.1990, 8 S 744/ 89, NVwZ 1991, S. 82-84 (Wanderfalke)
Urt. v. 28.12.1990, 8 S 1579/ 90, NVwZ-RR 1991, S. 625-627 (Weißstörche)

Urt. v. 16.4.1991, 5 S 2613/ 89, NuR 1991, S. 487-489 (Fichtenaufforstung)
Urt. v. 8.7.1991, 5 S 271/ 90, NuR 1992, S. 186-187 (Streuobstwiese Margaretle)
Beschl. v. 14.11.1991, 10 S 1143/ 90, NVwZ 1992, S. 998-1000 (Geflügelmaststall)
Urt. v. 11.10.1993, 5 S 1266/ 92, NuR 1994, S. 239-244 (Elzbachtal)
Urt. v. 15.11.1994, 5 S 1602/ 93, NuR 1996, S. 147-152 (Bundesstraße 292)
Beschl. v. 21.1.1995, 5 S 227/ 94, NuR 1996, S. 152-155 (Ziegelbach mit Streuobstwiese)
Beschl. v. 9.5.1995, 5 S 2153/ 94, NVwZ-RR 1996, S. 17-18 (Phonolit-Steinbruch)
Urt. v. 13.7.1995, 3 S 3167/ 94, NuR 1997, S. 90-92 (Klimatologische Auswirkungen eines Bebauungsplans)
Urt. v. 17.11.1995, 5 S 1612/ 95, NuR 1996, S. 603-607 (Osterhalde)

VGH München
Beschl. v. 7.6.1977, 14 IX 77, BayVBl 1977, S. 603-604 (Großer Brachvogel)
Urt. v. 12.11.1980, 9 B 1235/ 79, BayVBl 1981, S. 275-283 (Fahrweg zur Hochalm)
Urt. v. 26.6.1984, 9 B 80 A.626, NuR 1986, S. 27-29 (Entlandung des Hirschberg-weihers-Berufungsinstanz)
Urt. v. 21.7.1988, 9 N 87.02020, NuR 1989, S. 261-263 (Bayerisches Bodenseeufer)
Urt. v. 14.3.1989, 9 B 87.03636, NuR 1989, S. 395-397 (Baumschutzverordnung)
Urt. v. 12.3.1991, 8 B 89.2169, NVwZ-RR 1991, S. 461-461 (Wiesenbrüter)
Beschl. v. 24.1.1992, 8 CS 91.01233-35, NuR 1992, S. 337-340 (Bannwald)
Urt. v. 8.7.1993, 22 N 92.2522, BayVBl 1994, S. 176-180 (Standortsicherungsplan)
Urt. v. 11.5.1994, 9 B 93.1514, BayVBl 1994, S. 657-666 (Vorkauf am Starnberger See)
Urt. v. 25.11.1994, 22 B 92.499, BayVBl 1994, S. 342-345 (Hartschotter)
Urt. v. 21.6.1995, 22 A 94.40095, NuR 1996, S. 203-205 (110kV-Freileitung)

OVG Münster
Urt. v. 20.6.1984, 7 A 327/ 84, NuR 1985, S. 76-78 (Landesjagdverband-Berufungsinstanz)
Urt. v. 7.3.1985, 7 A 372/ 84, NuR 1985, S. 288 (Damwildgehege-Erweiterung)
Urt. v. 7.4.1989, 11 A 323/ 87, NuR 1990, S. 36-38 (Teichpacht)
Urt. v. 4.6.1993, 7 A 3157/ 91, NuR 1994, S. 249-251 (Blaufichten)
Urt. v. 5.7.1993, 11 A 2122/ 90, NVwZ-RR 1994, S. 260-262 (Damwildgehege-Weiterführung)
Urt. v. 19.1.1994, 93 D 133/ 91. AK, NuR 1995, S. 46-49 (Quertrasse)
Beschl. v. 17.2.1994, 10 B 350/ 94, NVwZ 1995, S. 308-310 (Abtonungsfläche)

Urt. v. 26.4.1995, 7 A 4018/ 92, NuR 1966, S. 98-101 (Quarz-Auskiesung)
Urt. v. 28.6.1995, 7 A D 44/ 94. NE, NVwZ 1996, S. 274-281 (Exklusive Villenlage)

3. Verwaltungsgerichte

VG Berlin
Beschl. v. 3.8.1984, VG 13 A 210.84, GewArch 1985, S. 228-230 (Heizkraftwerk Reuter)
Urt. v. 27.10.1993, 1 A 216/ 91, LKV 1994, S. 375-376 (Ökowerk Teufelssee)
Urt. v. 4.6.1997, 1 A 128.94, NuR 1997, 565-567 (Verband Deutscher Sportfischer)

VG Braunschweig
Urt. v. 16.8.1977, II D 45/ 77, NuR 1979, S. 73-74 (Fellverkauf)

VG Frankfurt/ Main
Beschl. v. 14.7.1982, IV/ 3 G 1526/ 82, NuR 1983, S. 28-34 (Startbahn West)
Urt. v. 22.6.1990, VIII/ 1 2024/ 86, NVwZ-RR 1991, S. 144-146 (Dreifeld-Tennishalle)

VG Freiburg
Urt. v. 21.5.1985, 6 K 74/ 84, NuR 1986, S. 40-41 (Fernmeldeturm)
Urt. v. 24.2.1987, 6 K 188/ 85, NuR 1989, S. 52-54 (Flugmodelle mit Verbrennungsmotor)
Beschl. v. 11.9.1987, 6 K 167/ 87, NVwZ 1988, S. 277-279 (Luftfahrtveranstaltung)

VG Gießen
Urt. v. 28.11.1989, I/ 2 E 91/ 89, NuR 1992, S. 95-97 (Baulückenbestand)
Urt. v. 25.1.1990, I/ 2 E 91/ 89, NuR 1991, S. 37-40 (Lebensmittelmarkt)

VG Hamburg
Urt. v. 17.2.1988, 6 VG 144/ 86, NuR 1989, S. 355-358 (Kiesgrube)

VG Karlsruhe
Urt. v. 9.11.1978, V 19/ 78, NuR 1980, S. 34-37 (Freileitung im Flußtal)

VG Köln
Urt. v. 13.7.1981, 14 K 4445/ 79, NuR 1982, S. 32-35 (Pflanzenschutzmittel)
Urt. v. 28.11.1983, 14 K 2664/ 81, NuR 1984, S. 115-118 (Landesjagdverband-Ausgangsinstanz)

VG Mainz
Urt. v. 30.3.1987, 2 K 134/ 86, NuR 1988, S. 199-200 (Weinland)

VG München
Urt. v. 27.10.1978, I-X-175/ II 76 und M 270 I 77, NuR 1980, S. 38-39 (Jungviehweide im Knabenkraut)

VG Potsdam
Beschl. v. 17.11.1994, 1 L 956/ 94, NuR 1995, S. 427-431 (Großtrappe)

VG Regensburg
Beschl. v. 13.4.1983, RO 7 S 82 A 2223, NuR 1984, S. 155-157 (Erdbeeren und Raps)
Urt. v. 31.1.1995, RO 11 K 93.2393, NuR 1996, S. 428-429 (Heckenentfernung)

VG Schleswig
Urt. v. 11.8.1983, 2 A 285/ 82, NuR 1984, S. 283-284 (Moorflächenabgrabung)

VG Sigmaringen
Urt. v. 21.10.1982, 4 K 1057/ 81, NuR 1985, S. 33-35 (Schleppstarts am Federsee)

VG Stade
Beschl. v. 11.6.1986, 2 D 14/ 86, NuR 1987, S. 235-236 (Meißendorfer Teiche-Ausgangsinstanz)

VG Wiesbaden
Urt. v. 14.4.1982, III/ 2 E 629/ 81, NVwZ 1982, S. 697-700 (Gartenkunst und Landschaftspflege-Ausgangsinstanz)

4. Zivilgerichte

BayObLG München, Beschl. v. 5.1.1983, 3 Ob Owi 215/ 81, NuR 1985, S. 289-292 (Vogelkirsche)
AG Dannenberg, Beschl. v. 24.1.1983, 10 LwG 6/ 82, NuR 1983, S. 285-286 (Vorkauf für Feuchtland)

Printed by
CPI books GmbH, Leck

Kolibri 360 GmbH
Ferdinand-Jühlke-Straße 7
99095 Erfurt, Deutschland
produktsicherheit@kolibri360.de